《铁路工程工程量清单规范》
解读指南

主编 王晓刚 李准 付凌云 张文俊

西南交通大学出版社
·成都·

图书在版编目（CIP）数据

《铁路工程工程量清单规范》解读指南 / 王晓刚等主编. —成都：西南交通大学出版社，2021.11
ISBN 978-7-5643-8273-5

Ⅰ. ①铁… Ⅱ. ①王… Ⅲ. ①铁路工程 – 工程造价 – 规范 – 中国 – 指南 Ⅳ. ①U215.1-62

中国版本图书馆 CIP 数据核字（2021）第 198019 号

Tielu Gongcheng Gongchengliang Qingdan Guifan Jiedu Zhinan

《铁路工程工程量清单规范》解读指南

主编	王晓刚　李　准　付凌云　张文俊
责任编辑	韩洪黎
封面设计	吴　兵
出版发行	西南交通大学出版社 （四川省成都市金牛区二环路北一段 111 号 　西南交通大学创新大厦 21 楼）
邮政编码	610031
发行部电话	028-87600564　028-87600533
网址	http://www.xnjdcbs.com
印刷	四川森林印务有限责任公司
成品尺寸	210 mm × 285 mm
印张	23.5
字数	662 千
版次	2021 年 11 月第 1 版
印次	2021 年 11 月第 1 次
定价	160.00 元
书号	ISBN 978-7-5643-8273-5

图书如有印装质量问题　本社负责退换
版权所有　盗版必究　举报电话：028-87600562

自 序
FOREWORD

在建设交通强国、铁路先行的主基调下，在西部大开发依然如火如荼开展的背景下，在一带一路倡议的指导下，当前我国的铁路建设依然一路高歌，突飞猛进。在这样的形势下，作为指导铁路建设交易市场的《铁路工程工程量清单规范》，其出台顺应时代需求、契合时代发展，也获得了广大铁路建设市场从业者的好评和肯定。该规范出台以后，我们接到了很多咨询规范应用问题的电话，针对规范编写一本解读指南的想法由此而生。

解读团队主要由参与工程量清单规范编制的作者及具有丰富铁路管理、设计、建设、施工经验的资深从业者组成。几位主要解读者参与的铁路建设项目里程累积约达到 10 000 千米，参与的项目数量达 30 余个，遍布祖国的东南西北，涵盖普速高速各种标准，经验不可谓不丰富，资历不可谓不深，但与我国每年约 8 000 亿铁路建设投资相比，依然难以面面俱到。因此，本解读指南的主要目的在于抛砖引玉，在于各位同仁在实际应用中遇到困惑时，能从各自的角度出发，在本解读指南里找到方法和思路。

任何一个制度或者规矩都要与所处的时代相适合，比如夏商周的诸侯制在秦就不适合了，就必须开启以统一为主基调的文明了。同样，一本技术规范必须与所处的社会环境、技术阶段相适应，工业时代的规则无法在互联网时代生存，算盘珠无法在现代的商业计算中胜出。规则永远是对的，只是要通过与时代的契合才能赋予它生命力。我们的铁路工程工程量清单规范就是在当前铁路建设环境、铁路建设体系、铁路技术体系下应运而生的。

市场从来都是验证政策、措施、规范是否科学合理的最好试金石。规范是否合适，市场说了算。市场从来都是变化的，交易双方在变，交易规则在变，交易主体也在变，而我们的规范在一定时期内应该是稳定的，这就需要我们具有一定的灵活性，那么各位业内同仁在应用规范的时候如何在强制性和灵活性之间取舍、修正、权衡，如何更好地去适应市场的需求，而不是一味地生搬硬套，这点也是我们解读团队希望能通过本解读指南达成的目的。

铁路工程造价体系由编制办法、工程定额、费用费率、清单规范等组成，前三者主要用于确定交易的体量，清单规范则用于确定交易的规则。简而言之，前三者用于确定交易的体量价值是不是一块钱，交易价格由市场决定，这一块钱怎么花则是由清单规范告诉你规则。规则，往往是决定一个事物生死存亡最重要的一条线，在清单体系里面，我们是以辅助坑道的围岩级别作为综合子目还是以各级围岩的各部工序作为子目，对各个不同铁路项目的建设实际是影响巨大的。比如同样的 V 级围岩，当支护类型发生变化时，若以围岩级别作为综合子目进行验工计价，显然有失客观公正，而若以各部工序作为子目，则可以更好地契合建设实际。

解读团队主要基于原铁路工程工程量清单计价指南，以本版规范与原指南的差异性分析为着力点，力图使各位读者在通读本书的过程中，可以对中国铁路工程量清单的发展历程、基本构架、行业现状、市场需求、技术趋势等有所了解。

解读的过程中，我们也发现了规范编制过程中出现的一些疏漏和不足，在书中我们均进行了更正和补充完善。对于本版规范，我们也进行了一些思考，比如在我国当前的铁路建设市场环境下，在工程量清单规范施行的背景下，采用要素调差还是指数调差更能适应市场发展的思考，以及在单价承包模式下，子目设置应适当综合还是越细越好的思考。本版规范也有很多需要完善的地方，比如如何规避不平衡报价、如何在招投标过程中尽量减少风险点等。路漫漫其修远兮，发展永远在路上。希望本书能给各位同仁在实际应用过程中带来一定的帮助，也希望能在各位同仁的共同努力下，我们的铁路建设市场越来越规范，铁路发展越来越好！

感谢参与规范编制的各位领导、同事、朋友！感谢原指南的编制者们！感谢在清单领域一直努力奋战的各位领导、同仁！有你们的努力在先，我们才得以沿着更宽阔的道路前进！

作　者

2021 年 10 月

目录
CONTENTS

第一篇 制定概况

一、制定的背景 ... 001
二、制定的目的 ... 002
三、制定的必要性 ... 002
四、制定的原则和理念 ... 002
五、制定的参考依据 ... 003
六、制定的过程 ... 004
七、规范的特点 ... 004
八、规范的主要变化 ... 009

第二篇 《铁路工程工程量清单规范》内容详解

一、条文说明部分内容详解 ... 019
  1 总则 ... 019
  2 术语 ... 020
  3 一般规定 ... 029
  4 工程量清单编制 ... 032
    4.1 综合说明 ... 033
    4.2 分章说明 ... 045
  5 工程量清单格式 ... 056
    5.1 招标工程量清单格式 ... 056
    5.2 已标价工程量清单格式 ... 082

二、计量规则部分主要变化 ... 112
  6 工程清单计量规则表 ... 112
    6.1 第一章 迁改工程 ... 112
    6.2 第二章 路基工程 ... 121
    6.3 第三章 桥涵工程 ... 147
    6.4 第四章 隧道及明洞工程 ... 171
    6.5 第五章 轨道工程 ... 195

6.6	第六章　通信、信号、信息及灾害监测	216
6.7	第七章　电力及电力牵引供电工程	248
6.8	第八章　房屋工程	289
6.9	第九章　其他运营生产设备及建筑物	320
6.10	第十章　大型临时设施和过渡工程	342
6.11	第十一章　其他费	352

第三篇　风险控制点及案例

风险点一：招标工程量清单的编制	355
风险点二：计量单位及子目划分特征	355
风险点三：路基土石方计量规则	356
风险点四：桥梁下部桩基础计量规则	356
风险点五：桥梁钢桁梁（钢桁拱）计量规则	357
风险点六：隧道允许超挖及预留变形量回填计量规则	357
风险点七：轨道工程无砟道床更换垫板计量规则	358
风险点八：轨道工程粒料道床计量规则	358
风险点九：安全生产费与加强超前地质预报费用	358
风险点十：隧道污水处理站	359
风险点十一：路基声屏障	359
风险点十二：房屋围墙墙面装饰	360
风险点十三：站后工程设备清单	360
风险点十四：不平衡报价	361

展　望

一、未来发展新理念	367
二、造价领域新探索	368

第一篇 制定概况

一、制定的背景

党的十八大以来，在党中央国务院坚强领导下，我国铁路发展取得重大成就，铁路网规模和质量达到世界领先。党的十九大做出了建设交通强国的重大决策部署，"交通强国、铁路先行"是党和人民赋予铁路交通行业的新使命。2016年国家批复的《中长期铁路网规划》明确了新时期铁路发展的新目标。2018年10月10日，中央决定正式启动川藏铁路规划建设。铁路行业依然面临着光荣而艰巨的建设任务，这对铁路工程计价模式也提出了新的要求。

铁路建设的蓬勃发展需要一系列配套规章制度保驾护航，计价体系是其中至关重要的一个环节。在计划经济时代，铁路建设主要按照定额计价，任务靠分配、计价靠定额，没有体现出市场竞争要素。当前铁路系统正处于深化改革阶段，市场这个看不见的"指挥棒"在铁路项目中发挥的作用越来越大，如2019年某铁路项目连续两次流标，其根本原因就是市场调控作用。在市场化阶段，更能体现承包商技术水平、经验积累、装备水平、劳动力水平，更能体现市场竞争的清单计价模式应运而生。

20世纪初，欧、美等发达国家已开始在工程项目中采用工程量清单计价模式，经过近百年的实践、应用、完善，该模式已发展为国际通用的计价模式。相比较而言，我国工程量清单计价方式的应用较少、起步较晚。为推动建设工程的市场化和国际化进程，建设部于2003年2月17日以第119号公告的形式首次发布了《建设工程工程量清单计价规范》（GB 50500—2003），开启了我国推行工程量清单计价模式的序幕，标志着我国正式开始使用工程量清单计价方式。为了适应我国建设工程管理体制改革以及建设市场发展的需要，《建设工程工程量清单计价规范》（GB 50500）陆续进行了两次修订，分别出台了08和13版规范。

2003年，铁道部工程管理中心编制了《工程清单计量规则》，主要用于宜万铁路土建标段，总体上执行得比较严格，实施过程中完全按照约定办理。2007年和2009年，铁道部针对铁路工程专业多、各专业设计深度不一致的特殊性，分别发布了《铁路工程工程量清单计价指南（土建部分）》和《铁路工程工程量清单计价指南（四电部分）》，明确规定《铁路工程工程量清单计价指南》（以下简称"原指南"）是铁路基本建设大中型项目实行工程量清单计价的基础，是招投标双方进行工程量清单计价应遵循的基本准则，并于2009年要求铁路行业全面推行工程量清单报价模式。目前，铁路工程量清单计价模式已经基本建立并自成体系。

近年来，我国铁路建设高速发展，"十三五"期间我国完成铁路建设投资约4万亿元，国家铁路局于2017年5月发布了新版铁路工程概算编制办法、预算定额等造价标准体系。今后一个时期，我国铁路建设投资规模仍处于高位，充分借鉴建设工程工程量清单计价这种较为成熟的运作模式和国外工程量清单应用经验，总结我国铁路工程建设实践，出台《铁路工程工程量清单规范》符合市场经济和铁路投融资改革的发展实际，有利于充分发挥市场竞争机制在资源配置中的决定性作用，也是对铁路工程价格形成领域的一次深化改革，进一步指导、完善铁路工程市场价格形成机制，提高国内铁路建设项目各主体参与国际竞争的能力，有利于提高工程建设的管理水平，意义重大。

二、制定的目的

（1）为了满足我国铁路技术规范和标准不断完善的需要，全面推广工程量清单在铁路工程造价管理中的应用，提高铁路工程造价管理水平，实现铁路清单计价模式的飞跃发展。

（2）与国家的有关法律、法规和国家铁路局、中国国家铁路集团有限公司的有关规定相适应，指导铁路建设工程量清单行为，规范铁路建设工程量清单的编制方法。

（3）铁路工程工程量清单规范的出台，是对铁路工程价格形成领域的一次深化改革，进一步指导、完善铁路工程市场价格形成机制，提高国内铁路建设项目各主体参与国际竞争的能力，有利于提高工程建设的管理水平。

三、制定的必要性

1. 两种计价模式衔接和过渡的需要

现阶段我国铁路工程计价实行的是定额计价与工程量清单计价并行的"双轨制"计价模式。定额计价模式主要用于铁路建设项目前期的投资估算和设计阶段的概预算编制，清单计价模式主要用于工程项目前期的招投标、施工阶段的验工计价、合同价款调整以及竣工阶段的决算等工作，两种计价模式具有相对独立性。目前，铁路施工企业大多数未完全建立起企业定额，投标人需要借助行业定额进行综合单价的组价，招标人也需要运用定额计价的方法编制招标控制价及对综合单价进行验算。同一个建设项目中往往需要两种计价模式的转换和对比。因此，有必要在现有市场环境下出台《铁路工程工程量清单规范》，做好两种计价模式的衔接和过渡。

2. 推动铁路行业造价管理改革的需要

在《建设工程工程量清单计价规范》（GB 50500—2013）中坚持了"政府宏观调控、企业自主报价、竞争形成价格、监管行之有效"的工程造价管理模式的改革方向，有利于营造公开、公平、公正的市场竞争环境。与其相比，铁路工程的清单计价模式发展较为滞后。因此，有必要充分借鉴建设工程工程量清单计价及公路、市政等行业清单计价的运作模式，完善原指南，出台铁路行业的工程量清单规范。

3. 满足与新版铁路定额、概预算编制办法等造价标准全面配套的需要

针对新版铁路工程概算编制办法、预算定额等造价标准体系，急需修编原指南并出台《铁路工程工程量清单规范》，与新版的概预算编制办法、预算定额等造价标准共同形成完整的铁路造价标准体系，更好地服务于铁路建设发展与改革。

4. 满足规范铁路行业清单活动的需要

目前，铁路建设项目在实行工程量清单工作过程中有一些急需解决的问题，如工程量清单条目数量出现偏差、甚至错误的情况如何处理？招标控制价如何确定？不可竞争费用如规费、税金、安全文明施工费等是否应该从综合单价中剥离？这些问题都需要经过调研、分析后以规范条文的形式加以明确，以规范清单活动，提高工程单价确定质量和工程投资管理水平。

四、制定的原则和理念

《铁路工程工程量清单规范》主要原则和理念体现在如下几方面：

1. 依法合规

严格贯彻国家有关法律法规、国家及铁路行业相关标准及规范性文件，合理确定铁路工程工程量清单子目和规则。

2. 公平公正

坚持公平、公正原则，明确工程界面划分，为铁路建设招投标市场承发包双方提供公平、公正、公开的依据。

3. 问题导向

针对清单子目缺失或设置不合理、子目名称与建设标准不符、工程量计量单位与实际脱节、清单编码过于繁杂等问题开展广泛调研，在此基础上合理确定清单内容，将原指南土建部分与四电部分合并为一册，并将旅客站房的相关内容纳入本规范，实现专业全覆盖，满足铁路建设市场各方在总价或单价承包模式下的实际需求。

4. 统一协调

与现行造价标准有机衔接，章节结构、工程（工作）内容与铁路基本建设概（预）算编制办法基本保持一致，协调清单计量规则各专业工程工作内容和子目深细度，统一工程量计算规则、项目名称、计量单位、编码和标准格式。

5. 简明适用

精简计量规则子目设置，优化简化子目编码规则，清单子目编码删减了章的编码及费用类别，新建、改建等字母编码改为纯数字编码，减少了编码位数，更加简单清晰、方便使用。对工程量计算规则表不能涵盖的特殊子目，允许使用单位自行补充，满足不同地区、不同项目的使用要求，提高标准的普适性和可操作性。

6. 与时俱进

及时吸纳成熟的"四新技术"，增加安全、节能、环保等绿色发展理念和建设管理新要求，全面涵盖铁路建设常用施工工艺、工法，如各种新型地基处理措施、隧道新型施工方法、梁体运架技术等子目，删除技术规范已经淘汰的项目，促进铁路建设工程技术进步。

五、制定的参考依据

（1）《铁路工程工程量清单计价指南（土建部分）》（铁建设〔2007〕108号）。

（2）《铁路工程工程量清单计价指南（四电部分）》（铁建设〔2009〕126号）。

（3）《铁路基本建设工程设计概（预）算编制办法》（国铁科法〔2017〕30号）。

（4）《铁路工程工程量清单研究及计价指南修订》。

（5）《铁路工程工程量清单计价指南》（单价承包模式）。

（6）《铁路旅客站房工程量清单计价指南》（报批稿）。

（7）《中西部地区铁路汽车运输便道费用测定与研究》。

（8）其他现行国家或行业的有关标准图集、施工验收规范、安全操作规程、质量评定标准和有关专业相关资料。

六、制定的过程

（1）2017年5月，国家铁路局科法司组织召开编制工作研讨会，项目组启动。

（2）2018年6月，国家铁路局科法司组织召开了工作大纲审查会，并以《关于印发〈铁路工程工程量清单计价规范〉（工作大纲）审查会专家意见的通知》（科法函〔2018〕170号）转发了专家意见。

（3）2017年6月至2018年11月，编制组进行了广泛的现场调研，收集建设、设计、施工各方意见，确保拟定标准的针对性、实用性；同时，通过文献研究法，总结国内外各行业清单计价模式的经验和成果，充分考虑我国铁路建设行业最新情况，并对我国近十年颁布的相关法律法规及编制办法进行深入的研究分析，比较清单与定额的差异，丰富规范内容，并据此完善条文说明，形成征求意见稿。

（4）2018年12月，国家铁路局规划与标准研究院以《国家铁路局规划与标准研究院关于征求〈铁路工程工程量清单计价规范〉（征求意见稿）意见的函》（研院定额函〔2018〕248号）对征求意见稿进行了广泛征求意见，共征集26家单位450余条意见，采纳225条。

（5）2019年3月，国家铁路局规划与标准研究院组织召开了征求意见稿专家审查会，并以《关于印发〈铁路工程工程量清单计价规范〉（征求意见稿）审查会专家意见的通知》（研院定额函〔2019〕33号）转发了专家意见。

（6）2019年4月至6月，国家铁路局规划与标准研究院组织召开送审稿统稿工作会，完成送审稿，以《国家铁路局规划与标准研究院关于报送〈铁路工程工程量清单计价规范〉（送审稿）的函》（研院定额函〔2019〕107号）向国家铁路局科法司报送送审稿。

（7）2019年7月至9月，国家铁路局科法司以《关于征求〈铁路工程工程量清单计价规范〉的函》向各设计院、各铁路公司等单位广泛征求意见，共征集19家单位609余条意见，采纳345条。

（8）2019年9月23日至24日，国家铁路局科法司组织召开了送审稿专家审查会，并以《关于印发〈铁路工程工程量清单计价规范〉（送审稿）审查会专家意见的通知》（科法函〔2019〕175号）转发了专家意见。

（9）2019年9月至11月，编制组根据送审稿审查会专家意见对送审稿进行了修改形成报批稿，送审稿审查会专家意见共计136条，全部采纳。报批稿以《国家铁路局规划与标准研究院关于报送〈铁路工程工程量清单计价规范〉（报批稿）的函》（研院定额函〔2019〕263号）报送国家铁路局科法司。

（10）2020年3月4日，规范获得了批准，自2020年6月1日起实施。

总的来看，此规范内容丰富、调研广泛、覆盖范围全面，是总结理论与实践经验所取得的成果，是进一步完善铁路工程工程量清单体系的结晶。

七、规范的特点

1. 执行有关法律法规，贯彻国家最新政策

本规范自总则便强调了必须执行国家有关法律法规标准，认真贯彻《中华人民共和国铁路法》和《铁路安全管理条例》等法律法规；落实国家"营改增"税制改革政策，对税金进行严格界定，并要求相关报价按"营改增"要求扣除进项税，符合国家减轻企业税负要求；体现国家关于企业安全生产费用提取和使用管理政策，调整了安全生产费计费方法，提升本质安全水平；分析对照了九部委56号令《标准施工招标资格预审文件》《建设工程工程量清单计价规范》《铁路基本建设工程设计概（预）算编制办法》等相关政策，完善了规范内容，提高了规范适用性。

2. 吸收采纳行业内相关课题成果

本规范结合国铁集团《铁路工程工程量清单计价指南》(单价承包模式)、《铁路旅客站房工程量清单计价指南》(送审稿)等研究与修订成果,将土建、旅客站房和四电工程量清单汇总于一册,并完善协调三者的条目深细度,整体性获得较大提高。同时,适用范围涵盖了单价承包和总价承包等建设管理模式,充分考虑了发承包双方的利益,实现以市场为导向的公平、公正、公开等目标。

3. 提倡面向市场、开放合作、互利共赢

随着铁路建设市场化改革的不断深入,对造价标准的开放性、互利性提出了新要求。在广泛调研、征求意见的基础上进行规范编制,符合铁路建设市场各方的实际需求,重点解决现场反映的热点问题。包括:

(1)将工程量清单分为招标工程量清单和已标价工程量清单,体现了招投标双方在工程量清单面前的平等性,彰显铁路项目的承发包过程是以多方合作共赢为目的。

(2)在综合单价的定义中明确说明应包含一定范围的风险费用,充分体现市场应当是一个竞争的环境,承发包双方都应充分考虑建设的风险因素并需具备风险共担的市场化发展思维。

(3)为了促进市场化竞争,保证铁路建设企业高效发展,将赋予合同更多的权力,诸如暂列金额、甲供材料设备、计日工、计量方式、价格调整等问题都可根据合同条款做相应的调整。

4. 坚持法治引领,提升公平公正水平

本着法治引领、依法合规、实事求是、公平公正的原则,充分研究实施性施工组织方案,深化技术改革,规避计量计价中较为模糊的区域,推动解决现场纠纷等较大的重点问题。主要有:

(1)土石方调整运距:受地方环保、施工组织设计等因素影响,土石方调配的运距变更往往较多,其责任主体亦较难明晰,为更好地提高管理效率,将"土石方增运"纳入"开挖"子目的工作内容,将是否处理变更设计纳入了设计深化、合同管理范畴,提高了本规范的合规性、公正性。同时,结合土石方调配方案,在土石方附注中明确了运输起讫点,将运输费用明确地分配到各个子目中。

(2)隧道细化了围岩子目,明确允许超挖、预留变形量回填:原指南围岩子目仅分开挖、支护、衬砌,无法体现设计措施的差异,导致变更模糊性大,本规范按照工区、工法对开挖进行分类,按具体措施对衬砌、支护子目进行明确,单列了涌水、注浆、监控量测等子目,彰显依法合规、实事求是的原则。除此以外,为解决一直以来隧道允许超挖和预留变形量回填计量争议,本规范单独设置子目,对于由线性超挖值计算相对稳定的允许超挖回填量以延长米计量,对于数量会有较大差异的预留变形量按设计回填量纳入清单。如此既符合建设规范,又反映了实际情况,提升清单公平公正水平。

(3)重设汽车运输便道类别:原指南将汽车运输便道按新建干线、新建引入线和改(扩)建便道分类。此分类方法仅考虑了项目整体情况,忽略了不同地形和承载物要求下便道单价差异极大的问题,有失公平。通过对便道建设极其困难的西南山区等地区调研,提出"平原微丘""山岭重丘""盘曲山区""深峡陡坡""特殊便道"的分类方式,力争使大临工程清单条目的设置与现场实际情况相匹配。

5. 体现技术创新、激发科技活力

本规范聚焦"交通强国、铁路先行",进一步增强科技创新能力,协调加快形成创新机制,持续提升国际影响力。近年来,大量科技创新成果的涌现为推动铁路高质量发展和服务经济社会发展发挥了重要作用。

因此,本规范吸纳了新技术、新工艺、新材料、新设备,包括:

(1)着重体现新型桥梁施工技术。首先补充箱梁满堂支架、移动模架、移动支架施工方法,增加悬索桥条目;然后经过对国内大量特桥的资料分析,结合新版预算定额中对于墩高的档距划分,对不

同高度的桥墩进行了综合单价测算，将综合单价接近的墩高档距归为一个子目，最终确定将墩台子目细分为"墩高≤30 m""30 m＜墩高≤70 m""70 m＜墩高≤140 m"。此外，对于目前已普遍使用的新式门型墩，本规范在"墩高≤30 m"子目下单独设置子目并细分为"门型墩横梁混凝土""门型墩横梁钢筋""门型墩横梁钢结构"。

（2）积极推广运用大型机械化设备，轨道章节补充大型机械安拆与调试子目。

（3）根据新技术新标准要求，TBM、盾构法施工、CPⅢ测设等逐渐被运用于铁路施工中，本规范在相应章节单独设置子目。另外，将灾害监测内容整合，单列为一节。

（4）为满足智能化管控的需要，电力章节增加火灾自动报警系统，机电设备监控系统，六氟化硫监测报警系统，电力系统直采直送，箱式开闭所及分区所等系统清单子目；其他运营生产设备及建筑章节增加车辆5T及车号自动识别设备清单子目。

同时，本规范淘汰了技术陈旧、工艺落后的清单子目，例如标准轨铺轨等。

6. 统筹结构层次，互联国家与地方标准

本规范作为铁路行业第一本清单规范，需要做到进一步扩大对工程量清单的适用范围，完善工程量清单体系，对今后清单计价模式有重要的指导作用，其所包含的内容应考虑到结构完整，内容全面。

（1）本规范将旅客站房纳入，对于推荐使用项目所在地具体标准的内容增加了条文说明，既提高了清单规范的完整性，也突出了铁路行业国家与地方标准共存的特点。

（2）新增术语章节，明确了铁路工程量清单相关术语的含义，规范了在清单计价模式中的专业用语。

7. 注重培养精良人才队伍，提高从业人员水平

结合市场导向的特点，合同管理的重要性愈发突出，而由此带来的是对管理人才提出更高要求。首先，需要提高工程造价人员职业资质水平，本规范明确提出招标工程量清单应由具有编制能力的招标人或受其委托、具有相应资质的工程造价机构和全国造价执业资格的工程造价人员编制并签署，这也符合住建部第 50 号令《关于修改〈工程造价咨询企业管理办法〉〈注册造价工程师管理办法〉的决定》要求；其次，引入第三方工程造价咨询人，力求完善委托咨询程序，科学评价与运用咨询成果，提高从业人员水平，促进我国造价咨询行业的稳步发展；最后，本规范对合同管理和风险评估做了全面要求，促使承发包双方不能将造价管理流于形式，而需要切实培养精良人才队伍，提高管理水平，减少建设过程中的各项损失，实现互利共赢。

8. 突出简明适用、便捷高效、唯一标识

对于本规范的使用者来说，可操作性强是极为重要的诉求。为了切实满足各单位的使用需求，便于广泛推广清单计价模式，本规范就以下几个主要方面进行重点修改。

（1）原指南子目编码采用数字和字母混合的编制模式，最长已达19位。若在此基础上进一步细分子目，将生成由21位以上字母及数字组成的编码，已然失去了其利于简化分类的设计初衷。本规范提出编码层级的优化重点应放在优化子目层级、删减无须计量计价层级或可由子目名称辨识层级的编码。例如，计量规则表已按"章"进行了表格分类，且"节"具有唯一性，故无须设置"章"层级的编码，而将"节"作为第一层级编码；新建、改建、建筑、安装工程费等并未计量计价的层级在各章节中位置较为固定，可直接跳过不对其进行编码，若需要对其进行费用汇总或查询，可通过筛选子目名称实现。因此，通过优化调整，本规范子目编码改为纯数字编码，缩减了编码位数。

（2）为提高隧道子目划分综合性和通用性，对不影响计量计价的子目层级进行优化，删减按隧道长度划分的层级，仅保留其下一个层级"×××隧道"，该优化的优势在于：

①"×××隧道"不局限于某一座隧道，也可为某一类工况近似或综合单价相近的隧道。该思路为

优化层级提供了开创性的视角,发包人或其他使用者可根据项目具体情况,自行确定隧道如何分类或汇总,如通过将所有无辅助坑道的隧道汇总在一起,降低验工计价的难度,提高建设管理效率,提升了本规范的适用性。

② 该思路是为了完善本规范与其他行业清单规范的一致性,进一步优化清单层级,为铁路工程工程量清单计价模式的未来发展提供一个方向或途径。

9. 提倡绿色发展、节约集约、低碳环保

为促进资源节约集约利用,提升用地效率,吸纳环保、集约、节能相关内容,符合绿色建设管理要求,本规范计量规则表中增加了临时场站租用土地、青苗补偿、复垦绿化、取弃土场处理、环保工程、绿色防护、生态护坡、垃圾清运、降噪声工程、隔声窗、污水处理站等工程,将生态修复、地质环境治理恢复与土地复垦的理念贯穿工程量清单行为全过程。

10. 明确工程量清单计量计价界面和规则

工程界面划分是工程量清单编制的基础,其内容直接影响到工程量清单编制的合理性和准确性,因此对于工程界面模糊的内容需要进行明确说明。

(1) 工程界面划分。

本规范在原指南的基础上补充了路基与隧道,隧道与桥梁,路基加固防护与桥梁基坑防护,路基(站场)排水沟与涵洞出入口沟渠,利用隧道、路基、站场、桥梁弃方的运输距离等的界面划分说明,明确了各类工程所包含的工程(工作)内容,使专业之间界面划分清晰合理,符合统一协调的编制原则,如表1-1所示。

表1-1 工程界面划分

序号	专业工程	界面划分说明
1	路基与桥梁工程	设置桥台过渡段时,桥台后过渡段为路基工程;未设置桥台过渡段时,桥台后缺口填筑为桥梁工程
2	路基与隧道工程	设置斜切式洞门时,以洞门的斜切面与设计内轨顶面的交线为界,靠隧道一侧计入隧道工程,靠路基一侧计入路基工程
3	隧道与桥梁工程	桥台进洞时,桥台基坑开挖、防护、回填等计入桥梁工程,隧道边坡、仰坡防护等计入隧道工程
4	利用隧道、路基、站场、桥涵弃土石方的运输距离	以设计确定的取料点为界,料源点至取料点的运输距离计入弃方工程中,取料点至填筑点(含运至填料拌和站)的运输距离计入填筑工程中
5	路基加固防护与桥梁基坑防护	以桥台台尾为界,路基范围以内的防护工程纳入路基工程
6	路基(站场)排水沟与涵洞出入口沟渠	涵洞边墙以外的排水系统纳入路基(站场)工程
7	刚构连续梁与桥墩	桥墩顶部变坡点(0号块底)以上属梁部工程,以下属墩台工程
8	综合布线系统	旅客车站站房综合布线系统列入信息专业,其他生产生活房屋综合布线列入通信专业
9	室内、室外给水管道	设置入户水表井(或交汇井)时,以井为界,水表井(或交汇井)计入室外给水管道。未设置入户水表井(或交汇井)时,以建筑物外墙皮为界
10	室内、室外排水管道	以出户第一个排水检查井(或化粪池)为界,检查井、化粪池均计入室外
11	室内、室外热网管道、工艺管道	以建筑物外墙皮为界

续表

序号	专业工程	界面划分说明
12	室内、室外电力、照明线路	以入户配电箱为界，入户配电箱计入室内
13	基础与墙身	（1）砖基础与砖墙（身）划分应以设计室内地坪为界（有地下室的按地下室室内设计地坪为界），以下为基础，以上为墙（柱）身。 （2）石基础、石勒脚、石墙的划分。基础与勒脚应以设计室外地坪为界，勒脚与墙身应以设计室内地坪为界。 （3）基础与墙身使用不同材料，位于设计地坪±0.3 m以内时以不同材料为界，超过±0.3 m，应以设计室内地坪为界

除此以外，地道、天桥细分为结构和装饰，有效区分了工程界面。

（2）确定隧道工程临时支护归属。

在本规范调研、征求意见和审查过程中，很多专业人员认为临时支护是破碎围岩开挖过程中经常采用的措施，方式多样，无法与开挖一并报价，而单列子目更利于及时对其进行计量和计价。对该问题进行了全面的研究发现：

① 在现行编制办法和清单指南中，临时支护措施均被纳入"开挖"子目的工程内容中，有利于实现投资控制目标。

② 若将临时支护单列子目，易发生针对临时支护的清单费用调整，其变化责任主体较难明晰，从而增加了发包人的管理难度。若将临时支护纳入"开挖"子目的工程内容，可将清单费用是否调整纳入合同约定，提高了本规范的适用性。

据此，本规范将临时支护纳入"开挖"子目的工程内容，不单独设置子目。

（3）统筹站后专业子目深细度。

原指南中，站后专业清单子目存在部分子目深细度不合理、同类子目深细度不一致等情况，造成子目划分特征过多、子目利用率低、子目层级使用不便等问题。本规范结合现场调研、征求意见和审查意见，对部分子目进行了统筹优化，将工程内容接近、措施差距较小的子目划分特征删除；吸纳了新技术、新工艺、新材料、新设备，体现技术创新并相应设置子目；统一类似工程内容层级，并按工程实体进行细分，方便理解使用等。主要解决方案举例如表1-2所示。

表1-2 站后专业清单子目优化方案举例

序号	存在问题	解决方案
1	子目划分特征过多	（1）通信按照敷设类型划分光电缆敷设子目。 （2）弱电工程挖电缆沟子目划分特征统一修改为土石类别。 （3）电缆槽道子目划分特征统一修改为综合。 （4）驼峰机械的安装工程费下"空压站""液压站"子目划分特征统一修改为综合。 （5）牵电工程中"土坑""水坑""流沙坑""石坑"合并为"立电杆"
2	子目利用率低	（1）站房工程按结构工程、建筑装饰工程、室外附属工程、机电设备细分，摈弃了指南按规模粗分的形式。 （2）通信将通信线路、通信设备的划分模式调整为通信线路、传输及接入网、数据通信、电话交换、有线调度通信、无线通信等。 （3）电力增加火灾自动报警系统、机电设备监控系统、六氟化硫监测报警系统等新系统。 （4）牵电增加电力系统直采直送、箱式开闭所及分区所等新系统。 （5）增加厌氧池、酸碱中和池、车辆5T及车号自动识别设备、动车组存车场等子目

续表

序号	存在问题	解决方案
3	子目层级使用不便	（1）客运房屋、运转综合楼、其他房屋等按基础、结构、装饰、屋面、地基处理等进行子目细分。 （2）信息闭塞系统等由指南的按建安费分类调整为按闭塞类型（自动、半自动等）和位置（室内室外）分类。 （3）机务段、折返段、整备所、客车段、货车段、客车技术整备所、列检作业场、站修所和动车组运用所的生产车间统一层级划分。 （4）地道、天桥细分为结构和装饰

除此之外，本规范对通信、信号、信息、灾害监测等章节的部分子目计量单位和划分特征进行了修订，以达到协调统一的目的。具体修订和对比内容如表1-3所示。

表1-3 部分子目计量单位修订内容对比

	子目名称		光、电缆沟	光、电缆管道	光、电缆槽道	敷设光、电缆	光、电缆防护
原指南	通信	计量单位	沟公里	公里	米	条公里	
		子目划分特征	土石类别/敷设根数	材质/孔径/孔数	槽宽	敷设类型/缆型/芯数	
	信号	计量单位	沟公里		米	条公里	
		子目划分特征	土石类别/敷设根数		槽宽	地段类型/缆型/芯数	
	信息	计量单位	沟公里	公里	米	条公里	
		子目划分特征	土石类别/土质石质类别/敷设根数	材质/管径/孔数	槽宽	敷设类型/缆型/芯数	
本规范	通信	计量单位	沟公里	米	米	条公里	处
		子目划分特征	土石类别	孔数/材质	综合	敷设类型/芯数/对数	综合
	信号	计量单位	沟公里		米	条公里	条公里
		子目划分特征	土石类别		综合	敷设类型/缆型/芯数	综合
	信息	计量单位	沟公里	米	米	条公里	处
		子目划分特征	土石类别	孔数/材质	综合	敷设类型/芯数/对数	综合
	灾害监测	计量单位	沟公里	米	米	条公里	处
		子目划分特征	土石类别	槽宽	综合	缆型/芯数/对数	类型

八、规范的主要变化

本规范包括总则、术语、一般规定、工程量清单编制、工程量清单格式和工程量清单计量规则表等6章。将前5章称为条文说明部分，第6章称为计量规则部分，主要变化情况如下：

（一）章节设置

本规范条文说明部分与原指南相比，章节变化如表 1-4 所示。

表 1-4 本规范与原指南条文说明部分章、节、条文变化对比

本规范			原指南		
章	节	条文	章	节	条文
1 总则		5	1 总则		5
2 术语		20	—	—	—
3 一般规定		9	—	—	—
4 工程量清单编制	2	16	2 工程量清单编制	7	26
—	—	—	3 工程量清单计价		10
5 工程量清单格式	2	6	4 工程量清单及其计价格式	2	5
合计	4	56	合计	9	46

本规计量规则部分（工程量清单计量规则表）是在原指南"工程量清单计量规则"章节基础上制定的，共设 31 节 3 547 个子目，在原指南的基础上增加了灾害监测和旅客站房 2 节，减少了 272 个条目。章节条目变化如表 1-5 所示。

表 1-5 本规范与原指南计量规则部分章、节、条目变化对比

本规范			原指南		
节号	节名	条目	节号	节名	条目
01	迁改工程	147	01	拆迁工程	32
02	区间路基土石方	45	02	区间路基土石方	22
03	站场土石方	2	03	站场土石方	22
04	路基附属工程	206	04	路基附属工程	210
05	特大桥	279	05	特大桥	429
06	大桥	58	06	大桥	389
07	中小桥	7	07	中桥	311
08	框架桥	25	08	小桥	290
09	涵洞	49	09	涵洞	224
10	隧道	199	10	隧道	402
11	明洞	28	11	明洞	85
12	正线	75	12	正线	91
13	站线	84	13	站线	127
14	线路有关工程	9	14	线路有关工程	4
15	通信	138	15	通信	129
16	信号	198	16	信号	174
17	信息	91	17	信息	214
18	灾害监测	33			
19	电力	155	18	电力	107

续表

本规范			原指南		
节号	节名	条目	节号	节名	条目
20	电力牵引供电	163	19	电力牵引供电	119
21	旅客站房	582	20	房屋	81
22	其他房屋	238			
23	给排水	82	21	给排水	90
24	机务	169	22	机务	47
25	车辆	195	23	车辆	37
26	动车	34	24	动车	13
27	站场	83	25	站场	57
28	工务	45	26	工务	18
29	其他建筑及设备	50	27	其他建筑及设备	9
30	大型临时设施和过渡工程	71	28	大型临时设施和过渡工程	60
31	其他费	7	29	其他费	26
	合计	3 547		合计	3 819

（二）总体修订内容

（1）规范明确了工程量清单编制的基本要求，对工程量清单编码、计量单位、子目划分、工程量计算等内容进行了统一规定。

（2）明确了因工程数量变化或技术标准变更引起的综合单价调整的范围及方法由合同约定处理。考虑旅客站房的特殊性，增加了旅客站房清单单价组成可根据项目所在地具体情况调整的规定。

（3）优化了清单编码规则，统一工程量清单及其计价格式。

（三）主要内容变化

1. 总　则

（1）本章在原指南第 2 章基础上编写，将原指南的"指导铁路建设工程量清单计价行为"修改为"规范铁路工程工程量清单编制行为"，提升了本规范作为国家规范的强制性效能。

（2）本规范明确规定了格式、编码、工程量计算规则务必统一，提高了工程量清单的规范性。

2. 术　语

本章为新增，对 20 条术语进行了规范定义，包括首次明确提出的招标工程量清单、已标价工程量清单等。

3. 一般规定

（1）本章在原指南 2.1.1 节、3.0.2 节、3.0.4 节、3.0.8 节、3.0.9 节和 3.0.10 节的基础上编写，将具有相应资质的工程造价机构和全国造价执业资格的工程造价人员按照统一格式编制作为强制条文，明确了清单编制主体，有利于减少清单编制偏差、错误等风险。

（2）增加了"旅客站房工程量清单中的综合单价组成可根据项目所在地具体情况调整"的规定。同时，部分子目并未统一编码，且亦未强制要求子目设置统一，进一步提高了本规范与地方相关规范

4. 工程量清单编制

（1）本章在原指南第 2 章基础上编写，并分为"综合说明"和"分章说明"两个部分，对条文内容进行了归类和提炼，提高了规范的严谨性。

（2）首次提出了"子目编码"的概念，删减了章的编码及费用类别、新建、改建等字母编码，改为纯数字编码，减少了编码位数。

（3）为适应单价承包模式，重点明确了各类工程的界面划分，着力统一了主要工程的工程量计算规则，全面梳理了常用工程（工作）内容的表示方法。

（4）删除"暂列金额""计日工""激励约束考核费"等的具体内容说明，仅在术语中进行部分概念说明。

（5）结合工程量清单计量规则表，将分章说明进行了全面的修订，增加"土石方运输距离界面划分""隧道正洞施工工区""营业线施工配合费"等问题的说明。

5. 工程量清单格式

（1）本章在原指南第 4 章基础上编写，本章主要是统一规范了工程量清单格式，切实满足清单编制的需要，符合工程实际，方便使用。

（2）取消了甲控材料表及说明，将设备清单表区分为甲供与自购。

（3）招标工程量清单表、已标价工程量清单表及工程量清单子目综合单价分析表中取消"节号"列，将"编码"列改为"子目编码"。

（4）甲供材料、设备数量及价格表取消"单价""材料编码"列，增加"材料代号""安装子目编码""专业名称""不含税单价""不含税合价"列和"合计""税金""总计"等行、列，其中"不含税单价"细分为"出厂价""运杂费""综合单价"。

（5）自购设备数量表取消"设备编码"，增加"安装子目编码""设备代号""专业名称"等列。

6. 工程量清单计量规则表

第一章　迁改工程

（1）迁改工程包括改移道路，人行天桥，立交桥综合排水，砍伐、挖根，改河（沟渠），改移通信、电力、给排水、油气管线线路，管线路防护，隔声窗，既有建筑物拆除后的垃圾清运，临时用地费，青苗补偿费等内容。

（2）根据各级单位对于改移道路子目划分层次清晰适用的诉求，本章修订主要内容为将"改移道路"子目细化为"区间×（等）级公路""区间非等级公路""站场×（等）级公路改移道路""站场非等级公路改移道路"，并对分项的下级子目进一步细化。例如，将"路基"子目细化为"土方""石方""AB 组填料""填渗水土""路基附属工程"子目，将"公路桥"子目细化为"下部建筑""上部建筑""附属工程""施工辅助设施"。

（3）规范落实了资源集约利用，提升用地效率，环保、节能等建设管理要求，增加了临时场站租用土地、青苗补偿、复垦绿化、取弃土场处理等内容，将大型临时设施中的临时场站等工程的临时占地费用纳入本章。

（4）改移道路路面下一级子目"垫层""基层"计量单位改为"立方米"，计量规则改为"按设计图示面积乘厚度计算"。

（5）"人行天桥"细分为"钢结构人行天桥"和"钢筋混凝土人行天桥"子目，"改河（沟渠）"细分为"土方""石方""浆砌石""混凝土"子目。

(6)改移线路和管线路防护工程（工作）内容进行核实规范化。

第二章　路基工程

（1）路基工程包括区间路基土石方、站场土石方、路基附属工程等内容。

（2）路基工程章节中土石方运距调整和土石方运输起讫点一直以来为争议较大的问题。考虑到土石方调整运距受地方环保、施工组织设计等因素影响，土石方子目费用调整的责任主体亦较难明晰，为更好地提高管理效率，本规范将"土石方增运"纳入"开挖"子目的工作内容，将是否处理费用调整纳入了设计深化、合同约定范畴，提高了本规范的合规性、公正性。另外，结合土石方调配方案，梳理了土石方各子目的运输起讫点，并在附注中明确。

（3）路基土石方：增加了"AB组填料""清除表土""利用隧道弃方"子目，"挖土（石）方"细分为"挖土（石）（弃方）"和"挖土（石）（利用方）"，按开挖方式细分"挖石方"。

（4）路基附属工程细分为"区间路基附属工程"和"站场路基附属工程"。路基附属中的钢筋混凝土细分为混凝土、钢筋。

（5）支挡结构：①将"桩板挡土墙"子目细化为"钢筋混凝土桩""钢筋混凝土板"；②删除"拉筋"子目"钢筋混凝土拉筋带""聚丙烯编织带拉筋带"；③增加"挡土墙栏杆""锚杆框架梁"子目。

（6）地基处理：①将"基底填筑"下级子目细分为"填（片石）混凝土""填筑砂石""填石灰（水泥）土""填土石""换填"，并对子目进行细化；②将地基处理中各类桩分类为"水泥（混凝土）置换桩""打入（沉入）桩""其他桩（井）"，并对子目进行细化。

（7）平（坡）面防护：①划分喷射混凝土、喷射水泥砂浆、绿色防护（绿化）、风沙路基防护、高强金属柔性防护网、土工合成材料等条目，并对子目进行细化。②增加"三维生态护坡""挡沙堤沟""沙障"等子目；③将"栽植乔木""栽植灌木"子目的计量单位调整为"千株"。

（8）护坡及冲刷防护：分类为"干砌石""浆砌石""混凝土""笼装片石"等子目。

（9）对"取弃土（石）场处理""沟渠""地下洞穴处理"等子目进行细化，增加"干砌石""浆砌石""混凝土""钢筋混凝土""填筑"等子目。

（10）路基地段相关工程：①增加"路基地段电缆井"子目；②将"路基地段护轮轨"子目的计量单位调整为"单根公里"。

（11）线路防护栅栏按类型、规格、型号细化子目。

（12）其他路基附属：增加"保温层""检查井""路肩封闭"子目。

第三章　桥涵工程

（1）桥涵工程包括特大桥、大桥、中小桥，框架桥，涵洞等内容。

（2）根据桥梁施工技术革新的内容对墩台子目按墩高重新分类，确定档距为"墩高≤30 m""30 m<墩高≤70 m""70 m<墩高≤140 m"。另由于目前特桥越来越多地采用悬索桥形式，故单列子目，并按"锚碇""索鞍""主缆""钢梁架设""悬索桥锁塔"等子目细分。

（3）下部工程：①细化"桩基"子目为"混凝土""钢筋"；②"挖孔桩"子目细分为混凝土、钢筋（笼）子目；③"钻孔桩"子目细分为陆上混凝土、水上混凝土和钢筋（笼）子目，计量单位改为圬工方，增加了水泥砂浆或水泥浆填充及桩底高压注浆工作内容；④"承台"子目分陆上、水上两类。

（4）上部工程：①对"预应力混凝土简支箱梁"子目进行细化，增加"支架法现浇预应力混凝土简支箱梁""移动模架现浇预应力混凝土简支箱梁""移动支架节段拼装预应力混凝土简支箱梁"，在"预应力混凝土简支箱梁"预制中明确预埋件具体包含的内容，在运架中将装梁（提梁）、运梁补充入工作内容，删除了盖板制安、梁端伸缩缝制安；②移动支架节段拼装预应力混凝土简支箱梁中增加"湿接""胶接"子目；③预应力混凝土连续梁（刚构）中"混凝土"子目按支架法和悬浇法细分，增加"转体系统"子目,明确其工作内容包括下转盘、球铰、上转盘、转体牵引系统等组成的转体结构及转动费用;④将"(钢筋)预应力混凝土T梁"条目细化为"制架(钢筋)预应力混凝土T梁""购架(钢筋)预应力混凝土T梁"两条,并对子目进一步细化;⑤"钢桁梁(钢桁拱)""钢板梁""钢梁"等特殊钢结构梁按成品、安装细化;⑥钢梁工作内容中的"钢梁除锈、涂装"调整为"现场涂装";⑦桥面系子目分为"T梁桥面系""箱梁桥面系""钢梁桥面系",单列"梁端伸缩缝"子目,计量单位均为延长米。

(5)附属工程:在"桥上永久照明及防雷"中增加避雷带(网)敷设、引下线铺设、接地网敷设、加降阻剂等工作内容,增加"检查维护小车""绿化""限高架"子目。将安全警示标志、保护标志、通航河流桥梁助航设施、河道防撞设施、救援通道及设施的设置等工作内容进行归纳总结并纳入附属工程"其他"子目中。

(6)施工辅助设施:①细化"施工辅助设施"子目;②墩高大于30 m的墩身定额采用起重设备为塔式起重机,增加了"墩身辅助设施"子目,工作内容为"塔吊基础及地基处理"。施工辅助措施尤其基础施工辅助措施,受工艺工法、地形条件、水文地质、基础设施等的影响,每个具体工点的措施手段都不同,因此清单很难对详细措施条目进行逐条罗列,但招标人在具体编制清单的时候,应根据项目具体情况进行细化。这对设计、施工都提出了新的要求,即设计要出图、施工要按图施工,而改变传统意义上施工辅助设施通常按照单位为元的总价项考虑的情况。

(7)涵洞:综合矩形涵、框架涵、肋板涵工作内容,删除"肋板涵""矩形涵"子目,仅保留"框架涵"子目。

第四章 隧道及明洞工程

(1)隧道及明洞工程包括了正洞钻爆法施工、正洞TBM施工、正洞盾构法施工、接长明洞及棚洞、辅助坑道、洞门、附属工程、监控量测、相关工程等内容。

(2)为提高隧道子目划分综合性和适用性,对不影响计量计价的子目层级进行优化,删减在《铁路基本建设工程设计概(预)算编制办法》章节表中按隧道长度划分的层级,仅保留其下一个层级"×××隧道",满足隧道工程清单可按工点逐个编制也可按汇总编制的需求。当前,铁路隧道工程通常按照工区编制清单,其出发点是对于同一隧道的不同工区,其由于受材料供应距离、料源点价格、临时工程设置等因素不同的影响,不同工区的同一子目单价往往不同。这种情况是存在的,但是这也陷入了投资控制与成本管理相等同的误区,毕竟即使同一工区,不同部位的同一子目单价也是不同的。工程量清单绝不是越细越好,而应该在整体可控的思路下,进行适当综合。

(3)遵循技术创新的原则,吸纳TBM和盾构法施工相关内容,将正洞子目按开挖方式和工区细分为"正洞××工区(钻爆法施工)""正洞××工区(TBM施工)""正洞××工区(盾构法施工)",为今后川藏、滇藏等国家重点项目提供工程量清单编制依据。

(4)正洞:在"正洞××工区(钻爆法施工)"相应子目中,对"衬砌""支护"子目进行了细化,单独设置"允许超挖采用模筑混凝土回填""预留变形量采用模筑混凝土回填""允许超挖采用喷射混凝土回填""预留变形量采用喷射混凝土回填""允许超挖采用喷射纤维混凝土回填""预留变形量采用喷射纤维混凝土回填"子目,允许超挖计量单位为"延长米",预留变形量回填计量单位为"圬工方"。两者单位的不同反映了工程规律的不同,允许超挖为规范定值,故采用延长米为单位,预留变形量在不同的变形条件下设计数量是不同的,因此采用圬工方为单位。

(5)接长明洞及棚洞:将子目细化为"开挖""衬砌""拱顶回填"。

(6)辅助坑道:分为"平行导坑""斜井""横洞""竖井""泄水洞"等子目,子目划分特征均为"断面/围岩等级"。

(7)附属工程:①洞口防护下增加"边坡加固锚杆""土石方""主动防护网""被动防护网"子目,

将"弃碴"统一修正为"弃渣";②将"弃渣场处理"子目细化为"干砌石""浆砌石""(钢筋)混凝土""场地平整、绿化";③增加"隧道涌水抽排""径向注浆"等子目。

(8)改建:改建工程"开挖""衬砌""支护"细目同正洞(钻爆法施工)相应子目,"附属工程"子目设置同新建工程,不再设置细目,"圬工凿除"改为"凿除混凝土及砌体"。

(9)关于特殊不良地质隧道施工增加费用,特殊不良地质隧道包括岩爆、高地温、软岩大变形等情况,由于在当前地质勘探手段下,对特殊不良地质情况很难准确探明,而只能在大范围、大概率上对其进行预设计,而一旦出现特殊不良地质,对工程费用的影响是极其巨大的。因此目前有两种思路,一是将特殊不良地质隧道按照出现概率纳入工程量清单进行招标;另外一种是提高基本预备费的比例,在出现特殊不良地质隧道时,其增加费用通过基本预备费进行处理,而不纳入工程量清单。考虑到特殊不良地质隧道的预设计最终的实现率较低,我们认为不宜将其纳入工程量清单进行招标,但应该明确其通过基本预备费进行处理的途径和费用来源。

第五章 轨道工程

(1)轨道工程包括正线、站线、线路有关工程等内容。

(2)按照与时俱进的原则,响应新标准要求,增加"无砟道床""CPⅢ测设"等子目,纳入大型轨道施工机械安拆与调试子目。

(3)删除正(站)线"钢筋混凝土宽枕"子目。

(4)铺道床:①将"铺道床"子目计量单位由"元"调整为"铺轨公里";②"无砟道床"子目下增加"道岔地段无砟道床"和"端刺、摩擦板地段无砟道床",并按"轨型/岔型/枕型/速度值"确定子目划分特征;③"轨道板(枕)预制"子目工程(工作)内容增加"养护、检测"。

(5)严格执行依法合规的原则,将道砟价购和铺设均作为道砟的工作内容,形成工程实体后才可计量计价。

(6)"无碴轨道""无碴道床""面碴""底碴""道碴"等子目中的"碴"修正为"砟"。

(7)贯彻公平公正的原则,将"铺轨""轨道调整""钢轨打磨"等由不同责任主体施工的子目进行区分,解决现场费用分劈困难的问题,提高标准的适用性。

(8)将改建工程子目下的"线路"子目计量单位由"元"调整为"公里"。

第六章 通信、信号、信息及灾害监测工程

(1)通信节包括通信线路和通信设备等内容。

① 通信线路中光(电)缆沟:土沟、石沟子目合并,子目划分特征修改为土石类别;光(电)缆管道:取消下一层级子目,子目划分特征修改为孔数/材质,计量单位修改为"米","光(电)缆槽道"子目划分特征由"槽宽"改为"综合";敷设光(电)缆:增加"槽道光(电)缆"子目,将"埋式光缆"和"埋式电缆"合并为"埋式光电缆"子目,将"管道光缆"和"管道电缆"合并为"管道光电缆"子目,将"架空光缆"和"架空电缆"合并为"架空光电缆"子目;增加"光(电)缆保护及防护"子目,取消敷设光(电)缆子目中管及槽防护的工作内容。

② 取消无线列调系统相关子目;取消GSM-R无线通信子目,相关子目列入无线通信子目,铁塔按基础与铁塔组立细分子目。

③ 本规范重点梳理了通信设备的子目层级和划分,将通信设备按照通信子系统的名称进行重新划分。通信设备分为传输及接入网、数据通信、电话交换、有线调度通信、无线通信、会议视频、综合视频监控、应急通信、布线工程、数字同步及时间分配、通信电源设备及防雷接地装置、列尾装置、其他通信、拆除等十四个部分,取消自动充气系统设备,有线广播设备、电视及共用天线系统,会议电话设备,无线列调通信设备等子目。每个通信子系统按照本系统所有的设备分列子目。

（2）信号节包括运输调度指挥系统、闭塞系统、列车运行控制系统、联锁系统、驼峰信号、其他信号设备拆除等内容。

①本规范重点对部分子目设置进行了调整优化，综合单价接近的子目不再细分，并减少子目划分特征。

②运输调度指挥系统中"调度中心""车站分机"的子目划分特征修改为综合，"系统联调"计量单位修改为"元"。

③闭塞系统建筑工程费下取消电缆沟下一级子目，子目划分特征改为"综合"，增加"敷设贯通接地铜缆"和"电缆保护"子目；安装工程费划分为室外工程和室内工程，并按照设备类别分别细分子目。

④列车运行控制系统中将"LEU设备"改为"室外电子单元箱"；"无源点式应答器设备"和"有源点式应答器设备"综合为"应答器安装"；"列控中心设备"改为"室内工程"。

⑤联锁系统中将建筑工程费的"道岔融雪装置"子目并入"其他信号设备"，将安装工程费分为室外工程和室内工程，并按照设备类别分别细分子目，取消"室内信号设备"子目。

⑥驼峰信号中"驼峰控制系统"的安装工程费分为室外工程和室内工程，并按照设备类别分别细分子目；增加"踏板设备安装""按钮柱安装"子目，"驼峰室内设备"并入"室内工程"。"可控停车器系统"的安装工程费分为室外工程和室内工程，并按照设备类别分别细分子目。"机车遥控和机车信号"的安装工程费细分为"室外地面设备""信号楼内设备""车载设备"子目。"驼峰机械"的安装工程费增加"减速器""室外空压管道""室外液压管道""减速器维修所"子目，取消"空压站""液压站"下一级子目。

⑦其他信号增加了"道岔融雪""无线调车机车信号及监控装置""信号检修设备"及"编组站自动化"相关子目；将"车站综合防雷系统"改为"信号设备雷电防护及接地"；将信号检修设备相关子目并入本节。

（3）信息节包括公共基础平台、应用系统等内容。本规范同样对子目设置等进行了优化和统一。

①公共基础平台将建筑工程费下"区间、站场和地区光、电缆"修改为"地区光电缆"，细目同通信章节；"综合布线"子目划分特征修改为"综合"，不再细分子目；增加"管（槽）、桥架"，并细分为"钢管（槽）""桥架"子目；安装工程费调整为"电源设备"及"信息设备防雷"。

②应用系统分为"旅客服务信息系统""客票系统""运输调度管理系统""行包信息系统""货运管理信息系统""动车组管理信息系统""办公管理信息系统""公安管理信息系统""门禁系统""电源及设备房屋环境监控系统"；"旅客服务信息系统""客票系统"子目细分为"中心""车站"；"运输调度管理系统"子目细分为"调度中心（所）设备""系统调试"；"行包信息系统"子目细分为"中心""车站"；"货运管理信息系统"细分为"中心""车站"；"动车组管理信息系统"细分为"动车段""动车所"；"办公管理信息系统"细分为"中心""站段"；"公安管理信息系统"细分为"中心""派出所/队、警务区等"；"门禁系统"细分为"车站设备""车站系统调试"；"电源及设备房屋环境监控系统"细分为"监控中心""监控站""系统调试"。

③取消"拆除"相关子目。

（4）灾害监测节为新增内容，包含公共基础平台、应用系统、设备防雷及接地、其他设备及工器具四部分内容，其中应用系统内容包含原指南的信息节中"防灾安全监控系统"的内容。

第七章 电力及电力牵引供电工程

（1）电力节包括供电线路、电源设备、其他电力、电力运动及综合自动化、电力系统直采直送、其他、地基处理等内容。

①供电线路的建筑工程费下取消"低压与接触网柱合架线路"的相关子目，新增"线路设备基础"

"电缆保护"相关子目;"高压架空线路""低压架空线路""高压桥隧电缆线路""低压电缆线路""低压控制电缆线路""电源线路"计量单位均由"条公里"改为"公里";"立杆"改为"立混凝土电杆";高压干线电缆线路下新增"钢筋混凝土电缆沟"子目;高压桥隧电缆线路下新增"电缆桥架"子目;安装工程费增加"电缆分支箱"相关子目。

② 电源设备中将"变配电所、站"细分为"高压变电所(站)""低压变电所(站)""配电所";将"变压器台"改为"杆架式变电台";"小型发电站"改为"发电站";"小型太阳能发电站"改为"光伏发电站";"柴油发电机(组)基础"改为"柴油发电站"。取消"电力调度所"相关子目。

③ 其他电力中将"室外照明"改为"站场照明";"室内动力配电"改为"动力";增加"×××所防雷及接地"相关子目;将"室外触滑线"改为"滑触线",计量单位由"三相米"改为"米",其建筑工程费按"室内""室外"细分子目。

④ 电力远动及综合自动化中"综合自动化"细分为"机电设备监控系统(BAS)""火灾自动报警系统(FAS)""六氟化硫监测报警系统""事故监测报警系统"。

⑤ 电力系统直采直送为新增内容。

(2)电力牵引供电节包括接触网、牵引变电、供电段、地基处理等内容,对子目设置等进行了优化和统一。

① 接触网中"接触导线"改为"接触悬挂导线";新增"后植锚栓""改移侧沟""电缆防护""钢柱""吊柱""支柱(吊柱)悬挂装配""吊索式硬横跨装配""软横跨装配""正线架线""侧线架线""加强线"等子目。

② 供电线中"高压电缆供电线路"改为"电缆线敷设",细分为"直埋敷设、沟槽内敷设、沿隧道壁敷设、沿爬架敷设"。

③ 牵引变电所的建筑工程费下子目调整为"基础浇筑""架构、支架""防雷接地""事故油井、检查井""母线及绝缘子""光(电)缆敷设""室外照明""拆除工程"。

第八章 房屋工程

(1)旅客站房节为新增内容,依据《铁路旅客站房工程量清单计价指南》(送审稿)修订而成,包含站房的结构工程、建筑装饰工程、室外附属工程、机电设备、车道及落客平台等内容。考虑旅客站房采用地方清单较多,其子目设置既与住建部《建设工程工程量清单计价规范》相对应,章节结构又与《铁路基本建设工程设计概(预)算编制办法》(国铁科法〔2017〕30号)有机衔接。预留采用地方编码空间,旅客站房未编码子目可根据项目所在地具体情况自行编码。

(2)其他房屋节修订的重点为统一各类标准设计的生产房屋下的子目划分,参照"客运房屋"子目的细化原则,将通信机械室、信号楼、电力工区等细化为"基础""结构""装饰""屋面""地基处理"五个子目。其中,"基础"子目细化为"砖石基础"和"钢筋混凝土基础","地基处理"参照"区间路基附属工程"中"地基处理"子目进行细化。

(3)非标设计房屋(例如运转综合楼、动车检修库、机务检修库等房屋),将"基础""结构""装饰""地基处理"子目进一步细化。

① "基础"细化为"基坑""明挖基础""施工排水、降水"。

② "结构"细化为"钢筋混凝土"和"钢结构","钢筋混凝土"细化为"梁""板""柱""墙""钢筋""预应力钢筋""钢骨","钢结构"细化为"钢柱""钢梁""钢板""钢结构"。

③ "装饰"细化为"砌体墙""楼地面""屋面及防水工程""外墙面""门窗""内墙面""天棚""踢脚""变形缝""零星工程",并对分项的下级子目进一步细化。

(4)增加"既有房屋改造及装饰"子目,并细化为"结构改造""建筑装饰改造""地基处理"子目。

（5）增加"建筑设备"子目，并细化为"给排水、消防工程""采暖""通风空调""电力照明""其他建筑设备"子目，并对分项的下级子目进一步细化。

（6）取消"房屋基础及地基处理""房屋拆除"等子目。

（7）将"附属工程"子目名称调整为"房屋附属工程"，细化为"土石方""挡土墙及护坡""道路及硬化面""围墙""热网管道""烟囱""绿化（美化）""取弃土（石）场处理""其他"，并对分项的下级子目进一步细化。

第九章　其他运营生产设备及建筑物

（1）给排水节增加"钢塑复合管""钢骨架塑料复合管""不锈钢水箱""钢带增强聚乙烯（HDPE）螺旋波纹管""聚乙烯（PE）管""球墨铸铁管""钢管""钢塑复合管""检漏管沟、检漏井""厌氧滤池及厌氧化粪池""高效集便污水处理池""酸碱中和池""稳定塘"等子目。

（2）将机务、车辆、动车等专业的子目划分原则协调统一，均按车间种类进行子目划分，"生产车间内的建筑"均按车间种类进一步细分子目。

（3）站场节调整子目设置和层级，将"地道"和"天桥"均细化为"结构""装饰"子目；将"雨棚"细化为"无站台柱雨棚""有站台柱雨棚""货物雨棚""雨棚照明"子目，并对"雨棚照明"进一步细化等。

（4）工务节增加"石砟场""苗圃""综合车间""综合保养点""综合维修通道"子目，取消"地基处理"子目。

（5）其他建筑及设备节增加"降噪声工程"子目，并细化为"加高围墙""隔声墙""路基声屏障""桥上声屏障""封闭声屏障"子目；增加"安全及人防设施""其他"子目，并对分项的下级子目进一步细化。

第十章　大型临时设施和过渡工程

（1）原指南便道分类方法仅考虑了项目整体情况，对于在艰险山区中修建便道时便道单价差异极大的因素以及为运输大型机械化器具或设备而建设标准要求远高于普通便道的特殊便道费用问题体现不足。因此，本规范根据便道修建复杂程度将汽车运输便道子目细分为"平原微丘""山岭重丘""盘曲山区""深峡陡坡"，并增加"特殊便道""汽车运输便桥""利用地方既有道路补偿（维护）"子目。同时，参照《铁路基本建设工程设计概（预）算费用定额》中的"铁路工程勘察复杂程度赋分表"对子目设置在附注中进行了补充说明。

（2）将"临时给水设施"细化为"给水干管路""隧道工程水源点至山上蓄水池的给水管路""深水井""储水站"子目。将"临时供电"细化为"临时电力干线""永临结合电力线路""集中发电站、变电站"子目。对"临时通信基站"进一步说明，指在没有通信条件的边远山区、无人区等区域设置的无线通信基站。

（3）将多个子目并入"临时站场"子目。对制（存）梁场按箱梁、T梁、节段梁三类进行细分。新增"TBM拼装场""盾构泥水处理场""管片预制场""仰拱块预制场""轨道板（枕）预制场""隧道污水处理站"子目。

（4）新增"天桥及地道""浮桥及吊桥"等其他大临设施子目。

（5）过渡工程下新增"其他"子目，工程（工作）内容为站场、站房等改扩建引起的施工过渡等。

第十一章　其他费

（1）删除"配合辅助工程费""工程保险费"相关子目。

（2）将安全生产费子目细化为"按费率计算部分""按费用计算部分"。

第二篇 《铁路工程工程量清单规范》内容详解

一、条文说明部分内容详解

1 总 则

〖概述〗本章共5条,从整体上叙述了有关本规范编制与实施的基本问题,主要内容包括编制目的、适用范围、基本要求、基本原则,以及执行本规范与执行国家其他现行标准之间的关系等。

【条文】1.0.1 为规范铁路工程工程量清单编制行为,统一铁路工程工程量清单的编制原则和方法,制定本规范。

〖原指南〗1.0.1 为指导铁路建设工程量清单计价行为,规范铁路建设工程量清单的编制和计价方法,根据国家的有关法律、法规和铁道部的有关规定,制定本指南。

〖要点说明〗本条阐述了制定本规范的目的。作为规范,较原指南而言进一步强制规定并统一了相关工程量清单行为,避免工程量清单格式多样化的现状。

【条文】1.0.2 本规范适用于铁路基本建设大中型项目。

〖原指南〗1.0.2 本指南适用于铁路基本建设大中型项目。

〖要点说明〗本条阐述了本规范的适应范围,与原指南一致,但此处需特别注意的是本规范适应于项目的"工程量清单编制活动",不适应于合同价款约定、支付与调整,索赔与争议解决等活动,与国家铁路局相关部门要求一致;大中型项目包括国铁集团管理的铁路项目和以地方等相关部门为管理主体的地方铁路、城际铁路等;同时,本规范也力争实现决策、研究、设计和实施各阶段的工程量清单编制活动均能适用的目标。

【条文】1.0.3 铁路工程工程量清单应按照本规范规定的统一格式、编码、工程量计算规则等内容进行编制。

〖原指南〗2.1.1.1 工程量清单按统一格式编制。

〖要点说明〗本条规定了编制铁路工程工程量清单应遵循的基本要求,纵使不同铁路工程项目内容不尽相同,但编制者必须按照统一的格式、统一的编码规则和工程量计算规则进行编制,如针对插入新增子目的情况,可按照编码规则进行顺序编码。

【条文】1.0.4 铁路工程工程量清单计价活动应遵循客观、公正、公平的原则。

〖原指南〗1.0.3 铁路建设工程工程量清单计价活动应遵循客观、公正、公平的原则。

〖要点说明〗本条规定了从事铁路工程工程量清单计价活动应遵循的原则,体现了铁路工程计价活动的最基本原则,在招投标阶段,建设双方,包括受其委托的工程造价咨询方均应以诚实、守信、保密、公正、公平的原则从事各项活动,招标工程量清单为投标人的投标竞争提供了一个平等和共同的基础,为投标人提供拟建工程的基本内容、实体数量和质量要求等信息。这使所有投标人所掌握的信息相同,受到的待遇是客观、公正和公平的。

【条文】前言 本规范由总则、术语、一般规定、工程量清单编制、工程量清单格式、工程量清单计量规则表组成。

【原指南】1.0.4　本指南"土建部分"包括铁路基本建设项目的拆迁、路基、桥涵、隧道及明洞、轨道、房屋、给排水、机务、车辆、动车、站场、工务、大型临时设施和过渡工程等；"五电部分"包括铁路基本建设项目的拆迁、通信、信号、信息、电力、电力牵引供电、大型临时设施和过渡工程等。

1.0.5　本指南包括总则、工程量清单编制、工程量清单计价、工程量清单及其计价格式、工程量清单计量规则等5个部分。其中工程量清单计量规则由编码、节号、名称、计量单位、子目划分特征、工程量计算规则和工程（工作）内容组成。

【要点说明】本条述于前言第二自然段，是原指南1.0.4和1.0.5的有机融合。本条较原指南增加了术语章，第二、三章做了全面调整，与《建设工程工程量清单计价规范》（GB 50500—2013）结构相统一。

【条文】1.0.5　铁路工程工程量清单编制活动，除应符合本规范外，尚应符合国家现行有关标准的规定。

【要点说明】本条是新增条款，规定了本规范与其他规范的关系。铁路工程清单编制活动，除应遵守本规范外，还应遵守铁路法、合同法、招投标管理办法等相关法律、法规。

2　术　语

【概述】按照编制标准规范的基本要求，术语是对本规范特有名词给予的定义，尽可能避免本规范贯彻实施过程中由于不同理解造成的争议。因此，本章共设20条，对本规范中需使用的相关主要术语进行了定义。

【条文】2.0.1　工程量清单

载明工程项目、甲供材料设备、自购设备的名称和相应数量以及暂列金额项目等内容的明细清单。

【原指南】2.1.1.1　工程量清单是施工招标文件的组成部分，是依据本指南编制的拟建工程明细清单。

【要点说明】本条说明在原指南2.1.1.1中有涉及，但未明确给予定义。本规范结合《建设工程工程量清单计价规范》（GB 50500—2013）和原指南的定义，在文字上进行了适当调整，使其定义更为准确、全面，同时根据不同使用阶段，又细分为"招标工程量清单"和"已标价工程量清单"。

（1）铁路工程量清单真正体现了市场竞争的原则。所有投标人均在统一的工程量的基础上结合企业实际情况考虑风险竞争价格，真正体现公开、公平、公正的原则，适应市场经济规律。

（2）实行铁路工程量清单，可以促进铁路建设市场健康发展。对招标人来说，由于工程量清单是招标文件的组成部分，招标人必须编制出准确的工程量清单，并承担相应的责任，可以促进招标人提高管理水平。对投标人来说，要对单位工程成本、利润进行分析，精心选择施工方案，合理组织施工，适当控制现场费用和施工技术措施费用。

（3）铁路工程量清单又与建设工程工程量清单内容有所区别，如措施项目，建设工程工程量清单仅是对施工措施性消耗项目与工程实体消耗项目的简单分离，并未规定相应的计量支付方式，使得对措施性消耗项目的计量支付难度较大。因此，铁路清单将以费率形式体现的措施费和实体措施工程均放入综合单价或子目中，由投标人自行确定报价策略。

【条文】2.0.2　招标工程量清单

招标人依据国家法规、招标文件、图纸和现场施工条件将招标工程的全部项目和内容，按照统一的工程量计算规则、统一的工程量清单子目设置原则编制的工程量清单，包括其说明和表格。

【要点说明】本条是新增条款，是对招标工程量清单的进一步具体化，它是由招标人完成的文件，能全面地反映招标人的招标内容和要求，也是投标人进行报价的基本依据。

除此以外，与《建设工程工程量清单计价规范》（GB 50500—2013）一致，招标人指具有工程发包主体资格和支付工程价款能力的当事人以及取得该当事人资格的合法继承人，也称为发包人；投标人指被发包人接受的具有工程施工承包主体资格的当事人以及取得该当事人资格的合法继承人，又称为承包人。

【条文】2.0.3　已标价工程量清单

构成合同文件组成部分的由投标人按照规定的格式和要求填写并标明价格的工程量清单，包括其说明和表格。

【要点说明】本条是新增条款，是为与招标人提供的招标工程量清单进行区别，投标人根据招标人提供的工程量和对招标工程情况的描述及要求自主报价，形成带价格的工程量清单，已标价工程量清单构成合同的组成部分。在验工计价、工程变更和施工索赔时，可以参照或套用清单中的综合单价来确定项目的价格。

【条文】2.0.4　暂列金额

招标人在工程量清单中暂定并包括在合同价款中的一笔款项。用于工程合同签订时未确定或者不可预见的所需材料、设备、服务的采购，施工中可能发生的工程变更、合同约定调整因素出现时的工程价款调整以及发生的索赔、现场签证确认等的费用。

〖原指南〗2.3　暂列金额

指在签订协议书时尚未确定或不可预见的金额。内容包括：

（1）变更设计增加的费用（含由于变更设计所引起的废弃工程）。

（2）工程保险投保范围以外的工程由于自然灾害或意外事故造成的物质损失及由此产生的有关费用。

（3）由于发包人的原因致使停工、工效降低造成承包人的损失而需增加的费用。

（4）由于调整工期造成承包人采取相应措施而需增加的费用。

（5）由于政策性调整而需增加的费用。

（6）以计日工方式支付的费用。

（7）合同约定在工程实施过程中需增加的其他费用。

暂列金额的费率或额度由招标人在招标文件中明确。

【要点说明】本条说明在原指南2.3中有涉及，重点在于说明其包含的主要内容，但未明确给予定义。本规范在原指南的定义基础上进行了扩充，阐述了暂列金额包括的主要内容。同时，本规范规定暂列金额适用于单价承包模式和总价承包模式。

（1）暂列金额的概念最早来自《FIDIC土木工程施工合同条件》（新红皮书）中的"暂定金额"，是指合同中指明为暂定金额的一笔金额（如有时），用于按照第13.5款"暂定金额"实施工程的任何部分或提供永久设备、材料和服务的一笔金额（如有时）。暂列金额与我国定额体系中的预备费较为近似，均是考虑建设期可能发生的风险因素而导致的建设费用增加的这部分内容。

（2）暂列金额主要起到投资控制的作用，相当于签约合同价中的预备费，并不是支付项，即便作为签订合同的组成部分，却不属于有效合同价范畴，即项目业主的备用金。在我国铁路工程总价承包模式下，往往也称作总承包风险费，暂列金额需要根据实际情况开支，不可直接支付给承包人，其控制权一直都属于发包人，只有按照合同实际发生后，才能成为承包人的应得金额，设置的目的是为了避免频繁地调整合同。其额度应根据建设项目的具体情况和复杂程度设定。

（3）关于暂列金额包含的主要内容，从定义可知，对于未确定或者不可预见的、各种工程价款调整的均可属于其主要内容，如合同约定的变更设计增加的费用（含由于变更设计所引起的废弃工程），工程保险投保范围以外的工程由于自然灾害或意外事故造成的物质损失及由此产生的有关费用，由于招标人的原因致使停工、工效降低造成承包人的损失而需增加的费用，由于调整工期造成投标人采取相应措施而需增加的费用，由于政策性调整而需增加的费用，以计日工方式支付的费用，工程保险费，激励考核费，招标人约定的主要材料设备价差等，但针对某一个具体的铁路工程项目，必须要由合同进行具体涵盖内容的约定。

（4）根据《中国铁路总公司关于印发〈铁路建设项目单价承包标准施工资格预审文件和施工招标文件补充文本〉的通知》（铁总建设〔2015〕326号），暂列金额包含的内容可由招标人根据招标工程的具体情况进行补充，更彰显了在制度规范上，我国铁路工程建设管理朝市场化发展的趋势。

（5）前文提到的工程保险费，按照承保标的的不同可以分为：建筑工程一切险（Contractor All Risks Insurance，CAR）、安装工程一切险（Erection All Risks Insurance，EAR）、施工机具保险、机器损坏保险、人身意外伤害险、雇主责任险等，具体险种及保险标的如表2-1所示。

表2-1 工程保险险种及保险标的

工程保险险种	保险标的
建筑（安装）工程一切险	物质损失部分、第三者责任
施工机具保险	施工机具
机器损坏保险	机器设备
人身意外伤害险	被保险人的人身健康安全
雇主责任险	雇主承担的特定的经济赔偿责任

《中国铁路总公司关于印发〈铁路建设项目单价承包标准施工资格预审文件和施工招标文件补充文本〉的通知》（铁总建设〔2015〕326号）对工程保险的约定为：工程建筑、安装一切险和第三方责任险。建筑工程一切险和安装工程一切险统称为工程一切险，通常分为物质损失和第三者责任两类。建筑工程一切险中物质损失和第三者责任两个方面的项目内容如下：

① 物质损失。

物质损失是工程一切险承保的主要保险内容，是工程项目产生的主要损失，是费率厘定考虑的关键内容。

② 第三者责任。

第三者责任是工程一切险的另一项保险标的，指在保险期限内，因发生与所承保的保险项目直接相关的意外事故引起的工地内及邻近区域的第三者人身伤亡、疾病或财产损失，依法应由被保险人承担的经济赔偿责任和被保险人因此而支付的诉讼费用以及事先经保险人书面同意的其他费用。

（6）激励考核费，根据《中国铁路总公司关于印发〈铁路建设项目单价承包标准施工资格预审文件和施工招标文件补充文本〉的通知》（铁总建设〔2015〕326号）的定义，指建立激励约束考核机制引起的相关费用，按铁路行业现行规定执行。激励约束考核费在原指南2.5中有涉及，与此基本一致。《铁路建设项目施工企业信用评价办法》（铁总建设〔2018〕124号）第六十二条确定的考核细则为：

① 施工考核总费用为施工合同额的3‰~5‰，采取累进递减法确定。合同额在50亿元（含）以下的，为合同额的5‰；50亿元（不含）至100亿元（含）的部分，为合同额的4‰；100亿元（不含）以上的部分，为合同额的3‰。施工考核费用包含在投标报价及合同总价中。

② 考核费用每半年结算一次，与信用评价周期相同，每期考核费用为施工考核总费用除以项目信用评价次数，在项目末次验工计价时结算完毕。

③ 施工企业在建设项目评价期内发生重大不良行为或3起及以上较大不良行为的，按考核期费用额度的100%予以扣减合同价款；其他情况由发包人在实施细则中明确发放额度。

建设项目第一、三季度验工计价时可按考核期费用额度的50%予以预支，第二、四季度验工计价时根据考核情况予以补发或扣回。

④ 施工考核费用结合具体承包模式纳入总承包风险费或在合同中单独计列。扣减的考核费用纳入建设项目招标节余。

【条文】2.0.5　甲供材料设备

在招标文件和合同中明确的，由招标人负责采购的工程材料和设备。

〖原指南〗2.7　设备费

甲供设备是指在工程招标文件和合同中约定，由铁道部或发包人招标采购供应的设备。

〖要点说明〗本条说明在原指南 2.7 中有涉及。本规范结合原指南的描述，对定义进行了规范化。拓展开来，指按照铁路行业现行规定，在招标文件和合同中事先约定的，由招标人统一招标采购，用于完成招标项目特定工程的材料和达到固定资产标准（包括虽低于固定资产标准，但属于设计明确列入设备清单）的设备、工器具等所需的费用。

【条文】2.0.6　自购设备

投标人自行采购的、属于招标文件和合同中明确列出的工程设备。

〖原指南〗2.7　设备费

自购设备是指在工程招标文件和合同中约定，由工程承包单位自行采购的设备。

〖要点说明〗本条说明在原指南 2.7 中有涉及。本规范结合原指南的描述，对定义进行了规范化。

【条文】2.0.7　子目编码

工程量清单子目名称的数字标识。

〖原指南〗2.1.2　编码

〖要点说明〗原指南仅在 2.1.2 中确定了编码规则，并未对编码进行定义，将编码重新定义为子目编码，本条明确其在本规范中的含义，提高编码的辨识性。对具体编码说明放入本规范 4.1 综合说明中。

【条文】2.0.8　子目划分特征

对清单子目的类型、结构、材质、规格等特征的描述，是设置下一级清单子目的依据。

〖原指南〗2.1.5　子目划分特征

是指对清单子目的不同类型、结构、材质、规格等影响综合单价的特征的描述，是设置最低一级清单子目的依据。

〖要点说明〗本条说明在原指南 2.1.5 中有定义，本规范对定义进行了规范化。

【条文】2.0.9　综合单价

完成最低一级的清单子目计量单位全部具体工程（工作）内容所需的人工费、材料费、施工机具使用费、价外运杂费、填料费、施工措施费、特殊施工增加费、间接费、税金以及招标文件和合同中明确的一定范围内风险费用。

〖原指南〗3.0.7.1　综合单价

综合单价是指完成最低一级的清单子目计量单位全部具体工程（工作）内容所需的费用。

〖要点说明〗本条说明在原指南 3.0.7.1 中有定义。本规范在原指南的定义基础上进行了扩充，阐述了综合单价包括的主要内容。

铁路工程工程量清单的综合单价是全费用的综合单价，这与国际上统称的综合单价是一致的，但区别于其他行业综合单价的范围，如《建设工程工程量清单计价规范》（GB 50500—2013）中的措施项目费、规费、税金费用等均不包含在综合单价中。

【条文】2.0.10　人工费

直接从事建筑安装工程施工的生产工人开支的各项费用。

〖原指南〗3.0.7.1　综合单价

（1）人工费。指直接从事建筑安装工程施工的生产工人开支的各项费用。包括基本工资、津贴和补贴、生产工人辅助工资、职工福利费、生产工人劳动保护费。

〖要点说明〗本条说明在原指南 3.0.7.1 中有定义，本规范对定义进行了保留，同样包括基本工资、津贴和补贴、生产工人辅助工资、职工福利费、生产工人劳动保护费等。

【条文】2.0.11　材料费

施工过程中耗费的构成工程实体的原材料、辅助材料、构配件、零件、半成品、成品所支出的费用，以及不构成工程实体的一次性材料消耗费用和周转材料摊销费用等。

〖原指南〗3.0.7.1　综合单价

（2）材料费。指购买施工过程中耗用的构成工程实体的原材料、辅助材料、构配件、零件、半成品、成品所支出的费用和不构成工程实体的周转材料的摊销费，包括材料原价、运杂费、采购及保管费。投标报价时，材料费均按运至工地的价格计算。

〖要点说明〗本条说明在原指南3.0.7.1及注2中有定义，本规范对定义进行了规范化。本规定认为的材料费包括：

（1）材料原价：指材料的出厂价或指定交货地点不含增值税可抵扣进项税额的价格。

（2）价内运杂费：指材料自来源地（生产厂或指定交货地点）运至工地所发生的计入材料费的不含增值税可抵扣进项税额的有关费用，包括运输费、装卸费及其他有关运输的费用等。

（3）采购及保管费：指材料在采购、供应和保管过程中所发生的各项不含增值税可抵扣进项税额的费用，包括采购费、仓储费、工地保管费、运输损耗费、仓储损耗费，办理托运所发生的费用等。

【条文】2.0.12　施工机具使用费

施工作业所发生的施工机械、仪器仪表的使用费或其租赁费。

〖原指南〗3.0.7.1　综合单价

（3）施工机械使用费。包括折旧费、大修理费、经常修理费、安装拆卸费、人工费、燃料动力费、其他费用。

〖要点说明〗本条说明在原指南3.0.7.1及注3中有定义，本规范对定义进行了规范化。本规定认为的施工机具使用费包括：

（1）折旧费：指施工机械在规定的耐用总台班内，陆续收回其不含增值税可抵扣进项税额的预算价格的费用。

（2）检修费：指施工机械在规定的耐用总台班内，按规定的检修间隔进行必要的检修，以恢复其正常功能所需不含增值税可抵扣进项税额的费用。

（3）维护费：指施工机械在规定的耐用总台班内，按规定的维护间隔进行各级维护和临时故障排除所需的不含增值税可抵扣进项税额的费用。

（4）安装拆卸费：指施工机械在现场进行安装与拆卸所需的人工、材料、机械和试运转以及机械辅助设施的折旧、搭设、拆除等不含增值税可抵扣进项税额的费用。

（5）人工费：指机上司机（司炉）和其他操作人员的人工费。

（6）燃料动力费：指施工机械在作业中所耗用的燃料及水、电等不含增值税可抵扣进项税额的费用。

（7）其他费：指施工机械按照国家规定应缴纳的车船税、保险费及检测费等。

【条文】2.0.13　价外运杂费

指需在材料费之外单独计列的材料运杂费，包括材料自指定交货地点运至工地所发生的运输费、装卸费、其他有关运输的费用，以及以该运输费、装卸费、其他有关运输的费用之和为基数计算的采购及保管费。

〖要点说明〗本条是根据《铁路基本建设工程设计概（预）算编制办法》（国铁科法〔2017〕30号）新增的条款。

【条文】2.0.14　填料费

购买不作为材料对待的土方、石方、渗水料、矿物料等填筑用料所支出的不含增值税可抵扣进项税额的费用。

〖原指南〗3.0.7.1　综合单价

（4）填料费。指购买不作为材料对待的土方、石方、渗水料、矿物料等填筑用料所支出的费用。

〖要点说明〗本条说明在原指南3.0.7.1中有定义，本规范对定义进行了规范化。

【条文】2.0.15　施工措施费

为完成铁路建设工程施工，发生于该工程施工前和施工过程中的需综合计算的费用。

〖原指南〗3.0.7.1　综合单价

（5）措施费。包括施工措施费和特殊施工增加费。

〖要点说明〗本条说明在原指南3.0.7.1和注1、注4中有定义，本规范对定义进行了规范化。本规定认为的施工措施费包括：

（1）冬雨季施工增加费：指建设项目的某些工程需在冬季、雨季施工，为保证工程质量，按相关的规范、规程所规定的冬雨季施工要求，需要采取的防寒、保温、防雨、防潮和防护等措施，人工与机械的功效降低以及技术作业过程的改变等，所需增加的有关费用。

（2）夜间施工增加费：指必须在夜间连续施工或在隧道内铺砟、铺轨，敷设电线、电缆，架设接触网等工程，所发生的工作效率降低、夜班津贴，以及有关照明设施（包括所需照明设施的装拆、摊销、维修及油燃料、电）等增加的有关费用。

（3）小型临时设施费：指施工企业为进行建筑安装工程施工，所必须修建的生产和生活用的一般临时建筑物、构筑物和其他小型临时设施所发生的费用。

（4）工具、用具及仪器、仪表使用费：指施工生产所需不属于固定资产的生产工具、检验用具及仪器、仪表等的购置、摊销和维修费，以及支付给生产工人自备工具的补贴费。

（5）工程定位复测、工程点交、场地清理费。

（6）文明施工及施工环境保护费：指现场文明施工费用及防噪声、防粉尘、防振动干扰、生活垃圾清运排放等费用。

（7）已完工程及设备保护费：指竣工验收前，对已完工程及设备进行保护所需费用。

【条文】2.0.15　特殊施工增加费

在特殊地区及特殊施工环境下进行建筑安装施工时，所需增加的费用。

〖原指南〗3.0.7.1　综合单价

（5）措施费。包括施工措施费和特殊施工增加费。

〖要点说明〗本条说明在原指南3.0.7.1和注5中有定义，本规范对定义进行了规范化。本规定认为的特殊施工增加费包括：在风沙地区施工、设计线路高程在海拔2 000 m以上的高原地区施工、在原始森林地区施工、在营业铁路上施工的行车干扰施工和封锁（天窗）施工增加的费用等。

【条文】2.0.17　间接费

施工企业为完成承包工程而组织施工生产和经营管理所发生的费用。

〖原指南〗3.0.7.1　综合单价

（6）间接费。包括施工企业管理费、规费和利润。

〖要点说明〗本条说明在原指南3.0.7.1和注6、注7、注8中有定义，本规范对定义进行了规范化。本规定认为的间接费包括：

（1）企业管理费：指建筑安装企业组织施工生产和经营管理所需的费用。包括：

① 管理人员工资：指管理人员的基本工资、津贴和补贴、辅助工资、职工福利费、劳动保护费等。

② 办公费：指管理办公用的文具、纸张、账表、印刷、邮电、书报、宣传、通信、会议、水、电、煤（燃气）等费用。

③ 差旅交通费：指职工因公出差、调动工作的差旅费，助勤补助费，市内交通费和误餐补助费，职工探亲路费，劳动力招募费，职工退休、退职一次性路费，工伤人员就医路费以及管理部门使用的交通工具的油料、燃料及牌照费。

④ 固定资产使用费：指管理和试验部门及附属生产单位使用的属于固定资产的房屋、车辆、设备仪器等的折旧、大修、维修或租赁费。

⑤ 工具用具使用费：指管理使用的不属于固定资产的生产工具、器具、家具、交通工具和检验、试验、测绘、消防用具等的购置、维修和摊销费。

⑥ 检验试验费：指施工企业按照规范和施工质量验收标准的要求，对建筑安装的设备、材料、构件和建筑物进行一般鉴定、检查所发生的费用，包括自设试验室进行试验所耗用的材料和化学药品费用等，以及根据规定由施工单位委外检验试验的费用。不包括应由研究试验费和科技三项费用支出的新结构、新材料的试验费；不包括发包人要求对具有出厂合格证明的材料进行试验，对构件破坏性试验及其他特殊要求检验试验的费用；不包括由发包人委外检验试验的费用；不包括施工质量验收标准以外设计要求的检验试验费用。

⑦ 财产保险费：指施工管理用财产、车辆保险费用。

⑧ 税金：指企业按规定交纳的房产税、车船税、土地使用税、城市维护建设税、教育费附加、地方教育费附加等各项税费。

⑨ 施工单位进退场及工地转移费：指施工单位根据建设任务需要，派遣人员和机具设备从基地迁往工程所在地或从一个项目迁至另一个项目所发生的往返搬迁费用；施工队伍在同一建设项目内，因工程进展需要在本建设项目内往返转移所发生的费用；劳动工人上、下路所发生的费用。具体包括：承担任务职工的调遣差旅费，调遣期间的工资，施工机械、工具、用具、周转性材料及其他施工装备的搬运费用；施工队伍在转移期间所需支付的职工工资、差旅费、交通费、转移津贴等；劳动工人上、下路所需的车船费、途中食宿补贴及行李运费等。

⑩ 劳动保险费：指由企业支付离退休职工的易地安家补助费、职工退职金、6个月以上病假人员的工资以及按规定支付给离休干部的各项经费等。

⑪ 工会经费：指企业按照职工工资总额计提的工会经费。

⑫ 职工教育经费：指企业为职工学习先进技术和提高文化水平，按职工工资总额计提的费用。

⑬ 财务费用：指企业为筹集资金而发生的各种费用，包括企业经营期间发生的短期贷款利息净支出，金融机构手续费，担保费，以及其他财务费用。

⑭ 工程排污费：指施工现场按规定缴纳的工程排污费用。

⑮ 其他费用：包括技术转让费、技术开发费、业务招待费、绿化费、广告费、公证费、法律顾问费、审计费、咨询费、无形资产摊销费、投标费、企业定额测定费、企业信息化管理系统建设及使用费、工程验收配合费等。

（2）规费：指按政府和有关部分规定必须缴纳的社会保障费用。

（3）利润：指投标人完成所承包的工程应获得的盈利。

【条文】2.0.18 税金

按照国家税法等有关规定应计入的增值税额。

〖原指南〗3.0.7.1 综合单价

（7）税金。包括营业税、城市维护建设税和教育费附加等。

〖要点说明〗税金是国家为了实现本身的职能，按照现行税法预先规定的标准，强制地、无偿地取得财政收入的一种形式，是国家参与国民收入分配和再分配的工具。本条根据最新的增值税税法政策进行定义，原指南中的部分税金已归入企业管理费中。

【条文】2.0.19 一定范围内风险费用

投标人在计算综合单价时充分考虑不限于已包括费用的明示或暗示的风险、责任、义务或有经验的投标人都可并应该预见的费用，包括招标文件明确应由投标人考虑的一定幅度范围内的物价上涨风险，工程量增加或减少对综合单价的影响风险，采用新技术、新工艺、新材料的风险，投标人未填写单价和合价的项目已含在其他项目的单价和合价中的风险费用等。

〖原指南〗3.0.7.1 综合单价

（8）一般风险费用。指投标人在计算综合单价时应考虑的招标文件中明示或暗示的风险、责任、义务或有经验的投标人都可以及应该预见的费用。包括招标文件明确应由投标人考虑的一定幅度范围内的物价上涨风险，工程量增加或减少对综合单价的影响风险，采用新技术、新工艺、新材料的风险以及招标文件中明示或暗示的风险、责任、义务或有经验的投标人都可以及应该预见的其他风险费用。

〖要点说明〗本条说明在原指南3.0.7.1中有定义，本规范对定义进行了补充完善。强调研究计价风险的重要性，全面提示投标人投标报价应考虑足够限度的市场风险因素，即投标人的报价应由工程成本和风险费用组成，以避免盲目地过度低价竞争。

招标人作为项目建设管理的核心，应分析项目在新规则下操作、运行中可能遇到的各种潜在风险，采取合理规避措施，主动规范发包人的管理行为，也不可利用招标文件的明显错误或漏项作为后期索赔的依据，招标文件和合同的最终解释权仍属于招标人，投标人不可刻意、故意、有意、无意的利用清单疏漏损害招标人和招标工程的利益，各参建方应齐心协力保证既定目标顺利、平稳实现。

采用新技术、新工艺、新材料的一般风险对于合同金额和工程量均较大的工程适用，但针对有些本就是按施工工艺或材料类别来划分的清单子目来说，若这类工程出现了新工艺或新材料则应新增清单子目，因此本条存在一定不适应性。例如：以材料类别设置清单子目的主要有房屋结构、装饰装修和各种管道等；尽管规范中以工法划分子目的较少，但随着新的工艺出现且不同的施工工艺导致价格差异过大，则就可以以工艺设置工程量清单子目，因此不意味着以后不会出现。

表2-2 以材料类别设置子目案例

子目编码	名称	计量单位	子目划分特征	工程量计算规则	工程（工作）内容
230102	（二）管道	米	管材		
23010201	1. 钢管	米	管径	按设计图示管道中心线长度计算	（1）管沟挖填，路面开凿及修复；（2）各类井及客车上水栓室、消火栓室挖填、砌筑、铁蹬、井盖及座安装；（3）管道防腐及铺（架）设；（4）客车上水栓、消火栓安装；（5）既有管道拆除
23010202	2. 球墨铸铁管	米	管径	按设计图示管道中心线长度计算	（1）管沟挖填，路面开凿及修复；（2）各类井及客车上水栓室、消火栓室挖填、砌筑、铁蹬、井盖及座安装；（3）管道铺（架）设；（4）客车上水栓、消火栓安装；（5）既有管道拆除
23010203	3. 聚氯乙烯（UPVC）管	米	管径	按设计图示管道中心线长度计算	（1）管沟挖填，路面开凿及修复；（2）各类井及客车上水栓室、消火栓室挖填、砌筑、铁蹬、井盖及座安装；（3）管道铺（架）设；（4）客车上水栓、消火栓安装；（5）既有管道拆除
23010204	4. 聚乙烯（PE）管	米	管径	按设计图示管道中心线长度计算	（1）管沟挖填，路面开凿及修复；（2）各类井及客车上水栓室、消火栓室挖填、砌筑、铁蹬、井盖及座安装；（3）管道铺（架）设；（4）客车上水栓、消火栓安装；（5）既有管道拆除

续表

子目编码	名称	计量单位	子目划分特征	工程量计算规则	工程（工作）内容
23010205	5. 钢塑复合管	米	管径	按设计图示管道中心线长度计算	（1）管沟挖填，路面开凿及修复；（2）各类井及客车上水栓室、消火栓室挖填、砌筑、铁蹬、井盖及座安装；（3）管道铺（架）设；（4）客车上水栓、消火栓安装；（5）既有管道拆除
23010206	6. 钢骨架塑料复合管	米	管径	按设计图示管道中心线长度计算	（1）管沟挖填，路面开凿及修复；（2）各类井及客车上水栓室、消火栓室挖填、砌筑、铁蹬、井盖及座安装；（3）管道铺（架）设；（4）客车上水栓、消火栓安装；（5）既有管道拆除

【条文】2.0.20 计日工

对零星工作采取的一种计价方式，按招标文件和合同中明确的计日工子目及其单价计价。

〖原指南〗2.4 计日工

指完成招标人提出的，工程量暂估的零星工作所需的费用。

〖要点说明〗本条说明在原指南 2.4 中有涉及，本规范结合国家发展改革委、财政部、建设部等九部委第 56 号令发布的《建设工程施工合同（示范文本）》（GF-2013-0201）通用条款对定义进行了规范化。

计日工是在施工过程中，完成招标人提出的工程合同范围和工程量清单以外的零星项目或工作所需的费用，基本不形成实体工程，按合同中约定的单价计价的一种方式。国际上常见的标准合同条款中，大多数都设立了计日工（Daywork）计价机制。但是，在以往的铁路项目实践中，计日工经常被忽略，其主要原因是因为计日工项目的单价水平要高于工程量清单项目单价的水平，且计日工在总价承包模式下计量较难认定，容易与工程量清单项目混淆。在单价承包模式下，突发性的额外工作显得特别突出，缺少计划性，一旦处理不及时容易影响项目进展。因此，计日工表中一定要给出暂定数量，尽可能把项目列全，防范于未然。

计日工概念的提出是为了增强建设过程中对现场实际问题处理的灵活性、客观性，通常来说，计日工具有以下三个特点：一是不具备连续施工条件；二是具有偶发性；三是不在工程量清单中。这三个特点决定其单价往往会高于正常工程的单价。在这里容易遇到的问题是计日工数量与单价的确定，结合铁路建设项目操作实际，我们认为计日工数量应该在招标工程量清单中给予明确，计日工单价则应该在投标阶段由有经验的承包商根据其经验给出。

编制招标工程量清单时，招标人填写序号、名称、计量单位、数量（暂估）；编制最高投标限价时，人工、材料、机械台班单价由招标人按有关计价规定填写并计算合价；编制已标价工程量清单时，人工、材料、机械台班单价由投标人自主确定，按已给暂估数量计算合价计入投标总价中。

铁路相关合同中有如下约定：

（1）发包人认为有必要时，由监理人通知承包人以计日工方式实施变更的零星工作，其价款按列入已标价工程量清单中的计日工计价子目及其单价进行计算。

（2）采用计日工计价的任何一项变更工作，应从暂列金额中支付，承包人应在该项变更的实施过程中，每天提交以下报表和有关凭证报送监理人审批。

① 工作名称、内容和数量；
② 投入该工作所有人员的姓名、工种、级别和耗用工时；
③ 投入该工作的材料类别和数量；

④ 投入该工作的施工设备型号、台数和耗用台时；

⑤ 监理人要求提交的其他资料和凭证。

（3）计日工由承包人汇总后，按约定列入进度付款申请单，由监理人复核并经发包人同意后列入进度付款。

3　一般规定

〖概述〗本章共9条，是在原指南第二、三章的基础上，根据其贯彻实施中的经验并针对存在的问题进行编写，主要是针对本规范的一些共同性问题、工程量清单招投标阶段计价行为等所制定的条文。

【条文】3.0.1　工程量清单是编制招标文件、投标报价、签订工程合同、支付工程款、调整工程量和办理工程结算等活动的基础。

〖原指南〗2.1.1　工程量清单

2.1.1.2　工程量清单是发包人编制标底或参考价的依据，也是投标人编制投标报价的依据。

2.1.1.3　工程量清单是签订工程合同、支付工程款、调整工程量和办理工程结算的基础。

3.0.1　实行工程量清单计价招标投标的铁路建设工程，除招标文件另有规定外，其招标标底、投标报价的编制、合同价款确定与调整、工程结算应按本指南执行。

3.0.5　招标工程如设标底，标底应根据招标文件中的工程量清单和有关要求、施工现场实际情况、合理的施工组织与方法以及按照铁道部发布的有关工程造价计价标准进行编制。

3.0.6　投标报价应依据招标文件中的工程量清单和有关要求，根据按施工现场实际情况拟定的施工方案或施工组织设计，结合投标人的施工、管理水平及市场价格信息填报。

〖要点说明〗本条对原指南进行了较大调整，将定义从一般规定中删除，将整个招投标阶段和实施阶段的计价行为进行了整合，贯彻了一致性的规范思想，明确了清单的主要职能和影响范围等。

（1）本条阐述了工程量清单在计价中起到基础性作用，是整个工程计价活动的重要依据之一。在招投标过程中，招标人根据工程量清单编制招标工程的最高投标限价；投标人按照工程量清单所表述的内容，依据企业定额计算投标价格，自主填报工程量清单所列项目的单价与合价。针对项目全过程，特别是建设阶段的各项活动起到一定的指导作用。

（2）原指南3.0.1和3.0.5关于标底的论述，目前铁路工程主要采用最高投标限价的概念，最高投标限价可根据下列依据编制与核对。

① 国家或省级、行业建设标准主管部门颁发的相关计价办法。

② 工程设计文件及相关资料。

③ 工程招标文件及招标工程量清单。

④ 与项目相关的标准、规范、技术资料。

⑤ 施工现场实际情况、合理的施工组织与施工方案。

⑥ 其他的相关资料。

（3）原指南3.0.6再一次论述了编制投标报价的依据，本规范不再累述。

（4）需注意的是，概预算定额反映社会平均水平，企业定额反映企业先进水平，因此清单报价应具有竞争性。目前有自己企业定额的单位不是很普遍。

【条文】3.0.2　工程量清单应按统一格式编制。

〖原指南〗2.1.1　工程量清单

2.1.1.1　工程量清单按统一格式编制。

〖要点说明〗本条沿用了原指南的规定，对1.0.3中提出的统一格式、编码、工程量计算规则进行了强调，明确工程量清单编制的基本要求，体现本规范使用的严肃性。

【条文】3.0.3　招标工程量清单应由具有编制能力的招标人或受其委托、具有相应资质的工程造价机构和全国造价执业资格的工程造价人员编制，招标人可委托第三方工程造价咨询人对其成果进行核对。

〖原指南〗2.1.1　工程量清单

2.1.1.2　工程量清单一般由具有编制招标文件能力的招标人或受其委托具有相应资质的中介机构编制。

〖要点说明〗本条与原指南相比较，条文的重点发生了变化，明确了编制主体，并由原指南的"一般由"调整为"应由"，强制性要求承担工程造价文件的编制和核对的工程造价人员及其所在单位必须具备相应造价资质及工作素质，强调了工程造价人员职业资质的重要性。

（1）招标工程量清单由具有相应职业资质的工程造价人员编制，与国家对工程造价人员实行执业资格管理制度的要求是一致的，也符合住建部第50号令《关于修改〈工程造价咨询企业管理办法〉〈注册造价工程师管理办法〉的决定》要求，这有利于提高咨询企业的责任心，保证清单成果的准确性，促进我国造价咨询行业的稳步发展。同时，招标人可根据中国建设工程造价管理协会发布的《关于规范工程造价咨询服务收费的通知》（中价协〔2013〕35号）等文件的相关规定结合项目工作实际开展质量，按照市场化原则谈判确定并支付造价咨询服务费。

（2）根据我国铁路招投标阶段的现状，由招标人委托第三方对招标工程量清单等成果进行咨询及核对，减少工程量偏差、错误等风险是有利于工程量清单编制行为的。受时间紧、任务重、人员少的限制，大部分招标人将招标工程量清单、招标控制价等工作委托给某造价咨询人完成，招标人对咨询人出具的成果拿来就用，招标出现问题时才开始解决，这给后续工作带来麻烦，制造许多矛盾。第三方咨询人的引入，力求完善委托咨询程序，科学评价与运用咨询成果。核对的内容包括但不限于所述内容：清单和控制价的编制原则、计费依据、工程范围是否正确，工程项目界面划分是否清晰，设计图纸与招标图纸是否一致，补充通知、纪要、标准或规范是否执行，工程量和控制价的计算和汇总是否准确，成果文件格式是否满足要求等。

【条文】3.0.4　招标工程量清单的准确性和完整性由招标人负责。

〖要点说明〗本条是新增条款，规定了招标工程量清单的编制责任。工程量清单作为招标文件的组成部分，连同招标文件的其他内容一并发给投标人，投标人对编制工程量清单的准确性和完整性负责。投标人依据工程量清单进行投标报价，为了保证项目建设的顺利进行及项目投资的有效控制，应根据自身实际重新核实工程量，不能因此而解除对清单工程量应负的任何责任，减少招标人受设计深度影响单方面承担工程量偏差带来的风险。

如招标人委托工程造价咨询人编制，其责任仍应由招标人承担。因为，中标人与招标人签订工程施工合同后，在履约过程中发现工程量清单漏项或错算，引起合同价款调整的，应由发包人承担，而非其他编制人。至于因为工程造价咨询人的错误应承担什么责任，则应由招标人与工程造价咨询人通过合同约定处理或协商解决。

【条文】3.0.5　工程量清单中的综合单价应按招标文件和本规范的相关规定编制，包含完成该子目全部工程（工作）内容的费用。

〖原指南〗3.0.3　工程量清单应采用综合单价计价。

3.0.4　工程量清单子目的综合单价，应根据本指南规定的综合单价组成，按设计文件或参照本指南中工程量清单计量规则的"工程（工作）内容"确定。

3.0.7.2　合价=工程数量×综合单价

最低一级计量单位为"元"的清单子目，由投标人根据设计要求和工程的具体情况综合报价，费用包干。

2.1.7.2 本指南所列工程（工作）内容仅供投标人参考，投标人在投标报价时，应按照现行国家和铁道部产品标准、设计规范和施工规范（指南）、施工质量验收标准、安全操作规程、设计图纸、招标文件、补遗文件等要求完成的全部内容来考虑。

【要点说明】本条较原指南条文重点也发生了重大变化，首先规定了工程量清单应采用的计价方法，其次将综合单价的依据扩大到招标文件和本规范的相关规定，同样涵盖了现行国家有关产品标准、设计规范和施工规范（指南）、施工质量验收标准、安全操作规程等全部内容。

因此，费用内容应包含完成该子目全部工程（工作）内容，而非仅仅按设计文件或工程量清单计量规则计算，对于计量单位为"元"的清单子目，也理所当然包括全部费用且费用包干，如此就避免了投标报价缺项、漏项等问题。

【条文】3.0.6 工程量清单中综合单价因工程量变化或技术标准变更等因素需调整时，应由合同约定或协商确定。

【原指南】3.0.9 合同中综合单价因工程量变化或设计标准变更需调整时，除合同另有约定外，应按照下列办法确定。

3.0.9.1 发包人提供的工程量清单漏项，或设计变更引起新的工程量清单子目，其相应综合单价的确定方法为：

（1）合同中已有适用于变更工程的价格，按合同已有的价格变更合同价款。

（2）合同中只有类似于变更工程的价格，可以参照类似价格变更合同价款。

（3）合同中没有适用或类似于变更工程的价格，由一方提出适当的变更价格，经双方协商确认后执行。

3.0.9.2 由于工程量清单的工程数量有误或设计变更引起工程量增减，属合同约定幅度以内的，应执行原有的综合单价；属合同约定幅度以外的，其增加部分的工程量或减少后剩余部分的工程量的综合单价由一方提出，经双方协商确认后，作为结算的依据。

3.0.9.3 当施工合同签订后，由于发包人的原因，要求承包人按不同于招标时明确的设计标准进行施工或对其清单子目的实质性内容进行调整或在招标时部分清单子目的技术标准、技术条件尚未明确，即使所涉及的该部分清单子目的工程数量未发生改变，其综合单价亦应由一方提出调整，经双方协商确认后，按调整后的综合单价作为结算的依据。

3.0.10 由于工程量和设计标准的变更，且实际发生了除本指南规定以外的费用损失，承包人可提出索赔要求，经双方协商确认后，由发包人给予补偿。

【要点说明】原指南相关条款是工程量清单计价的核心条款。为了适应铁路工程工程量清单活动市场化发展的趋势，本规范将对于综合单价调整的规定都交由合同约定或协商确定。依据原指南条款，做如下分析：

（1）原指南3.0.9.1规定了新增子目及变更时综合单价的确定原则。在原指南贯彻实施中，总承包风险费（风险包干费）之外的变更设计总价仍采用定额计价体系确定，便于最终概算清理、结算梳理和变更价差调整等行为。该体制在未来很长一段时间内将继续执行，因此，本规范对综合单价调整仍做上述强制要求，将与实际相脱节。

（2）原指南3.0.9.2规定了工程数量变化，综合单价的调整办法。《FIDIC土木工程施工合同条件》（新红皮书）"12.3估价条款"下对所描述的适用的事件有以下相关规定：

① 如果此项工作实际测量的工程量比工程量表或其他报表中规定的工程量的变动大于10%。

② 工程量的变更与对该项工作规定的具体费率的乘积超过了接受的合同款额的0.01%。

③ 由此工程量的变更直接造成该项工作每单位工程量费用的变动超过1%。

④ 这项工作不是合同中规定的"固定费率项目"。

如果没有相关的费率或价格，则新的费率或价格应是在考虑任何相关事件以后，从实施工作的合理费用加上合理利润中得到。

另外，87版《FIDIC 土木工程施工合同条件》（红皮书）在两个条款中约定：一是数量变化超过25%且该清单子目价值占签约合同的2%；二是超过15%的变更，应调整合同价格，即工程量变化引起的固定成本与可变成本的关系。

如前所述，针对综合单价的调整，国际上也采用合同条款的形式进行规定。因此，本规范将相关调整原则纳入合同管理范畴，更具有可操作性，在单价承包模式中，该条款显得尤为重要。

（3）原指南3.0.9.3和3.0.10规定了施工合同签订后，由于招标人的原因，要求投标人调整设计标准、施工标准（如精品工程等）时，综合单价调整原则。为体现风险共担的原则，合同中应明确标准变化的费用调整方案，不能将所有的新增要求以及无限度的风险都由投标人承担，一个成熟的建设市场应是一个体现交易公平性的市场。

【条文】3.0.7　旅客站房工程量清单中的综合单价组成可根据项目所在地具体情况调整。

〖要点说明〗本条为新增条款，针对本规范首次纳入的旅客站房工程量清单，由于其综合单价往往采用项目所在地建筑工程定额或工程量清单计价原则进行编制，与铁路工程综合单价存在一定差异，为了提高本规范的适应性，旅客站房工程量清单的综合单价可根据项目所在地具体情况进行调整。

从站房工程工程量清单子目设置来看，规范还是比较细的，能合理分摊承发包双方的风险，建议直接采用，不宜过细。

【条文】3.0.8　工程量清单计价应包含按招标文件和合同规定，完成工程量清单所列子目的全部费用。

〖原指南〗3.0.2　工程量清单计价应包括按招标文件规定，完成工程量清单所列子目的全部费用。

〖要点说明〗本条与原指南基本一致，规定了确定工程量清单费用组成的基本原则。但结合我国铁路工程施工图设计阶段招标现状，理论上工程数量应该是准确的，但受各种因素影响，实际工程量清单难免出现差错漏碰。针对这些问题，解决方案一是一次性按变更处理；二是参考其他行业，修订工程量清单；三应尽量减少或避免差错漏碰出现。

【条文】3.0.9　单价承包模式下工程量清单中所列工程数量仅作为投标的共同基础，不能作为最终计价的依据。实际计量应根据合同约定的计量方式，按本规范的工程量计算规则执行。

〖原指南〗3.0.8　工程量清单中所列工程数量是估算的或设计的预计数量，仅作为投标的共同基础，不能作为最终结算与支付的依据。实际支付，应根据合同约定的计量方式，按本指南的工程量计算规则，以实际完成的工程量，按工程量清单的综合单价计量支付；计量单位为"元"的清单子目可根据具体情况以工程进度按比例支付或一次性支付。

〖要点说明〗本条将单价承包模式与总价承包模式相区别，体现单价承包模式计价的特点，对原指南中"所列工程数量是估算的或设计的预计数量""以实际完成的工程量"等较模糊的论述进行修改，对"实际支付""可根据具体情况以工程进度按比例支付或一次性支付"等属于合同约定的内容进行删除，以利于指导工程量计量行为。

4　工程量清单编制

〖概述〗本章共16条，是在原指南第二章的基础上编写，分为综合说明和分章说明两个部分，综合说明是对工程量清单子目编码、计量单位、子目划分特征、工程量计算规则、工程（工作）内容等共性问题的统一原则性规定。针对原指南在使用过程中存在的问题，与当前国家相关法律、法规和政策性的变化规定相适应，使其能够正确地贯彻执行。分章说明是结合工程量清单计量规则表的内容，对一些特殊问题进行说明，便于对工程量清单计量规则表的理解和使用。

4.1 综合说明

【条文】4.1.1 子目编码

采用数字表示,由多级组成。其中,第一级为节号码,由两位数字 01~99 构成;后续层级为子目码,根据子目所属工程内容按主从属关系顺序编排,各层均由两位数字 01~99 构成。

建筑工程费、安装工程费、新建、改建层级不编码,其对应的下一级或子级延续编码。旅客站房未编码子目可根据项目所在地具体情况自行编码。

〖原指南〗2.1.2 编码

费用类别和新建、改建以英文字母编码:建筑工程费—J,安装工程费—A,其他费—Q,新建—X,改建—G。其余编码采用每 2 位阿拉伯数字为 1 组,前 4 位分别表示章号、节号,如:第一章第 1 节为 0101,第三章第 5 节为 0305,依次类推。后面各组按主从属关系顺序编排。

〖要点说明〗结合原指南和其他行业编码规则,确定本指南编码规则,细化各级编码主要含义,摒弃了一些非验工计价的层级编码,编码规则研究过程如下:

(1)国际通用编码体系情况。

工程项目信息分类体系(CICS)的发展是从 1920 年美国建筑师协会(America Institute of Architect)制定的 *Standard Filling System and Alphabetical Index* 开始的。1949 年,瑞典建筑联合委员会(Joint Working Committee for Building Problem)制定的 SFB 成为工程项目信息分类体系在欧洲的开始。经过长期的发展,工程项目信息分类体系从简单走向复杂,从单维走向多维,从点信息走向面信息,成为当今工程项目管理领域中联系工程进度、工程质量和工程费用这三大目标的纽带,成为工程项目干系方进行沟通的桥梁,成为工程项目信息化管理的实施基础。

当前国际广泛采用的项目信息分解方式有 2 种,即 MasterFormat 体系和 UniformatⅡ体系。

① MasterFormat 体系。

该体系以建设项目的产品类型或者工种工程作为主要依据进行项目信息分类和编码。第一层由 16 个类目构成,如表 2-3 所示。

表 2-3 MasterFormat 体系第一层级项目编码

编码	项目名称	编码	项目名称
01	总要求(general requirements)	09	装饰工程(finishes)
02	现场工作(site work)	10	专业工程(specialties)
03	混凝土(concrete)	11	设备(equipment)
04	砖石(masonry)	12	非建筑设施(furnishings)
05	金属(metals)	13	特殊施工(special construction)
06	木和塑料(wood and plastics)	14	运输系统(conveying)
07	保温隔湿工程(thermal and moisture protection)	15	机械(mechanical)
08	门窗(doors and windows)	16	电气(electrical)

在第一层级之下细分三个层级,每一层级两位数字,如图 2-1 所示。

例如:混凝土工程—轻质绝缘混凝土屋面—轻质绝缘混凝土工程—多孔轻质绝缘混凝土的层级编码为 03521613。

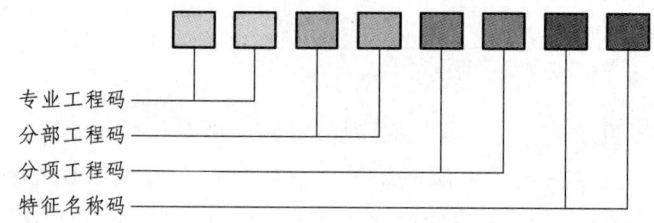

图 2-1　Master Format 层级关系

② UniformatⅡ体系。

该体系以建设项目元素（Building Elements）或建筑物构成部位作为主要依据进行分类和编码。第一层由 12 个类目构成，如表 2-4 所示。

表 2-4　UniformatⅡ体系第一层级项目编码

编码	项目名称	编码	项目名称
A	基础（foundations）	G	运输系统（conveying）
B	地下结构（substructure）	H	机械（mechanical）
C	上部结构（superstructure）	I	电气（electrical）
D	外墙（exterior closure）	J	通用状况（general conditions）
E	屋面工程（roofing）	K	建筑设备（equipment）
F	装饰工程（interior construction）	L	现场工作（site work）

在第一层级之下细分三个层级，字母和数字共存，位数 1～2 位，如图 2-2 所示。

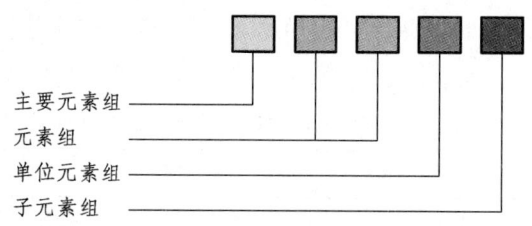

图 2-2　UniformatⅡ层级关系

例如：基础—地基—特殊基地—沉箱的层级编码为 A1023。

除以上编码体系外，国际上可用于项目信息分类的标准还有国际标准化组织（ISO）体系，即结合以上两种分类和编码方式的建设项目综合分类和编码体系。我国各行业工程量清单编码体系基本来源于 ISO 体系。

（2）常用编码规则比较分析。

通过上文对国际通用编码体系的分析，并结合各行业清单编码规则现状，总结编码规则主要可以分为 4 大类，分别为数字体系、字母体系、多维体系和 MasterFormat 体系。

数字体系比较方案有纯数字体系、减位数字体系和最底层数字体系。

字母体系比较方案有拼音数字体系和字母数字体系，多维体系有二维查询体系，工种体系有 MasterFormat 体系。

从各种体系和方案中获取的编码思路及优缺点进行分析，如表 2-5 所示。

表 2-5 常用编码规则比较分析

项目	数字体系			拼音体系		多维体系	工种体系
	清单纯数字体系	清单减位数字体系	清单最底层数字体系	清单拼音数字体系	清单字母数字体系	二维查询体系	MasterFormat 体系
编码思路	将原编码体系中的拼音全部替换为数字，如将建筑工程费"J"替换为"01"、安装工程费"A"替换为"02"	取消实际验工计价过程中并未关注的章，新改建的章节费；不同费用种类延续编码；提前估计子目种类、层级位数控制在两位数	针对验工计价中关注最底层和单价子目数量和最低级子目进行独立编码	采用条目汉字中唯一拼音字母编码或预算定额第一位字母，如章号可分别采用C(拆)、L(路)、Q(桥)、S(隧)、G(轨)、D(电)、F(房)、X(信)、Y(运)、D(大)、T(他)，具体参照拼音对照表	针对编码小于26位的子目，优先考虑用一位字母代替二位数字编码，如用B代替02、J代替10；针对编码大于26位的子目，仍采用数字编码	将工程内容按部位和工种建立二维体系，如部位(X坐标)将路基附属工程砌体砖污与建筑设置为A，桥梁墩台设置为B，隧道衬砌设置为C；工种(Y坐标)将混凝土设置为A，钢筋设为B。因此，隧道衬砌钢筋即为CB，隧道衬砌混凝土编码即为CA。同理，桥梁墩台混凝土编码即为BA。可建立清单的多维查询体系	按项目产品类型和工种对项目进行分类，即按混凝土、钢筋、土石方、浆砌石等分类，但该体系将铁路基本颠覆，算编制办法不适合铁路管理现状
缺点	(1)直观感差，不能通过编码识别子目特征。(2)将一位字母换成两位数字，未达到优化编码数目的。(3)编码过长，不便于文件排版		(1)编码层次性很差，违背层次性编码规则。(2)编码序列号大，出错后重新排列长，工作量大。(3)最底层划分界线较模糊，要求编制人员提高素质。(4)分类工作容易导致工程漏项	(1)不便与主流单计价软件匹配，需要进行二次修改。(2)过多拼音输入及检索。(3)编码由数字和拼音字插组合，容易混淆。(4)拼音无顺序规则，排序不方便	(1)编码由数字和字母字插组合，容易混淆。(2)编码大于26位的子目，仿采用数字编码，优势不明显。(3)字母单位编码不直观，不符合中国人使用习惯	(1)编码层次性较差，编码非顺序编码。(2)必须与"坐标查询表"一同使用，独立性较差。(3)独立使用编码思路不易理解，需与清单编码路同时使用	(1)工种与工程部位划分界线较模糊，要求编制人员提高素质。(2)分类工作容易导致工程漏项。(3)若验工计价按工程部位而非工种，该方法可操作性降低

续表

项目	数字体系			拼音体系		多维体系	工种体系
	清单纯数字体系	清单减位数字体系	清单最底层数字体系	清单拼音数字体系	清单字母数字体系	二维查询体系	MasterFormat体系
优点	（1）全部为数字编码，便于输入、查询及检索。（2）方便与计价软件相匹配，避免二次修改。（3）与13规范水利清单规范编码思路统一，便于跨行使用。（4）目前施工计价基本按此段编码。（5）修编思路简单，便于使用者理解使用。（6）编码层次性较好，且层次比较多都能体现	（1）编码位数得到有效控制。（2）验工计价对建安费区别要求，主要以工程类别及工种判断。（3）全部为数字编码，便于输入、查询及检索。（4）不区分安建工程和改建，所有工程顺序编码，便于有效编码。（5）修编思路简单，便于使用者理解使用。（6）该法进一步延伸，对于多余编码层次均可删	（1）编码位数压缩至3位数字，长度得到有效控制。（2）只对有编码的子目进行清单报价，避免了不同层级均报价的错误。（3）编码均为3位数字，形式规范统一。（4）全部为数字编码便于输入、查询及检索。（5）修编思路简单，便于使用者理解使用	（1）将两位数字换成一位拼音，一定程度上达到了优化编码的目的。（2）编码层次性较好，且层次多都能体现。（3）拼音编码符合中国人使用习惯，便于记忆。（4）编码大于26的子目，仍可采用拼音组合编码，不受限于26个字母	（1）将两位数字换成一位字母编码，位数得到有效控制，方便文件排版。（2）编码层次性较好，数字和字母均顺序编码。（3）编码思路较清晰，使用过程中不易出错。（4）按字母顺序规则编号，排序方便。（5）与公路清单规范编码思路相近，便于跨行使用	（1）自章节编码住后，工程部位和工种类别仅需要分1级编码层次，不会出现不同的情况。（2）不需要使用查询者直接查询"坐标查询表"即可。（3）编码位数得到有效控制。（4）仅1级层次，软件编译方便，便于查询和检索。（5）针对同一工种，编码相同，避免不平衡报价。（6）当需要对项目工种进行分类时，该方法优势明显	（1）符合国际清单计价体系。（2）自章节编码住后，只需要工种和部位2级编码层次。（3）按工种分类，将同一工种不同部位汇总，单价可比性加强。（4）编码位数得到有效控制，软件编译方便。（5）仅2级层次，软件编译方便，便于查询和检索。（6）13规范、公路、水利子目划分采用此规则，计价效果好

（3）确定铁路工程工程量清单编码规则。

综上分析，理论上铁路项目可能涉及多种编码体系，不同管理主体对编码需求也各不相同。这种针对不同管理领域而制定的信息编码规则导致了各体系间多对多的复杂关系，不仅不同参与单位难以达成统一的信息交流基础，甚至同一单位不同部门间也难以形成统一的信息分类标准，致使信息传递障碍，信息难以在组织内部或组织间进行共享与集成，影响了项目沟通效率。

最终的编码规则采用数字表示，由多级组成。其中，第一级为节号码，后续层级为子目码。图2-3形象绘制了编码的层级关系，虚框位根据子目层级进行取舍。

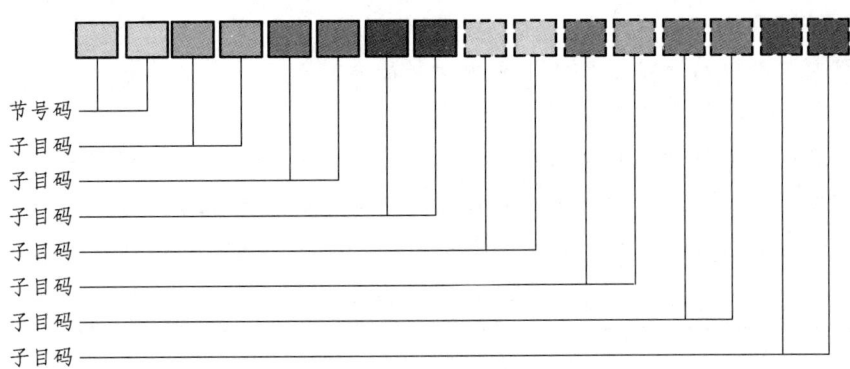

图2-3　编码的层级关系

【条文】4.1.2　计量单位

（1）计量单位一般采用以下基本单位：

1）以体积计算的子目——立方米（m^3）。

2）以面积计算的子目——平方米（m^2）。

3）以长度计算的子目——米或公里（m或km）。

4）以重量计算的子目——千克或吨（kg或t）。

5）以自然计量单位计算的子目——台、个、处、孔、组、座或其他可以明示的自然计量单位。

6）没有具体数量的子目——元。

（2）工程数量应按以下规定计量：

1）计量单位为"立方米""平方米""米""千克"的取2位。

2）计量单位为"公里"的，轨道工程取5位；其他工程取3位。

3）计量单位为"吨"的取3位。

4）计量单位为"元"的取整。

5）计量单位为个、处、孔、组、座或其他可以明示的自然计量单位的取整。

〖原指南〗2.1.4　计量单位

2.1.4.1　计量单位一般采用以下基本单位：

（1）以体积计算的子目——立方米。

（2）以面积计算的子目——平方米。

（3）以长度计算的子目——米、公里。

（4）以重量计算的子目——吨。

（5）以自然计量单位计算的子目——个、处、孔、组、座或其他可以明示的自然计量单位。

（6）没有具体数量的子目——元。

2.1.4.2　工程数量小数点后有效位数应按以下规定取定

（1）计量单位为"立方米"、"平方米"、"米"的取2位，第3位4舍5入。

（2）计量单位为"公里"的，轨道工程取5位，第6位4舍5入；其他工程取3位，第4位4舍5入。

（3）计量单位为"吨"的取3位，第4位4舍5入。

（4）计量单位为"个、处、孔、组、座或其他可以明示的自然计量单位"和"元"的取整，小数点后第1位4舍5入。

〖要点说明〗本条补充增加了 m^3、m^2 等单位标识，并对条款进行了规范化。需要强调的是，铁路工程工程量清单一条目仅有一个计量单位，不可出现双计量单位或多个计量单位的情况。

根据其他行业计量单位规则，没有具体数量的子目通常采用"总额"或"项"作为计量单位，本规范维持铁路行业习惯做法，仍以"元"作为计量单位。以元为单位没有具体数量的子目即合同中所指的总价子目，有具体单位的清单子目即合同中所指的单价子目。单价承包合同也有总价的概念，同理，总价承包中亦有单价承包的工程项目。

需要说明，这只是对单位的原则性约定，相同的工程量也会选择不同的计量单位。例如：隧道允许超挖回填、拱顶压浆等，虽然工程数量应按立方米计的体积，但采用了延长米作为计量单位，显然其对风险的分摊是截然不同的，因此工程量清单子目计量单位不可一概而论。

表2-6 以延长米为计量单位的子目案例

子目编码	名称	计量单位	子目划分特征	工程量计算规则	工程（工作）内容
100101010202	②允许超挖采用模筑混凝土回填	延长米	综合	按设计图示围岩长度计算	混凝土浇筑
1001010104	（4）拱顶压浆	延长米	综合	按设计图示围岩长度计算	钻孔、浆液制作、压浆、检查、堵孔

【条文】4.1.3 子目划分特征

在编制工程量清单时，可根据项目的特点按子目划分特征编列或自行补充清单子目。子目划分特征为"综合"的，即为最低一级的清单子目，是投标报价和合同签订后工程实施中计量的清单子目，其下不得再设置细目。

〖原指南〗2.1.1 工程量清单

2.1.1.1 对最低一级或新出现的清单子目，在编制工程量清单时，可根据该建设项目的特点按子目划分特征编列或自行补充。子目划分特征为"综合"的，即为最低一级的清单子目，表示其下不得再设置细目。

2.1.5 子目划分特征

子目划分特征为"综合"的子目，即为编制工程量清单填写工程数量（计量单位为"元"的子目除外）的清单子目，也是投标报价和合同签订后工程实施中计量与支付的清单子目。

〖要点说明〗本条与原指南2.1.1.1和2.1.5进行整合，对条文进一步规范化。

子目划分特征是铁路工程量清单所特有的内容，与《建设工程工程量清单计价规范》（GB 50500—2003）的项目特征存在较大差异。项目特征指构成分部分项工程项目、措施项目自身价值的本质特征，如挖土方，需要说明土壤类别、挖土深度和弃土运距，类似于说明铁路工程单项概（预）算中每一项数量和定额。子目划分特征主要用于确定下一级清单子目划分的原则和标识需要投标报价的最低一级清单子目，而土壤类别、混凝土标号、钢筋类型等相关数量情况，投标人需根据国家法规、招标文件、图纸和现场施工条件自行进行查询和计算，一定程度上解决铁路工程工程量清单的冗余问题。

子目划分特征为"综合"的清单子目的深细度直接决定着工程数量的变化风险，理论上子目越细承包人承担的风险越小，但子目比较粗时也不意味着风险全部由承包人承担，因此应尽量合理分摊风险，并且应基本以形成最终的实体工程来设置工程量清单子目，容易计量且可追溯。

除此以外，原指南 2.1.3 名称指出工程量清单计量规则表中的名称包括了各章节名称和费用名称，子目划分特征为"综合"的子目名称一般是指形成工程实体的名称。考虑到名称的通俗易懂性，避免造成概念混淆，本规范将该条文删除。

【条文】4.1.4 工程量计算规则

（1）工程量计算规则是在各类工程界面划分明确的基础上对清单子目工程量的计算规定。

1）路基与桥梁工程界面划分：设置桥台过渡段时，桥台后过渡段为路基工程；未设置桥台过渡段时，桥台后缺口填筑为桥梁工程。

2）路基与隧道工程界面划分：设置斜切式洞门时，以洞门的斜切面与设计内轨顶面的交线同线路中线的交点为界，靠隧道一侧计入隧道工程，靠路基一侧计入路基工程。

3）隧道与桥梁工程界面划分：桥台进洞时，桥台基坑开挖、防护、回填等计入桥梁工程，隧道边坡、仰坡防护等计入隧道工程。

4）室内、室外界面划分

① 给水管道：设置入户水表井（或交汇井）时，以井为界，水表井（或交汇井）计入室外给水管道。未设置入户水表井（或交汇井）时，以建筑物外墙皮为界。

② 排水管道：以出户第一个排水检查井（或化粪池）为界，检查井、化粪池均计入室外。

③ 热网管道、工艺管道：以建筑物外墙皮为界。

④ 电力、照明线路：以入户配电箱为界，入户配电箱计入室内。

5）清单子目的土方和石方，指单独挖填土石方的子目和无须砌筑的各种沟渠等的土石方。砌筑等工程的子目工程（工作）内容已含土石方挖填的清单子目，土石方不单独计量。

（2）除另有规定及说明外，清单子目工程量应以设计图示的工程实体净值计算，不含施工中的各种损耗及因施工工艺需要所增加的工程量，相关损耗及工程量所发生费用计入综合单价。

1）非预应力钢筋重量按设计图示长度（应含架立钢筋、定位钢筋）乘理论单位重量计算，不含搭接和焊接料、绑扎料、接头套筒、垫块等材料的重量。

2）预应力钢筋（钢丝、钢绞线）重量按设计下料长度乘理论单位重量计算，不含锚具、管道、锚板及联结钢板、封锚、捆扎、焊接材料等的重量。

3）钢结构重量按设计图示尺寸计算，不含搭接和焊接料、下脚料、缠包料和垫衬物、涂装料等材料的重量。

4）砌体体积按设计图示尺寸以实体体积计算，除另有规定外，不扣除预留孔洞、预埋件的体积。勾缝、抹面按设计砌体表面勾缝、抹面的面积计算。

5）混凝土体积按混凝土设计尺寸以实体体积计算，除另有规定外，不扣除混凝土中钢筋（钢丝、钢绞线）、预埋件和预留压浆孔道等所占的体积。

6）桩基以体积计量时，其高度按设计图示中桩顶至桩底间长度计列，其截面积均按设计桩径断面积计列，不得将扩孔（扩散）因素或护壁圬工计入工程数量，房屋工程除外。如需试桩，按设计文件的要求计入工程数量。桩帽（筏板）混凝土按设计体积计算，桩帽（筏板）钢筋按设计重量计算。

7）工程量以面积计量时，其面积按设计图示尺寸计算，不扣除各类井和在 $1 m^2$ 及以下的构筑物所占的面积。另有规定除外。

8）工程量以长度计量时，按设计图示中心线的长度计算，不扣除接头、检查井、人（手）孔坑、接头坑等所占的长度。另有规定除外。

（3）在新建铁路工程项目中，与路基、桥梁、隧道等工程同步施工的电缆沟、槽及光（电）缆防护、接触网滑道，应分别在路基、桥梁、隧道等工程的清单子目中计量。对既有线改造项目，应根据工程实际情况计列。

（4）所有室内工程的地基处理应在房屋工程相应清单子目中计量。

〖原指南〗2.1.6 工程量计算规则

2.1.6.1 工程量计算规则是对清单子目工程量的计算规定和对相关清单子目的计量界面的划分。在工程实施过程中，计量与支付必须严格执行工程量计算规则。

（1）子目划分特征为"综合"的是最低一级的清单子目，与其相关的工程内容属子细目，不单独计量，费用计入该清单子目。

（2）作为清单子目的土方和石方，除区间路基土石方和站场土石方外，仅指单独挖填土石方的子目和无须砌筑的各种沟渠等的土石方。如改河、改沟、改渠、平交道土石方，刷坡、滑坡减载土石方，挡沙堤、截沙沟土方，为防风固沙工程预先进行处理的场地平整土石方。与砌筑等工程有关的土石方挖填属于子细目，不单独计量。

（3）路桥分界：不设置路堤与桥台过渡段时，桥台后缺口填筑属桥梁范围，设置路堤与桥台过渡段时，台后过渡段属路基范围。

（4）室内外界线划分

① 给水管道：以入户水表井或交汇井为界，无入户水表井或交汇井而直接入户的，以建筑物外墙皮为界。水表井或交汇井的费用计入第九章第21节的给水管道。

② 排水管道：以出户第一个排水检查井或化粪池为界。检查井的费用计入第九章第21节的排水管道，化粪池在第九章第21节的排水建筑物下单列清单子目。

③ 热网管道、工艺管道：以建筑物外墙皮为界。

④ 电力、照明线路：以入户配电箱为界。配电箱的费用计入房屋。

2.1.6.2 除另有规定及说明外，清单子目工程量均以设计图示的工程实体净值计算。施工中的各种损耗和因施工工艺需要所增加的工程量，应由投标人在投标报价时考虑，计入综合单价，不单独计量。计量支付仅以设计图示实体净值为准。

（1）计算钢筋（预应力）混凝土的体积时，不扣除钢筋、预埋件和预应力筋张拉孔道所占的体积。

（2）普通钢筋的重量按设计图示长度乘理论单位重量计算，不含搭接和焊接、绑扎料、接头套筒、垫块等材料的重量。

（3）预应力钢筋（钢丝、钢绞线）的重量按设计图示结构物内的长度乘理论单位重量计算，不含结构物以外张拉所需的部分和锚具、管道、锚板及联结钢板、压浆、封锚、捆扎、焊接材料等的重量。

（4）钢结构的重量按设计图示尺寸计算，不含搭接、焊接材料、下脚料、缠包料和垫衬物、涂装料等的重量。

（5）各种桩基如以体积计量时，其体积按设计图示桩顶（混凝土桩为承台底）至桩底的长度乘以设计桩径断面积计算，不得将扩孔（扩散）因素或护壁圬工计入工程数量。如需试桩，按设计文件的要求计入工程数量。

（6）以面积计量时，除另有规定外，其面积按设计图示尺寸计算，不扣除在1平方米及以下固定物（如检查井等）的面积。

（7）以长度计量时，除另有规定外，按设计图示中心线的长度计算，不扣除接头、检查井等所占的长度。

2.1.6.3 在新建铁路工程项目中，与路基、桥梁、隧道等工程同步施工的电缆沟、槽及光（电）缆防护、接触网滑道，应在路基、桥梁、隧道等工程的清单子目中计量，五电部分不得重复计列。对既有线改造项目，应根据工程实际情况计列。

2.1.6.4 第八章以外的地基处理仅指各章节室外工程的地基处理，所有室内工程的地基处理应在第八章房屋相应的清单子目中计量。

〖要点说明〗本条结合《铁路工程概预算工程量计算规则》(2010年)进行相应调整和完善,主要调整内容如下:

(1)删除了原指南"2.1.6.1 工程量计算规则是对清单子目工程量的计算规定和对相关清单子目的计量界面的划分。在工程实施过程中,计量与支付必须严格执行工程量计算规则"对于工程量计算规则定义和支付方面的规定,还原字面本意并将支付规定交由合同文本来明确。

(2)删除了原指南"2.1.6.1(1)子目划分特征为"综合"的是最低一级的清单子目,与其相关的工程内容属子细目,不单独计量,费用计入该清单子目。"的论述,避免规范出现过多关于"综合"的反复论述,提高规范的严谨性。

(3)本规范4.1.4(1)结合原指南2.1.6.1(2)(3)(4),将各类工程界面划分进行了完善和补充,如表2-7所示。

表2-7 各类工程界面划分

序号	专业工程	界面划分说明
1	路基与桥梁工程	设置桥台过渡段时,桥台后过渡段为路基工程;未设置桥台过渡段时,桥台后缺口填筑为桥梁工程
2	路基与隧道工程	设置斜切式洞门时,以洞门的斜切面与设计内轨顶面的交线为界,靠隧道一侧计入隧道工程,靠路基一侧计入路基工程
3	隧道与桥梁工程	桥台进洞时,桥台基坑开挖、防护、回填等计入桥梁工程,隧道边坡、仰坡防护等计入隧道工程
4	室内、室外界面划分运输距离	①给水管道:设置入户水表井(或交汇井)时,以井为界,水表井(或交汇井)计入室外给水管道,未设置入户水表井(或交汇井)时,以建筑物外墙皮为界;②排水管道:以出户第一个排水检查井(或化粪池)为界,检查井、化粪池均计入室外;③热网管道、工艺管道:以建筑物外墙皮为界;④电力、照明线路:以入户配电箱为界,入户配电箱计入室内
5	清单子目的土方和石方	指单独挖填土石方的子目和无须砌筑的各种沟渠等的土石方。砌筑等工程的子目工程(工作)内容已含土石方挖填的清单子目,土石方不单独计量

(4)清单子目的土方和石方,指单独挖填土石方的子目和无须砌筑的各种沟渠等的土石方,包括工程本体土石方的挖填以及反压护道等土石方的挖填。只有单独挖填的土石方才单独计量,其余附属工程中砌筑沟渠的各种土石方均应包含在相应的工程量清单子目项下。

(5)工程量计量优先级一定是首先考虑按实体工程净值计算,不应包含各种施工损耗和工艺损耗。例如:隧道衬砌下一级子目包括"模筑混凝土""允许超挖采用模筑混凝土回填""预留变形量采用模筑混凝土回填"等,计量单位有"圬工方"或"延长米",衬砌数量不可将下一级子目数量全部相加,而仅能统计设计图示的净值。

(6)本规范4.1.4(2)对钢筋、砌体、混凝土等主要材料的工程量计算规则进行明确,是在原指南2.1.6.2基础上进行了完善和规范化,同样均适用于站房工程。其中,调整较大的是预应力钢筋(钢丝、钢绞线)重量的计算规则,本规范依据《铁路工程预算定额桥涵工程》(国铁科法〔2017〕33号)中关于预应力钢筋的工程量计算规则,确定预应力钢筋(钢丝、钢绞线)重量按设计下料长度乘理论单位重量计算,不含锚具、管道、锚板及联结钢板、封锚、捆扎、焊接材料等的重量。下料长度指钢筋切断时的长度,而非原指南中"结构物内的长度"。

下料长度=外包尺寸-量度差+端部弯钩增值

具体分为：

直线钢筋下料长度=构件长度-保护层厚度+钢筋弯钩增加长度+钢筋搭接长度

弯起钢筋下料长度=直段长度+斜段长度-量度差值（弯曲调整值）+弯钩增加长度+钢筋搭接长度

箍筋下料长度=直段长度+弯钩增加长度-量度差值（箍筋调整值）

（7）本规范 4.1.4（3）是在原指南 2.1.6.3 基础上进行了规范化。

（8）本规范 4.1.4（4）是在原指南 2.1.6.4 基础上进行了规范化。

【条文】4.1.5　工程（工作）内容

（1）工程（工作）内容是指完成该清单子目的具体工程（工作），除已列明的工程（工作）内容外，还包括场地平整、原地面挖台阶、原地面碾压，工程定位复测，测量、放样，工程点交、场地清理，材料（含成品、半成品、周转性材料）和各种填料的采备保管、运输装卸，小型临时设施，按照规范和施工质量验收标准的要求对建筑安装的设备、材料、构件和建筑物进行检验、试验、检测、观测，防寒、保温设施，防雨、防潮设施，照明设施，文明施工（施工标识、防尘、防噪声等）和环境保护、水土保持、防风防沙、卫生防疫措施，已完工程及设备保护措施、竣工文件编制等内容。

（2）对于改建工程的清单子目或距既有线（既有建筑物）较近工程的清单子目，除另有说明或单列清单子目外，还包括既有线（既有建筑物）的拆（凿）除（凿毛）、整修、改移、加固、防护、更换构件和与相关产权单位的协调、联络、封锁线路要点施工或行车干扰降效等内容。

（3）对于使用旧料修建的工程，还包括对旧料的整修、选配等内容。

（4）施工中引起的过渡费用应计入相应的清单子目，另有说明或单列清单子目除外。

（5）常用工程（工作）内容的表示方法：

1）基坑（工作坑、检查井孔）挖填。包括筑岛、围堰及拆除（桥梁工程除外），土石挖、装、运、弃，弃方整理，坑（孔）壁支护及拆除，降排水，修坡，修底，垫层铺设，回填（含原土回填和外运填料或圬工回填）、压实。

2）桩（井）孔开挖。包括桩（井）孔土石挖、运、弃，弃方整理，孔壁支护及拆除，通风，降排水，清孔。

3）沟槽挖填。包括管沟、排水沟、光（电）缆沟等的筑岛、围堰及拆除，土石挖、运、弃，弃方整理，沟壁支护及拆除，降排水，修坡，修底，地基一般处理（含换填，垫层铺设），回填（含原土回填和外运填料回填）、压实，标志埋设。

4）砌体（干砌和浆砌）砌筑。包括砂浆配料、拌制，石料或砌块选修，挂线，填塞，勾缝，抹面，养护。

5）混凝土浇筑。包括配料（含各种外加剂），拌制，运输，浇筑，振捣，养护。

6）钢筋及预埋件制安。包括调直、除锈、切割、钻孔、弯曲、捆束、堆放、焊接、套筒连接、绑扎、安放、定位、检查、校正、垫块。

7）模板制安拆。包括制作、挂线放样、模板及配件安装，校正，紧固，涂刷脱模剂，拆除、整修、涂油、堆放。

8）（钢筋）混凝土预制构件制安。包括脚手架搭拆，钢筋及预埋件制安，预制场内模板制安拆、混凝土浇筑，安砌（装），勾缝，抹面，养护。

9）金属构件制安。包括放样、除锈、切割、钻孔、煅制、堆放、安装、联接、检查、校正、涂装。

10）管道铺（架）设。包括管道基础浇筑，支（吊）架、支墩制安，管道、管件制安，阀门、计量表安装，接口处理，防腐、保温处理，管道试验。

11）杆坑挖填。包括土石挖、运、弃，弃方整理，坑（孔）壁支护及拆除，降排水，修坡，修底，垫层铺设，回填（含原土回填和外运填料或圬工回填）、压实等。

12）立杆（电杆、信号机柱）。包括清坑、杆（柱）架立、整正，底盘、卡盘安装，撑杆、拉线、拉线桩（盘）制安，根部加固及防护（培土、砌筑等），接地连接，杆上附属装置制安，铭牌制安。

13）立杆（接触网支柱）。包括清坑、支杆、整正回填，接地连接，根部加固及防护（培土、砌筑等）。

14）光（电）缆敷设。包括检查，配盘、量裁，沿电缆沟、槽、管道敷设，架空敷设，盘留固定余缆，测试。分支地线敷设及连接，引接线端子排安装及连接，接地体制安。洞口封堵恢复，缠绕线环，线端核对，编绑整理。除管槽外的光（电）缆线路防护。

15）导线架设。包括横担组装，绝缘子、防震锤安装，导线架设，紧固，接续，端头处理，测试。

16）铁塔组立。包括构件组装，铁塔架立、固定，接地连接，防腐处理，警告牌制安，根部加固及防护（培土、砌筑等）。

17）防雷设施制安。包括坑、沟挖填，地线盘、地网、接地极、避雷线（针）、避雷器、消雷器、防雷器制安，加降阻剂，设标志，防腐处理，接地电阻试验。

18）设备安装、调试。包括开箱检验，机架（柜）、底座、支架、配件制安，模块、机盘安装，打孔洞，插件、插板安装，配线敷设，电气安装，相应软件的安装调试，单机测试。

〖原指南〗2.1.7 工程（工作）内容

2.1.7.1 工程（工作）内容是指完成该清单子目可能发生的具体工程（工作）。除工程量清单计量规则列出的内容外，均包括场地平整、原地面挖台阶、原地面碾压、工程定位复测，测量，放样，工程点交、场地清理，材料（含成品、半成品、周转性材料）和各种填料的采备保管、运输装卸，小型临时设施，按照规范和施工质量验收标准的要求对建筑安装的设备、材料、构件和建筑物进行检验、试验、检测、观测，防寒、保温设施，防雨、防潮设施，照明设施，文明施工（施工标识、防尘、防噪声、施工场地围栏等）和环境保护、水土保持、防风防沙、卫生防疫措施，已完工程及设备保护措施、竣工文件编制等内容。

2.1.7.2 本指南所列工程（工作）内容仅供投标人参考，投标人在投标报价时，应按照现行国家和铁道部产品标准、设计规范和施工规范（指南）、施工质量验收标准、安全操作规程、设计图纸、招标文件、补遗文件等要求完成的全部内容来考虑。

2.1.7.3 对于改建工程的清单子目或靠近既有线（既有建筑物）较近的清单子目，除另有说明或单列清单子目外，应包括既有线（既有建筑物）的拆（凿）除（凿毛）、整修、改移、加固、防护、更换构件和与相关产权单位的协调、联络、封锁线路要点施工或行车干扰降效等内容。

2.1.7.4 对于使用旧料修建的工程，还应包括对旧料的整修、选配等内容。

2.1.7.5 除另有说明或单列清单子目外，施工中引起的过渡费用应计入该清单子目。如修建涵洞引起的沟渠引水过渡费用计入涵洞等。

2.1.7.6 除另有说明或单列清单子目外，部分小型设备的基础费用计入相应的安装工程清单子目。如给水排水设备基础。

2.1.7.7 当施工组织设计采用的施工方案与本指南所描述的工程（工作）内容界面不一致时，应在招标文件中明确，对工程（工作）内容的界面描述进行调整。如桥面垫层、防水层、保护层是按包含在制梁工程（工作）内容中考虑的，当施工组织设计采用先架梁后做桥面垫层、防水层、保护层的施工方案时，应在招标文件中明确，对预制梁和架设梁的工程（工作）内容进行调整。

2.1.7.8 常用工程（工作）内容的表示方法统一如下：

（1）土方挖填。包括围堰或挡水埝填筑及拆除，挖、运、卸，弃方整理，降排水，分层填筑、洒水、翻晒、改良，压实，修整。

（2）石方挖填。包括围堰或挡水埝填筑及拆除，爆破，挖、运、卸，解小，弃方整理，降排水，分层填筑，塞紧空隙、压（夯）实，选石及修石，码砌边坡，修整。

（3）基坑（工作坑、检查井孔）挖填。包括筑岛、围堰及拆除（第三章的桥梁工程除外），土石挖、运、弃、弃方整理，坑（孔）壁支护及需要时拆除，降排水，修坡，修底，垫层铺设，回填（包括原土回填和外运填料或圬工回填）、压实。

（4）桩（井）孔开挖。包括桩（井）孔土石挖、运、弃，弃方整理，孔壁支护及需要时拆除，通风，降排水，清孔。

（5）沟槽（管沟、排水沟，光、电缆沟）挖填。包括筑岛、围堰及拆除，土石挖、运、弃、弃方整理，沟壁支护及需要时拆除，降排水，修坡，修底，地基一般处理（含换填，垫层铺设），回填（包括原土回填和外运填料回填）、压实，标志埋设。

（6）砌体（包括干砌和浆砌）砌筑或铺砌。包括砂浆配料、拌制，石料或砌块选修，挂线，填塞，勾缝，抹面，养护。

（7）混凝土浇筑。包括配料（含各种外加剂），拌制，浇筑，振捣，养护。

（8）钢筋及预埋件制安。包括调直、除锈，切割，钻孔，弯曲，捆束，堆放，联接，绑扎，安放，定位，检查，校正。

（9）模板制安拆。包括制作、挂线放样、模板及配件安装，校正，紧固，涂刷脱模剂，拆除、整修、涂油、堆放。

（10）圬工砌筑。包括脚手架搭拆，砌体砌筑，模板制安拆，钢筋及预埋件制安，混凝土浇筑。

（11）（钢筋）混凝土预制构件制安。包括脚手架搭拆，钢筋及预埋件制安，模板制安拆，混凝土浇筑，安砌（装），勾缝，抹面，养护。

（12）金属构件制安。包括放样、除锈、切割、钻孔、煨制、堆放、安装、联接、检查、校正、涂装。

（13）管道铺（架）设。包括管道基础浇筑，支（吊）架、支墩制安，管道、管件制安，阀门、计量表安装，接口处理，防腐、保温处理，管道试验。

（14）杆坑（支柱坑、拉线坑）挖填。包括土石挖、运、弃，弃方整理，坑（孔）壁支护及需要时拆除，降排水，修坡，修底，垫层铺设，回填（包括原土回填和外运填料或圬工回填）、压实等。

（15）立电杆（信号机柱）。包括清坑、杆（柱）架立、整正，底盘、卡盘安装，撑杆、拉线、拉线桩（盘）制安，根部加固及防护（培土、砌筑等），接地连接，杆上附属装置制安，铭牌制安，涂漆、写字。

（16）立（接触网）支柱。包括清坑、支柱架立，整正回填，接地连接，根部加固及防护（培土、砌筑等）。

（17）光（电）缆线（贯通地线）敷设。包括检查，配盘，量裁，直埋敷设，沿电缆沟、槽敷设，敷设塑料子管，穿过管道敷设，分支地线敷设及连接，引接线端子排安装及连接，接地体制安，架空电缆吊线架设，光（电）缆架设，挂设，布放，紧固，芯线和外护套（套管）接续，端头处理，支架（吊架）制安。室内敷设还包括墙、地板打眼，防护管、槽制安，预穿铁线，刷漆，洞口封堵恢复，缠绕线环，线端核对，编绑整理等。光电缆线各种保护、防护。测试（含敷设前测试，接续中测试，最后进行功能、特性和各种指标测试），盘留固定余缆。

（18）导线架设。包括横担组装，绝缘子、防震锤安装，导线架设，紧固，接续，端头处理，测试。

（19）铁塔组立。包括构件组装，脚手架及支架搭拆，铁塔架立、固定，接地连接；防腐处理，警告牌制安，写字；根部加固及防护（培土、砌筑等）。

（20）防雷设施制安。包括坑、沟挖填，地线盘、地网、接地极、避雷线（针）、避雷器、消雷器、防雷器制安，加降阻剂，设标志，防腐处理，接地电阻试验。

（21）设备安装、调试（含属设备范围的各种架、柜）。包括开箱检验，支架、配管、配件制安，打孔洞，插件、插板安装，线槽、线管敷设安装，配线敷设，电气安装（单列清单项目的除外），相应软件的安装调试，单机测试和系统调试（单列清单项目的除外，不包括由发包人负责的联合试运转）。

（22）接地体制安。包括填沟、坑挖填，各种接地极（体）、地网、地线等制安，加降阻剂，设标志，防腐处理。接地连接完成后进行接地电阻测试。

〖**要点说明**〗本条结合铁路行业相关规范进行相应调整和完善，主要调整内容如下：

（1）本规范 4.1.5（1）是在原指南 2.1.7.1 基础上进行了规范化，并与安全生产费相区别。

（2）本规范 4.1.5（2）是在原指南 2.1.7.3 基础上进行了规范化。

（3）本规范 4.1.5（3）是与原指南 2.1.7.4 一致。

（4）本规范 4.1.5（4）是在原指南 2.1.7.5 基础上进行了规范化。

（5）原指南 2.1.7.6 和 2.1.7.7 已基本在工程量清单计量规则中解决，并可通过合同或标段划分进行区别，故本规范将其删除。内容如下：

2.1.7.6 除另有说明或单列清单子目外，部分小型设备的基础费用计入相应的安装工程清单子目，如给水排水设备基础。

2.1.7.7 当施工组织设计采用的施工方案与本指南所描述的工程（工作）内容界面不一致时，应在招标文件中明确，对工程（工作）内容的界面描述进行调整。例如桥面垫层、防水层、保护层是按包含在制梁工程（工作）内容中考虑的，当施工组织设计采用先架梁后做桥面垫层、防水层、保护层的施工方案时，应在招标文件中明确，对预制梁和架设梁的工程（工作）内容进行调整。

（6）本规范 4.1.5（5）是在原指南 2.1.7.8 基础上进行了修改和完善。将常用工程（工作）内容的表示方法进行统一和简化，是铁路工程工程量清单的首创，更适应铁路建设的习惯做法，也更有利于建设管理中快捷使用。

① 删除了土方挖填和石方挖填，由于不同工程子目土石方挖填工作内容不尽相同，采用统一方法，可能出现混淆的问题，因此尽量在工程量清单计量规则表的工作内容中进行详细描述，体现不同工程子目的特殊性。

② 混凝土浇筑内容中增加运输，与 4.1.5（1）存在一定重复性，但旨在重点明确混凝土从配料、拌制、运输，一直到养护的全过程，均包含在混凝土浇筑中。

③ 删除了圬工砌筑。因其内容包括脚手架搭拆，砌体砌筑，模板制安拆，钢筋及预埋件制安，混凝土浇筑。而这些内容在砌体砌筑、混凝土浇筑和（钢筋）混凝土预制构件制安等均有体现，该内容使用率较低，故进行了删除，对原指南进一步规范化。

④ 杆坑挖填、立杆（电杆、信号机柱）、立杆（接触网支柱）等是在原指南基础上进行了规范化。

4.2 分章说明

〖**条文**〗4.2.1　第一章　迁改工程

（1）道路过渡工程是指为了不中断既有道路交通，确保施工、运营安全所修建的过渡工程。

（2）改河（沟渠）包括涵洞的上下游铺砌及顺沟、顺渠、顺路（仅为非等级公路）内容。指为保证涵洞两端上下游通畅，避免对环境产生不利影响而需向铁路用地界以外延伸部分的工程。

（3）管线路防护是指修建铁路时需对既有管线路进行的防护、加固，含电磁防护工程。

（4）青苗补偿费是指在铁路用地界以外修建正式工程发生的青苗补偿费用。

〖**原指南**〗2.2.1　第一章　拆迁工程

2.2.1.1 本章仅指产权不属于路内的拆迁工程（含防护）。对于属路内产权建筑物的拆除或防护，按 2.1.7 款的第 3 条规定执行。

2.2.1.2 道路过渡工程是指为了不中断既有道路交通，确保施工、运营安全所修建的过渡工程。包括桥涵。

2.2.1.3 管线路防护是指修建铁路时须对属路外产权的管线路进行的防护、加固。

2.2.1.4 青苗补偿费是指在铁路用地界以外修建正式工程发生的有关补偿费用。

【要点说明】本条结合铁路行业相关建设现状进行相应调整和完善，主要调整内容如下：

（1）删除原指南2.2.1.1和2.2.1.3对于路内和路外拆迁的区别，随着铁路项目建设企业性发展，路内和路外的界限划分逐渐模糊。

（2）本规范4.2.1（3）增加电磁防护工程，适应现今铁路电磁兼容技术的发展。

【条文】4.2.2 第二章 路基工程

（1）区间路基和站场土石方

1）利用隧道、路基、站场、桥涵弃土石方的运输距离界面划分：以设计确定的取料点为界，料源点至取料点的运输距离计入弃方工程中，取料点至填筑点（含运至填料拌和站）的运输距离计入填筑工程中。

2）挖方以设计开挖断面计算，为天然密实体积；填方以设计填筑断面计算，为压实后体积。

3）因设计要求清除表土后或原地面压实后回填至原地面标高所需的土石方按设计图示确定的数量计算，纳入路基填方数量内。

4）路堤填筑按照设计图示填筑线计算土石方数量，护道土石方、需要预留的沉降数量计入填方数量。

5）既有线改造工程所引起的既有路基落底、抬坡的土石方数量应按相应的土石方的清单子目计量。

（2）路基附属工程

1）路基加固防护与桥梁基坑防护的界面划分：以桥台台尾为界，路基范围以内的防护工程纳入路基工程。

2）路基（站场）排水沟与涵洞出入口沟渠的界面划分：涵洞边墙以外的排水系统纳入路基（站场）工程。

3）支挡结构

① 支挡结构包括抗滑桩、挡土墙、锚固结构等工程。

② 桩板挡土墙分别按钢筋混凝土桩和钢筋混凝土板的清单子目计量。

③ 加筋土挡土墙分别按墙面板及基础和拉筋的清单子目计量。

④ 锚杆框架梁分别按锚杆及钢筋混凝土的清单子目计量。

4）路基地基处理中基底填筑（垫层）按清单子目单独计量；挡土墙、护墙等砌体圬工的基础、墙背所设垫层不单独计量，其工程内容含在相应的清单子目中。

5）土工合成材料

① 铺设土工材料数量按设计铺设面积计算，若特殊设计需要回折的，回折部分另行计算并计入工程数量。除土工网垫外，其下铺设的各种垫层或其上填筑的各种覆盖层等应采用地基处理的清单子目计量。

② 支挡结构中的受力土工材料在支挡结构的清单子目中计量。

6）地下洞穴处理

① 仅适用于对地下洞穴进行直接处理的计量，对于通过挖开后回填处理，应采用地基处理的清单子目计量。

② 地下洞穴处理的填筑清单子目，适用于通过地下巷道进入施工现场进行填筑的工程。

【原指南】2.2.2 第二章 路基

2.2.2.1 区间路基和站场土石方

（1）挖方以设计开挖断面按天然密实体积计算，含侧沟的土石方数量。填方以设计填筑断面按压实后的体积计算。

（2）因设计要求清除表土后或原地面压实后回填至原地面标高所需的土石方按设计图示确定的数量计算，纳入路基填方数量内。

（3）路堤填筑按照设计图示填筑线计算土石方数量，护道土石方、需要预留的沉降数量计入填方数量。

（4）清除表土的数量和路堤两侧因机械施工需要超填帮宽等而增加的数量，不单独计量，其费用应计入设计断面。

（5）既有线改造工程所引起的既有路基落底、抬坡的土石方数量应按相应的土石方的清单子目计量。

2.2.2.2 路基附属工程

（1）附属土石方及加固防护

① 附属土石方及加固防护系指支挡结构以外的所有路基附属工程，包括改河、改沟、改渠、平交道口土石方等工程，盲沟、排水沟、天沟、截水沟、渗沟、急流槽等排水系统、边坡防护（含护墙）、冲刷防护、风沙路基防护、绿色防护等防护工程，与路基同步施工的电缆槽、接触网支柱基础、路基地段综合接地贯通地线、光（电）缆过路基防护，软土路基、地下洞穴、取弃土场等加固处理工程，综合接地引入地下、降噪声工程、线路两侧防护栅栏、路基护轮轨等。

② 除地下洞穴处理、取弃土（石）场处理两类工程需单独计量外，其余各类工程中的清单子目划分应视为并列关系。地下洞穴处理、取弃土（石）场处理的工程，只能采用其相应类别的清单子目计量；非地下洞穴处理、取弃土（石）场处理的工程，不得采用地下洞穴处理、取弃土（石）场处理的清单子目计量。

③ 对于各类工程的挖基等数量，不单独计量，其费用计入相应的清单子目。

④ 路基地基处理中基底所设的垫层按清单子目单独计量；挡土墙、护墙等砌体圬工的基础、墙背所设垫层不单独计量，其费用计入相应的清单子目。

⑤ 土工合成材料处理

A 土工合成材料处理的各清单子目中，其设计要求的回折长度计量，搭接长度不计量。除土工网垫外，其下铺设的各种垫层或其上填筑的各种覆盖层等应采用地基处理的清单子目计量。

B 支挡结构（挡土墙等）中的受力土工材料（如：加筋土挡土墙中拉筋带等）在支挡结构的清单子目中计量。

⑥ 堆载预压中填筑的砂垫层、砂井或塑料排水板，应采用地基处理的清单子目计量。

⑦ 地下洞穴处理

A 地下洞穴处理仅适用于对地下洞穴进行直接处理，对于通过挖开后回填处理，应采用地基处理的清单子目计量。

B 地下洞穴处理的填土方、填石方等清单子目，适用于通过地下巷道进入施工现场进行填筑的工程。

（2）支挡结构

① 支挡结构包括各类挡土墙、抗滑桩等工程。

② 锚杆挡土墙、桩板挡土墙、加筋土挡土墙、锚定板挡土墙、抗滑桩、预应力锚索、预应力锚索桩等特殊形式的支挡结构采用独立的清单子目计量；其余重力式挡土墙、扶壁式挡土墙、悬臂式挡土墙等一般形式的支挡结构及抗滑桩桩间挡墙按圬工类别划分，应采用挡土墙浆砌石、挡土墙片石混凝土、挡土墙混凝土、挡土墙钢筋混凝土四种清单子目计量。

③ 土钉墙分别按土钉、基础圬工和喷射混凝土的清单子目计量。

④ 加筋土挡土墙中填筑的土石方，应采用区间或站场土石方的清单子目计量。

⑤ 预应力锚索桩桩身的混凝土按抗滑桩清单子目计量，桩间挡墙的混凝土和砌体按一般形式的支

挡结构的清单子目计量；预应力锚索桩板挡土墙的混凝土和砌体按桩板挡土墙清单子目计量，预应力锚索单独计量；格梁等混凝土和砌体按一般形式的支挡结构的清单子目计量；预应力锚索中的锚墩不单独计量，其费用计入预应力锚索。

⑥预应力锚索包括独立的预应力锚索和预应力锚索桩、预应力锚索桩板挡土墙中的预应力锚索。预应力锚索中的锚墩不单独计量，其费用计入预应力锚索。

⑦挡土墙等的基础垫层以下的特殊地基处理按地基处理项下的清单子目单独计量。

〖要点说明〗本条结合铁路行业相关规范进行相应调整和完善，主要调整内容如下：

（1）本规范 4.2.2（1）增加利用隧道、路基、站场、桥涵弃土石方的运输距离界面划分：以设计确定的取料点为界，料源点至取料点的运输距离计入弃方工程中，取料点至填筑点（含运至填料拌和站）的运输距离计入填筑工程中。

本条对一直以来弃方、利用方、填方界面划分模糊的问题进行了明确，此处与《铁路基本建设工程设计概（预）算编制办法》（国铁科法〔2017〕30 号，以下简称"编制办法"）存在较大差异，本规范仅将由取料点（料源点）运至临时堆放点或拌和站的土石方运输计入挖方（利用方）子目中，而将直接由取料点和临时堆放点或拌和站运至填筑点土石方运输计入利用方填方子目中〔编制办法将直接由取料点运至填筑点的运输计入挖方（利用方）子目中，而本子目仅计列填筑工程，综合单价不完整〕，保证各子目工程内容和综合单价的完整性。

（2）本规范 4.2.2（2）增加路基加固防护与桥梁基坑防护的界面划分：以桥台台尾为界，路基范围以内的防护工程纳入路基工程。路基（站场）排水沟与涵洞出入口沟渠的界面划分：涵洞边墙以外的排水系统纳入路基（站场）工程。进一步明确相关清单子目工程量计算的界面划分。

（3）删除原指南 2.2.2.2（1）附属土石方及加固防护对路基附属工程包含内容、取弃土（石）场处理内容、各类工程的挖基归属，以及（2）支挡结构包含内容等与工程量清单计量规则表存在重复的内容，进一步体现简明适用的原则。

（4）本规范 4.2.2（2）对基底填筑、土工合成材料、地下洞穴处理等条文进一步规范化。

（5）防洪工程一般非铁路设计单位设计，措施也比较多样化。因此，应根据具体情况设置工程量清单子目，合理分摊发承包双方的风险。

【条文】4.2.3 第三章 桥涵工程

（1）特大桥指桥长 500 m 以上的桥梁；大桥指桥长 100 m 以上至 500 m（含）的桥梁；中桥指桥长 20 m 以上至 100 m（含）的桥梁；小桥指桥长 20 m 及以下的桥梁。

（2）桥梁长度，梁式桥指桥台挡砟前墙之间的长度；拱桥指拱上侧墙与桥台侧墙间两伸缩缝外端之间的长度；框架式桥指框架顺跨度方向外侧间的长度。

（3）桥梁下部工程有"水上"字样的清单子目是指设计采用船舶等水上专用设备方可施工的子目。河滩、水中筑岛施工按"陆上"施工考虑。

（4）墩台子目按墩身高度细分为墩高≤30 m、30 m<墩高≤70 m、70 m<墩高≤140 m。

（5）梁的运架清单子目包括运输、架设等工作内容。

（6）刚构连续梁与桥墩的分界：桥墩顶部变坡点（0 号块底）以上属梁部工程，以下属墩台工程。

（7）附属工程包括台后及河床加固及河岸防护、锥体填筑、洞穴处理等，不含由于防洪需要所发生的相关工程。

（8）本章的洞穴处理，钻孔、注浆、灌砂等清单子目，适用于通过钻孔进行的注浆、灌砂处理；填土、填袋装土、填石（片石）及填（片石）混凝土等清单子目，适用于对洞穴挖开后的填筑处理；钻孔填筑子目仅适用于对钻孔通过洞穴时，需对洞穴进行的填筑处理。

（9）施工辅助设施包括栈桥、缆索吊、施工猫道、基础施工辅助设施和其他设施。基础施工辅助设施包括筑堤、筑岛、围堰、工作平台、防护棚架等。其他设施包括现浇混凝土梁辅助设施、钢梁架设辅助设施、墩身辅助设施等。

〖原指南〗2.2.3　第三章　桥涵

2.2.3.1　特大桥——桥长 500 m 以上；大桥——桥长 100 m 以上至 500 m（含）；中桥——桥长 20 m 以上至 100 m（含）；小桥——桥长 20 m 及以下。

2.2.3.2　桥梁长度，梁式桥系指桥台挡碴前墙之间的长度计算；拱桥系指拱上侧墙与桥台侧墙间两伸缩缝外端之间的长度计算；框架式桥系指框架顺跨度方向外侧间的长度。

2.2.3.3　单线、双线、多线桥应分别编列。

2.2.3.4　桥梁基础有"水上"字样的清单子目是指设计采用船舶等水上专用设备方可实施施工的子目。河滩、水中筑岛施工按"陆上"施工考虑。

2.2.3.5　梁的运输费用计入架设清单子目中。

2.2.3.6　桥面系按桥梁的设计长度计量。混凝土梁桥面系含钢-混凝土结合梁和钢管（箱）系杆拱的桥面系。

2.2.3.7　刚构连续梁与桥墩的分界：桥墩顶部变坡点（0 号块底）以上属梁部，以下属桥墩。

2.2.3.8　制架梁辅助设施包括枕木垛、支架、支墩、膺架、顶推导梁、平衡梁、滑道，钢桁梁架设用吊索塔架，架设拱肋的旋转架设转盘等。

2.2.3.9　基础施工辅助设施包括筑岛，筑堤坝，土、石围堰，木板桩、钢板桩围堰，混凝土、钢筋混凝土围堰，双壁钢围堰、吊箱围堰、套箱围堰，围堰下水滑道，水上工作平台等。

2.2.3.10　附属工程包括锥体填筑及护坡、不设置路堤与桥台过渡段的桥台后缺口填筑、桥头搭板，与工程本身有关的改河、改沟、改渠，导流设施，消能设施，挑水坝，河床加固及河岸防护，地下洞穴、取弃土（石）场处理等。不包括由于防洪需要所发生的相关工程。

2.2.3.11　本章的洞穴处理，钻孔与注浆、灌砂配套使用，适用于通过钻孔进行的注浆、灌砂处理；填土、填袋装土、填石（片石）及填（片石）混凝土等清单子目，适用于对洞穴挖开后的填筑处理；钻孔填筑子目仅适用于对钻孔通过洞穴时，需对洞穴进行的填筑处理。

2.2.3.12　本章第 9 节涵洞的上下游铺砌及顺沟、顺渠、顺路（仅为非等级公路），系指为保证涵洞两端上下游通畅，避免对环境产生不利影响而需向铁路用地界以外延伸部分的工程。与涵洞主体分列，单独计量，但不适用于其他章节的涵洞工程。

〖要点说明〗本条结合铁路行业相关规范进行相应调整和完善，主要调整内容如下：

（1）删除原指南 2.2.3.3 单线、双线、多线桥应分别编列的要求，编制者可根据项目情况自行调整汇总方式，提高自由度。

（2）本规范 4.2.3（4）增加条文：墩台子目按墩身高度细分为墩高≤30 m、30 m＜墩高≤70 m、70 m＜墩高≤140 m。这是结合新版预算定额中对于墩高的档距划分，对不同高度的桥墩进行了综合单价测算，将综合单价接近的墩高档距归为一个子目，最终确定的。

（3）本规范 4.2.3（5）（6）（7）（9）对梁的运架清单子目、刚构连续梁与桥墩的分界、附属工程包含内容、施工辅助措施包含内容等条文进一步规范化。

（4）删除原指南 2.2.3.6 桥面系分类、2.2.3.12 涵洞的上下游铺砌及顺沟、顺渠、顺路的定义等与工程量清单计量规则表存在重复的内容，进一步体现简明适用的原则。

【条文】4.2.4　第四章　隧道及明洞工程

（1）隧道长度指隧道进出口（含与隧道相连的明洞）洞门端墙墙面之间的距离，以端墙面或斜切式洞门的斜切面与设计内轨顶面的交线同线路中线的交点计算。双线隧道按下行线长度计算；位于车站上的隧道以正线长度计算；设有缓冲结构的隧道长度应从缓冲结构的起点计算。

（2）隧道长度大于 4000 m 或有辅助坑道的单、双线隧道，多线隧道及地质复杂隧道分别编列。

（3）隧道正洞施工工区分为正洞进出口工区、通过辅助坑道施工正洞工区，正洞工区长度根据施工组织设计安排确定。

（4）正洞施工按不同工法分为"钻爆法施工""TBM 法施工""盾构法施工"三类，不同工法按地质围岩分级设置清单子目。

（5）TBM 法施工适用于采用敞开式隧道岩石掘进机设备进行开挖的隧道。为便于 TBM 步进、洞内拆解而采用钻爆法施工的正洞主体工程，应采用钻爆法施工相关清单子目计量。

（6）盾构法施工适用于采用土压平衡盾构及泥水平衡盾构设备进行开挖的隧道。如与盾构工作井相连的是封闭式路堑（U 型槽）加雨棚结构，则相关土石方开挖、地基处理、基坑围护、主体结构、雨棚等可采用类似工程清单子目计量。

（7）平行导坑的横通道不单独计量，其工程内容计入平行导坑。

（8）竖井的井口及井底车场工程不单独计量，其工程内容计入竖井。

（9）隧道洞室防护门等与土建工程同步实施的站后相关工程均列于本章中。

〖原指南〗2.2.4　第四章　隧道及明洞

2.2.4.1　长度 $L>4$ km 的隧道按座单独编列，长度 $L\leqslant 4$ km 的隧道分别按 3 km$<L\leqslant 4$ km、2 km$<L\leqslant 3$ km、1 km$<L\leqslant 2$ km、$L\leqslant 1$ km 为单元编列。

2.2.4.2　单线、双线、多线隧道分别编列。

2.2.4.3　瓦斯隧道、地质复杂隧道单独编列。

2.2.4.4　隧道长度，系指隧道进出口（含与隧道相连的明洞）洞门端墙墙面之间的距离，以端墙面或斜切式洞门的斜切面与设计内轨顶面的交线同线路中线的交点计算。双线隧道按下行线长度计算；位于车站上的隧道以正线长度计算；设有缓冲结构的隧道长度应从缓冲结构的起点计算。

2.2.4.5　正洞

（1）开挖

① 按不同围岩级别设置清单子目。

② 出碴运输包括有轨运输和无轨运输。

（2）支护

① 按不同围岩级别设置清单子目。不同围岩级别所配置的相应支护形式由设计确定。

② 锚杆包括砂浆锚杆、中空锚杆、自钻式锚杆、水泥药卷锚杆、预应力锚杆等。

（3）衬砌指模筑（钢筋）混凝土和砌筑部分。包括拱部、边墙、仰拱或铺底、沟槽及盖板和各种附属洞室的衬砌数量。按不同围岩级别设置清单子目。

2.2.4.6　平行导坑的横通道不单独计量，其费用计入平行导坑。

2.2.4.7　竖井的横通道不单独计量，其费用计入竖井。

2.2.4.8　隧道洞口防护中的土钉墙分别按土钉、基础圬工和喷射混凝土的清单子目计量。

〖要点说明〗本条结合铁路行业相关规范及隧道施工新工艺新工法等进行相应调整和完善，主要调整内容如下：

（1）本规范 4.2.4（2）对隧道子目如何划分进行了较大调整，将原指南"2.2.4.1　长度 $L>4$ km 的隧道按座单独编列，长度 $L\leqslant 4$ km 的隧道分别按 3 km$<L\leqslant 4$ km、2 km$<L\leqslant 3$ km、1 km$<L\leqslant 2$ km、$L\leqslant 1$ km 为单元编列。""2.2.4.2　单线、双线、多线隧道分别编列。""2.2.4.3　瓦斯隧道、地质复杂隧道单独编列。"调整为"隧道长度大于 4 000 m 或有辅助坑道的单、双线隧道，多线隧道及地质复杂隧道分别编列。"

首先，对于 $L\leqslant 4$ km 的隧道不再强制要求按 3 km$<L\leqslant 4$ km、2 km$<L\leqslant 3$ km、1 km$<L\leqslant 2$ km、

$L \leq 1\ \mathrm{km}$ 为单元分别编列，可全部汇总编制，也可按编制办法分类汇总编制，更可按座分别编制。其次，除了有辅助坑道的单、双线隧道，多线隧道外，也不强制要求对所有单、双线隧道，多线隧道进行分别编制。再次，随着瓦斯隧道施工技术的不断发展，相关定额和配套技术已趋明晰，无须与地质复杂隧道一样进行单独编列。由此看来，对于隧道工程而言，工程量清单子目设置要求更为简明适用，自由度更高，编制者可根据项目情况自行调整汇总方式，避免因分类过多导致的清单冗余及现场计量难度大等问题。本条是为了更好地与其他行业清单规范相统一，为清单未来发展提供一个方向或者通道，有利于将来优化清单层级，保证子目单价准确性。

（2）删除原指南 2.2.4.5 关于正洞工程包含内容的论述，首次明确了隧道正洞施工工区分为正洞进出口工区、通过辅助坑道施工正洞工区，正洞工区长度根据施工组织设计安排确定。彻底解决以往将全隧长、隧长和工区长概念混淆的问题。

（3）本规范 4.2.4（4）（5）（6）将隧道不同工法进行了规范化，体现了隧道施工的新工艺新工法发展，认为正洞施工按不同工法分为"钻爆法施工""TBM 法施工""盾构法施工"三类，不同工法按地质围岩分级设置清单子目。"TBM 法施工""盾构法施工"的适用性也进行了规范：TBM 法施工适用于采用敞开式隧道岩石掘进机设备进行开挖的隧道；为便于 TBM 步进、洞内拆解而采用钻爆法施工的正洞主体工程，应采用钻爆法施工相关清单子目计量。盾构法施工适用于采用土压平衡盾构及泥水平衡盾构设备进行开挖的隧道；如与盾构工作井相连的是封闭式路堑（U 形槽）加雨棚结构，则相关土石方开挖、地基处理、基坑围护、主体结构、雨棚等可采用类似工程清单子目计量。当然，隧道施工采用凿岩台车等大型机械化施工时，相应的工程量清单也应单独设置子目。

（4）本规范 4.2.4（7）（8）对平行导坑的横通道工程、竖井的井口及井底车场工程等条文进一步规范化。若施工过程中发生横通道位置和数量变化，将无法调整工程量清单。但随着竖井井底车场设计的细化、规模的增大、工程量的增加，可考虑对其进一步细化子目。

（5）隧道站后相关工程也在本规范 4.2.4（9）中进行了规定。

【条文】4.2.5 第五章 轨道工程
（1）铺轨、铺岔和铺道床包括满足设计开通速度的全部工程（工作）内容。
（2）大型机械安拆与调试按单独清单子目计量。
（3）无砟道床包括轨道板（枕）预制、轨道板（枕）运输、道床现浇部分及轨道板（枕）安装及减振垫层。

〖原指南〗2.2.5 第五章 轨道
铺轨和铺道床应包含满足设计开通速度的全部工程（工作）内容。

〖要点说明〗本条结合铁路行业相关规范及轨道施工新工艺新工法等进行相应调整和完善，主要调整内容如下：

（1）为了适应目前铺轨工程大型新型机械施工的发展，本规范 4.2.5（2）提出将大型机械安拆与调试按单独清单子目计量。

（2）针对日趋成熟的无砟轨道技术，本规范 4.2.5（3）也明确了无砟道床包括轨道板（枕）预制、轨道板（枕）运输、道床现浇部分及轨道板（枕）安装及减振垫层等内容。

无砟轨道形式有板式、双块式等，板式无砟轨道又分为Ⅰ型板、Ⅱ型板、Ⅲ型板等。各种类型均有不同的施工工艺。随着铁路技术的进步，也出现了一些特殊的道床结构形式，如聚氨酯固化道床结构。聚氨酯固化道床是一种新型轨道结构，其兼具有砟轨道和无砟轨道的优点，弹性保持能力好、累计变形稳定、养护工作量小。在艰险山区高速铁路工程中，对于高地震烈度、大跨度桥梁、变形不易控制段，采用聚氨酯固化道床是一种新的选择，如沪昆客专北盘江特大桥，其主跨为 445 m 钢管混凝土拱，为提高轨道质量并减少养护量，即采用了聚氨酯固化道床。

【条文】4.2.6 第六章 通信、信号、信息及灾害监测工程

（1）综合接地工程项目中贯通接地系统安装工程量列入信号专业，各专业需与接地端子相连接的工程项目如分支地线敷设及连接等的工程量列入相应专业，需单独接地的工程量列入相应专业。

（2）综合视频监控系统中，旅服视频监控系统采集点设备列入信息专业，通信机房、信号机房、电力配电所、电化所（亭）等采集点设备列入通信专业。

（3）旅客车站站房综合布线系统列入信息专业，其他生产生活房屋综合布线列入通信专业。

（4）灾害监测系统中公跨铁异物侵限监测系统桥梁预埋件列入桥梁专业。

〖原指南〗2.2.2（四电部分）第六章 通信、信号及信息

2.2.2.1 综合接地工程项目中敷设贯通地线，接地极装置及接地端子排的安装工程量列入信号工程（路基地段除外），其他专业需与接地端子相连接的工程项目如分支地线敷设及连接等的工程量列入相应专业，需单独接地的工程量列入相应专业。路基地段敷设贯通地线和路基、桥梁、隧道地段综合接地引入地下的工程，已列入第二章路基工程。

2.2.2.2 自动站间闭塞及半自动闭塞的安装工程仅指工程中专用设备如区间检查设备和光电信息转换设备的安装，其余工作内容均列入联锁工程。

2.2.2.3 信息系统设备安装工程（含通用机柜（架）等配套设备安装）指设备的安装固定、调试及配线等。已列入综合布线系统中的工程量如缆线布放等信息系统设备安装工程不得重复计列。

2.2.2.4 5T及车号自动识别系统列入信息工程；综合视频监控系统（含防灾安全监控系统中视频监视业务）、动力和环境监控系统列入通信专业；列车调度指挥系统、调度集中系统列入信号专业；其他与信息工程有关的但属于各专业专用的系统（如电力远动等系统）仍纳入各专业范畴，信息系统不得重复计列。

2.2.2.5 区间隧道内火灾自动报警列入防灾安全监控系统。

2.2.2.6 各应用系统公用的基础设施如：建筑工程、信息共享、信息安全等所涉及的工程量原则上列入公共基础平台，各应用系统不得重复计列。

2.2.2.7 对于本清单中未涉及的而工程实际中可能新增的系统子目，其工程量计列可根据该建设项目约定的专业划分界面进行补充，但必须在工程量清单备注一栏中加以说明。

〖要点说明〗本条结合铁路行业相关规范及弱电工程新工艺新工法等进行相应调整和完善，主要调整内容如下：

（1）本规范4.2.6（1）（2）对综合接地工程、综合视频监控系统等条文进一步规范化。

（2）增加综合布线系统和灾害监测系统中公跨铁异物侵限监测系统桥梁预埋件的专业归属。

（3）删除原指南中与工程量计量规则表存在重复内容的条文。

【条文】4.2.7 第七章 电力及电力牵引供电工程

（1）供电线路施工引起的地上附着物及青苗补偿费，统一在迁改工程中计列。

（2）其他室外照明是指水塔、天桥、地道、雨棚等的照明和其他单列清单项目以外的室外照明，包括站区、庭院照明等。

（3）与路基工程同步施工的接触网支柱基础应在路基工程清单项目中计列，桥梁预埋的接触网支柱锚栓或预留的接触网支柱锚栓孔应在桥梁工程清单项目中计列，隧道预埋的槽道或螺栓孔应在隧道工程清单项目计列。

〖原指南〗2.2.3（四电部分）第七章 电力及电力牵引供电

2.2.3.1 电力线路，1kV及以上为高压，1kV以下为低压。

2.2.3.2 其他室外照明是指除列入"土建部分"的桥梁、隧道、水塔、天桥、地道、雨棚等的照明和其他单列清单项目以外的室外照明。包括站区、庭院照明等。

2.2.3.3 在新建铁路建设中，与路基工程同步施工的接触网支柱基础应在路基工程的清单项目中计量，接触网专业不得重复计列。对既有线改造项目，应根据工程实际情况计列。

〖要点说明〗本条结合铁路行业相关规范及强电工程新工艺新工法等进行相应调整和完善，主要调整内容如下：

（1）本规范4.2.7（2）（3）对其他室外照明、与其他工程同步施工的接触网支柱相关工程等条文进一步规范化。

（2）增加供电线路施工引起的地上附着物及青苗补偿费，需统一在迁改工程中计列的条文。

【条文】4.2.8 第八章 房屋工程

（1）除计量规则表所列的工程内容以外，列入房屋工程的室内工程还包括：库内线、检查坑、落轮坑、吊车轨道等。

（2）基础与墙身的分界

1）砖基础与砖墙（身）划分应以设计室内地坪为界（有地下室的按地下室室内设计地坪为界），以下为基础，以上为墙（柱）身。

2）石基础、石勒脚、石墙的划分。基础与勒脚应以设计室外地坪为界，勒脚与墙身应以设计室内地坪为界。

3）基础与墙身使用不同材料，位于设计地坪±0.3 m以内时以不同材料为界，超过±0.3 m，应以设计室内地坪为界。

（3）附属工程土石方是指为达到设计要求的标高，在原地面修建房屋及附属工程而必须进行的修建场地范围的土石方工程，不含已由线路、站场进行调配的土石方。修建房屋进行的平整场地（厚度±0.3 m以内）和基础及道路、围墙、绿化、圬工防护等土石方，不单独计量，其工程内容计入房屋基础及附属工程的相应清单子目。

（4）除与其他运营生产设备及建筑物有关的围墙、栅栏、道路、排水沟渠、硬化面、挡墙、护坡、绿化和取弃土（石）场处理外，其余均列入房屋附属工程相应清单子目。

（5）铁路房屋分类及范围符合《铁路房屋建筑设计标准》的规定。

（6）建筑面积计算符合《建筑工程建筑面积计算规范》的规定。

〖原指南〗2.2.6 第八章 房屋

2.2.6.1 除计量规则表所列的工程内容以外，列入房屋的室内工程还包括：库内线、检查坑、落轮坑、吊车轨道等。

2.2.6.2 基础与墙身的分界

（1）砖基础与砖墙（身）划分应以设计室内地坪为界（有地下室的按地下室室内设计地坪为界），以下为基础，以上为墙（柱）身。

（2）石基础、石勒脚、石墙的划分。基础与勒脚应以设计室外地坪为界，勒脚与墙身应以设计室内地坪为界。

（3）基础与墙身使用不同材料，位于设计地坪±0.3 m以内时以不同材料为界，超过±0.3 m，应以设计室内地坪为界。

2.2.6.3 附属工程土石方是指为达到设计要求的标高，在原地面修建房屋及附属工程而必须进行的修建场地范围的土石方填挖工程，不含已由线路、站场进行调配的土石方。修建房屋进行的平整场地（厚度±0.3 m以内）和基础及道路、围墙、绿化、圬工防护等土石方，不单独计量，其费用计入房屋基础及附属工程的有关清单子目。

2.2.6.4 除与第九章有关的围墙、栅栏、道路、排水沟渠、硬化面、绿化和取弃土（石）场处理外，其余均列入房屋附属工程相应清单子目。

2.2.6.5 附属房屋包括锅炉房、洗手间、休息室、活动室、垃圾转运站等。

2.2.6.6 建筑面积计算

按《建筑工程建筑面积计算规范》（GB/T 50353—2005）执行。

〖要点说明〗本条结合铁路行业相关规范进行相应调整和完善，主要调整内容如下：

（1）本规范 4.2.8（1）（2）（3）（4）与原指南一致。

（2）摒弃了原指南 2.2.6.5 及工程量计量规则表中关于铁路房屋分类的大量描述，要求铁路房屋分类及范围符合《铁路房屋建筑设计标准》的规定即可。

【条文】4.2.9 第九章 其他运营生产设备及建筑物

（1）机务、车辆、动车段（所）按车间种类分别编列。

（2）本章范围内的围墙、栅栏、道路、硬化面、绿化和取弃土（石）场处理等均列入站场附属工程有关清单子目。

（3）本章范围内的地面水（雨水、融化雪水、客车上水时的漏水、无专用洗车机洗刷机车及车辆的废水等）的排水沟渠、管道列入站场附属工程，其余地下水、生产废水、生活污水的排水沟渠、管道列入排水工程。

（4）集装箱场地地面等垫层以下地基如需加固处理，应按地基处理相应的清单子目计量。

〖原指南〗2.2.7 第九章 其他运营生产设备及建筑物

2.2.7.1 本章范围内的围墙、栅栏、道路、硬化面、绿化和取弃土（石）场处理等均列入第 25 节的站场附属工程有关清单子目。

2.2.7.2 本章范围内的地面水（雨水、融化雪水、客车上水时的漏水、无专用洗车机洗刷机车及车辆的废水等）的排水沟渠、管道列入第 25 节的站场附属工程，其余地下水、生产废水、生活污水的排水沟渠、管道列入第 21 节的排水工程。

2.2.7.3 石碴场和苗圃不单独作为清单子目计量，其内容已分解进入有关章节。如确需单独作为清单子目计量，可在招标文件中明确，并增加相应的清单子目及调整相关内容。

2.2.7.4 集装箱场地地面等垫层以下地基如需加固处理，应按地基处理相应的清单子目计量。

〖要点说明〗本条结合铁路行业相关规范进行相应调整和完善，主要调整内容如下：

（1）机务、车辆、动车段（所）在原指南按照机务段、折返段、派驻折返段、整备所、救援列车设备，客车段、货车段、客车整备所、列车检修所、站修所、洗罐站、换轮厂，动车组检修基地、动车组运用所分类的基础上，规定按车间种类分别编列，提高工程量归属的辨识度。

（2）本规范 4.2.9（2）（3）中提到的站场附属工程指子目编码 2703 的"三、站场附属工程"，而非子目编码 0402 路基章节中的"二、站场路基附属工程"，在此特做申明。

【条文】4.2.10 第十章 大型临时设施和过渡工程

指施工企业为进行建筑安装工程施工及维持既有线正常运营，根据施工组织设计确定所需的大型临时建筑物和过渡工程修建及拆除恢复工程。

（1）临时场站

指根据施工组织设计需要确定的大型临时场站，包括材料场、填料集中加工站、混凝土集中拌和站、混凝土构配件预制场、制（存）梁场、钢梁拼装场、TBM 拼装场、盾构泥水处理场、管片预制场、仰拱块预制场、铺轨基地、长钢轨焊接基地、换装站、道砟存储场、轨道板（枕）预制场等。

（2）铁路便线（含便桥、隧、涵）

指通往临时场站、砂石（道砟）场的临时铁路线、架梁岔线及场内铁路便线、机车转向用的三角线等，独立特大桥的吊机走行线，以及重点桥隧等工程专设的铁路运料便线等。

（3）汽车运输便道

1）汽车运输便道包括平原微丘类便道、山岭重丘类便道、盘曲山区类便道、深峡陡坡类便道、特殊类便道、汽车运输便桥、利用地方既有道路补偿（维护）。

2）利用地方既有道路补偿（维护）指过路过桥费用、道路维护、环水保等。

（4）运梁便道

指专为运架大型混凝土成品梁而修建的便道。

（5）过渡工程

指由于改建既有线、增建第二线等工程施工，为了保持既有线（或车站）运营工作进行，尽可能地减少运输与施工之间的相互干扰和影响，从而对部分既有工程设施必须采取的施工过渡措施。

〖原指南〗2.2.8 第十章 大型临时设施和过渡工程

2.2.8.1 铁路岔线

指通往混凝土成品预制厂、材料厂、道砟场（包括砂、石场）、轨节拼装场、长钢轨焊接基地、钢梁拼装场、制（存）梁场的岔线，机车转向用的三角线和架梁岔线，独立特大桥的吊机走行线，以及重点桥隧等工程专设的运料岔线等。起点为接轨点道岔的基本轨接缝，终点为场（厂）内第一组道岔的基本轨接缝。

2.2.8.2 铁路便线

指混凝土成品预制厂、材料厂、道砟场（包括砂、石场）、轨节拼装场、长钢轨焊接基地、钢梁拼装场、制（存）梁场等场（厂）内为施工运料所需修建的便线。

2.2.8.3 汽车运输便道

（1）汽车运输便道按修建标准分干线、引入线两类，干线贯通全线或区间；引入线通往隧道、特大桥、大桥和混凝土成品预制厂、材料厂、砂石场、钢梁拼装场、制（存）梁场、混凝土集中拌和站、填料集中拌和站、大型道砟存储场、长钢轨焊接基地、换装站等的引入线，以及机械化施工的重点土石方工点的运输便道。

（2）根据运量可设计为单车道或双车道。

（3）改（扩）建便道是指对既有道路进行加固、加宽、路面整修。

2.2.8.4 运梁便道

指专为运架大型混凝土成品梁而修建的运输便道。

2.2.8.5 过渡工程

指由于工程施工，需要确保既有线（或车站）运营工作的安全和不间断地进行，同时为了加快建设进度，尽可能地减少运输与施工之间的相互干扰和影响，从而对部分既有工程设施必须采取的施工过渡措施。

〖要点说明〗本条结合铁路行业相关规范和课题进行相应调整和完善，主要调整内容如下：

（1）明确大型临时设施和过渡工程指施工企业为进行建筑安装工程施工及维持既有线正常运营，根据施工组织设计确定所需的大型临时建筑物和过渡工程修建及拆除恢复工程。

（2）结合《铁路基本建设工程设计概（预）算编制办法》（国铁科法〔2017〕30号），对临时场站、铁路便线（含便桥、隧、涵）、运梁便道、过渡工程等进行定义。

（3）本规范 4.2.10（3）重设汽车运输便道类别：摒弃了新建干线、新建引入线和改（扩）建便道的传统分类，结合《中西部地区铁路汽车运输便道费用测定与研究》课题成果和《费用定额》中的"铁路工程勘察复杂程度赋分表"划分原则，充分考虑便道修建地区地形地貌特征和便道修建复杂程度等因素，提出"平原微丘""山岭重丘""盘曲山区""深峡陡坡"的分类方式，并增加用于大型机械化器具或设备运输而建设，标准要求远高于普通便道的"特殊便道"，力争客观反映大临便道差异问题。

【条文】4.2.11 第十一章 其他费

（1）安全生产费（费率计算部分）按国家有关规定计算，不得作为竞争性费用。

（2）营业线施工配合费指运营单位在施工期间参加配合工作所发生的费用，根据相关费率计算或合同约定计列。

〖原指南〗2.2.9 第十一章 其他费

2.2.9.1 配合辅助工程是指由铁路基本建设投资支付修建，建成后产权不属于铁路部门所有者。

（1）立交桥（涵）两端的引道是由于等级公路从铁路下方下挖通过所引起的工程。不包括桥（涵）内的道路及相关内容，桥（涵）两端的非等级公路引道不单独计量，其费用计入桥（涵）身及附属。

（2）立交桥综合排水工程是由于公路从铁路下方下挖通过，为及时排除积水而修建的工程。包括排水设施、排水设备、房屋等全部内容。

2.2.9.2 工程保险费是指为减少工程项目的意外损失风险，就所约定的范围进行工程投保所需支付的费用。包括工程一切险和第三者责任险。工程保险费按招标文件约定的投保范围及相关费率计算。

2.2.9.3 安全生产费是指为加强铁路建设工程安全生产管理，建立安全生产投入长效机制，创建安全作业环境，改善施工作业条件，减少施工伤亡事故发生，切实保障铁路工程安全生产所需的费用。

〖要点说明〗本条结合国家和铁路行业相关规范进行相应调整和完善，主要调整内容如下：

（1）根据《中华人民共和国安全生产法》《建设工程安全生产管理条例》《关于印发〈企业安全生产费用提取和使用管理办法〉的通知》（财企〔2012〕16号）《关于铁路工程设计概算执行<企业安全生产费用提取和使用办法>有关问题的通知》（铁建设〔2012〕245号）等国家和铁路行业相关法律法规，调整安全生产费计列模式，分为按费率计算部分和按费用计算部分。

（2）增加营业线施工配合费子目，指运营单位在施工期间参加配合工作所发生的费用，根据相关费率计算或合同约定计列。

（3）删除原指南中工程保险费等由合同规定的相关条文。

5 工程量清单格式

〖概述〗本章共6条，清单表格与术语中对工程量清单分类保持一致，包括招标工程量清单和已标价工程量清单两个阶段计价使用的两种封面20种表样，并分别对其进行冠号，大大增加了规范的实用价值。

5.1 招标工程量清单格式

【条文】5.1.1 招标工程量清单表格的设置应满足工程计价的需要，方便使用。

〖原指南〗4.1.1 工程量清单应采用统一格式。

〖要点说明〗原指南4.1.1规定了计价表的格式要求，但由于在本规范总则和一般规定中均有相同条文，故此处将其删除。

本条为新增条款，规定了计价表的设置原则。在计价表修订过程中，也通过了多方的调研统计和分析比较，将原指南或其他行业工程量清单计价表中没有但方便招标报价使用的项目进行了增补，如设备表中的专业名称、安装子目编码等。

【条文】5.1.2 招标工程量清单使用表格包括：

（1）封面（封—1）。

（2）填表须知（扉—1）。

（3）总说明（表—1）。

（4）招标工程量清单表（表—2）。

（5）计日工表。

1）计日工人工（表—3—1）。

2）计日工材料（表—3—2）。

3）计日工施工机具（表—3—3）。

（6）甲供材料设备表。

1）甲供材料数量及价格表（表—4—1）。

2）甲供设备数量及价格表（表—4—2）。

（7）自购设备数量表（表—5）。

（8）补充工程量清单计量规则表（表—6）。

〖原指南〗4.1.2 工程量清单格式应由下列内容组成：

（1）封面。

（2）填表须知。

（3）总说明。

（4）工程量清单表。

（5）计日工表。

（6）甲供材料数量及价格表。

（7）甲控材料表。

（8）设备清单表。

（9）补充工程量清单计量规则表。

〖要点说明〗本条在原指南基础上，做了如下调整：

（1）调整了表格顺序和名称；

（2）明确了计日工包括人工、材料、施工机具三个部分；

（3）将设备清单表分为甲供设备数量及价格表、自购设备数量表，并将甲供设备数量及价格表和甲供材料数量及价格表归类在甲供材料设备表中，既解决了设备清单表无法同时满足体现甲供设备价格、不体现自购设备价格的制表要求，又将甲供物资汇总在一起，便于招标人明晰项目和费用归属；

（4）结合最新铁路工程招投标管理相关规定，取消甲控材料表；

（5）借鉴《建设工程工程量清单计价规范》（GB 50500—2003）制表思路，对各表进行冠号。

【条文】5.1.3 招标工程量清单表格的填写应符合下列规定：

（1）招标工程量清单应由招标人填写，随招标文件发至投标人。

（2）填表须知（扉—1）除本规范规定的内容外，招标人可根据具体情况补充完善。

（3）招标工程量清单中出现本规范工程量清单计量规则表以外的清单子目，应按本规范的规定编制补充工程量清单计量规则表，并随招标工程量清单发至投标人。

（4）总说明（表—1）应按下列内容填写：

1）工程概况：建设规模、工程特征、计划工期、施工现场实际情况、交通运输情况、自然地理条件、环境保护和安全施工要求等。

2）工程招标和分包范围。

3）工程量清单编制依据。

4）工程质量、材料、施工等的特殊要求。

5）其他需说明的问题。

（5）甲供材料数量及价格表由招标人根据拟建工程的具体情况，详细列出甲供材料的材料代号、名称及规格、计量单位、交货地点、数量、不含税单价等。

（6）甲供设备数量及价格表应由招标人根据拟建工程的具体情况，详细列出甲供设备专业名称、设备代号、设备名称及规格型号、安装子目编码、交货地点、计量单位、数量、不含税单价等。

（7）自购设备数量表由招标人根据拟建工程的具体情况，详细列出自购设备对于清单中专业名称、设备代号、设备名称及规格型号、安装子目编码、计量单位和数量等。

（8）甲供材料、甲供设备的单价应为交货地点的价格。

（9）计日工表应由招标人根据拟建工程的具体情况，详细估列出人工、材料、施工机具的名称、规格型号、计量单位和相应数量，并随招标工程量清单发至投标人。

〖原指南〗4.1.3　工程量清单格式的填写应符合下列规定：

（1）工程量清单格式应由招标人填写，随招标文件发至投标人。

（2）填表须知除本指南内容外，招标人可根据具体情况进行补充。

（3）本指南工程量清单以外的清单子目应按本指南的规定编制补充工程量清单计量规则表，并随工程量清单发给投标人。

（4）总说明应按下列内容填写：

① 工程概况：建设规模、工程特征、计划工期、施工现场实际情况、交通运输情况、自然地理条件、环境保护和安全施工要求等。

② 工程招标和分包范围。

③ 工程量清单编制依据。

④ 工程质量、材料、施工等的特殊要求。

⑤ 其他需说明的问题。

（5）甲供材料数量及价格表由招标人根据拟建工程的具体情况，详细列出甲供材料名称及规格、交货地点、计量单位、数量、单价等。

（6）甲控材料表由招标人根据拟建工程的具体情况，详细列出甲控材料名称及规格、技术条件等。

（7）甲供设备数量及价格表应由招标人根据拟建工程的具体情况，详细列出甲供设备名称及规格型号、交货地点、计量单位、数量、单价等。

（8）甲控设备数量表由招标人根据拟建工程的具体情况，详细列出甲供设备名称及规格型号、技术条件和计量单位、数量等。

（9）自购设备数量表由招标人根据拟建工程的具体情况，详细列出自购设备名称及规格型号、技术条件和计量单位、数量等。

（10）甲供材料、甲供设备的单价应为交货地点的价格。

〖要点说明〗本条与原指南基本一致，对计价表的使用做出了规定，取消甲控材料说明，增加计日工说明。

（1）特别需要强调封面（封—1）的招标人、造价工程师及注册证号等有关签署和盖章必须完整，且应遵守和满足有关工程造价计价管理规章的规定，这是已标价工程量清单等工程造价文件是否生效的必要条件。

（2）本规范5.1.3（3）要求：招标工程量清单中出现本规范工程量清单计量规则表以外的清单子目，应按本规范的规定编制补充工程量清单计量规则表，并随招标工程量清单发至投标人。本条在原指南中也有涉及，但由于原指南并非强制规范，招标人或咨询人往往并未严格按照此要求对新增清单子目补充工程量清单计量规则表，本规范要求招标人或咨询人必须严格按照此条文执行，避免投标人面对新增清单子目无法投标报价的问题，这在单价承包模式下的铁路工程招投标活动中显得尤为重要。

【条文】表格表样：封—1、扉—1、表—1、表—2、表—3—1、表—3—2、表—3—3、表—4—1、表—4—2、表—5、表—6。

封—1

建设项目名称：_____
标　　　段：_____

工程量清单

招　标　人：_____（单位签字盖章）

法定代表人或
授权代理人：_____（签字盖章）

中介机构
法定代表人：_____（签字盖章）

造价工程师
及注册证号：_____（签字盖执业专用章）

编制时间：_____

扉—1

填表须知

（1）工程量清单中所有要求签字、盖章的地方，必须由规定的单位和人员签字、盖章。

（2）工程量清单中的任何内容不得随意删除或涂改。

（3）已标价工程量清单中列明的所有需要填报的单价（由招标人填写的单价除外）和合价，投标人均应填报（其中计量单位为"元"的子目单价栏填"1"，合价栏与数量栏的数额相同），未填报的单价和合价，视为此项费用已含在工程量清单的其他单价和合价中。

（4）金额（价格）均应以_____币表示。

表—1

总 说 明

标段： 第 页 共 页

表—2

招标工程量清单表

标段： 第 页 共 页

第××章××××			
子目编码	名称	计量单位	工程数量

计日工表

表—3—1

A. 计日工　　人工

标段：　　　　　　　　　　　　　　　　　　　　　　　　第　页　共　页

序号	名称	计量单位	数量

表—3—2

B. 计日工　　材料

标段：　　　　　　　　　　　　　　　　　　　　　　　　　　　　　　　　　　　第　页　共　页

序号	名称及规格	计量单位	数量

表—3—3

C. 计日工　　施工机具

标段：　　　　　　　　　　　　　　　　　　　　　　　　　　　　　第　页共　页

序号	名称及型号	计量单位	数量

甲供材料设备表

表一4—1

A. 甲供材料数量及价格表

标段：　　　　　　　　　　　　　　　　　　　　　　　　　　　　　　　　　第　页　共　页

序号	材料代号	材料名称及规格	计量单位	交货地点	数量	不含税单价（元）			不含税合价（元）
						出厂价	运杂费	综合单价	
合计									
税金									
总计									

表—4—2

B. 甲供设备数量及价格表

标段： 第 页 共 页

序号	专业名称	设备代号	设备名称及规格型号	安装子目编码	交货地点	计量单位	数量	不含税单价（元）			不含税合价（元）
								出厂价	运杂费	综合单价	
	合计										
	税金										
	总计										

注：安装子目编码指该设备所属安装工程费的子目编码。

表—5

自购设备数量表

标段： 第　页　共　页

序号	专业名称	设备代号	设备名称及规格型号	安装子目编码	计量单位	数量

注：安装子目编码指该设备所属安装工程费的子目编码。

表—6

补充工程量清单计量规则表

标段： 第 页 共 页

第××章×××					
子目编码	名称	计量单位	子目划分特征	工程量计算规则	工程（工作）内容	附注

〖原指南〗表格表样

建设项目名称：_____
标　　　段：_____

工程量清单

招　标　人：_____（单位签字盖章）

法定代表人或
授权代理人：_____（签字盖章）

中介机构
法定代表人：_____（签字盖章）

造价工程师
及注册证号：_____（签字盖执业专用章）

编制时间：_____

填 表 须 知

（1）工程量清单及其计价格式中所有要求签字、盖章的地方，必须由规定的单位和人员签字、盖章。

（2）工程量清单及其计价格式中的任何内容不得随意删除或涂改。

（3）工程量清单计价格式中列明的所有需要填报的单价（由投标人填写的单价除外）和合价，投标人均应填报（其中计量单位为"元"的子目单价栏填"1"，合价栏与数量栏的数额相同），未填报的单价和合价，视为此项费用已包含在工程量清单的其他单价和合价中。

（4）金额（价格）均应以_____ 币表示。

总　说　明

标段：　　　　　　　　　　　　　　　　　　　　　　　　　　　第　页　共　页

总　说　明

工程量清单表

标段: 　　　　　　　　　　　　　　　　　　　　　　　　　　　　　第　页 共　页

清单　第××章　××××					
编码	节号	名称	计量单位	工程数量

计日工表

（1）计日工 人工

标段：　　　　　　　　　　　　　　　　　　　　　　　　　第　页　共　页

序号	名称	计量单位	数量

（2）计日工 材料

标段：　　　　　　　　　　　　　　　　　　　　　　　　　第　页　共　页

序号	名称及规格	计量单位	数量

（3）计日工 施工机械

标段：

序号	名称及型号	计量单位	数量

甲供材料数量及价格表

标段： 第 页 共 页

序号	材料编码	材料名称及规格	交货地点	计量单位	数量	单价（元）

甲控材料表

标段：　　　　　　　　　　　　　　　　　　　　　　　　　　　　　第　页　共　页

序号	材料编码	材料名称及规格	技术条件

设备清单表

（1）甲供设备数量及价格表

标段： 第　页　共　页

序号	设备编码	设备名称及规格型号	交货地点	计量单位	数量	单价（元）

（2）甲控设备数量表

标段： 第　页　共　页

序号	设备编码	设备名称及规格型号	技术条件	计量单位	数量

（3）自购设备数量表

标段：　　　　　　　　　　　　　　　　　　　　　　　　　　　　　　　第　　页　共　　页

序号	设备编码	设备名称及规格型号	技术条件	计量单位	数量

补充工程量清单计量规则表

标段：　　　　　　　　　　　　　　　　　　　　　　　　　　　　　第　页共　页

第××章　××××								
编码	节号	名称	计量单位	子目划分特征	工程量计算规则	工程（工作）内容	附注

〖要点说明〗本条与原指南基本一致，主要修改内容为：

（1）招标工程量清单表取消"节号"列，"编码"改为"子目编码"，如表2-8所示。

表2-8 招标工程量清单表

标段：　　　　　　　　　　　　　　　　　　　　　　　　　　　　　　　　　　第　页　共　页

第××章××××			
子目编码	名称	计量单位	工程数量

（2）甲供材料、设备数量及价格表将取消"单价"列，增加"不含税单价""不含税合价"列、"税金"行；甲供材料数量及价格表"材料编码"改为"材料代号"，与"子目编码"进行区分；甲供设备数量及价格表增加"专业名称""安装子目编码"，便于投标人准确掌握每一项设备与各个专业或各个章节的从属关系，"安装子目编码"的引入，有利于投标人准确了解招标工程量清单中各项安装工程费与各项设备的从属关系，保证安装工程费综合单价填写的准确性。甲供设备数量及价格表"设备编码"改为"设备代号"，同样是为了与"子目编码"进行区分，如表2-9、表2-10所示。

表2-9 甲供材料数量及价格表

标段：　　　　　　　　　　　　　　　　　　　　　　　　　　　　　　　　　　第　页　共　页

序号	材料代号	材料名称及规格	计量单位	交货地点	数量	不含税单价（元）			不含税合价（元）
						出厂价	运杂费	综合单价	
合计									
税金									
总计									

表2-10 甲供设备数量及价格表

标段：　　　　　　　　　　　　　　　　　　　　　　　　　　　　　　　　　　第　页　共　页

序号	专业名称	设备代号	设备名称及规格型号	安装子目编码	交货地点	计量单位	数量	不含税单价（元）			不含税合价（元）
								出厂价	运杂费	综合单价	
合计											
税金											
总计											

（3）自购设备表同样将"设备编码"改为"设备代号"，增加"专业名称""安装子目编码"，删除"技术条件"列，如表2-11所示。

表2-11 自购设备表

标段：　　　　　　　　　　　　　　　　　　　　　　　　　　　　　　　　　　第　页　共　页

序号	专业名称	设备代号	设备名称及规格型号	安装子目编码	计量单位	数量

（4）补充工程量清单计量规则表取消"节号"列，"编码"改为"子目编码"，如表2-12所示。

表 2-12 补充工程量清单计量规则表

标段：　　　　　　　　　　　　　　　　　　　　　　　　　　　　第　页共　页

第××章×××					
子目编码	名称	计量单位	子目划分特征	工程量计算规则	工程（工作）内容	附注

5.2 已标价工程量清单格式

【条文】5.2.1　已标价工程量清单表格的设置应满足工程计价的需要，方便使用。

〖原指南〗4.2.1　工程量清单计价应采用统一格式。

〖要点说明〗本条与 5.1.1 一致，规定了计价表的设置原则，且界定为已标价工程量清单，计价阶段更为明确。

【条文】5.2.2　已标价工程量清单表格包括：

（1）封面。（封—2）

（2）投标报价总额。（表—7）

（3）已标价工程量清单表。

1）已标价工程量清单投标报价总表。（表—8—1）

2）已标价工程量清单章节表。（表—8—2）

（4）计日工费用计算表。

1）计日工人工费计算表。（表—9—1）

2）计日工材料费计算表。（表—9—2）

3）计日工施工机具使用费计算表。（表—9—3）

4）计日工费用汇总表。（表—9—4）

（5）甲供材料设备表。

1）甲供材料费计算表。（表—10—1）

2）甲供设备费计算表。（表—10—2）

（6）自购设备费计算表。（表—11）

（7）工程量清单子目综合单价分析表。（表—12）

〖原指南〗4.2.2　工程量清单计价格式应随招标文件发至投标人。工程量清单计价格式应由下列内容组成：

（1）封面。

（2）投标报价总额。

（3）工程量清单投标报价汇总表。

（4）工程量清单计价表。

（5）工程量清单子目综合单价分析表。

（6）计日工费用计算表。

（7）甲供材料费计算表。

（8）甲控材料价格表。

（9）主要自购材料价格表。

（10）设备费计算表。

〖要点说明〗本条在原指南基础上，做了如下调整：

（1）调整了表格顺序和名称；

（2）工程量清单投标报价汇总表修改为已标价工程量清单投标报价总表，工程量清单计价表改为已标价工程量清单章节表，并将两者归类在已标价工程量清单表下；

（3）同样明确了计日工包括人工、材料、施工机具三个部分，并增加计日工费用汇总表；

（4）同样将设备清单表分为甲供设备数量及价格表、自购设备数量表，并将甲供设备数量及价格表和甲供材料数量及价格表归类在甲供材料设备表中；

（5）同样取消甲控材料表，并取消主要自购材料价格表，招标人无须了解投标人主要自购材料价格情况；

（6）根据最终表格顺序，依次对各表进行冠号。

【条文】 5.2.3 已标价工程量清单表格的填写应符合下列规定：

（1）已标价工程量清单表格应由投标人填写。

（2）封面应按规定内容填写、签字、盖章。

（3）投标报价总额应按已标价工程量清单投标报价总表中的"投标报价总额"填写。

（4）已标价工程量清单投标报价总表各章节的金额应与已标价工程量清单章节表的金额一致。

（5）已标价工程量清单章节表中的综合单价应与工程量清单子目综合单价分析表中的综合单价一致。

（6）已标价工程量清单章节表和工程量清单子目综合单价分析表中的子目编码、名称、计量单位、工程数量应与招标人提供的招标工程量清单一致。

（7）工程量清单子目综合单价分析表应由投标人根据自身的施工和管理水平按综合单价组成分项自主填写，但间接费中的规费和税金应按国家有关规定计算。

（8）暂列金额按招标文件规定的费率计算。

（9）计日工费用计算表中的人工、材料、施工机具名称、计量单位和相应数量应与招标人提供的计日工表一致，工程竣工后按实际完成的数量结算费用。

（10）甲供材料费计算表中的材料代号、材料名称及规格、计量单位、交货地点、数量、不含税单价等应与招标人提供的甲供材料数量及价格表一致。

（11）甲供设备费计算表中的专业名称、设备代号、设备名称及规格型号、安装子目编码、计量单位和数量等应与招标人提供的甲供设备数量及价格表一致。

（12）自购设备费计算表中的专业名称、设备代号、设备名称及规格型号、安装子目编码、计量单位和数量等应与招标人提供的自购设备数量表一致，单价由投标人自主填报。

〖原指南〗 4.2.3 工程量清单计价格式的填写应符合下列规定：

（1）工程量清单计价格式应由投标人填写。

（2）封面应按规定内容填写、签字、盖章。

（3）投标报价总额应按工程量清单投标报价汇总表中的"投标报价总额"填写。

（4）工程量清单投标报价汇总表各章节的金额应与工程量清单计价表中各章节的金额一致。

（5）工程量清单计价表中的综合单价应与工程量清单子目综合单价分析表中的综合单价一致。

（6）工程量清单计价表和工程量清单子目综合单价分析表中的编码、名称、计量单位、工程数量应与招标人提供的工程量清单一致。

（7）工程量清单子目综合单价分析表应由投标人根据自身的施工和管理水平按综合单价组成分项自主填写，但间接费中的规费和税金应按国家有关规定计算。

（8）暂列金额按招标文件规定的费率或额度计算。

（9）工程量清单投标报价汇总表中的"包含在暂列金额中的计日工"金额应与计日工费用汇总表中的"计日工费用总额"一致。

（10）计日工费用计算表中的人工、材料、施工机械名称、计量单位和相应数量应与招标人提供的计日工表一致，工程竣工后按实际完成的数量结算费用。

（11）工程量清单投标报价汇总表中的"设备费"金额应与设备费汇总表中的"设备费总额"一致。

（12）甲供材料费计算表中的材料编码、材料名称及规格、交货地点和计量单位、数量、单价等应与招标人提供的甲供材料数量及价格表一致。

（13）甲控材料价格表中的材料编码、材料名称及规格、技术条件等应与招标人提供的甲控材料表一致。所填写的单价应与工程量清单计价中采用的相应材料的单价一致。其单价为材料到达工地的价格。

（14）自购材料价格表应包括详细的材料编码、材料名称及规格和计量单位、单价。所填写的单价应与工程量清单计价中采用的相应材料的单价一致。其单价为材料到达工地的价格。

（15）设备费计算表。

① 甲供设备费计算表中的设备编码、设备名称及规格型号、交货地点和计量单位、数量、单价等应与招标人提供的甲供设备数量及价格表一致。

② 甲控设备费计算表中的设备编码、设备名称及规格型号、技术条件和计量单位、数量应与招标人提供的甲控设备数量表一致，单价由投标人自主填报。其单价为设备到达安装地点的价格，并应含物价上涨风险。

③ 自购设备费计算表中的设备编码、设备名称及规格型号、技术条件和计量单位、数量应与招标人提供的自购设备数量表一致，单价由投标人自主填报。其单价为设备到达安装地点的价格，并应含物价上涨风险。

〖要点说明〗本条与原指南基本一致，对计价表的使用作出了规定，取消甲控材料说明。

（1）如前所示，计日工在招标工程量清单中只需要由招标人填写名称及规格、计量单位和数量；已标价工程量清单中，单价由投标人自主报价，按数量计算合价计入投标总价中。工程竣工后按实际完成的数量结算费用。

（2）自购设备费单价由投标人自主填报，其单价为设备到达安装地点的价格，并应含物价上涨风险。

【条文】表格表样：封—2、表—7、表—8—1、表—8—2、表—9—1、表—9—2、表—9—3、表—9—4、表—10—1、表—10—2、表—11、表—12。

封—2

建设项目名称：_____
标　　　段：_____

工程量清单投标报价表

投　标　人：_____（单位签字盖章）

法定代表人或
授权代理人：_____（签字盖章）

编 制 时 间：_____

表—7

投标报价总额

建设项目名称：_____

标　　　段：_____

投标报价总额（小写）：_____

　　　　（大写）：_____

投　标　人：_____（单位签字盖章）

法定代表人或
授权代理人：_____（签字盖章）

编制时间：_____

已标价工程量清单表

表—8—1

已标价工程量清单投标报价总表

标段：　　　　　　　　　　　　　　　　　　　　　　　　　　　　　第　页　共　页

章号	节号	名称	金额（元）
第一章	01	迁改工程	
第二章		路基工程	
	02	区间路基土石方	
	03	站场土石方	
	04	路基附属工程	
第三章		桥涵工程	
	05	特大桥	
	06	大桥	
	07	中小桥	
	08	框架桥	
	09	涵洞	
第四章		隧道及明洞工程	
	10	隧道	
	11	明洞	
第五章		轨道工程	
	12	正线	
	13	站线	
	14	线路有关工程	
第六章		通信、信号、信息及灾害监测工程	
	15	通信	
	16	信号	
	17	信息	
	18	灾害监测	

续表

章号	节号	名称	金额（元）
第七章		电力及电力牵引供电工程	
	19	电力	
	20	电力牵引供电	
第八章		房屋工程	
	21	旅客站房	
	22	其他房屋	
第九章		其他运营生产设备及建筑物	
	23	给排水	
	24	机务	
	25	车辆	
	26	动车	
	27	站场	
	28	工务	
	29	其他建筑及设备	
第十章	30	大型临时设施和过渡工程	
第十一章	31	其他费	
第一章至第十一章清单合计 A			
暂列金额 B			
含在暂列金额中的计日工			
自购设备费用 C			
投标报价总价 $A+B+C$			

表—8—2

已标价工程量清单章节表

标段： 第 页 共 页

第××章××××					
子目编码	名称	计量单位	工程数量	金额（元）	
				综合单价	合价
	第××章合计_____元				

计日工费用计算表

表—9—1

A. 计日工 人工费计算表

标段： 第 页 共 页

序号	名称	计量单位	数量	金额（元）	
				单价	合价
		计日工 人工费合计_____元			

表—9—2

B. 计日工 材料费计算表

标段：   第 页 共 页

序号	名称及规格	计量单位	数量	金额（元）	
				单价	合价
	计日工 材料费合计_____元				

表—9—3

C. 计日工 施工机具使用费计算表

标段： 第 页 共 页

序号	名称及型号	计量单位	数量	金额（元）	
				单价	合价
	计日工 施工机具使用费合计_____元				

表—9—4

D. 计日工 费用汇总表

标段： 第 页 共 页

名称	金额（元）
1. 计日工人工费合计	
2. 计日工材料费合计	
3. 计日工施工机具使用费合计	

计日工费用总额_____元
（结转"已标价工程量清单投标报价总表"）

甲供材料设备表

表—10—1

A．甲供材料费计算表

标段：　　　　　　　　　　　　　　　　　　　　　　　　　　　　第　　页 共　　页

序号	材料代号	材料名称及规格	计量单位	交货地点	数量	不含税单价（元）			不含税合价（元）
						出厂价	运杂费	综合单价	
合计									
税金									
甲供材料费合计_____元									

表—10—2

B. 甲供设备费计算表

标段：　　　　　　　　　　　　　　　　　　　　　　　　　　　　　　　　第　页　共　页

序号	专业名称	设备代号	设备名称及规格型号	安装子目编码	交货地点	计量单位	数量	不含税单价（元）			不含税合价（元）
								出厂价	运杂费	综合单价	
合计												
税金												
甲供设备费合计_____元												

注：安装子目编码指该设备所属安装工程费的子目编码。

表—11

自购设备费计算表

标段： 第 页 共 页

序号	专业名称	设备代号	设备名称及规格型号	安装子目编码	计量单位	数量	不含税单价（元）	不含税合价（元）
合计								
税金								
自购设备费合计_____元								

注：安装子目编码指该设备所属安装工程费的子目编码。

表—12

工程量清单子目综合单价分析表

标段： 第 页 共 页

子目编码	名称	计量单位	第××章××××									综合单价（元）
^	^	^	综合单价组成（元）									^
^	^	^	人工费	材料费	机具使用费	填料费	价外运杂费	施工措施费	特殊施工增加费	间接费	税金	^

〖原指南〗表格表样

建设项目名称：_____
标　　　　段：_____

工程量清单投标报价表

投　标　人：_____（单位签字盖章）

法定代表人或
授权代理人：_____（签字盖章）

造价工程师
及注册证号：_____（签字盖执业专用章）

编制时间：_____

投标报价总额

建设项目名称：_____
标　　　段：_____

投标报价总额（小写）：_____

（大写）：_____

投　标　人：_____（单位签字盖章）

法定代表人或
授权代理人：_____（签字盖章）

编制时间：_____

工程量清单投标报价汇总表

标段： 第 页 共 页

章号	节号	名称	金额（元）
第一章	1	拆迁工程	
第二章		路基	
	2	区间路基土石方	
	3	站场土石方	
	4	路基附属工程	
第三章		桥涵	
	5	特大桥	
	6	大桥	
	7	中桥	
	8	小桥	
	9	涵洞	
第四章		隧道及明洞	
	10	隧道	
	11	明洞	
第五章		轨道	
	12	正线	
	13	站线	
	14	线路有关工程	
第六章		通信、信号及信息	
	15	通信	
	16	信号	
	17	信息	
第七章		电力及电力牵引供电	
	18	电力	
	19	电力牵引供电	

续表

章号	节号	名称	金额（元）
第八章	20	房屋	
第九章		其他运营生产设备及建筑物	
	21	给排水	
	22	机务	
	23	车辆	
	24	动车	
	25	站场	
	26	工务	
	27	其他建筑及设备	
第十章	28	大型临时设施和过渡工程	
第十一章	29	其他费	
第一章~第十一章清单合计 A			
按第一章~第十一章清单合计的%计算的或按一定额度估列的暂列金额 B			
包含在暂列金额中的计日工			
激励约束考核费 C			
设备费 D			
投标报价总额（$A+B+C+D$）			
包含在投标报价总额中的甲供材料设备费			

工程量清单计价表

标段：　　　　　　　　　　　　　　　　　　　　　　　　　　　　第　页　共　页

清单　第××章　××××					
编码	节号	名　称	计量单位	工程数量	金额（元）
					综合单价 | 合　价

第××章合计_____元

工程量清单子目综合单价分析表

标段： 第 页 共 页

编码	节号	名称	计量单位	清单 第××章 ××××							综合单价（元）
				综合单价组成（元）							
				人工费	材料费	机械使用费	填料费	措施费	间接费	税金	

计日工费用计算表

（1）计日工　人工费计算表

标段：　　　　　　　　　　　　　　　　　　　　　　　　　　　　第　页　共　页

序号	名称	计量单位	数量	金额（元）	
				单价	合价
计日工 人工费合计_____元					

（2）计日工　材料费计算表

标段：　　　　　　　　　　　　　　　　　　　　　　　　　　　　第　页　共　页

序号	名称及规格	计量单位	数量	金额（元）	
				单价	合价
计日工 材料费合计_____元					

（3）计日工 施工机械使用费计算表

标段：   第　页共　页

序号	名称及型号	计量单位	数量	金额（元）	
				单价	合价
计日工 施工机械使用费合计_____元					

（4）计日工费用汇总表

标段：   第　页共　页

名称	金额（元）
1. 计日工人工费合计	
2. 计日工材料费合计	
3. 计日工施工机械使用费合计	
计日工费用总额_____元（结转"工程量清单投标报价汇总表"）	

甲供材料费计算表

标段：　　　　　　　　　　　　　　　　　　　　　　　　　　　第　页共　页

序号	材料编码	材料名称及规格	交货地点	计量单位	数量	金额（元）	
						单价	合价
	甲供材料费合计_____元						

甲控材料价格表

标段： 　　　　　　　　　　　　　　　　　　　　　　　　　第　页共　页

序号	材料编码	材料名称及规格	技术条件	计量单位	单价（元）

主要自购材料价格表

标段：　　　　　　　　　　　　　　　　　　　　　　　　　　　　第　页共　页

序号	材料编码	材料名称及规格	计量单位	单价（元）

设备费计算表

(1) 甲供设备费计算表

标段：　　　　　　　　　　　　　　　　　　　　　　　　　　　　　　　第　页　共　页

序号	设备编码	设备名称及规格型号	交货地点	计量单位	数量	金额（元）	
						单价	合价
甲供设备费合计_____元							

(2) 甲控设备费计算表

标段：　　　　　　　　　　　　　　　　　　　　　　　　　　　　　　　第　页　共　页

序号	设备编码	设备名称及规格型号	技术条件	计量单位	数量	金额（元）	
						单价	合价
甲控设备费合计_____元							

（3）自购设备费计算表

标段：　　　　　　　　　　　　　　　　　　　　　　　　　　　　　　第　页　共　页

序号	设备编码	设备名称及规格型号	技术条件	计量单位	数量	金额（元）	
						单价	合价
		自购设备费合计＿＿＿＿＿元					

（4）设备费汇总表

标段：　　　　　　　　　　　　　　　　　　　　　　　　　　　　　　第　页　共　页

名称	金额（元）
1. 甲供设备费合计	
2. 甲控设备费合计	
3. 自购设备费合计	
4. 甲供设备自交货地点至安装地点的运杂费	
设备费总额＿＿＿＿＿元（结转"工程量清单投标报价汇总表"）	

【要点说明】本条与原指南基本一致，主要修改内容为：

（1）工程量清单投标报价表取消了造价工程师及注册证号签字盖章的要求，对于已标价工程量清单而言，是投标人根据企业自身情况完成的文件，应由具有编制能力的投标人编制。但作为企业市场竞争行为，不强制要求投标人和工程造价编制人员具备相应工程造价资质和全国造价执业资格，投标文件的质量由投标人负责。

（2）工程量清单投标报价汇总表改为已标价工程量清单投标报价总表后，含义更为清晰；已标价工程量清单投标报价总表按照工程量计算规则表中的章节表重新编排，明确 A、B、C 三类费用计算原则。

（3）已标价工程量清单投标报价总表中将设备费修改为自购设备费，删除不包含在投标报价总额中的甲供材料设备费，明确了投标报价总价不包括甲供材料和设备费，如表2-13所示。本条在不同铁路工程招投标过程中可能存在差异，可根据合同要求和实际情况，投标报价总价在 A、B、C 之外再增加甲供材料设备费 D，具体确定原则可由招标文件和合同约定。

表2-13　已标价工程量清单投标报价总表

标段：　　　　　　　　　　　　　　　　　　　　　　　　　　　　　　　　　第　页　共　页

章号	节号	名称	金额
		章节略	
第一章至第十一章清单合计 A			
暂列金额 B			
包含在暂列金额中的计日工			
自购设备费用 C			
投标报价总价 $A+B+C$			

（4）已标价工程量清单章节表取消"节号"列，"编码"改为"子目编码"，如表2-14所示。

表2-14　已标价工程量清单章节表

标段：　　　　　　　　　　　　　　　　　　　　　　　　　　　　　　　　　第　页　共　页

第××章××××					
子目编码	名称	计量单位	工程数量	金额（元）	
				综合单价	合价

（5）甲供材料、设备计算表与甲供材料、设备数量及价格表一致。

（6）自购设备表将"设备编码"改为"设备代号"，删除"技术条件"和"单价"列，增加"专业名称""安装子目编码""不含税单价""不含税合价"列，"合价""税金"行。自购设备报价后期不可调差，作为竞争性费用，一旦报价，后期清算均应按照招标报价支付，不可随意调整，如表2-15所示。

表2-15　自购设备表

标段：　　　　　　　　　　　　　　　　　　　　　　　　　　　　　　　　　第　页　共　页

序号	专业名称	设备代号	设备名称及规格型号	安装子目编码	计量单位	数量	不含税单价（元）	不含税合价（元）
合计								
税金								
自购设备费合计							元	

（7）工程量清单子目综合单价分析表取消"节号"列，"编码"改为"子目编码"。工程量清单子目综合单价分析表作为投标人确定综合单价的基础资料，在投标文件中可以不纳入，具体文件组成要求可由招标文件和合同约定，如表2-16所示。

表2-16 工程量清单子目综合单价分析表

标段：　　　　　　　　　　　　　　　　　　　　　　　　　　　　　　　第　页 共　页

子目编码	名称	计量单位	第××章××××									综合单价（元）
				综合单价组成（元）								
			人工费	材料费	机具使用费	填料费	价外运杂费	施工措施费	特殊施工增加费	间接费	税金	

二、计量规则部分主要变化

6　工程清单计量规则表

〖**概述**〗计量规则部分作为本规范最核心的内容，在编制过程中，开展了广泛的现场调研工作，收集了建设、设计、施工各方意见，整理了原指南存在的主要问题，参照了其他行业规定铁路建设工程的实际情况，提高了标准编制的针对性和实用性，确定了本规范计量规则编制方案，协调了站后工程同类清单子目的设置深细度，完成了对原指南中各章节的项目名称、计量单位、计算规则、工程内容、子目划分特征等的修订，总体上从风险分摊的角度看比较合理，需要专业技术和投资控制部门认真学习领会，不可随意修改子目划分的各项内容，但可在现有子目后新增子目。

6.1　第一章　迁改工程

1. 子目划分

本章共计1节147个子目，在原指南基础上增加115个子目。具体变化情况如下：

（1）将"等级公路"条目细化为"区间×（等）级公路""站场×（等）级公路改移道路"，"×"代表了等级的多样性，编制者可根据项目实际情况，按顺序编制如区间一级公路、区间二级公路，站场二级公路、站场三级公路等条目，而不需按原指南的做法，在等级公路条目下增加子目，有效减少了工程量清单条目层级。

需要注意的是，由于"×"是一个不定数，其中文含义是"某"或者"某某"的意思，编制工程量清单时，必然会出现增加同级条目的情况，这就可能会让编制者产生对新插入条目如何编码的困惑。本规范规定：若同级条目增加后，其他同级条目可按顺序重新排列并进行顺序编码。例如，按计量规则表010102应为（二）区间非等级公路，但某铁路项目若有区间一级公路和区间二级公路两类等级公路改移，编码应修改为 010101（一）区间一级公路、010102（二）区间二级公路、010103（三）区间非等级公路，后续其他条目均按此顺序编码。该规则对于同样存在不定数×或者××的其他章节条目依然适用，如表2-17所示。

表 2-17 子目名称对照表

本规范		原指南	
子目编码	名称	编码	名称
0101	一、改移道路	0101J01	一、改移道路
010101	（一）区间×（等）级公路	0101J0101	（一）等级公路
010103	（三）站场×（等）级公路改移道路		

举例：某项目有区间一级公路、区间二级公路、区间非等级公路，站场一级公路、站场二级公路、站场非等级公路，如表2-18所示。

表 2-18 改移道路子目案例

本规范		
编码	名称	计量单位
0101	一、改移道路	公里
010101	（一）区间一级公路	公里
010102	（二）区间二级公路	公里
010103	（三）区间非等级公路	公里
010104	（四）站场一级公路改移道路	公里
010105	（五）站场二级公路改移道路	公里
010106	（六）站场非等级公路改移道路	公里

（2）将改移道路的"路基土石方"子目细化为"土方""石方""A、B组填料""填渗水土"等子目，"路基附属工程"子目细化为"干砌石""浆砌石""混凝土""钢筋""绿色防护（绿化）""地基处理""支挡结构"等子目，与第二章路基工程的路基土石方和附属工程子目划分基本一致，区分综合单价差异较大的土石方、圬工等条目，力争实现工程量清单常用工程子目划分标准化目标，如表2-19所示。

表 2-19 子目名称对照表

本规范		原指南	
编码	名称	编码	名称
01010101	1.路基	0101J010101	1.路基土石方
0101010101	（1）土方		
0101010102	（2）石方		
0101010103	（3）A、B组填料		
0101010104	（4）填渗水土		
0101010105	（5）路基附属工程	0101J010102	2.路基附属工程
010101010501	①干砌石	0101J01010201	①砌体及（钢筋）混凝土
010101010502	②浆砌石		
010101010503	③混凝土		
010101010504	④钢筋		

续表

本规范		原指南	
编码	名称	编码	名称
010101010505	⑤绿色防护（绿化）	0101J01010202	②绿色防护、绿化
010101010506	⑥地基处理	0101J01010203	③地基处理
010101010507	⑦支挡结构		

（3）将"公路桥"子目细化为"下部建筑""上部建筑""附属工程"，尽量与编制办法章节表保持一致，并对分项的下级子目进一步细化，同时结合第三章桥涵工程清单子目划分同步进行修订，如表2-20所示。

表2-20 子目名称对照表

本规范		原指南	
编码	名称	编码	名称
01010103	3.公路桥	0101J010104	4.公路桥（××座）
0101010301	（1）下部工程		
010101030101	①基础		
01010103010101	A.明挖		
01010103010102	B.承台		
01010103010103	C.沉井		
01010103010104	D.挖孔桩		
01010103010105	E.钻孔桩		
0101010301010501	a.陆上混凝土		
0101010301010502	b.水上混凝土		
0101010301010503	c.钢筋（笼）		
01010103010106	F.沉入桩		
01010103010107	G.管柱		
01010103010108	H.挖井基础		
010101030102	②墩台		
0101010302	（2）上部建筑		
010101030201	①简支梁		
01010103020101	A.预制		
01010103020102	B.架设		
01010103020103	C.现浇		
010101030202	②连续梁		
01010103020201	A.混凝土		
01010103020202	B.预应力筋		
01010103020203	C.普通钢筋		
010101030203	③钢-混凝土结合梁		

续表

本规范		原指南	
编码	名称	编码	名称
010101030203O1	A.混凝土		
010101030203O2	B.预应力筋		
010101030203O3	C.普通钢筋		
0101010302O4	④钢管拱		
010101030204O1	A.钢管		
01010103020401O1	a.钢管拱成品		
01010103020401O2	b.钢管拱架设		
010101030204O2	B.钢管内混凝土		
010101030204O3	C.系杆（水平索）		
01010103020403O1	a.系杆（水平索）成品		
01010103020403O2	b.系杆（水平索）安装		
010101030204O4	D.吊杆		
01010103020404O1	a.柔性吊杆		
01010103020404O2	b.刚性吊杆		
010101030204O5	E.梁及桥面板		
01010103020405O1	a.混凝土		
01010103020405O2	b.普通钢筋		
0101010302O5	⑤其他拱桥		
010101030205O1	A.拱圈（拱肋）		
010101030205O2	B.拱上结构		
010101030205O3	C.吊杆或系杆		
01010103020503O1	a.吊杆或系杆成品		
01010103020503O2	b.吊杆或系杆安装		
010101030205O4	D.桥面		
0101010302O6	⑥支座		
010101030206O1	A.金属支座		
010101030206O2	B.板式橡胶支座		
010101030206O3	C.盆式橡胶支座		
0101010302O7	⑦公路桥面系		
01010103O3	（3）附属工程		
0101010303O1	①土方		
0101010303O2	②石方		
0101010303O3	③干砌石		
0101010303O4	④浆砌石		
0101010303O5	⑤混凝土		

续表

本规范		原指南	
编码	名称	编码	名称
010101030306	⑥钢筋		
010101030307	⑦台后及锥体填筑		
010101030308	⑧洞穴处理		
01010103030801	A. 钻孔		
01010103030802	B. 灌注浆（砂）		
01010103030803	C. 填筑		
010101030309	⑨桥上永久照明及防雷		
010101030310	⑩绿化		
010101030311	⑪检查维护小车		
010101030312	⑫限高架		
010101030313	⑬其他		
0101010304	（4）施工辅助设施		
0101010305	（5）拆除		
010101030501	①干砌石		
010101030502	②浆砌石		
010101030503	③混凝土		
010101030504	④钢筋混凝土		

（4）将原指南"涵洞（××座）"修改为"公路涵洞"，进一步明确其属于公路工程，同时将"××座"删除，避免出现双单位，公路隧道也进行了类似修订，如表2-21所示。

表2-21 子目名称对照表

本规范		原指南	
编码	名称	编码	名称
01010104	4. 公路涵洞	0101J010105	5. 涵洞（××座）

（5）将原指南"隧道（××座）"条目拆分为"公路隧道正洞""公路隧道洞门和附属工程"，结合公路隧道设计深细度情况，隧道正洞按铁路隧道辅助坑道子目划分特征深度——断面/围岩等级来设置子目，不再设置开挖、衬砌子目。同时，将洞门和附属工程合并为一个条目订，如表2-22所示。

表2-22 子目名称对照表

本规范		原指南	
编码	名称	编码	名称
01010105	5. 公路隧道正洞	0101J010106	6. 隧道（××座）
		0101J01010601	（1）开挖
		0101J01010602	（2）衬砌
01010106	6. 公路隧道洞门和附属工程	0101J01010603	（3）洞门
		（4）附属工程	（4）附属工程

（6）将"泥结碎石路""土路"条目调整为"区间非等级公路""站场非等级公路改移道路"，细目与等级公路基本一致，主要增加泥结碎石路面和土质路面子目。将各类改移道路均按统一的子目划分标准进行子目设置，既提高了改移道路清单条目的标准化程度，又提高了建设管理和现场计量的工作效率。当然，这一调整与编制办法存在一定差异，也是未来编制办法修编的趋势，如表2-23所示。

表2-23 子目名称对照表

本规范		原指南	
编码	名称	编码	名称
010102	（二）区间非等级公路	0101J0102	（二）泥结碎石路
01010201	1.路基	0101J0103	（三）土路
01010202	2.路面		
0101020201	（1）垫层		
0101020202	（2）基层		
0101020203	（3）面层		
010102020301	①沥青混凝土路面		
010102020302	②水泥混凝土路面		
010102020303	③泥结碎石路面		
010102020304	④土质路面		
01010203	3.公路桥		

（7）结合编制办法章节表，增加"立交桥综合排水""改河（沟渠）""改移通信线路""改移电力线路""改移给排水线路""改移油气管道线路""隔声窗""临时用地费"等条目，其中原清单中将"立交桥综合排水"放在第十一章，与现行编制办法不一致，本规范进行了相应的调整；改河（沟渠）子目细分为土方、石方、浆砌石和混凝土等，将土石方、圬工进行了拆分，更有利于现场计量；"临时用地费"主要指招标范围内的大型临时工程中的临时场站等工程的临时占地费用，含租用土地、青苗补偿、拆迁补偿、复垦、管理费及其他所有与土地有关的费用等，该费用可与大型临时工程中对应的临时场站一同招标，如表2-24所示。

表2-24 子目名称对照表

本规范		原指南	
编码	名称	编码	名称
0103	三、立交桥综合排水		
0105	五、改河（沟渠）		
010501	（一）土方		
010502	（二）石方		
010503	（三）浆砌石		
010504	（四）混凝土		
0106	六、改移通信线路		
0107	七、改移电力线路		
0108	八、改移给排水线路		
0109	九、改移油气管道线路		
0111	十一、隔声窗		
0113	一、临时用地费		

（8）"人行天桥"在编制办法中已被删除，但考虑到人行天桥工程在一些铁路工程项目中仍可能存在，故新增此条目，并将子目细分为综合单价差异较大的钢结构人行天桥和钢筋混凝土人行天桥，如表 2-25 所示。

表 2-25 子目名称对照表

本规范		原指南	
编码	名称	编码	名称
0102	二、人行天桥		
010201	1. 钢结构人行天桥		
010202	2. 钢筋混凝土人行天桥		

2. 计量单位

（1）新增子目均按照类似子目确定计量单位。

（2）改移道路路面"垫层""基层"计量单位由"平方米"修改为"立方米"，使得垫层和基层的厚度差异得以体现，有利于投标人准确报价，如表 2-26 所示。

表 2-26 子目计量单位对照表

本规范		原指南	
名称	计量单位	名称	计量单位
2. 路面	平方米	3. 路面	平方米
（1）垫层	立方米	（1）垫层	平方米
（2）基层	立方米	（2）基层	平方米
（3）面层	平方米	（3）面层	平方米
① 沥青混凝土路面	平方米	① 沥青混凝土路面	平方米
② 水泥混凝土路面	平方米	② 水泥混凝土路面	平方米

3. 子目划分特征

（1）新增子目均按照类似子目确定子目划分特征。

（2）"绿色防护（绿化）""地基处理"子目划分特征由"综合"修改为"防护方式""处理方式"，编制者可结合第二章路基工程的附属工程进行细化下级子目，提高综合单价的准确性，如表 2-27 所示。

表 2-27 子目划分特征对照表

本规范		原指南	
名称	子目划分特征	名称	子目划分特征
⑤ 绿色防护（绿化）	防护方式	② 绿色防护、绿化	综合
⑥ 地基处理	处理方式	③ 地基处理	综合

（3）"面层"下级子目的子目划分特征均修改为"综合"，因上级条目已区分改移道路等级，故此处不再细分等级，如表 2-28 所示。

表 2-28 子目划分特征对照表

本规范		原指南	
名称	子目划分特征	名称	子目划分特征
（3）面层		（3）面层	
①沥青混凝土路面	综合	①沥青混凝土路面	等级
②水泥混凝土路面	综合	②水泥混凝土路面	等级

4. 工程量计算规则

（1）新增子目均按照类似子目确定工程量计算规则。

（2）"面层"下级子目的工程量计算规则均由"按设计车行道和人行道面层面积计算"修改为"按设计图示面积计算"，使说明更为简明直观，如表 2-29 所示。

表 2-29 子目工程量计算规则对照表

本规范		原指南	
名称	工程量计算规则	名称	工程量计算规则
（3）面层		（3）面层	
①沥青混凝土路面	按设计图示面积计算	①沥青混凝土路面	按设计车行道和人行道面层面积计算
②水泥混凝土路面	按设计图示面积计算	②水泥混凝土路面	按设计车行道和人行道面层面积计算

5. 工程（工作）内容

（1）新增子目均按照类似子目确定工程（工作）内容。

（2）"沥青混凝土路面"结合定额工作内容和现场施工工艺，增加喷洒粘层油内容，如表 2-30 所示。

表 2-30 子目工程（工作）内容对照表

本规范		原指南	
名称	工程（工作）内容	名称	工程（工作）内容
（3）面层		（3）面层	
①沥青混凝土路面	1. 沥青混凝土拌制、铺筑、碾压、整形；2. 喷洒粘层油；3. 路缘石制安；4. 培路肩	①沥青混凝土路面	1. 沥青混凝土拌制、铺筑、碾压、整形；2. 路缘石制安；3. 培路肩

（3）"沿线设施"结合设计及施工情况，增加照明、防落物网、防眩设施等设施，如表 2-31 所示。

表 2-31 子目工程（工作）内容对照表

本规范		原指南	
名称	工程（工作）内容	名称	工程（工作）内容
7. 沿线设施	护栏、隔离带（栅、块）、标志牌、标线、界牌、标桩、路面标线、轮廓标，路面及中央分隔带、排水设施，照明，防落物网，防眩设施等的设置	7. 沿线设施	护栏、隔离带（栅、块）、标志牌、标线、界牌、标桩、路面标线、轮廓标，路面及中央分隔带、排水设施等的设置

（4）删除"道路过渡工程"中租用土地（含耕地占用税、青苗补偿费）、拆迁补偿等内容，如表2-32所示。

表2-32 子目工程（工作）内容对照表

本规范		原指南	
名称	工程（工作）内容	名称	工程（工作）内容
（五）道路过渡工程	1.场地平整及土石方、圬工工程，路面及沿线设施修建，道路养护；2.便涵修建；3.便桥的基础、墩台、梁部、桥面等工程，便桥养护；4.便道、便桥、便涵拆除、清理，复垦等	7.沿线设施	1.租用土地（含耕地占用税、青苗补偿费）、拆迁补偿；2.场地平整及土石方、圬工工程，路面及沿线设施修建，道路养护；3.便涵修建；4.便桥的基础、墩台、梁部、桥面等工程，便桥养护；5.便道、便桥、便涵拆除、清理，复垦等

（5）改移线路和管道线路防护等均增加电磁防护内容，如表2-33所示。

表2-33 子目工程（工作）内容对照表

本规范		原指南	
名称	工程（工作）内容	名称	工程（工作）内容
六、改移通信线路	电磁防护和对既有通信线路进行改移、改建等引起的有关工程		
七、改移电力线路	电磁防护和对既有电力线路进行改移、改建等引起的有关工程		
八、改移给排水线路	电磁防护和对既有给排水线路进行改移、改建等引起的有关工程		
九、改移油气管道线路	电磁防护和对既有油气管道线路进行改移、改建等引起的有关工程		
十、管线路防护	1.基坑、管沟挖填；2.脚手架搭拆；3.管套及支架制安；4.电磁防护；5.圬工砌筑	三、管线路防护	1.基坑、管沟挖填；2.脚手架搭拆；3.管套及支架制安；4.圬工砌筑等

6.附注中需要注意的问题

（1）路基土石方含路基附属工程的土石方。

（2）改移通信线路、改移电力线路等改移线路主要指改移工程费用，若拆迁补偿费中已含此费用，则不计列，管线路防护主要指因修建铁路正式工程需要对既有管线路进行的防护、加固，含电磁防护，如表2-34所示。

表 2-34 子目附注对照表

本规范		原指南	
名称	附注	名称	附注
六、改移通信线路	若拆迁补偿费中已含此费用,则不计列		
七、改移电力线路	若拆迁补偿费中已含此费用,则不计列		
八、改移给排水线路	若拆迁补偿费中已含此费用,则不计列		
九、改移油气管道线路	若拆迁补偿费中已含此费用,则不计列		
十、管线路防护	指因修建铁路正式工程需要对既有管线路进行的防护、加固,含电磁防护	三、管线路防护	指修建铁路时须对属路外产权的管线路进行的防护、加固

（3）青苗补偿费指在铁路用地以外修建正式工程发生的青苗补偿费用。

6.2 第二章 路基工程

1. 子目划分

本章共计 3 节 253 个子目,在原指南基础上减少 1 个子目,但具体子目进行了较大变化。具体变化情况如下：

（1）"区间路基土石方"结合编制办法进行了全面修订,将原指南"挖土方"条目细分为"挖土方（弃方）""挖土方（利用方）",原指南"挖石方"条目细分为"挖石方（弃方）""挖石方（利用方）",增加了"A、B组填料""清除表土"等子目,并对相应子目进行细化,如表 2-35 所示。

表 2-35 子目名称对照表

本规范		原指南	
编码	名称	编码	名称
02	区间路基土石方	0202	区间路基土石方
	Ⅰ.建筑工程费	0202J	Ⅰ.建筑工程费
0201	一、土方	0202J01	一、土方
020101	（一）挖土方（弃方）	0202J0101	（一）挖土方
020102	（二）挖土方（利用方）		
020103	（三）利用土填方	0202J0102	（二）利用土填方
020104	（四）借土填方	0202J0103	（三）借土填方
0202	二、A、B 组填料		
020201	（一）利用方		
020202	（二）借方		
020203	（三）利用隧道弃方		
0203	三、石方	0202J02	二、石方
020301	（一）挖石方（弃方）	0202J0201	（一）挖石方
02030101	1.爆破石方		
0203010101	（1）常规爆破		

续表

本规范		原指南	
编码	名称	编码	名称
0203010102	（2）控制爆破		
0203010103	（3）静态爆破		
02030102	2. 非爆破石方		
0203010201	（1）人工开凿		
0203010202	（2）机械开凿		
020302	（二）挖石方（利用方）		
02030201	1. 爆破石方		
0203020101	（1）常规爆破		
0203020102	（2）控制爆破		
0203020103	（3）静态爆破		
02030202	2. 非爆破石方		
0203020201	（1）人工开凿		
0203020202	（2）机械开凿		
020303	（三）利用石填方	0202J0202	（二）利用石填方
020304	（四）借石填方	0202J0203	（三）借石填方
020305	（五）利用隧道弃方		
0204	四、填渗水土	0202J03	三、渗水土壤
0205	五、填改良土	0202J04	四、改良土
020501	（一）利用土改良	0202J0401	（一）利用土改良
020502	（二）借土改良	0202J0402	（二）借土改良
0206	六、级配碎石（砂砾石）	0202J05	五、级配碎石（砂砾石）
020601	（一）基床表层	0202J0501	（一）基床表层
020602	（二）过渡段	0202J0502	（二）过渡段
02060201	1. 路桥过渡段	0202J050201	1. 路堤与桥台过渡段
02060202	2. 路涵过渡段	0202J050202	2. 路堤与横向结构物过渡段
02060203	3. 路堑与路堤过渡段	0202J050203	3. 路堤与路堑过渡段
02060204	4. 路隧过渡段		
0207	七、清除表土		
0208	八、挖淤泥	0202J06	六、挖淤泥
0209	九、挖多年冻土	0202J07	七、挖多年冻土

（2）为了更好地区分不同开挖方式下综合单价的差异性，"挖石方"子目细分为"爆破石方""非爆破石方"，相应子目细化为"常规爆破""控制爆破""静态爆破""人工开凿""机械开凿"等，如表2-36所示。

表 2-36 子目名称对照表

本规范		原指南	
编码	名称	编码	名称
0203	三、石方	0202J02	二、石方
020301	（一）挖石方（弃方）	0202J0201	（一）挖石方
02030101	1. 爆破石方		
0203010101	（1）常规爆破		
0203010102	（2）控制爆破		
0203010103	（3）静态爆破		
02030102	2. 非爆破石方		
0203010201	（1）人工开凿		
0203010202	（2）机械开凿		
020302	（二）挖石方（利用方）		
02030201	1. 爆破石方		
0203020101	（1）常规爆破		
0203020102	（2）控制爆破		
0203020103	（3）静态爆破		
02030202	2. 非爆破石方		
0203020201	（1）人工开凿		
0203020202	（2）机械开凿		
020303	（三）利用石填方	0202J0202	（二）利用石填方
020304	（四）借石填方	0202J0203	（三）借石填方
020305	（五）利用隧道弃方		

（3）"A、B 组填料""石方"结合土石方调配方案情况，增加"利用隧道弃方"子目，从子目划分角度体现绿色发展、节约集约、低碳环保的理念，要求铁路工程建设尽量采用弃方利用方案，减少工程对环境的破坏，如表 2-37 所示。

表 2-37 子目名称对照表

本规范		原指南	
编码	名称	编码	名称
0202	二、A、B 组填料		
020203	（三）利用隧道弃方		

（4）级配碎石（砂砾石）"过渡段"增加"路隧过渡段"，其他名称修改为"路桥过渡段""路涵过渡段""路堑与路堤过渡段"，对名称进一步规范化，如表 2-38 所示。

表 2-38 子目名称对照表

本规范		原指南	
编码	名称	编码	名称
0206	六、级配碎石（砂砾石）	0202J05	五、级配碎石（砂砾石）
020601	（一）基床表层	0202J0501	（一）基床表层
020602	（二）过渡段	0202J0502	（二）过渡段
02060201	1. 路桥过渡段	0202J050201	1. 路堤与桥台过渡段
02060202	2. 路涵过渡段	0202J050202	2. 路堤与横向结构物过渡段
02060203	3. 路堑与路堤过渡段	0202J050203	3. 路堤与路堑过渡段
02060204	4. 路隧过渡段		

（5）为了使计量规则表更为简洁明了，"站场土石方"下级子目不再累述，删除了原指南对应的所有子目，取而代之的是采用"细目同<02 区间路基土石方>"的文字说明，如表 2-39 所示。

表 2-39 子目名称对照表

本规范		原指南	
编码	名称	编码	名称
03	站场土石方		
细目同<02 区间路基土石方>			

（6）"路基附属工程"下级子目增加层级，分为"区间路基附属工程"和"站场路基附属工程"，更切合概（预）算和工程量清单编制的实际，如表 2-40 所示。

表 2-40 子目名称对照表

本规范		原指南	
编码	名称	编码	名称
04	路基附属工程	04	路基附属工程
0401	一、区间路基附属工程		
0402	二、站场路基附属工程		

（7）"支挡结构""地基处理"等附属工程参照编制办法细分下级子目，并将所有钢筋混凝土结构下级子目细分为"混凝土""钢筋"，更有利于现场计量，如表 2-41 所示。

表 2-41 子目名称对照表

本规范		原指南	
编码	名称	编码	名称
040101	（一）支挡结构	0204J02	二、支挡结构
04010101	1. 抗滑桩	0204J0211	（十一）抗滑桩
0401010101	（1）混凝土		
0401010102	（2）钢筋（笼）		
04010102	2. 桩板挡土墙	0204J0207	（七）桩板挡土墙
0401010201	（1）钢筋混凝土桩		
040101020101	① 混凝土		

续表

本规范		原指南	
编码	名称	编码	名称
040101020102	②钢筋		
0401010202	（2）钢筋混凝土板		
040101020201	①混凝土		
040101020202	②钢筋		
04010103	3. 锚杆挡土墙	0204J0206	（六）锚杆钢筋混凝土挡土墙
0401010301	（1）混凝土		
0401010302	（2）钢筋		
04010104	4. 锚定板挡土墙	0204J0209	（九）锚定板钢筋混凝土挡土墙
0401010401	（1）混凝土		
0401010402	（2）钢筋		
04010105	5. 加筋土挡土墙	0204J0208	（八）加筋土挡土墙
0401010501	（1）墙面板及基础	0204J020801	1. 面板
040101050101	①混凝土		
040101050102	②钢筋		
0401010502	（2）拉筋	0204J020802	2. 拉筋带
		0204J02080201	（1）钢筋混凝土拉筋带
		0204J02080202	（2）聚丙烯编织带拉筋带
04010106	6. 土钉	0204J0210	（十）土钉
04010107	7. 边坡加固锚杆		
04010108	8. 预应力锚索	0204J0212	（十二）预应力锚索
04010109	9. 锚杆框架梁		
0401010901	（1）锚杆		
0401010902	（2）钢筋混凝土		
040101090201	①混凝土		
040101090202	②钢筋		
04010110	10. 其他挡土墙		
0401011001	（1）挡土墙浆砌石	0204J0201	（一）挡土墙浆砌石
0401011002	（2）挡土墙片石混凝土	0204J0202	（二）挡土墙片石混凝土
0401011003	（3）挡土墙混凝土	0204J0203	（三）挡土墙混凝土
0401011004	（4）挡土墙钢筋混凝土	0204J0204	（四）挡土墙钢筋混凝土
040101100401	①混凝土		
040101100402	②钢筋		
0401011005	（5）挡土墙喷混凝土	0204J0205	（五）挡土墙喷混凝土
040101100501	①混凝土		
040101100502	②钢筋（网）		
0401011006	（6）挡土墙栏杆		

（8）为了更好区分桩、板综合单价的差异性，将"桩板挡土墙"下级子目细化为"钢筋混凝土桩""钢筋混凝土板"。钢筋混凝土桩按照现场浇筑的工艺，钢筋混凝土板按照工厂预制现场安装的工艺组织施工，如表2-42所示。

表2-42 子目名称对照表

本规范		原指南	
编码	名称	编码	名称
04010102	2. 桩板挡土墙	0204J0207	（七）桩板挡土墙
0401010201	（1）钢筋混凝土桩		
040101020101	①混凝土		
040101020102	②钢筋		
0401010202	（2）钢筋混凝土板		
040101020201	①混凝土		
040101020202	②钢筋		

（9）将"加筋土挡土墙"下级子目细化为"墙面板及基础""拉筋"。基础、帽石混凝土按照现场浇筑的工艺，面板按照工厂预制构件现场安装的工艺组织施工；删除"拉筋"下级子目"钢筋混凝土拉筋带""聚丙烯编织带拉筋带"，通过子目划分特征"拉筋形式"体现不同类型，如表2-43所示。

表2-43 子目名称对照表

本规范		原指南	
编码	名称	编码	名称
04010105	5. 加筋土挡土墙	0204J0208	（八）加筋土挡土墙
0401010501	（1）墙面板及基础	0204J020801	1. 面板
040101050101	①混凝土		
040101050102	②钢筋		
0401010502	（2）拉筋	0204J020802	2. 拉筋带
		0204J02080201	（1）钢筋混凝土拉筋带
		0204J02080202	（2）聚丙烯编织带拉筋带

（10）增加"锚杆框架梁"等子目；将"边坡加固锚杆"从附注中移出，作为独立子目；将"挡土墙栏杆"从工作内容中移出，作为独立子目，尽量减弱非工程量计算规则范围内的工程对综合单价的影响程度，如表2-44所示。

表2-44 子目名称对照表

本规范		原指南	
编码	名称	编码	名称
04010107	7. 边坡加固锚杆		
04010109	9. 锚杆框架梁		
0401010901	（1）锚杆		
0401010902	（2）钢筋混凝土		
040101090201	①混凝土		
040101090202	②钢筋		

（11）地基处理中将原指南地基处理各类填筑工程进行了归类整合，提高规范性，设置"基底填筑"条目，下级子目细分为"填（片石）混凝土""填筑砂石""填石灰（水泥）土""填土石""换填"。按填料种类对"填筑砂石""填石灰（水泥）土"子目进行细化，按土石类别对"填土石"进行细化，如表2-45所示。

表2-45　子目名称对照表

本规范		原指南	
编码	名称	编码	名称
040102	（二）地基处理	0204J0109	（九）地基处理
04010201	1.基底填筑（垫层）	0204J010902	2.垫层
0401020101	（1）填（片石）混凝土	0204J010919	19.填（片石）混凝土
0401020102	（2）填筑砂石		
040102010201	①填砂	0204J01090201	（1）填砂
040102010202	②填碎石	0204J01090202	（2）填碎石
040102010203	③填卵（砾）石	0204J01090203	（3）填卵（砾）石
040102010204	④填石（片石）	0204J01090204	（4）填石（片石）
040102010205	⑤填砂夹碎石	0204J01090205	（5）填砂夹碎石
040102010206	⑥填砂夹卵（砾）石	0204J01090206	（6）填砂夹卵（砾）石
		0204J01090207	（7）填砖
0401020103	（3）换填	0204J010903	3.换填土
0401020104	（4）填石灰（水泥）土		
040102010401	①填3∶7灰土		
040102010402	②填2∶8灰土		
040102010403	③填石灰土		
040102010404	④填水泥土		
0401020105	（5）填土石		
040102010501	①填土		
040102010502	②填石		

（12）同样将原指南各类地基处理桩进行了归类整合，提高规范性，分类为"水泥（混凝土）置换桩""打入（沉入）桩""其他桩（井）"，并按"CFG桩身"和"筏板"对"CFG桩"子目进行细化，按桩径对"CFG桩身""旋喷桩""水泥土桩""螺杆桩""管桩""砂桩""碎石桩""石灰桩"子目进行细化，如表2-46所示。

表2-46　子目名称对照表

本规范		原指南	
编码	名称	编码	名称
04010202	2.水泥（混凝土）置换桩		
0401020201	（1）CFG桩	0204J010912	12.CFG桩
040102020101	①CFG桩身		
040102020102	②筏板		

续表

本规范		原指南	
编码	名称	编码	名称
0401020202	（2）旋喷桩	0204J010908	8.旋喷桩
0401020203	（3）粉喷桩	0204J010909	9.粉喷桩
0401020204	（4）水泥搅拌桩	0204J010910	10.水泥搅拌桩
040102020401	①浆液喷射水泥搅拌桩		
040102020402	②钉型水泥搅拌桩		
040102020403	③双向水泥搅拌桩		
0401020205	（5）水泥砂浆搅拌桩		
0401020206	（6）水泥土挤密桩	0204J010911	11.水泥土挤密桩
0401020207	（7）水泥土柱锤冲扩桩		
0401020208	（8）螺杆桩		
04010203	3.打入（沉入）桩		
0401020301	（1）钢筋混凝土方桩	0204J010914	14.钢筋混凝土方桩
0401020302	（2）钢筋混凝土管桩	0204J010913	13.钢筋（预应力）混凝土管桩
0401020303	（3）钢管桩		
04010204	4.其他桩（井）		
0401020401	（1）袋装（射水）砂井	0204J010904	4.袋装砂井
0401020402	（2）砂桩	0204J010905	5.砂桩
0401020403	（3）碎石桩（墩）	0204J010907	7.碎石桩
0401020404	（4）石灰桩	0204J010906	6.石灰桩

（13）按施工工法对"水泥搅拌桩"子目细化为"浆液喷射水泥搅拌桩""钉型水泥搅拌桩""双向水泥搅拌桩""水泥砂浆搅拌桩"等，如表2-47所示。

表2-47 子目名称对照表

本规范		原指南	
编码	名称	编码	名称
0401020204	（4）水泥搅拌桩	0204J010910	10.水泥搅拌桩
040102020401	①浆液喷射水泥搅拌桩		
040102020402	②钉型水泥搅拌桩		
040102020403	③双向水泥搅拌桩		

（14）对其他地基处理方式进行条目分类为"基底夯（压）实""其他地基处理方式"，如表2-48所示。

表 2-48 子目名称对照表

本规范		原指南	
编码	名称	编码	名称
04010205	5.基底夯（压）实		
0401020501	（1）强夯	0204J010916	16.强夯
0401020502	（2）夯实及碾压	0204J010918	18.重型碾压
04010206	6.其他地基处理方式		
0401020601	（1）真空预压	0204J010920	20.真空预压
0401020602	（2）堆载预压	0204J010921	21.堆载预压
0401020603	（3）塑料排水板	0204J010915	15.塑料排水板
0401020604	（4）钻孔型塑料排水板		

（15）"平（坡）面防护"对原指南中大量条目进行了整合归纳，分类为：喷射混凝土、喷射水泥砂浆、绿色防护（绿化）、风沙路基防护、高强金属柔性防护网、土工合成材料，如表 2-49 所示。

表 2-49 子目名称对照表

本规范		原指南	
编码	名称	编码	名称
040103	（三）平（坡）面防护		
04010301	1.喷射混凝土	0204J0105	（五）喷混凝土
0401030101	（1）素喷混凝土		
0401030102	（2）网喷混凝土		
04010302	2.喷射水泥砂浆	0204J0104	（四）喷水泥砂浆
0401030201	（1）素喷水泥砂浆		
0401030202	（2）网喷水泥砂浆		
04010303	3.绿色防护（绿化）		
0401030301	（1）铺草皮	0204J010301	1.铺草皮
0401030302	（2）播草籽	0204J010302	2.播草籽
0401030303	（3）喷播植草	0204J010303	3.喷播植草
0401030304	（4）喷混植生	0204J010304	4.喷混植生
0401030305	（5）栽植花草	0204J010307	7.栽植花草
0401030306	（6）栽植乔木	0204J010305	5.栽植乔木
0401030307	（7）栽植灌木	0204J010306	6.栽植灌木
0401030308	（8）穴植容器苗	0204J010308	8.穴植容器苗
0401030309	（9）三维生态护坡		
04010304	4.风沙路基防护	0204J0106	（六）风沙路基防护
0401030401	（1）铺黏性土	0204J010602	2.铺粘性土
0401030402	（2）铺卵（砾）石	0204J010601	1.铺石
0401030403	（3）铺草方格	0204J010603	3.草方格

续表

本规范		原指南	
编码	名称	编码	名称
0401030404	（4）沙障	0204J010605	5. 沙障
040103040401	①高立式HDPE板		
040103040402	②高立式HDPE网		
040103040403	③芦苇方格		
040103040404	④土方格		
040103040405	⑤石方格		
040103040406	⑥固沙板方格		
040103040407	⑦HDPE板方格		
040103040408	⑧HDPE网方格		
0401030405	（5）挡沙堤沟		
0401030406	（6）防沙栅栏		
0401030407	（7）刺铁丝网	0204J010604	4. 刺铁丝网
04010305	5. 高强金属柔性防护网	0204J0107	（七）金属防护网
0401030501	（1）主动防护网	0204J010701	1. 高强金属柔性主动防护网
0401030502	（2）被动防护网	0204J010702	2. 高强金属柔性被动防护网
04010306	6. 土工合成材料	0204J0108	（八）土工合成材料处理
0401030601	（1）复合土工膜	0204J010802	2. 复合土工膜
0401030602	（2）土工格栅	0204J010804	4. 土工格栅
0401030603	（3）土工格室	0204J010805	5. 土工格室
0401030604	（4）土工布	0204J010801	1. 土工布
0401030605	（5）土工网	0204J010803	3. 土工网
0401030606	（6）土工网垫	0204J010806	6. 土工网垫
0401030607	（7）铺氯丁橡胶板		
0401030608	（8）铺聚氯乙烯软板		

（16）按素喷、网喷对"喷射混凝土""喷射水泥砂浆"子目进行细化，充分区分挂网与不挂网喷射混凝土综合单价的差异，如表2-50所示。

表2-50 子目名称对照表

本规范		原指南	
编码	名称	编码	名称
040103	（三）平（坡）面防护		
04010301	1. 喷射混凝土	0204J0105	（五）喷混凝土
0401030101	（1）素喷混凝土		
0401030102	（2）网喷混凝土		
04010302	2. 喷射水泥砂浆	0204J0104	（四）喷水泥砂浆
0401030201	（1）素喷水泥砂浆		
0401030202	（2）网喷水泥砂浆		

（17）结合路基工程新工艺新工法发展，增加"三维生态护坡""挡沙堤沟""防沙栅栏""刺铁丝网""铺氯丁橡胶板""铺聚氯乙烯软板"，并细化各类"沙障"等子目，如表2-51所示。

表2-51　子目名称对照表

本规范		原指南	
编码	名称	编码	名称
0401030309	（9）三维生态护坡		
0401030404	（4）沙障	0204J010605	5.沙障
040103040401	①高立式HDPE板		
040103040402	②高立式HDPE网		
040103040403	③芦苇方格		
040103040404	④土方格		
040103040405	⑤石方格		
040103040406	⑥固沙板方格		
040103040407	⑦HDPE板方格		
040103040408	⑧HDPE网方格		

（18）原指南"砌体及圬工"修改为"护坡及冲刷防护"，更为规范化，增加"笼装片石"子目，如表2-52所示。

表2-52　子目名称对照表

本规范		原指南	
编码	名称	编码	名称
040104	（四）护坡及冲刷防护	0204J0102	（二）砌体及圬工
04010401	1.干砌石	0204J010201	1.干砌石
04010402	2.浆砌石	0204J010202	2.浆砌石
04010403	3.片石混凝土	0204J010203	3.片石混凝土
04010404	4.混凝土	0204J010204	4.混凝土
04010405	5.钢筋混凝土	0204J010205	5.钢筋混凝土
0401040501	（1）混凝土		
0401040502	（2）钢筋		
04010406	6.笼装片石		

（19）体现绿色环保的理念，对"取弃土（石）场处理"子目进行细化，增加"干砌石""浆砌石""混凝土""钢筋混凝土""场地平整、绿化"等子目，有利于根据不同工程分别进行计量，保证环保措施落地、落实，如表2-53所示。

表2-53　子目名称对照表

本规范		原指南	
编码	名称	编码	名称
040105	（五）取弃土（石）场处理	0204J0111	（十一）取弃土（石）场处理
04010501	1.干砌石		
04010502	2.浆砌石		

续表

本规范		原指南	
编码	名称	编码	名称
04010503	3. 混凝土		
04010504	4. 钢筋混凝土		
0401050401	（1）混凝土		
0401050402	（2）钢筋		
04010505	5. 场地平整、绿化		

（20）结合编制办法章节表，增加"沟渠"条目，按"干砌石""浆砌石""片石混凝土""混凝土""钢筋混凝土"细分子目，如表2-54所示。

表2-54 子目名称对照表

本规范		原指南	
编码	名称	编码	名称
040106	（六）沟渠		
04010601	1. 干砌石		
04010602	2. 浆砌石		
04010603	3. 片石混凝土		
04010604	4. 混凝土		
04010605	5. 钢筋混凝土		
0401060501	（1）混凝土		
0401060502	（2）钢筋		

（21）解决原指南地下洞穴处理条目不明晰的问题，分类为钻孔、灌注浆（砂）和填筑填料三类，并按材料类型对"灌注浆（砂）""填筑"子目进行细化，如表2-55所示。

表2-55 子目名称对照表

本规范		原指南	
编码	名称	编码	名称
040108	（八）地下洞穴处理	0204J0110	（十）地下洞穴处理
04010801	1. 钻孔	0204J011001	1. 钻孔
04010802	2. 灌注浆（砂）	0204J011002	2. 注浆
0401080201	（1）帷幕注浆		
0401080202	（2）灌浆		
0401080203	（3）灌砂		
04010803	3. 填筑		
0401080301	（1）填砂石料	0204J011003	3. 灌充填料
0401080302	（2）填土石	0204J011004	4. 填土
0401080303	（3）填（片石）混凝土	0204J011006	6. 填石（片石）
0401080304	（4）填浆砌石		5. 填袋装土

（22）将"路基地段护轮轨""路基地段电缆槽""接触网支柱（拉线）基础"归类为"路基地段相关工程"，并增加"路基地段电缆井"等子目，实现类似工程统一管理目的，如表2-56所示。

表2-56 子目名称对照表

本规范		原指南	
编码	名称	编码	名称
040109	（九）路基地段相关工程		
04010901	1. 路基地段护轮轨	0204J0115	（十五）路基护轮轨
04010902	2. 路基地段电缆槽	0204J0116	（十六）路基地段电缆槽
04010903	3. 接触网支柱（拉线）基础	0204J0117	（十七）路基地段接触网支柱基础
04010904	4. 路基地段电缆井		

（23）线路防护栅栏明确按路、桥、隧类别进行细化，如表2-57所示。

表2-57 子目名称对照表

本规范		原指南	
编码	名称	编码	名称
040111	（十一）线路防护栅栏	0204J0114	（十四）线路防护栅栏
04011101	1. 路基段防护栅栏		
04011102	2. 桥梁段防护栅栏		
04011103	3. 隧道段防护栅栏		

（24）对一些无法归类的工程措施均纳入其他路基附属中，包括"平交道路面""基床表层隔水层""保温层""检查井""拆除""路肩封闭"等子目，如表2-58所示。

表2-58 子目名称对照表

本规范		原指南	
编码	名称	编码	名称
040112	（十二）其他路基附属		
04011201	1. 平交道路面	0204J012201	1. 平交道路面
04011202	2. 基床表层隔水层	0204J0118	（十八）基床表层隔水层
04011203	3. 保温层		
04011204	4. 检查井		
04011205	5. 拆除	0204J012202	2. 拆除砌体、圬工
0401120501	（1）干砌石	0204J01220201	（1）干砌石
0401120502	（2）浆砌石	0204J01220202	（2）浆砌石
0401120503	（3）混凝土	0204J01220203	（3）混凝土
0401120504	（4）钢筋混凝土	0204J01220204	（4）钢筋混凝土
04011206	6. 路肩封闭		

（25）与"站场土石方"下级子目相同，新增的"站场路基附属工程"条目也采用"细目同"的文字说明，如表2-59所示。

表2-59 子目名称对照表

本规范		原指南	
编码	名称	编码	名称
0402	二、站场路基附属工程		
细目同<04路基附属工程——Ⅰ.建筑工程费——一、区间路基附属工程>			

2. 计量单位

（1）新增子目均按照类似子目确定计量单位。

（2）将"区间路基土石方"单位由"正线公里"调整为"区间路基公里"，路基公里综合单价更有利于招投标人了解路基工程的费用指标高低情况，而由于各项目每正线公里工程中桥隧段落长度含量不同，正线公里指标可参考性较弱，如表2-60所示。

表2-60 子目计量单位对照表

本规范		原指南	
名称	计量单位	名称	计量单位
区间路基土石方	区间路基公里	区间路基土石方	正线公里

（3）由于栽植乔木、栽植灌木数量往往较多，用"株"计量增加了建设管理难度，因此将子目的计量单位调整为"千株"。同理，穴植容器苗的计量单位调整为"千穴"，如表2-61所示。

表2-61 子目计量单位对照表

本规范		原指南	
名称	计量单位	名称	计量单位
3. 绿色防护（绿化）	元		
（6）栽植乔木	千株	5. 栽植乔木	株
（7）栽植灌木	千株	6. 栽植灌木	株

（4）结合现场情况及规范用词，将"路基地段护轮轨"子目的计量单位调整为"单根公里"，如表2-62所示。

表2-62 子目计量单位对照表

本规范		原指南	
名称	计量单位	名称	计量单位
1. 路基地段护轮轨	单根公里	（十五）路基护轮轨	单轨公里

3. 子目划分特征

（1）新增子目均按照类似子目确定子目划分特征。

（2）"粉喷桩"子目划分特征由"桩径"修改为"水泥含量"，更能体现综合单价的差异性，如表2-63所示。

表2-63 子目划分特征对照表

本规范		原指南	
名称	子目划分特征	名称	子目划分特征
（3）粉喷桩	水泥含量	9. 粉喷桩	桩径

（3）"水泥搅拌桩"子目划分特征不再要求细分"桩径"，避免差异不大的层级过多过细，如表2-64所示。

表2-64 子目划分特征对照表

本规范		原指南	
名称	子目划分特征	名称	子目划分特征
（4）水泥搅拌桩		10.水泥搅拌桩	桩径

（4）"地下排水设施"按排水种类材质分类，结合现场调研及意见征集情况，各类材质管路子目划分需区分管径，如表2-65所示。

表2-65 子目划分特征对照表

本规范		原指南	
名称	子目划分特征	名称	子目划分特征
（七）地下排水设施		（十二）地下排水设施	排水种类材质
1.混凝土管	管径	1.混凝土管	综合
2.钢筋混凝土管	管径	2.钢筋混凝土管	综合
3.聚氯乙烯（UPVC）管	管径	3.聚氯乙烯（UPVC）管	综合
4.铸铁管	管径	4.铸铁管	综合
5.渗沟	综合	6.渗沟	立方米

（5）"接触网支柱（拉线）基础"子目划分特征由"支柱类型"调整为"综合"；路桥隧线路防护栅栏按规格或型号划分子目，进一步规范化，如表2-66所示。

表2-66 子目划分特征对照表

本规范		原指南	
名称	子目划分特征	名称	子目划分特征
3.接触网支柱（拉线）基础	综合	（十七）路基地段接触网支柱基础	支柱类型
（十一）线路防护栅栏	类型	（十四）线路防护栅栏	类型
1.路基段防护栅栏	规格/型号		
2.桥梁段防护栅栏	规格/型号		
3.隧道段防护栅栏	规格/型号		

4.工程量计算规则

（1）新增子目均按照类似子目确定工程量计算规则；其他子目均进行了规范化、统一化的调整。

（2）与国际标准计量单位相一致，土石方均采用"按设计图示体积计算"，不再采用"按设计图示断面尺寸计算"的说法，如表2-67所示。

表 2-67 子目工程量计算规则对照表

本规范		原指南	
名称	工程量计算规则	名称	工程量计算规则
一、土方		一、土方	
（一）挖土方（弃方）	按设计图示开挖体积计算	（一）挖土方	按设计图示开挖断面尺寸计算
（二）挖土方（利用方）	按设计图示开挖体积计算		
（三）利用土填方	按设计图示压实体积计算	（二）利用土填方	按设计图示压实断面尺寸计算
（四）借土填方	按设计图示压实体积计算	（三）借土填方	按设计图示压实断面尺寸计算
二、A、B 组填料			
（一）利用方	按设计图示开挖体积计算		
（二）借方	按设计图示压实体积计算		
（三）利用隧道弃方	按设计图示压实体积计算		
三、石方		二、石方	
（一）挖石方（弃方）		（一）挖石方	按设计图示开挖断面尺寸计算
1. 爆破石方			
（1）常规爆破	按设计图示开挖体积计算		
（2）控制爆破	按设计图示开挖体积计算		
（3）静态爆破	按设计图示开挖体积计算		
2. 非爆破石方			
（1）人工开凿	按设计图示开凿体积计算		
（2）机械开凿	按设计图示开凿体积计算		
（二）挖石方（利用方）			
1. 爆破石方			
（1）常规爆破	按设计图示开挖体积计算		
（2）控制爆破	按设计图示开挖体积计算		
（3）静态爆破	按设计图示开挖体积计算		
2. 非爆破石方			
（1）人工开凿	按设计图示开凿体积计算		
（2）机械开凿	按设计图示开凿体积计算		
（三）利用石填方	按设计图示压实体积计算	（二）利用石填方	按设计图示压实断面尺寸计算
（四）借石填方	按设计图示压实体积计算	（三）借石填方	按设计图示压实断面尺寸计算

续表

本规范		原指南	
名称	工程量计算规则	名称	工程量计算规则
（五）利用隧道弃方	按设计图示压实体积计算		
四、填渗水土	按设计图示压实体积计算	三、渗水土壤	按设计图示压实断面尺寸计算
五、填改良土		四、改良土	
（一）利用土改良	按设计图示开挖体积计算	（一）利用土改良	按设计图示压实断面尺寸计算
（二）借土改良	按设计图示压实体积计算	（二）借土改良	按设计图示压实断面尺寸计算
六、级配碎石（砂砾石）		五、级配碎石（砂砾石）	
（一）基床表层	按设计图示压实体积计算	（一）基床表层	按设计图示压实断面尺寸计算
（二）过渡段		（二）过渡段	
1. 路桥过渡段	按设计图示压实体积计算	1. 路堤与桥台过渡段	按设计图示压实断面尺寸计算
2. 路涵过渡段	按设计图示压实体积计算	2. 路堤与横向结构物过渡段	按设计图示压实断面尺寸计算
3. 路堑与路堤过渡段	按设计图示压实体积计算	3. 路堤与路堑过渡段	按设计图示压实断面尺寸计算
4. 路隧过渡段	按设计图示压实体积计算		
七、清除表土	按设计图示清表面积计算		
八、挖淤泥	按设计图示开挖体积计算	六、挖淤泥	按设计图示开挖断面尺寸计算
九、挖多年冻土	按设计图示开挖体积计算	七、挖多年冻土	按设计图示开挖断面尺寸计算

（3）将地基处理各类桩的工程量计量规则均统一为"按设计图示桩顶至桩底的长度计算"或"按设计图示桩长计算"的说法，如表2-68所示。

表2-68 子目工程量计算规则对照表

本规范		原指南	
名称	工程量计算规则	名称	工程量计算规则
2. 水泥（混凝土）置换桩			
（1）CFG桩		12. CFG桩	按设计图示桩顶至桩底的长度计算
① CFG桩身	按设计图示桩顶至桩底的长度计算		
② 筏板	按设计图示圬工体积计算		

续表

本规范		原指南	
名称	工程量计算规则	名称	工程量计算规则
（2）旋喷桩	按设计图示桩顶至桩底的长度计算	8.旋喷桩	按设计图示桩顶至桩底的长度计算
（3）粉喷桩	按设计图示桩顶至桩底的长度计算	9.粉喷桩	按设计图示桩顶至桩底的长度计算
（4）水泥搅拌桩		10.水泥搅拌桩	按设计图示桩顶至桩底的长度计算
①浆液喷射水泥搅拌桩	按设计图示桩顶至桩底的长度计算		
②钉型水泥搅拌桩	按设计图示桩顶至桩底的长度计算		
③双向水泥搅拌桩	按设计图示桩顶至桩底的长度计算		
（5）水泥砂浆搅拌桩	按设计图示桩顶至桩底的长度计算		
（6）水泥土挤密桩	按设计图示桩顶至桩底的长度计算	11.水泥土挤密桩	按设计图示桩顶至桩底的长度计算
（7）水泥土柱锤冲扩桩	按设计图示桩顶至桩底的长度计算		
（8）螺杆桩	按设计图示桩顶至桩底的长度计算		
3.打入（沉入）桩			
（1）钢筋混凝土方桩	按设计图示桩帽底至桩底的长度乘以桩断面积计算	14.钢筋混凝土方桩	按设计图示承台底至桩底的长度乘以桩断面积计算
（2）钢筋混凝土管桩	按设计图示桩顶至桩底的长度计算	13.钢筋（预应力）混凝土管桩	按设计图示承台底至桩底的长度计算
（3）钢管桩	按设计图示桩顶至桩底的长度计算		
4.其他桩（井）			
（1）袋装（射水）砂井	按设计图示井长计算	4.袋装砂井	按设计图示井长计算
（2）砂桩	按设计图示桩长计算	5.砂桩	按设计图示桩顶至桩底的长度计算
（3）碎石桩（墩）	按设计图示桩长计算	7.碎石桩	按设计图示桩顶至桩底的长度计算
（4）石灰桩	按设计图示桩长计算	6.石灰桩	按设计图示桩顶至桩底的长度计算

（4）"播草籽"工程量计算规则与原指南一致，为按设计图示播草籽范围的表面面积计算；"填砂石料"工程量计算规则应为"按设计图示通过地下巷道进入施工现场填筑各类砂石的压实体积计算"；

"填土石"工程量计算规则应为"按设计图示通过地下巷道进入施工现场填筑各类土石的压实体积计算",此处存在笔误,如表2-69所示。

表2-69 子目工程量计算规则对照表

本规范		原指南	
名称	工程量计算规则	名称	工程量计算规则
3. 填筑			
(1)填砂石料	按设计图示通过地下巷道进入施工现场填筑各类石的压实体积计算	3. 灌充填料	按设计图示通过钻孔灌入的充填料体积计算
(2)填土石	按设计图示通过地下巷道进入施工现场填筑各类石的压实体积计算	4. 填土	按设计图示通过地下巷道进入施工现场填筑各类土的压实体积计算
(3)填(片石)混凝土	按设计图示通过地下巷道进入施工现场竣工体积计算	6. 填石(片石)	按设计图示通过地下巷道进入施工现场填筑各类石的压实或码砌体积计算
(4)填浆砌石	按设计图示通过地下巷道进入施工现场竣工体积计算		

5. 工程(工作)内容

(1)新增子目均按照类似子目确定工程(工作)内容;其他子目均进行了规范化、统一化的调整。

(2)利用土石填方较原指南和编制办法均存在较大差异,在2.2.2的要点说明中也做了详细说明,本规范附注中对每一项条目调配方案均进行了解释,包括:

① 挖土方(弃方)和挖石方(弃方)指由工点装运至弃土场的数量,包括挖、装、运、卸,弃方整理等工作内容。

② 挖土方(利用方)和挖石方(利用方)指本体利用方由取料点装运至临时堆放点;A、B组填料、改良土由取料点装运至填料拌和站,由此可见均为运至中间点的工作内容,而由中间点运至填筑点均不在此处计列。包括挖(含爆破)、装、运、卸,利用方整理等工作内容。

③ 利用土填方和利用石填方指本体利用方由取料点或临时堆放点装运至填筑点,由此可见,对于不考虑经过中间点直接运至填筑点或由中间点运至填筑点的工程量均纳入本子目中。包括挖(含爆破)、装、运、卸、分层填筑、洒水(翻晒)、压实、修整等工作内容。

④ 借土填方和借石填方则将取料点装运至填筑点(含运至临时堆放点)的工程量均计入本子目中,无论是否运至中间点均纳入其中,不再细分子目。工作内容与利用填方一致。

⑤ A、B组填料和填改良土的利用方指取料点直接运至填筑点或填料拌和站装运至填筑点,因A、B组填料和改良土由取料点运至中间点的工作内容已纳入挖土方(利用方)或挖石方(利用方),故此处不可重复计量。包括挖(含爆破)、装、运、卸、配料、拌制、分层填筑、洒水(翻晒)、改良、压实、修整等工作内容。

⑥ A、B组填料的借方和利用隧道弃方,石方利用隧道弃方,填改良土的借土改良等,与借土填方和借石填方工作内容一致,各种调配方案均包括在内。

⑦ 级配碎石(砂砾石)亦为区分是否有中间点,将各种调配方案均包含在内,如表2-70所示。

表 2-70　子目工程（工作）内容对照表

本规范		原指南	
名称	工程（工作）内容	名称	工程（工作）内容
一、土方		一、土方	
（一）挖土方（弃方）	挖、装、运、卸，弃方整理	（一）挖土方	1.挖、装、运、卸，排水，弃方或利用方堆放、整修；2.基床土翻松、压实；3.路面及边坡修整
（二）挖土方（利用方）	挖、装、运、卸，利用方整理		
（三）利用土填方	1.挖、装、运、卸；2.分层填筑、洒水（翻晒）、压实、修整	（二）利用土填方	1.分层摊铺、翻晒、洒水、压实，排水；2.路面及边坡修整
（四）借土填方	1.挖、装、运、卸；2.分层填筑、洒水（翻晒）、压实、修整	（三）借土填方	1.挖、装、运、卸，排水；2.分层摊铺、翻晒、洒水、压实；3.路面及边坡修整
二、A、B 组填料			
（一）利用方	1.装、运、卸；2.配料、破碎、拌制；3.分层摊铺、洒水（翻晒）、压实、修整		
（二）借方	1.挖、装、运、卸；2.配料、拌制；3.分层摊铺、洒水（翻晒）、压实、修整		
（三）利用隧道弃方	1.装、运、卸；2.配料、拌制；3.分层摊铺、洒水（翻晒）、压实、修整		
三、石方		二、石方	
（一）挖石方（弃方）		（一）挖石方	1.开挖、解小，装、运、卸，排水，弃方或利用方堆放、整理；2.路面和边坡修整
1.爆破石方			
（1）常规爆破	1.爆破、解小；2.挖、装、运、卸，弃方整理		
（2）控制爆破	1.爆破、爆破体覆盖、解小；2.挖、装、运、卸，弃方整理		
（3）静态爆破	1.爆破、解小；2.挖、装、运、卸，弃方整理		
2.非爆破石方			
（1）人工开凿	1.开凿；2.挖、装、运、卸，弃方整理		
（2）机械开凿	1.开凿；2.挖、装、运、卸，弃方整理		

续表

本规范		原指南	
名称	工程（工作）内容	名称	工程（工作）内容
（二）挖石方（利用方）			
1. 爆破石方			
（1）常规爆破	1. 爆破、解小；2. 挖、装、运、卸，利用方整理		
（2）控制爆破	1. 爆破、爆破体覆盖、解小；2. 挖、装、运、卸，利用方整理		
（3）静态爆破	1. 爆破、解小；2. 挖、装、运、卸，利用方整理		
2. 非爆破石方			
（1）人工开凿	1. 开凿；2. 挖、装、运、卸，利用方整理		
（2）机械开凿	1. 开凿；2. 挖、装、运、卸，利用方整理		
（三）利用石填方	1. 爆破、爆破体覆盖、解小；2. 开凿；3. 挖、装、运、卸；4. 破碎；5. 分层填筑、塞紧空隙、压（夯）实、修整	（二）利用石填方	1. 解小、分层填筑、压实；2. 边坡码砌、路面修整
（四）借石填方	1. 爆破、爆破体覆盖、解小；2. 开凿；3. 挖、装、运、卸；4. 破碎；5. 分层填筑、塞紧空隙、压（夯）实、修整	（三）借石填方	1. 开挖、解小，装、运、卸，排水；2. 分层填筑、压实；3. 边坡码砌、路面修整
（五）利用隧道弃方	1. 装、运、卸，利用方整理；2. 破碎；3. 分层填筑、塞紧空隙、压（夯）实、修整		
四、填渗水土	1. 挖、装，运、卸，临时堆放；2. 分层填筑、洒水（翻晒）、压实、修整	三、渗水土壤	1. 挖、装、运、卸，排水，临时堆放；2. 分层摊铺、翻晒、洒水、压实；3. 路面及边坡修整
五、填改良土		四、改良土	
（一）利用土改良	1. 挖、装、运、卸；2. 配料、拌制；3. 分层填筑、洒水（翻晒）、改良、压实、修整	（一）利用土改良	1. 配料、拌制；2. 分层摊铺、翻晒、洒水、压实，排水；3. 养生；4. 路面及边坡修整
（二）借土改良	1. 挖、装、运、卸；2. 配料、拌制；3. 分层摊铺、洒水（翻晒）、压实、修整	（二）借土改良	1. 挖、装、运、卸，排水；2. 配料、拌制；3. 分层摊铺、洒水、压实；4. 养生；5. 路面及边坡修整
六、级配碎石（砂砾石）		五、级配碎石（砂砾石）	

（3）桩板挡土墙钢筋混凝土桩的混凝土工作内容中增加护壁混凝土浇筑内容，明确了虽然工程量计算规则中不计列护壁混凝土数量，但工作内容中仍需计列护壁混凝土浇筑内容，如表2-71所示。

表2-71 子目工程（工作）内容对照表

本规范		原指南	
名称	工程（工作）内容	名称	工程（工作）内容
2. 桩板挡土墙		（七）桩板挡土墙	1. 基坑、桩孔挖填；2. 脚手架搭拆；3. 模板制安拆；4. 钢筋及预埋件制安；5. 锚固桩混凝土浇筑；6. 挡土板现浇或制安；7. 砌体砌筑；8. 反滤层铺设
（1）钢筋混凝土桩			
①混凝土	1. 基坑、桩孔挖填；2. 脚手架搭拆；3. 模板制安拆；4. 混凝土（含护壁）浇筑；5. 预埋件制安；6. 反滤层铺设		
②钢筋	钢筋制安		

（4）锚杆挡土墙、锚定板挡土墙和加筋土挡土墙等的混凝土仅包含混凝土圬工相关工作内容，若还需进行防腐处理等，可相应增加子目，如表2-72所示。

表2-72 子目工程（工作）内容对照表

本规范		原指南	
名称	工程（工作）内容	名称	工程（工作）内容
3. 锚杆挡土墙		（六）锚杆钢筋混凝土挡土墙	1. 脚手架搭拆；2. 钻孔、清孔；3. 锚杆制安；4. 砂浆配料（含外加剂）、拌制、灌注；5. 模板制安拆；6. 钢筋及预埋件制安；7. 墙面板、肋柱预制、分段拼装或墙面板、肋柱混凝土浇筑；8. 砌体砌筑；9. 护栏及爬梯制安；10. 防腐处理
（1）混凝土	1. 脚手架搭拆；2. 模板制安拆；3. 钻孔及压浆；4. 肋柱、墙面板预制构件制安；5. 预埋件制安		
（2）钢筋	1. 锚杆制安；2. 钢筋制安		
4. 锚定板挡土墙		（九）锚定板钢筋混凝土挡土墙	1. 脚手架搭拆；2. 拉杆及锚定板制安；3. 模板制安拆；4. 钢筋及预埋件制安；5. 墙面板、肋柱预制、分段拼装或墙面板、肋柱混凝土浇筑；6. 封闭层、反滤层铺设；7. 变形缝、泄水管（孔）设置；8. 砌体砌筑；9. 护栏及爬梯制安；10. 防腐处理
（1）混凝土	1. 脚手架搭拆；2. 模板制安拆；3. 拉杆及锚定板制安；4. 墙面板、肋柱预制构件制安；5. 预埋件制安；6. 封闭层、反滤层铺设；7. 变形缝、泄水管（孔）设置		
（2）钢筋	钢筋制安		

（5）加筋土挡土墙拉筋仅包含拉筋制安工作内容，模板制安拆、混凝土浇筑、预制构件安装等工作均纳入混凝土中，如表 2-73 所示。

表 2-73 子目工程（工作）内容对照表

本规范		原指南	
名称	工程（工作）内容	名称	工程（工作）内容
5. 加筋土挡土墙		（八）加筋土挡土墙	
（1）墙面板及基础		1. 面板	1. 基坑、沟槽挖填；2. 脚手架搭拆；3. 模板制安拆；4. 钢筋及预埋件制安；5. 基础、帽石混凝土浇筑，砌体砌筑；6. 面板制安；7. 变形缝设置，反滤层铺设，护栏制安
①混凝土	1. 基坑、沟槽挖填；2. 基础、帽石混凝土浇筑；3. 脚手架搭拆；4. 模板制安拆；5. 面板预制构件制安；6. 预埋件制安；7. 变形缝设置，反滤层铺设		
②钢筋	钢筋制安		
（2）拉筋	拉筋制安	2. 拉筋带	
		（1）钢筋混凝土拉筋带	1. 模板制安拆；2. 钢筋及预埋件制安；3. 混凝土浇筑；4. 预制构件安装；5. 防腐处理
		（2）聚丙烯编织带拉筋带	拉筋制安

（6）"预应力锚索"仅指预应力锚索、预应力锚索桩、预应力锚索桩板挡土墙等形式中的预应力锚索，除此以外的混凝土浇筑工程应纳入相应挡土墙工作内容中，如表 2-74 所示。

表 2-74 子目工程（工作）内容对照表

本规范		原指南	
名称	工程（工作）内容	名称	工程（工作）内容
8. 预应力锚索	1. 脚手架搭拆；2. 钻孔、压浆；3. 锚索制安、张拉；4. 锚墩、承压板制作、锚固；5. 防锈处理	（十二）预应力锚索	1. 脚手架搭拆；2. 钻孔、清孔；3. 锚索、锚具制安；4. 砂浆配料（含外加剂）、拌制、锚固段注浆；5. 锚墩混凝土浇筑；6. 锚索张拉，张拉段注浆，锚头封闭防护；7. 防腐处理

（7）各类挡土墙的护栏及爬梯制安统一放入"挡土墙栏杆"中，提高规范标准化程度，如表 2-75 所示。

表 2-75 子目工程（工作）内容对照表

本规范		原指南	
名称	工程（工作）内容	名称	工程（工作）内容
10.其他挡土墙			
（1）挡土墙浆砌石	1.基坑挖填；2.脚手架搭拆；3.砌体砌筑；4.封闭层、反滤层铺设；5.变形缝设置、泄水管（孔）设置	（一）挡土墙浆砌石	1.基坑挖填；2.脚手架搭拆；3.砌体砌筑；4.封闭层、反滤层铺设；5.变形缝、泄水管（孔）设置；6.护栏及爬梯制安，涂装
（2）挡土墙片石混凝土	1.基坑挖填；2.脚手架搭拆；3.模板制安拆；4.片石选取、埋设，混凝土浇筑；5.封闭层、反滤层铺设；6.变形缝、泄水管（孔）设置	（二）挡土墙片石混凝土	1.基坑挖填；2.脚手架搭拆；3.模板制安拆；4.片石选取、埋设，混凝土浇筑；5.封闭层、反滤层铺设；6.变形缝、泄水管（孔）设置；7.护栏及爬梯制安，涂装
（3）挡土墙混凝土	1.基坑挖填；2.脚手架搭拆；3.模板制安拆；4.混凝土浇筑；5.封闭层、反滤层铺设；6.变形缝、泄水管（孔）设置	（三）挡土墙混凝土	1.基坑挖填；2.脚手架搭拆；3.模板制安拆；4.混凝土浇筑；5.封闭层、反滤层铺设；6.变形缝、泄水管（孔）设置；7.护栏及爬梯制安，涂装
（4）挡土墙钢筋混凝土		（四）挡土墙钢筋混凝土	1.基坑挖填；2.脚手架搭拆；3.模板制安拆；4.钢筋及预埋件制安；5.混凝土浇筑；6.封闭层、反滤层铺设；7.变形缝、泄水管（孔）设置；8.护栏及爬梯制安，涂装
①混凝土	1.基坑挖填；2.脚手架搭拆；3.模板制安拆；4.混凝土浇筑；5.预埋件制安；6.封闭层、反滤层铺设；7.变形缝、泄水管（孔）设置		
②钢筋	钢筋制安		
（5）挡土墙喷混凝土		（五）挡土墙喷混凝土	1.脚手架搭拆；2.钢筋网制安；3.混凝土配料（含外加剂）、拌制、喷射、养护；4.收回弹料；5.反滤层铺设
①混凝土	1.脚手架搭拆；2.混凝土（含外加剂）喷射；3.收回弹料；4.反滤层铺设		
②钢筋（网）	钢筋（网）制安		
（6）挡土墙栏杆	护栏及爬梯制安，涂装		

（8）"CFG桩身"增加桩帽混凝土浇筑工程内容；"钢筋混凝土方桩"增加方桩内充填混凝土工程内容；"袋装（射水）砂井"增加射水砂井工程内容；"碎石桩（墩）"增加封顶、整平、压实工程内容，当然泥浆清理在各类桩工作内容中都是需要包含的；"夯实及碾压"增加重锤夯击工程内容等，使工作内容更为完整，如表2-76所示。

表2-76 子目工程（工作）内容对照表

本规范		原指南	
名称	工程（工作）内容	名称	工程（工作）内容
（1）CFG桩		12.CFG桩	1.成孔；2.填料配制、拌和、灌注、捣实；3.桩头处理，弃渣清理
①CFG桩身	1.成孔；2.混合料灌注、捣实；3.桩头处理，弃渣清理；4.桩帽混凝土浇筑		
②筏板	1.桩间土挖运；2.钢筋及预埋件制安；3.模板制安拆；4.混凝土浇筑		
（1）钢筋混凝土方桩	1.方桩制作；2.打（沉）桩、接、送桩；3.方桩内充填混凝土；4.桩头处理	14.钢筋混凝土方桩	1.方桩制作；2.沉桩、接桩、送桩；3.桩头处理
（1）袋装（射水）砂井	1.袋装沙井：装砂袋、扎口、定位、打钢管、下砂袋、拔钢管、补灌砂袋；2.射水砂井：轨道铺拆，定位、挖排水沟，清孔、运砂、灌砂，桩机移位	4.袋装砂井	1.装砂袋、扎口；2.定位、打钢管；3.下砂袋、拔钢管；4.补灌砂袋
（3）碎石桩（墩）	1.成孔；2.填充、捣实；3.封顶、整平、压实	7.碎石桩	1.成孔；2.填碎石；3.泥浆清理
（2）夯实及碾压	1.重锤夯击（夯击遍数按设计要求计）；2.重型压路机碾压（碾压遍数按设计要求计）；3.平整	18.重型碾压	1.重型压路机碾压（碾压遍数按设计要求计）；2.平整

（9）平（坡）面防护的"网喷混凝土""网喷水泥砂浆"包含挂网锚杆的工作内容，在附注中有所补充，但不含边坡加固锚杆。边坡加固锚杆应在"边坡加固锚杆"子目计量，规范中写成了按土钉清单子目计量，存在笔误，如表2-77所示。

表2-77 子目工程（工作）内容对照表

本规范		原指南	
名称	工程（工作）内容	名称	工程（工作）内容
1.喷射混凝土		（五）喷混凝土	1.脚手架搭拆；2.坡面清理、嵌补、岩面冲洗，钻孔、清孔；3.砂浆制作、灌注；4.锚杆及钢筋网制安；5.混凝土配料（含外加剂）、拌制、喷射、养护；6.收回弹料
（1）素喷混凝土	1.冲洗岩面；2.混凝土灌注；3.喷射混凝土；4.收回弹料		
（2）网喷混凝土	1.冲洗岩面；2.混凝土灌注；3.钢筋网制安；4.喷射混凝土；5.收回弹料		

续表

本规范		原指南	
名称	工程（工作）内容	名称	工程（工作）内容
2.喷射水泥砂浆		（四）喷水泥砂浆	1.脚手架搭拆；2.坡面清理、嵌补、岩面冲洗、钻孔、清孔；3.砂浆配料（含外加剂）、拌制、灌注；4.锚杆及网制安；5.砂浆配料（含外加剂）、拌制、喷射、养护；6.收回弹料
（1）素喷水泥砂浆	1.冲洗岩面；2.砂浆（含外加剂）灌注；3.喷射水泥砂浆；4.收回弹料		
（2）网喷水泥砂浆	1.冲洗岩面；2.砂浆（含外加剂）灌注；3.钢筋网制安；4.喷射水泥砂浆；5.收回弹料		

（10）绿色防护（绿化）中浇水工作内容也应包含养护的含义，如表2-78所示。

表2-78 子目工程（工作）内容对照表

本规范		原指南	
名称	工程（工作）内容	名称	工程（工作）内容
3.绿色防护（绿化）			
（1）铺草皮	1.翻土，挖土换填，围护；2.钉概、铺设；3.浇水	1.铺草皮	1.翻土，挖土换填，围护；2.钉概、铺设；3.浇水、养护
（2）播草籽	1.翻土，挖土换填，围护；2.撒播；3.浇水	2.播草籽	1.翻土，挖土换填，围护；2.播草籽、拍实；3.浇水、养护
（3）喷播植草	1.边坡清理、修整；2.沟槽挖填；3.种料配制、拌和、喷播；4.遮盖无纺布；5.浇水	3.喷播植草	1.边坡清理、修整；2.沟槽挖填；3.种料配制、拌和、喷播；4.遮盖无纺布；5.浇水、养护
（4）喷混植生	1.脚手架搭拆；2.坡面清理，钻孔、清孔；3.砂浆配料（含外加剂）灌注；4.锚杆及网制安；5.基材配料、拌和、喷射；6.铺设无纺布；7.浇水	4.喷混植生	1.脚手架搭拆；2.坡面清理、整修，钻孔、清孔；3.砂浆配料（含外加剂）、拌制、灌注；4.锚杆及网制安；5.基材配料、拌和、喷射；6.遮盖无纺布；7.浇水、养护
（5）栽植花草	1.翻土，挖土换填，围护；2.栽植；3.浇水	7.栽植花草	1.翻土，挖土换填，围护；2.栽植；3.浇水、养护
（6）栽植乔木	1.翻土，挖土换填，围护；2.栽植；3.浇水	5.栽植乔木	1.翻土，挖土换填，围护；2.栽植；3.浇水、养护
（7）栽植灌木	1.翻土，挖土换填，围护；2.栽植；3.浇水	6.栽植灌木	1.翻土，挖土换填，围护；2.栽植；3.浇水、养护
（8）穴植容器苗	1.翻土，挖土换填，围护；2.栽植；3.浇水	8.穴植容器苗	1.翻土，挖土换填，围护；2.栽植；3.浇水、养护
（9）三维生态护坡	1.台阶开挖夯实；2.种植土拌制，装袋，垒放；3.浇水养护		

（11）"高强金属柔性防护网"工作内容较为繁多复杂，本规范进行了精简提炼，将护网安放、定位、校正作为主要内容，如表 2-79 所示。

表 2-79 子目工程（工作）内容对照表

本规范		原指南	
名称	工程（工作）内容	名称	工程（工作）内容
5.高强金属柔性防护网		（七）金属防护网	
（1）主动防护网	1.岩面清理；2.护网安放、定位、校正；3.钢件防腐处理	1.高强金属柔性主动防护网	1.脚手架搭拆，坡面清理；2.钻孔、清孔；3.砂浆配料（含外加剂）、拌制、灌注；4.锚杆制安；5.钢丝绳网铺挂与缝合；6.支撑绳固定钢丝绳网和格栅网；7.防腐处理
（2）被动防护网	1.岩面清理；2.钢柱和防护网安放、定位、校正；3.钢件防腐处理	2.高强金属柔性被动防护网	1.脚手架搭拆，坡面清理；2.基坑挖填；3.基础混凝土浇筑，钢柱埋设；4.钻孔、清孔；5.砂浆配料（含外加剂）、拌制、灌注；6.锚杆制安；7.支撑绳安装与调试；8.钢丝绳网铺挂与缝合；9.减压环安装、拉锚绳固定柔性防护网；10.防腐处理

（12）土工合成材料将锚固沟挖填工作内容移至"沟渠"或"土石方"中，使得综合单价更为直接纯粹。

6.附注中需要注意的问题

（1）土石方是指本体利用土方由取料点装运至临时堆放点；A、B组填料，改良土由取料点装运至填料拌和站。

（2）平（坡）面防护的"网喷混凝土""网喷水泥砂浆"附注存在笔误，已在工作内容对照分析中进行说明。

（3）新增的"沟渠"子目含侧沟、天沟、截水沟、急流槽、渗沟等的混凝土及砌体、沟渠开挖，若仅有开挖而无混凝土数量，则将开挖数量纳入"土石方"子目中。

6.3 第三章 桥涵工程

1.子目划分

本章共计 5 节 418 个子目，在原指南基础上减少 1 225 个子目，对一些重复子目进行了优化合并。具体变化情况如下：

（1）结合编制办法章节表，节名调整为"特大桥""大桥""中小桥"和"框架桥"四节；各类桥均增加"下部工程""上部工程""附属工程"层级，如表 2-80 所示。

表 2-80 子目名称对照表

本规范		原指南	
编码	名称	编码	名称
05	特大桥	0305	特大桥（××座）
05010101	1.下部工程		
05010102	2.上部工程		
05010103	3.附属工程	03050101J16	16.附属工程

续表

本规范		原指南	
编码	名称	编码	名称
06	大桥	0306	大桥（××座）
06010101	1. 下部工程		
06010102	2. 上部工程		
06010103	3. 附属工程	03060101J16	16. 附属工程
07	中小桥	0307	中桥（××座）
07010101	1. 下部工程		
07010102	2. 上部工程		
07010103	3. 附属工程	03070101J16	16. 附属工程
08	框架桥	0307JX03	三、框架式桥（××座）
09	涵洞	0309	涵洞（××座）

（2）复杂特大、大桥指最大基础水深在10 m以上的桥梁或由100 m以上大跨度梁的桥梁或有正交异性板钢梁等特殊结构的技术复杂桥梁和最大墩高50 m及以上的高桥，需要按工点分别设置工程量清单子目。与等级公路相同，复杂特大、大桥设置了"（一）×××桥""（二）×××桥"的不定数子目，编制者根据项目实际情况进行子目增设并顺序编码。

（3）一般特大、大桥，梁式中小桥可根据概（预）算情况和招标人要求等增加子目划分层级，如增加（一）一般单线特大桥、（二）一般双线特大桥、（三）一般三线特大桥等，提高桥涵子目划分兼容性和综合性，如表2-81所示。

表2-81 一般特大桥子目划分案例

本规范		原指南	
编码	名称	编码	名称
05	特大桥	0305	特大桥（××座）
0502	二、一般特大桥	030502	二、一般特大桥（××座）
050201	（一）一般单线特大桥		
050202	（二）一般双线特大桥		
050203	（三）一般三线特大桥		

（4）在"（一）×××特大桥"子目中全面罗列了桥梁各类工程的子目及内容，其他桥梁子目中采用细目同的方式，以便不再累述同样的子目划分，如此大大减少了重复子目的数量，更提高桥涵子目划分通用性和规范性。涵洞等子目也采用了类似做法。

（5）将"基础""墩台"归类为"下部工程"；将"预应力混凝土简支箱梁""制架（钢筋）预应力混凝土T梁""购架（钢筋）预应力混凝土T梁""预应力混凝土连续梁（刚构）""钢桁梁（钢桁拱）""钢板梁""钢-混凝土结合梁""斜拉桥""悬索桥""钢管（箱）系杆拱""混凝土拱""道岔梁""其他特殊梁""支座""桥面系"等归类为"上部工程"，并将原指南中"拱桥"的相关内容与其他桥进行整合，使清单子目进一步得以精炼。

（6）删除下部工程中"混凝土冷却管"子目，涉及"明挖""承台"等子目，将其作为工程内容纳入相应混凝土中，更满足现场计量的需求，提高了建设管理效率，如表2-82所示。

表 2-82　子目名称对照表

本规范		原指南	
编码	名称	编码	名称
050101010102	② 承台	03050101J0102	（2）承台
05010101010201	A. 陆上承台混凝土	03050101J010201	① 混凝土
05010101010202	B. 陆上承台钢筋	03050101J010202	② 钢筋
05010101010203	C. 水上承台混凝土		
05010101010204	D. 水上承台钢筋		
		03050101J010203	③ 混凝土冷却管

（7）"承台"子目细分为"陆上承台混凝土""陆上承台钢筋""水上承台混凝土""水上承台钢筋"，并采取并列同级的方式，避免原指南中先分陆上/水上，再分混凝土和钢筋的冗余分级。后续"沉井""钻孔桩""墩台"也将陆上、水上进行同级处理，包括其他章节也借鉴了这一修订思路，尽量使同类工程在同级顺序排列，减少像洋葱一般将子目层层包裹起来的现象，使每一层级编码数量得到充分利用，避免编码过长、编码数量利用率低的问题，如表 2-83 所示。

表 2-83　子目名称对照表

本规范		原指南	
编码	名称	编码	名称
050101010102	② 承台	03050101J0102	（2）承台
05010101010201	A. 陆上承台混凝土	03050101J010201	① 混凝土
05010101010202	B. 陆上承台钢筋	03050101J010202	② 钢筋
05010101010203	C. 水上承台混凝土		
05010101010204	D. 水上承台钢筋		
		03050101J010203	③ 混凝土冷却管
050101010103	③ 沉井	03050101J0103	（3）沉井
05010101010301	A. 陆上钢筋混凝土沉井	03050101J010301	① 陆上
05010101010302	B. 陆上钢沉井	03050101J01030101	A. 钢筋混凝土沉井
05010101010303	C. 水上钢筋混凝土沉井	03050101J01030102	B. 钢沉井
05010101010304	D. 水上钢沉井	03050101J010302	② 水上
		03050101J01030201	A. 钢筋混凝土沉井
		03050101J01030202	B. 钢沉井

（8）由于挖孔桩通常是按深度进行区分并非按桩径，因此将"挖孔桩"细分"混凝土""钢筋（笼）"子目，不再按桩径细分，如表 2-84 所示。

表 2-84　子目名称对照表

本规范		原指南	
编码	名称	编码	名称
050101010104	④ 挖孔桩	03050101J0104	（4）挖孔桩
05010101010401	A. 混凝土		
05010101010402	B. 钢筋（笼）		

（9）将"钻孔桩"细分"混凝土（陆上/水上）""钢筋（笼）"子目，减少钻孔桩配筋率和钢护筒摊销比例不同对钻孔桩综合指标的影响，如表 2-85 所示。

表 2-85 子目名称对照表

本规范		原指南	
编码	名称	编码	名称
050101010105	⑤ 钻孔桩	03050101J0105	（5）钻孔桩
05010101010501	A. 陆上混凝土	03050101J010501	① 陆上
05010101010502	B. 水上混凝土	03050101J010502	② 水上
05010101010503	C. 钢筋（笼）		

（10）如前所述，墩台子目按固定墩高范围进行分类，每一层级子目又细分"混凝土""钢筋"，考虑到门型墩横梁施工的特殊性，将其混凝土、钢筋、钢结构单独设置子目，体现综合单价的差异性，如表 2-86 所示。

表 2-86 子目名称对照表

本规范		原指南	
编码	名称	编码	名称
0501010102	（2）墩台	03050101J02	2. 墩台
050101010201	① 墩高≤30 m	03050101J0201	（1）混凝土
05010101020101	A. 陆上混凝土	03050101J0202	（2）钢筋
05010101020102	B. 陆上钢筋	03050101J0203	（3）浆砌石
05010101020103	C. 水上混凝土		
05010101020104	D. 水上钢筋		
05010101020105	E. 门型墩横梁混凝土		
05010101020106	F. 门型墩横梁钢筋		
05010101020107	G. 门型墩横梁钢结构		
05010101020108	H. 浆砌石		
050101010202	② 30 m＜墩高≤70 m		
05010101020201	A. 陆上混凝土		
05010101020202	B. 陆上钢筋		
05010101020203	C. 水上混凝土		
05010101020204	D. 水上钢筋		
050101010203	③ 70 m＜墩高≤140 m		
05010101020301	A. 陆上混凝土		
05010101020302	B. 陆上钢筋		
05010101020303	C. 水上混凝土		
05010101020304	D. 水上钢筋		

（11）结合高速铁路桥梁施工技术革新，按施工方案，将"预应力混凝土简支箱梁"子目细分为"制架预应力混凝土简支箱梁""支架法现浇预应力混凝土简支箱梁""移动模架现浇预应力混凝土简支箱

梁""移动支架节段拼装预应力混凝土简支箱梁",弥补了原指南中的不足。

① 对于梁孔较集中,且架设径路上隧道长度小于 4 km 时,采用预制架设法。在制存梁场预制箱梁,采用架桥机进行架设。在制存梁场预制箱梁能形成规模效益,降低单孔箱梁成本,且质量易控制,施工速度快,是高速铁路箱梁施工的首选工法。

② 桥隧相连地段和零星分散的桥梁,以移动模架和支架现浇箱梁,并优先考虑移动模架施工方案。移动模架法是将支腿支于桥墩上,不受地质条件影响和桥下地形的限制,具有重复使用、操作简便和便于标准化施工等优点,随着重复使用次数增加,施工成本将进一步降低。移动模架法可节省制存梁场费用,对环境和耕地的影响较小。但移动模架法施工一般是逐跨支模、浇注混凝土、张拉预应力筋、逐跨成桥,施工速度慢,工期长,模架拼装、拆除一次 30~45 d,浇筑一孔箱梁 15~18 d,预应力张拉较困难。

③ 非标准跨径箱梁,且现场无条件采用现浇法,或现浇法不经济时,可采用移动支架节段拼装。即将箱梁分为数个节段预制后,在现场进行搭积木式拼接。节段拼装法优点在于各节段重量轻、尺寸小、运输方便,缺点在于工序繁杂、协调环节多、技术难度较大。为明晰各个工序环节,将其子目细分为"预制""运架""湿接""胶接""预应力筋",对各工序进行分别计量,如表 2-87 所示。

表 2-87 子目名称对照表

本规范		原指南	
编码	名称	编码	名称
0501010201	(1)预应力混凝土简支箱梁	03050101J03	3.预应力混凝土简支箱梁
050101020101	① 制架预应力混凝土简支箱梁		
05010102010101	A.预制	03050101J0301	(1)预制
05010102010102	B.运架	03050101J0302	(2)架设
050101020102	② 支架法现浇预应力混凝土简支箱梁	03050101J0303	(3)现浇
050101020103	③ 移动模架现浇预应力混凝土简支箱梁		
050101020104	④ 移动支架节段拼装预应力混凝土简支箱梁		
05010102010401	A.预制		
05010102010402	B.运架		
05010102010403	C.湿接		
05010102010404	D.胶接		
05010102010405	E.预应力筋		

(12)根据 T 梁施工实际情况,将"制架(钢筋)预应力混凝土 T 梁"子目细化为"预制""运架""横向联结",将"购架(钢筋)预应力混凝土 T 梁"子目细化为"价购""运架""横向联结";"预应力混凝土连续梁(刚构)"也结合施工实际情况,区分了"支架法混凝土"和"悬浇法混凝土",便于后期建设管理和计量,如表 2-88 所示。

表 2-88 子目名称对照表

本规范		原指南	
编码	名称	编码	名称
0501010202	（2）制架（钢筋）预应力混凝土T梁	03050101J04	4. 制架（钢筋）预应力混凝土T梁
050101020201	①预制	03050101J0401	（1）预制
050101020202	②运架	03050101J0402	（2）架设
050101020203	③横向联结	03050101J0403	（3）现浇
0501010203	（3）购架（钢筋）预应力混凝土T梁	03050101J05	5. 购架（钢筋）预应力混凝土T梁
050101020301	①价购		
050101020302	②运架		
050101020303	③横向联结		

（13）摒弃原指南和编制办法对"钢桁梁（钢桁拱）""钢板梁""钢梁"等特殊钢结构梁仅有一个条目的做法，充分调研现场计量存在的问题，如成品钢结构梁现场制作完成或价购运抵工地后，由于尚需要较长时间才能安装架设完毕，而此期间无法实现计量，造成工程费用落实不到位的情况，本规范将特殊钢结构梁细分子目"成品""安装"，提高计量计价效率。同类问题也采用同样的策略解决，如斜拉桥"斜拉索"、悬索桥"索鞍""缆索系统"、钢管（箱）系杆拱"钢管拱""系杆（水平索）"、混凝土拱"吊杆或系杆"等，如表 2-89 所示。

表 2-89 子目名称对照表

本规范		原指南	
编码	名称	编码	名称
0501010204	（4）预应力混凝土连续梁（刚构）	03050101J06	6. 预应力混凝土连续梁（刚构）
050101020401	①支架法混凝土	03050101J0601	（1）混凝土
050101020402	②悬浇法混凝土	03050101J0602	（2）预应力筋
050101020403	③预应力筋	03050101J0603	（3）普通钢筋
050101020404	④普通钢筋		
050101020405	⑤转体系统		
0501010205	（5）钢桁梁（钢桁拱）	03050101J07	7. 钢桁梁（钢桁拱）
050101020501	①钢桁梁（钢桁拱）成品		
050101020502	②钢桁梁（钢桁拱）安装		
0501010206	（6）钢板梁	03050101J08	8. 钢板梁
050101020601	①钢板梁成品		
050101020602	②钢板梁安装		
0501010207	（7）钢-混凝土结合梁	03050101J09	9. 钢-混凝土结合梁
050101020701	①混凝土	03050101J0901	（1）混凝土
050101020702	②预应力筋		

续表

本规范		原指南	
编码	名称	编码	名称
050101020703	③普通钢筋	03050101J0902	（2）普通钢筋
050101020704	④钢梁	03050101J0903	（3）钢梁
05010102070401	A．钢梁成品		
05010102070402	B．钢梁安装		
0501010208	（8）斜拉桥	03050101J10	10．斜拉桥
050101020801	①斜拉桥索塔	03050101J1001	（1）斜拉桥索塔
05010102080101	A．混凝土	03050101J100101	①混凝土
05010102080102	B．预应力筋	03050101J100102	②预应力筋
05010102080103	C．普通钢筋	03050101J100103	③普通钢筋
05010102080104	D．劲性钢骨架	03050101J100104	④劲性钢骨架
050101020802	②斜拉索	03050101J1002	（2）斜拉索
05010102080201	A．斜拉索成品		
05010102080202	B．斜拉索安装		
050101020803	③钢梁	03050101J1003	（3）钢梁
05010102080301	A．钢梁成品		
05010102080302	B．钢梁安装		

（14）首次将"悬索桥"全套条目纳入清单，并充分结合铁路悬索桥特点及现场实际情况，设置了"重力式锚碇""隧道式锚碇""锚体""索鞍""缆索系统""钢梁架设""索塔"等子目，并对其进一步细化。由于铁路工程造价标准中尚无悬索桥相关定额，待悬索桥完成编制后，可参考其定额体系结构对条目设置进行补充，如表2-90所示。

表2-90 子目名称对照表

本规范		原指南	
编码	名称	编码	名称
0501010209	（9）悬索桥		
050101020901	①重力式锚碇		
05010102090101	A．基础开挖		
05010102090102	B．地下连续墙导墙混凝土		
05010102090103	C．地下连续墙混凝土		
05010102090104	D．地连墙钢筋		
050101020902	②隧道式锚碇		
05010102090201	A．隧道锚开挖		
05010102090202	B．洞身混凝土		
05010102090203	C．洞身钢筋		
050101020903	③锚体		

续表

本规范		原指南	
编码	名称	编码	名称
05010102090301	A. 锚体混凝土		
05010102090302	B. 锚体钢筋		
05010102090303	C. 锚体预应力筋		
05010102090304	D. 锚固系统		
050101020904	④索鞍		
05010102090401	A. 索鞍成品		
05010102090402	B. 索鞍安装		
050101020905	⑤缆索系统		
05010102090501	A. 主缆成品		
05010102090502	B. 主缆安装		
050101020906	⑥钢梁架设		
05010102090601	A. 钢梁成品		
05010102090602	B. 钢梁架设		
050101020907	⑦悬索桥索塔		

（15）由于支座基本为甲供材料，"支座"子目工作内容主要为支座安装等，结合支座安装、调整，浇注填充，防尘罩制安等工作内容情况，调整"金属支座"条目，并不再细分子目，避免冗余，如表2-91所示。

表2-91 子目名称对照表

本规范		原指南	
编码	名称	编码	名称
0501010214	（14）支座	03050101J14	14. 支座
050101021401	①金属支座	03050101J1401	（1）金属支座
		03050101J140101	①弧形支座
		03050101J140102	②平板支座
		03050101J140103	③摇轴支座
		03050101J140104	④其他金属支座
050101021402	②板式橡胶支座	03050101J1402	（2）板式橡胶支座
050101021403	③盆式橡胶支座	03050101J1403	（3）盆式橡胶支座

（16）针对"桥面系"子目划分是按梁型划分或者按具体工程内容划分进行了广泛调研，最终确定在招标范围明确的前提下，标段内每座桥的桥面系工作内容相对固定，因此将其细分为"T梁桥面系""箱梁桥面系""钢梁桥面系"，其中"箱梁桥面系"同样适用于连续梁等一些特殊梁的桥面系，并将可能存在一定变化的"梁端伸缩缝"独立设置子目，如表2-92所示。

表 2-92 子目名称对照表

本规范		原指南	
编码	名称	编码	名称
0501010215	（15）桥面系	03050101J15	15.桥面系
050101021501	①T梁桥面系	03050101J1501	（1）混凝土梁桥面系
050101021502	②箱梁桥面系		
050101021503	③钢梁桥面系	03050101J1502	（2）钢梁桥面系
050101021504	④梁端伸缩缝		

（17）桥梁附属工程与原指南基本一致，主要变化为：为了提高规范的标准化程度，将"洞穴处理"子目与路基工程的地下洞穴处理子目保持一致，增补原指南未涉及的"绿化""检查维护小车""限高架""其他通航河流桥梁助航设施、河道防撞设施、救援通道及设施等"子目，如表 2-93 所示。

表 2-93 子目名称对照表

本规范		原指南	
编码	名称	编码	名称
0501010309	（9）桥上永久照明及防雷	03050101J1609	（9）桥上永久照明
0501010310	（10）绿化		
0501010311	（11）检查维护小车		
0501010312	（12）限高架		
0501010313	（13）其他	03050101J1610	（10）其他

（18）施工辅助设施是桥梁顺利完成施工的重要保障，但一直以来，桥梁设计存在"重设计，轻措施"的问题，本规范将各类施工辅助设施进行归纳整理并汇于一个条目下，力图加强铁路工程建设各方，特别是西南山区铁路设计中持有设计与施工无关、设计与费用无关、设计与亏损无关等错误观念人群，对于施工辅助设施的重视程度。因此，本规范通过大量调研分析，增加了"栈桥""缆索吊""施工猫道""现浇混凝土梁辅助设施""钢梁架设辅助设施""墩身辅助设施"等现场较为常规的辅助设施，并将"基础辅助设施"子目细分为"筑堤""筑岛""钢板桩围堰""（钢筋）混凝土围堰""钢围堰""工作平台""防护棚架"等，避免出现因综合单价差异较大，单一基础辅助设施子目无法充分体现工作内容的问题，如表 2-94 所示。

表 2-94 子目名称对照表

本规范		原指南	
编码	名称	编码	名称
05010104	4.施工辅助设施		
0501010401	（1）栈桥		
0501010402	（2）缆索吊		
0501010403	（3）施工猫道		
0501010404	（4）基础辅助设施	03050101J17	17.基础施工辅助设施
050101040401	①筑堤		

续表

本规范		原指南	
编码	名称	编码	名称
050101040402	②筑岛		
050101040403	③钢板桩围堰		
050101040404	④（钢筋）混凝土围堰		
050101040405	⑤钢围堰		
050101040406	⑥工作平台		
050101040407	⑦防护棚架		
0501010405	（5）其他设施		
050101040501	①现浇混凝土梁辅助设施		
050101040502	②钢梁架设辅助设施		
050101040503	③墩身辅助设施		

（19）同样为体现绿色环保的理念，增加"环保工程"子目，解决弃渣外运和弃渣场施工问题，如表2-95所示。

表2-95 子目名称对照表

本规范		原指南	
编码	名称	编码	名称
05010105	5.环保工程		

（20）将"公铁两用桥"修改为"×××公铁两用特大桥"，公铁两用桥子目不再细分×××特大桥，而规定所有公铁两用特大桥均需按工点单独编列，体现公铁两用桥的特殊性，如表2-96所示。

表2-96 子目名称对照表

本规范		原指南	
编码	名称	编码	名称
0503	三、×××公铁两用特大桥	030503	三、公铁两用桥
050301	（一）正桥	03050301	（一）×××特大桥
05030101	1.铁路桥下部工程		
细目同<05特大桥——一、复杂特大桥——（一）×××特大桥——Ⅰ.建筑工程费——1.下部工程>			
05030102	2.公路桥下部工程		
05030103	3.铁路桥上部工程		
细目同<05特大桥——一、复杂特大桥——（一）×××特大桥——Ⅰ.建筑工程费——2.上部工程>			
05030104	4.公路桥上部工程		

（21）公铁两用桥正桥和铁路引桥子目中，铁路桥相关工程均采用细目同的方式，精简条目数量，增加"公路桥下部工程""公路桥上部工程"条目，并对子目进一步细化，充分体现公路桥特点，如公

路桥梁工程无箱梁和 T 梁之分，且公路桥梁部需采用"平方米"的计量单位等；公路引桥也尽量与前述子目划分原则保持一致，如表 2-97 所示。

表 2-97　子目名称对照表

本规范		原指南	
编码	名称	编码	名称
05030101	1. 铁路桥下部工程		
细目同<05 特大桥——一、复杂特大桥——（一）×××特大桥——Ⅰ.建筑工程费——1.下部工程>			
05030102	2. 公路桥下部工程		
05030103	3. 铁路桥上部工程		
细目同<05 特大桥——一、复杂特大桥——（一）×××特大桥——Ⅰ.建筑工程费——2.上部工程>			
05030104	4. 公路桥上部工程		

（22）结合编制办法章节表，改建工程中也采用"下部工程""上部工程""附属工程""施工辅助设施"的子目划分方式，增加拆除和更换等子目，并将梁式大桥和拱桥汇总为梁（拱）式大桥，坚持一贯的工程量清单设置简明适用原则，如表 2-98 所示。

表 2-98　子目名称对照表

本规范		原指南	
编码	名称	编码	名称
	乙、改建	0306G	乙、改建（××座）
0603	一、梁（拱）式大桥	0306GJ01	一、梁式大桥（××座）
060301	（一）下部工程		
060302	（二）上部工程		
060303	（三）附属工程		
060304	（四）施工辅助设施		
		0306GJ02	二、拱桥（××座）

（23）框架式桥（含改建框架式桥）的"明挖基础（含承台）"不再细分"混凝土""钢筋"，避免子目冗余；"地基处理"再次与第二章路基附属工程的地基处理子目保持一致。结合现场施工实际情况，将顶进框架式桥"既有线加固及防护"从工作内容中移出，独立设置子目，便于现场计量工作，如表 2-99 所示。

表 2-99　子目名称对照表

本规范		原指南	
编码	名称	编码	名称
08	框架桥	0307JX03	三、框架式桥（××座）
	Ⅰ.建筑工程费		
	甲、新建		

续表

本规范		原指南	
编码	名称	编码	名称
0801	一、框架式桥		
080101	（一）明挖	0307JX0301	（一）明挖
08010101	1. 框架桥身及附属	0307JX030101	1. 框架桥身及附属
08010102	2. 明挖基础（含承台）	0307JX030102	2. 明挖基础（含承台）
		0307JX03010201	（1）混凝土
		0307JX03010202	（2）钢筋
08010103	3. 地基处理	0307JX030103	3. 地基处理
080102	（二）顶进	0307JX0302	（二）顶进
08010201	1. 既有线加固及防护		
08010202	2. 框架桥身及附属	0307JX030201	1. 框架桥身及附属
08010203	3. 地基处理	0307JX030202	2. 地基处理

（24）结合编制办法和现场实际情况，明挖圆涵删除"地基处理"子目，顶进圆涵仅要求按"孔数"细分，但不再强制要求按单孔、双孔、三孔等细分，其子目修改为"既有线加固及防护""涵身及附属""地基处理"；拱涵、盖板箱涵、框架涵亦采用相同的分类方式，将矩形涵和肋板涵汇总在框架涵条目中，提高标准化程度，如表2-100所示。

表2-100 子目名称对照表

本规范		原指南	
编码	名称	编码	名称
090102	（二）顶进	0309JX0102	（二）顶进（××座）
09010201	1. 既有线加固及防护	0309JX010201	1. 单孔（××座）
09010202	2. 涵身及附属	0309JX010202	2. 双孔（××座）
09010203	3. 地基处理	0309JX010203	3. 三孔（××座）
0902	二、拱涵	0309JX02	二、拱涵（××座）
细目同<09涵洞——Ⅰ.建筑工程费——甲、新建——一、圆涵>		0309JX0201	（一）单孔（××座）
		0309JX0202	（二）双孔（××座）
		0309JX0203	（三）三孔（××座）
0903	三、盖板箱涵	0309JX03	三、盖板箱涵（××座）
细目同<09涵洞——Ⅰ.建筑工程费——甲、新建——一、圆涵>		0309JX0301	（一）单孔（××座）
		0309JX0302	（二）双孔（××座）
		0309JX0301	（三）三孔（××座）
0904	四、框架涵	0309JX05	五、框架涵（××座）
细目同<09涵洞——Ⅰ.建筑工程费——甲、新建——一、圆涵>		0309JX050101	1. 单孔（××座）
		0309JX050102	2. 双孔（××座）
		0309JX050103	3. 三孔（××座）

（25）结合编制办法章节表，删除"上下游铺砌及顺沟顺渠顺路"子目，如表2-101所示。

表2-101 子目名称对照表

本规范		原指南	
编码	名称	编码	名称
		0309JG04	四、上下游铺砌及顺沟顺渠顺路
		0309JG0401	（一）土方
		0309JG0402	（二）石方
		0309JG0403	（三）干砌石
		0309JG0404	（四）浆砌石
		0309JG0405	（五）混凝土
		0309JG0406	（六）钢筋

2. 计量单位

（1）新增子目均按照类似子目确定计量单位。

（2）"钻孔桩"按混凝土和钢筋分列后，下级子目单位由"米"调整为"圬工方"，更有利于确定准确的综合单价。同时，"钻孔桩"本级子目仍采用"米"作为计量单位，如表2-102所示。

表2-102 子目计量单位对照表

本规范		原指南	
名称	计量单位	名称	计量单位
⑤钻孔桩	米	（5）钻孔桩	米
A. 陆上混凝土	圬工方	①陆上	米
B. 水上混凝土	圬工方	②水上	米
C. 钢筋（笼）	吨		

（3）（钢筋）预应力混凝土T梁单位"孔"特指单线孔，对于双线T梁桥而言，需要对双孔数量进行折单成单线孔后再使用。

（4）针对拥有"弧形支座""平板支座""摇轴支座"等多种类型的"金属支座"，计量单位统一为"个"，提高数量的辨识性，如表2-103所示。

表2-103 子目计量单位对照表

本规范		原指南	
名称	计量单位	名称	计量单位
①金属支座	个	（1）金属支座	元
		①弧形支座	孔
		②平板支座	孔
		③摇轴支座	孔
		④其他金属支座	吨

（5）"框架桥"单位改为"延长米"，便于统计桥梁长度。其下"明挖""顶进"等采用"顶平米"，以便真实反映综合单价水平，如表2-104所示。

表 2-104　子目计量单位对照表

本规范		原指南	
名称	计量单位	名称	计量单位
框架桥	延长米	三、框架式桥（××座）	顶平米
（一）明挖	顶平米	（一）明挖	顶平米
（二）顶进	顶平米	（二）顶进	顶平米

3. 子目划分特征

（1）新增子目均按照类似子目确定子目划分特征。

（2）通过综合单价分析，由于钢筋笼陆上、水上差异略小，而差异较大的是"钻孔桩"钻孔和混凝土浇筑的陆上、水上综合差异略大，故仅将混凝土区分陆上、水上，同时子目划分特征为"桩径"，以便区分不同桩径钻孔桩钻孔和混凝土综合单价差异，而钢筋笼按"吨"计量，并不受"桩径"影响，故采用"综合"，如表 2-105 所示。

表 2-105　子目划分特征对照表

本规范		原指南	
名称	子目划分特征	名称	子目划分特征
⑤钻孔桩		（5）钻孔桩	
A. 陆上混凝土	桩径	①陆上	桩径
B. 水上混凝土	桩径	②水上	桩径
C. 钢筋（笼）	综合		

（3）"预应力混凝土简支箱梁"子目采用单双线、跨度或速度作为子目划分特征，"预应力混凝土T梁"子目采用跨度、速度或是否有声屏障作为子目划分特征，编制者可根据具体情况选择细化方案，如表 2-106 示。

表 2-106　子目划分特征对照表

本规范		原指南	
名称	子目划分特征	名称	子目划分特征
①制架预应力混凝土简支箱梁			
A. 预制	单双线/跨度/速度	（1）预制	单线双线跨度速度
B. 运架	单双线/跨度/速度	（2）架设	单线双线跨度速度
②支架法现浇预应力混凝土简支箱梁	单双线/跨度/速度	（3）现浇	单线双线跨度速度
③移动模架现浇预应力混凝土简支箱梁	单双线/跨度/速度		
④移动支架节段拼装预应力混凝土简支箱梁			
A. 预制	单双线/跨度/速度		
B. 运架	单双线/跨度/速度		

续表

本规范		原指南	
名称	子目划分特征	名称	子目划分特征
C. 湿接	单双线/跨度/速度		
D. 胶接	单双线/跨度/速度		
E. 预应力筋	综合		
（2）制架（钢筋）预应力混凝土T梁		4. 制架（钢筋）预应力混凝土T梁	
①预制	跨度/速度/声屏障	（1）预制	单线双线跨度梁高速度
②运架	跨度/速度/声屏障	（2）架设	单线双线跨度梁高速度
③横向联结	跨度/速度/声屏障	（3）现浇	单线双线跨度梁高速度

（4）"盆式橡胶支座"采用"支座反力"作为子目划分特征，更为规范化，如表2-107所示。

表2-107 子目划分特征对照表

本规范		原指南	
名称	子目划分特征	名称	子目划分特征
③盆式橡胶支座	支座反力	（3）盆式橡胶支座	承载力

（5）涵洞子目划分特征首先按"孔数"，即单孔、双孔、三孔进行划分，其次按"孔径"，即单孔1.0 m、单孔2.0 m、双孔2.5 m等进行划分。同时，顶进涵洞不需再按"孔径"细分子目，如表2-108所示。

表2-108 子目划分特征对照表

本规范		原指南	
名称	子目划分特征	名称	子目划分特征
（一）明挖	孔数	（一）明挖（××座）	孔数孔径
1. 单孔	孔径	1. 单孔（××座）	
2. 双孔	孔径	2. 双孔（××座）	
3. 三孔	孔径	3. 三孔（××座）	
（二）顶进	孔数	（二）顶进（××座）	孔数孔径
		1. 单孔（××座）	孔径
		2. 双孔（××座）	孔径
		3. 三孔（××座）	孔径

4. 工程量计算规则

（1）新增子目均按照类似子目确定工程量计算规则；其他子目均进行了规范化、统一化的调整。

（2）将各类桩的工程量计量规则均统一为"按设计图示桩顶至桩底的长度计算"或"按设计图示桩长计算"的说法。规范中"沉入桩""管柱"未统一说法，属于笔误，如表2-109所示。

表 2-109 子目工程量计算规则对照表

本规范		原指南	
名称	工程量计算规则	名称	工程量计算规则
④挖孔桩	按设计桩长（桩顶至桩底的长度）计算	（4）挖孔桩	按设计图示承台底至桩底的长度计算
A. 混凝土	按设计图示圬工体积计算		
B. 钢筋（笼）	按设计图示钢料计算重量		
⑤钻孔桩	按设计桩长（桩顶至桩底的长度）计算	（5）钻孔桩	
A. 陆上混凝土	按设计桩长（桩顶至桩底的长度）乘以设计桩径断面积计算	①陆上	按设计图示承台底至桩底的长度计算
B. 水上混凝土	按设计桩长（桩顶至桩底的长度）乘以设计桩径断面积计算	②水上	按设计图示承台底至桩底的长度计算
C. 钢筋（笼）	按设计图示钢料计算重量		
⑥沉入桩		（6）沉入桩	
A. 钢筋（预应力）混凝土管桩	按设计图示承台底至桩底的长度计算	①钢筋（预应力）混凝土管桩	按设计图示承台底至桩底的长度计算
B. 钢管桩	按设计图示承台底至桩底的长度计算	②钢管桩	按设计图示承台底至桩底的长度计算
⑦管柱		（7）管柱	
A. 钢筋（预应力）混凝土管柱	按设计图示承台底至柱底的长度计算	①钢筋（预应力）混凝土管柱	按设计图示承台底至柱底的长度计算
B. 钢管柱	按设计图示承台底至柱底的长度计算	②钢管柱	按设计图示承台底至柱底的长度计算

（3）"公路桥下部工程"不再细分子目，故以"圬工方"为单位，以"按设计图示圬工体积计算"为工程量计量规则。

5. 工程（工作）内容

（1）新增子目均按照类似子目确定工程（工作）内容；其他子目均进行了规范化、统一化的调整。

（2）基础明挖、承台"混凝土"中由于将混凝土冷却管纳入其中，故工作内容调整为"预埋件（含冷却管）制安"，同时在混凝土浇筑后补充说明含垫层混凝土。需要说明的是，其工程量计算规则中不含垫层混凝土数量，如表 2-110 所示。

表 2-110 子目工程（工作）内容对照表

本规范		原指南	
名称	工程（工作）内容	名称	工程（工作）内容
①明挖		（1）明挖	
A. 混凝土	1. 基坑挖填；2. 脚手架及支架搭拆；3. 模板制安拆；4. 预埋件（含冷却管）制安；5. 混凝土浇筑（含垫层混凝土）	①混凝土	1. 基坑挖填；2. 脚手架及支架搭拆；3. 模板制安拆；4. 预埋件制安；5. 混凝土浇筑

续表

本规范		原指南	
名称	工程（工作）内容	名称	工程（工作）内容
B. 钢筋	钢筋制安	②钢筋	钢筋制安
		③混凝土冷却管	钢管制安
②承台		（2）承台	
A. 陆上承台混凝土	1. 基坑挖填；2. 脚手架及支架搭拆；3. 模板制安拆；4. 预埋件（含冷却管）制安；5. 混凝土浇筑（含垫层混凝土）	①混凝土	1. 基坑挖填；2. 脚手架及支架搭拆；3. 模板制安拆；4. 预埋件制安；5. 混凝土浇筑
B. 陆上承台钢筋	钢筋制安	②钢筋	钢筋制安
C. 水上承台混凝土	1. 基坑挖填；2. 脚手架及支架搭拆；3. 模板制安拆；4. 预埋件（含冷却管）制安；5. 混凝土浇筑（含封底混凝土）		
D. 水上承台钢筋	钢筋制安		
		③混凝土冷却管	钢管制安

（3）结合设计及现场施工情况，钻孔桩"混凝土"增加水泥砂浆或水泥浆填充、桩底高压注浆等工作内容，如表2-111所示。

表2-111　子目工程（工作）内容对照表

本规范		原指南	
名称	工程（工作）内容	名称	工程（工作）内容
⑤钻孔桩		（5）钻孔桩	
A. 陆上混凝土	1. 护筒制安拆；2. 钻孔、护壁、弃渣、泥浆清理、外运、清孔；3. 预埋件（含声测管）制安；4. 桩头处理；5. 水泥砂浆或水泥浆填充；6. 混凝土浇筑；7. 桩底高压注浆	①陆上	1. 护筒制安拆；2. 钻孔、护壁、弃渣、泥浆清理、外运、清孔；3. 钢筋（笼）及预埋件（含声测管）制安；4. 混凝土浇筑；5. 桩头处理
B. 水上混凝土	1. 护筒制安拆；2. 钻孔、护壁、弃渣、泥浆清理、外运、清孔；3. 预埋件（含声测管）制安；4. 桩头处理；5. 水泥砂浆或水泥浆填充；6. 混凝土浇筑；7. 桩底高压注浆	②水上	1. 护筒制安拆；2. 钻孔、护壁、弃渣、泥浆清理、外运、清孔；3. 钢筋（笼）及预埋件（含声测管）制安；4. 混凝土浇筑；5. 桩头处理
C. 钢筋（笼）	钢筋（笼）制安		

（4）挖井基础"混凝土"中同样增加护壁混凝土浇筑的工作内容，如表2-112所示。

（5）"预应力混凝土简支箱梁"预制中的"钢筋及预埋件制安、支座垫板安设"内容调整为"钢筋及预埋件制安"，明确预埋件为预埋在梁体中的所有预埋件，并在附注中增加了预埋件具体包含的内容为：所有梁体预埋件，含支座板、综合接地、防落梁措施、接触网支柱基础、整体道床、电缆上桥等的预埋钢料等，如表 2-113 所示。

表 2-112　子目工程（工作）内容对照表

本规范		原指南	
名称	工程（工作）内容	名称	工程（工作）内容
⑧挖井基础		（8）挖井基础	
A. 混凝土	1. 井孔开挖；2. 预埋件制安；3. 模板制安拆；4. 混凝土、护壁混凝土浇筑	①混凝土	1. 井孔开挖；2. 预埋件制安；3. 混凝土浇筑
B. 钢筋	钢筋、护壁钢筋制安	②钢筋	钢筋制安

表 2-113　子目工程（工作）内容对照表

本规范		原指南	
名称	工程（工作）内容	名称	工程（工作）内容
（1）预应力混凝土简支箱梁		3. 预应力混凝土简支箱梁	
①制架预应力混凝土简支箱梁			
A. 预制	1. 脚手架及支架搭拆；2. 模板制安拆；3. 钢筋及预埋件制安；4. 混凝土浇筑；5. 锚具安装，制孔，预应力钢筋（钢丝、钢绞线）制安及张拉，压浆、封锚、梁端防水；6. 泄水管及盖制安；7. 桥梁连接处混凝土凿毛；8. 场内起落及移位存放	（1）预制	1. 模板制安拆；2. 脚手架搭拆；3. 钢筋及预埋件制安；4. 混凝土浇筑；5. 锚具安装，制孔，预应力钢筋（钢丝、钢绞线）制安及张拉，压浆、封锚；6. 支座垫板安设，泄水管及盖制安；7. 防护层、垫层、防水层铺设；8. 场内起落及移位存放

（6）取消"制架预应力混凝土简支箱梁"预制中的"桥面防护层、垫层、防水层"内容，并在"桥面系"工作内容中进行补充。取消运架中的"梁端伸缩缝"内容，并在"桥面系"子目中进行补充。在支架法等其他施工方案的箱梁中也做了同样的处理，如表 2-114 所示。

表 2-114　子目工程（工作）内容对照表

本规范		原指南	
名称	工程（工作）内容	名称	工程（工作）内容
①制架预应力混凝土简支箱梁			
A. 预制	1. 脚手架及支架搭拆；2. 模板制安拆；3. 钢筋及预埋件制安；4. 混凝土浇筑；5. 锚具安装，制孔，预应力钢筋（钢丝、钢绞线）制安及张拉，压浆、封锚、梁端防水；6. 泄水管及盖制安；7. 桥梁连接处混凝土凿毛；8. 场内起落及移位存放	（1）预制	1. 模板制安拆；2. 脚手架搭拆；3. 钢筋及预埋件制安；4. 混凝土浇筑；5. 锚具安装，制孔，预应力钢筋（钢丝、钢绞线）制安及张拉，压浆、封锚；6. 支座垫板安设，泄水管及盖制安；7. 防护层、垫层、防水层铺设；8. 场内起落及移位存放
B. 运架	装梁（提梁）、运梁，走行轨铺拆，倒梁、喂梁、吊梁、落梁、就位，锚栓孔灌浆	（2）架设	走行轨铺拆，倒梁、喂梁、吊梁、落梁、就位，盖板制安，锚栓孔灌浆；梁端伸缩缝制安

（7）"运架"箱（T）梁与原指南"架设"箱（T）梁的主要区别是增加了无轨或有轨等方式进行的装梁（提梁）、运梁等工作内容，受梁场距离架梁位置的远近的影响，运梁费用一定程度上影响了梁体综合单价的多少。该子目与原指南相比虽然只有一字之差，但在工程内容的完整性上得到了完善，如表2-115所示。

表2-115 子目工程（工作）内容对照表

本规范		原指南	
名称	工程（工作）内容	名称	工程（工作）内容
（2）制架（钢筋）预应力混凝土T梁		4.制架（钢筋）预应力混凝土T梁	
①预制	1.脚手架及支架搭拆；2.模板制安拆；3.钢筋及预埋件制安；4.混凝土浇筑；5.防护层、防水层、垫层、桥梁连接处混凝土凿毛；6.锚具安装，制孔，预应力钢筋（钢丝、钢绞线）制安及张拉，压浆、封锚、梁端防水；7.泄水管及盖板制安；8.场内起落及移位存放	（1）预制	1.模板制安拆；2.脚手架搭拆；3.钢筋及预埋件制安；4.支座垫板安设，泄水管及盖制安；5.锚具安装，制孔，预应力钢筋（钢丝、钢绞线）制安及张拉，压浆、封锚；6.混凝土浇筑；7.防护层、垫层、防水层铺设；8.场内起落及移位存放
②运架	装梁，运梁；桥头线路加固，走行轨铺拆，倒梁、喂梁、落梁、吊梁横隔板连接，锚栓孔灌浆	（2）架设	1.架设：桥头线路加固，走行轨铺拆，倒梁、喂梁、吊梁、落梁、就位，盖板制安，横隔板连接，锚栓孔灌浆，梁端伸缩缝制安。2.横向联结湿接缝：（1）模板制安拆，脚手架搭拆；（2）钢筋及预埋件制安；（3）锚具安装，制孔，预应力钢筋（钢丝、钢绞线）制安及张拉，压浆、封锚；（4）混凝土浇筑

（8）结合新版（钢筋）预应力混凝土T梁梁图，将梁体防护层、防水层铺设由"预制"移至"横向联结"中，保证图纸与工程量清单相统一。同样，将各类T梁的"梁端伸缩缝制安"内容移至"桥面系"子目中，如表2-116所示。

表2-116 子目工程（工作）内容对照表

本规范		原指南	
名称	工程（工作）内容	名称	工程（工作）内容
（2）制架（钢筋）预应力混凝土T梁		4.制架（钢筋）预应力混凝土T梁	
①预制	1.脚手架及支架搭拆；2.模板制安拆；3.钢筋及预埋件制安；4.混凝土浇筑；5.防护层、防水层、垫层、桥梁连接处混凝土凿毛；6.锚具安装，制孔，预应力钢筋（钢丝、钢绞线）制安及张拉，压浆、封锚、梁端防水；7.泄水管及盖板制安；8.场内起落及移位存放	（1）预制	1.模板制安拆；2.脚手架搭拆；3.钢筋及预埋件制安；4.支座垫板安设，泄水管及盖制安；5.锚具安装，制孔，预应力钢筋（钢丝、钢绞线）制安及张拉，压浆、封锚；6.混凝土浇筑；7.防护层、垫层、防水层铺设；8.场内起落及移位存放

续表

本规范		原指南	
名称	工程（工作）内容	名称	工程（工作）内容
②运架	装梁，运梁；桥头线路加固，走行轨铺拆，倒梁、喂梁、落梁、吊梁横隔板连接，锚栓孔灌浆	（2）架设	1. 架设：桥头线路加固，走行轨铺拆，倒梁、喂梁、吊梁、落梁、就位，盖板制安，横隔板连接，锚栓孔灌浆，梁端伸缩缝制安。2. 横向联结湿接缝：（1）模板制安拆，脚手架搭拆；（2）钢筋及预埋件制安；（3）锚具安装，制孔，预应力钢筋（钢丝、钢绞线）制安及张拉，压浆、封锚；（4）混凝土浇筑
③横向联结	现浇桥面板及隔板湿接缝：（1）模板制安拆，脚手架搭拆；（2）钢筋及预埋件制安；（3）锚具安装，制孔，预应力钢筋（钢丝、钢绞线、钢棒）制安及张拉，压浆、封锚；（4）混凝土浇筑；（5）防护层、防水层	（3）现浇	1. 脚手架及支架搭拆（含地基处理和堆载预压）；2. 模板制安拆；3. 钢筋及预埋件制安；4. 支座垫板安设，泄水管及盖制安；5. 混凝土浇筑；6. 锚具安装，制孔，预应力钢筋（钢丝、钢绞线）制安及张拉，压浆、封锚；7. 防护层、垫层、防水层铺设；8. 落梁就位；9. 盖板制安；10. 梁端伸缩缝制安

（9）将"预应力混凝土连续梁（刚构）"的防护层、防水层铺设，梁端伸缩缝制安均移至"桥面系"；架梁辅助设施移至"施工辅助措施"子目中。同样，其他特殊梁也按照此做法执行，如表2-117所示。

表2-117 子目工程（工作）内容对照表

本规范		原指南	
名称	工程（工作）内容	名称	工程（工作）内容
（4）预应力混凝土连续梁（刚构）		6. 预应力混凝土连续梁（刚构）	
①支架法混凝土	1. 模板制安拆；2. 预埋件制安；3. 混凝土浇筑；4. 临时支座安拆	（1）混凝土	1. 模板制安拆；2. 制架梁辅助设施制安拆（含地基处理和堆载预压）；3. 预埋件制安；4. 支座垫板安设，泄水管及盖制安；5. 混凝土浇筑；6. 防护层、垫层、防水层铺设；7. 预制梁段场内起落及移位存放；8. 预制梁段拼接或顶推就位；9. 悬浇箱梁挂篮及托架制安拆；10. 临时支座安拆；11. 盖板制安；12. 梁端伸缩缝制安

续表

本规范		原指南	
名称	工程（工作）内容	名称	工程（工作）内容
②悬浇法混凝土	1.模板制安拆；2.预埋件制安；3.混凝土浇筑；4.挂篮安拆；5.临时支座安拆	（2）预应力筋	1.锚具安装；2.制孔；3.预应力钢筋（钢丝、钢绞线）制安及张拉；4.压浆、封锚
③预应力筋	1.锚具安装；2.制孔；3.预应力钢筋（钢丝、钢绞线）制安及张拉；4.压浆、封锚	（3）普通钢筋	钢筋制安
④普通钢筋	钢筋制安		
⑤转体系统	含由下转盘、球铰、上转盘、转体牵引系统等组成的转体结构及转动费用		

（10）钢梁工作内容中的"钢梁除锈、涂装"调整为"现场涂装"，若采用工厂成品涂装则计入成品子目中，如表2-118所示。

表2-118 子目工程（工作）内容对照表

本规范		原指南	
名称	工程（工作）内容	名称	工程（工作）内容
（5）钢桁梁（钢桁拱）		7.钢桁梁（钢桁拱）	1.架梁辅助设施制安拆（含地基处理）；2.组拼、吊装、联结、就位；3.临时支座安拆；4.钢梁除锈、涂装
①钢桁梁（钢桁拱）成品	钢桁梁（钢桁拱）主材		
②钢桁梁（钢桁拱）安装	1.组拼（不含主材）、吊装、联结、就位；2.临时支座安拆；3.钢梁现场涂装		
（6）钢板梁		8.钢板梁	1.架梁辅助设施制安拆（含地基处理）；2.组拼、吊装、联结、就位；3.临时支座安拆；4.钢梁除锈、涂装
①钢板梁成品	钢板梁主材		
②钢板梁安装	1.组拼（不含主材）、吊装、联结、就位；2.临时支座安拆；3.钢梁现场涂装		

（11）结合钢管（箱）系杆拱施工工艺工法，"系杆（水平索）安装"增加"磁通量索力检测"工作内容，如表2-119所示。

表 2-119 子目工程（工作）内容对照表

本规范		原指南	
名称	工程（工作）内容	名称	工程（工作）内容
③系杆（水平索）		（4）钢梁	1.架梁辅助设施搭拆（含地基处理）；2.组拼、吊装、联结、就位；3.临时支座安拆；4.钢梁除锈、涂装
A.系杆（水平索）成品	系杆（水平索）主材		
B.系杆（水平索）安装	1.脚手架搭拆；2.锚具、夹具安装，系杆（水平索）制安（不含主材）、张拉、调整；3.切割钢束头、封锚头；4.涂装；5.磁通量索力检测	（6）系杆（水平索）	1.脚手架搭拆；2.锚具、夹具安装，系杆（水平索）制安、张拉、调整；3.切割钢束头、封锚头；4.防腐处理

（12）随着桥梁施工技术的不断发展，桥面系设计也在发生着巨大的变化，"桥面系"包含了与其相关的所有内容，不限于本规范中所列举的主要工程内容，编制者可根据具体情况进行调整补充，如表 2-120 所示。

表 2-120 子目工程（工作）内容对照表

本规范		原指南	
名称	工程（工作）内容	名称	工程（工作）内容
（15）桥面系		15.桥面系	1.围栏、吊篮、防护网、避车台、检查梯、铁蹬、护栅、通信、信号、电力支架等制安；2.挡砟墙、竖墙、防撞墙、挡砟块现浇或制安；3.遮板、栏杆、人行道板及纵向盖板制安；4.光（电）缆过桥防护、电缆槽及盖板制安；5.护轮轨（不含轨枕）铺设；6.地震区防止落梁设施制安；7.涂装
①T梁桥面系	1.围栏、吊篮、防护网、避车台、检查梯、铁蹬、护栅、通信、信号、电力支架等制安；2.挡砟块制安；3.光（电）缆过桥防护、电缆槽；4.栏杆、人行道板及纵向盖板制安；5.护轮轨（不含轨枕）铺设；6.排水管道安装；7.地震区防止落梁设施制安；8.涂装	（1）混凝土梁桥面系	同上
②箱梁桥面系	1.围栏、防护网、检查梯、铁蹬、护栅、通信、信号、电力支架等制安；2.挡砟墙、竖墙、防撞墙现浇；3.遮板、栏杆、人行道板及纵向盖板制安；4.光（电）缆过桥防护；5.接触网支柱基础；6.综合接地连接；7.防护层、防水层、垫层铺设；8.排水管道安装；9.地震区防止落梁设施制安；10.涂装		

续表

本规范		原指南	
名称	工程（工作）内容	名称	工程（工作）内容
③钢梁桥面系	1. 铺装层铺设；2. 围栏、防护网、检查梯、铁蹬、护栅、通信、信号、电力支架等制安；3. 挡砟墙、竖墙、防撞墙现浇；4. 遮板、栏杆、人行道板及纵向盖板制安；5. 光（电）缆过桥防护；6. 接触网支柱基础；7. 综合接地连接；8. 防护层、防水层、垫层铺设；9. 排水管道安装；10. 地震区防止落梁设施制安；11. 涂装	(2)钢梁桥面系	同上
④梁端伸缩缝	梁端伸缩缝制安		

（13）"桥上永久照明及防雷"增加了避雷带（网）敷设、引下线敷设、接地网敷设、加降阻剂等防雷工作内容，使本规范所含内容更为全面，如表2-121所示。

表2-121 子目工程（工作）内容对照表

本规范		原指南	
名称	工程（工作）内容	名称	工程（工作）内容
(9)桥上永久照明及防雷	1. 从变电所或电力干线接引至桥头变压器专为照明供电的电源线路；2. 从桥头变压器接引至桥上的电源线路等；3. 变配电设备的基础及支架制安；4. 杆塔、灯柱架立；5. 避雷带（网）敷设、引下线敷设、接地网敷设、加降阻剂等	(9)桥上永久照明	1. 从变电所或电力干线接引至桥头变压器专为照明供电的电源线路；2. 从桥头变压器接引至桥上的电源线路等；3. 变配电设备的基础及支架制安；4. 杆塔、灯柱架立

（14）对于墩高大于30 m的墩身定额采用起重设备为塔式起重机，"制架梁、墩身辅助设施"子目工作内容相应增加"墩身塔吊基础及地基处理"，如表2-122所示。

表2-122 子目工程（工作）内容对照表

本规范		原指南	
名称	工程（工作）内容	名称	工程（工作）内容
③墩身辅助设施	塔吊基础及地基处理		

（15）公铁两用桥的公路桥部分调整思路与上述铁路桥部分一致，在此不再累述。
（16）改建的"拆除"子目均增加清运工作内容，体现绿色环保理念，如表2-123所示。

表 2-123 子目工程（工作）内容对照表

本规范		原指南	
名称	工程（工作）内容	名称	工程（工作）内容
①拆除	1. 拆除支座锚栓；2. 顶梁、起吊、移至路基一侧；3. 清运	（1）拆除	1. 拆除支座锚栓；2. 顶梁、起吊、移至路基一侧

（17）顶进框架式桥的"框架桥身及附属"还需增加"工作坑挖填""滑板及后背制安拆""空顶及挖土顶进，土方外运，弃方整理"等工作内容，规范存在笔误，如表 2-124 所示。

表 2-124 子目工程（工作）内容对照表

本规范		原指南	
名称	工程（工作）内容	名称	工程（工作）内容
（二）顶进		（二）顶进	
1. 既有线加固及防护	既有线加固、防护及拆除		
2. 框架桥身及附属	1. 脚手架搭拆；2. 模板制安拆；3. 钢筋及预埋件制安；4. 箱身混凝土浇筑；5. 防水层、保护层铺设，变形缝设置；6. 桥面系制安；7. 进出口及附属：土石方挖填，端翼墙混凝土浇筑或砌筑，锥体填筑、缺口渗水料填筑、圬工砌筑、路面铺设、路缘石、护栏、标志、标线、管沟等沿线设施的设置	1. 框架桥身及附属	1. 既有线加固、防护及拆除；2. 工作坑挖填；3. 滑板及后背制安拆；4. 脚手架搭拆；5. 钢筋及预埋件制安；6. 模板制安拆；7. 混凝土浇筑；8. 防水层、保护层铺设，变形缝设置；9. 空顶及挖土顶进，土方外运，弃方整理；10. 桥面系制安；11. 进出口及附属：土石方挖填，端翼墙混凝土浇筑或砌筑，锥体填筑、圬工砌筑、路面铺设、路缘石、护栏、标志、标线、管沟等沿线设施的设置

6. 附注中需要注意的问题

（1）钻孔桩包含采用旋挖钻孔、冲击钻孔、回旋钻孔工法的钻孔桩，若采用其他特殊工艺工法，需另行补充子目，如表 2-125 所示。

表 2-125 子目附注对照表

本规范		原指南	
名称	附注	名称	附注
⑤钻孔桩	含旋挖钻孔、冲击钻孔、回旋钻孔。不含特殊工艺工法	（5）钻孔桩	

（2）预制梁预埋件为所有梁体预埋件，含支座板、综合接地、防落梁措施、接触网支柱基础、整体道床、电缆上桥等预埋钢料。

（3）公铁两用桥"铁路桥下部工程"附注"下部建筑含铁路和公路相关建筑"应删掉，存在笔误。

（4）钢管拱附注"含拱部和桥面板"，需注意不含桥面系。

6.4 第四章 隧道及明洞工程

1. 子目划分

本章共计 2 节 227 个子目，在原指南基础上减少 260 个子目，对一些重复子目进行了优化合并。具体变化情况如下：

（1）如前所述，本规范考虑在不影响整体结构的前提下尽量精简隧道章节层级，减少隧道工程量清单条目过多的现状，同时也为进一步提高隧道子目划分的通用性，将原指南中"一、$L>4$ km 的隧道""二、3 km$<L\leqslant 4$ km 的隧道""三、2 km$<L\leqslant 3$ km 的隧道""四、1 km$<L\leqslant 2$ km 的隧道""五、$L\leqslant 1$ km 的隧道"层级子目悉数删除，仅保留"×××隧道"层级，较编制办法发生了一定变化。同样的，"×××"是一个不定数，可以是逐个工点，也可以是按某种隧道长度划分规则分类汇总的多个隧道，本规范仅要求对于隧道长度大于 4 000 m 或者有辅助坑道的单、双线隧道，多线隧道及地质复杂隧道分别编列，其他不作要求，这就提高了清单子目设置的自由度，对一些综合单价相近的工点可以进行归类整合，更好地与国际标准和国内其他行业标准相统一，如表 2-126 所示。

表 2-126 子目名称对照表

本规范		原指南	
编码	名称	编码	名称
10	隧道	0410	隧道（××座）
	甲、新建	0410X	甲、新建（××座）
		0410X01	一、$L>4$ km 的隧道（××座）
1001	一、×××隧道	0410X0101	（一）×××隧道
		0410X02	二、3 km$<L\leqslant 4$ km 的隧道（××座）
		0410X03	三、2 km$<L\leqslant 3$ km 的隧道（××座）
		0410X04	四、1 km$<L\leqslant 2$ km 的隧道（××座）
		0410X05	五、$L\leqslant 1$ km 的隧道（××座）

（2）根据隧道现场实际施工组织方案和概（预）算编制要求，首次纳入工区概念，包括正洞进出口工区和通过辅助坑道施工正洞工区两类，并采用"××工区"的不定数，解决编制办法章节表未分工区以及隧道同时有多个工区的问题。工区长度根据施工组织设计和铁路工程隧道定额相关规定确定，如表 2-127、表 128 所示。

表 2-127 子目名称对照表

本规范		原指南	
编码	名称	编码	名称
100101	（一）正洞××工区（钻爆法施工）	0410X0101J01	1. 正洞

举例：安定隧道出口工区

表 2-128 工区子目名称案例

本规范		原指南	
编码	名称	编码	名称
100101	（一）正洞安定隧道出口工区（钻爆法施工）	0410X0101J01	1. 正洞

（3）将正洞子目按开挖方式细分为"正洞××工区（钻爆法施工）""正洞××工区（TBM 施工）"

"正洞××工区（盾构法施工）"，并对"正洞××工区（TBM施工）"和"正洞××工区（盾构法施工）"进行细化，充分体现了铁路工程隧道施工的新技术新标准，如表2-129所示。

表2-129 子目名称对照表

本规范		原指南	
编码	名称	编码	名称
100101	（一）正洞××工区（钻爆法施工）	0410X0101J01	1.正洞
100102	（二）正洞××工区（TBM法施工）		
100103	（三）正洞××工区（盾构法施工）		

（4）"正洞××工区（钻爆法施工）"与原指南基本一致，按围岩级别和开挖、衬砌、支护等的分类方法设置相应子目，但结合编制办法和现场施工情况，将"衬砌""支护"子目进行了细化。

（5）"衬砌"按模筑混凝土和钢筋细分子目。同时，根据编制办法和铁路工程隧道定额关于超挖回填和预留变形量的相关说明，采用模筑混凝土对允许超挖和预留变形量回填的数量单独设置子目，便于现场管理和计量工作，特别是在一定程度上解决了存在软岩大变形特殊地质问题的隧道工程的计量问题。"支护"工程的喷射混凝土、喷射纤维混凝土也采用了相同的分类方式，如表2-130所示。

表2-130 子目名称对照表

本规范		原指南	
编码	名称	编码	名称
1001010102	（2）衬砌	0410X0101J010103	③衬砌
100101010201	①模筑混凝土		
100101010202	②允许超挖采用模筑混凝土回填		
100101010203	③预留变形量采用模筑混凝土回填		
100101010204	④钢筋		

（6）"支护"子目按喷射混凝土、喷射纤维混凝土、钢筋网、钢架、超前小导管、管棚、锚杆等进行分类，同时按照尽量同级设置子目，减少层级数量利用率过低的原则，不再对钢架、锚杆等单独设置层级，而是将"格栅钢架""型钢钢架""砂浆锚杆""中空锚杆""自进式锚杆""超前小导管""导向墙"等设置在同一层级中，新增子目在其后进行追加，尽量用足"支护"下级子目数量，如表2-131所示。

表2-131 子目名称对照表

本规范		原指南	
编码	名称	编码	名称
1001010103	（3）支护	0410X0101J010102	②支护
100101010301	①喷射混凝土		
100101010302	②允许超挖采用喷射混凝土回填		
100101010303	③预留变形量采用喷射混凝土回填		
100101010304	④喷射纤维混凝土		
100101010305	⑤允许超挖采用喷射纤维混凝土回填		
100101010306	⑥预留变形量采用喷射纤维混凝土回填		

续表

本规范		原指南	
编码	名称	编码	名称
100101010307	⑦钢筋网		
100101010308	⑧格栅钢架		
100101010309	⑨型钢钢架		
100101010310	⑩超前小导管		
100101010311	⑪导向墙		
100101010312	⑫管棚		
100101010313	⑬砂浆锚杆		
100101010314	⑭中空锚杆		

（7）"正洞××工区（钻爆法施工）"的各级围岩均采用相同的子目划分原则，因此仅保留"Ⅰ级围岩"的子目，精简其他各级围岩子目，提高工程量清单的标准化程度，如表2-132所示。

表2-132 子目名称对照表

本规范		原指南	
编码	名称	编码	名称
10010101	1. Ⅰ级围岩	0410X0101J0101	（1）Ⅰ级围岩
10010102	2. Ⅱ级围岩	0410X0101J0102	（2）Ⅱ级围岩
	细目同<10 隧道——甲、新建——一、×××隧道——Ⅰ.建筑工程费——（一）正洞××工区（钻爆法施工）——1.Ⅰ级围岩>	0410X0101J010201	①开挖
		0410X0101J010202	②支护
		0410X0101J010203	③衬砌
		0410X0101J010204	④拱顶压浆
10010103	3. Ⅲ级围岩	0410X0101J0103	（3）Ⅲ级围岩
	细目同<10 隧道——甲、新建——一、×××隧道——Ⅰ.建筑工程费——（一）正洞××工区（钻爆法施工）——1.Ⅰ级围岩>	0410X0101J010201	①开挖
		0410X0101J010202	②支护
		0410X0101J010203	③衬砌
		0410X0101J010204	④拱顶压浆
10010104	4. Ⅳ级围岩	0410X0101J0104	（4）Ⅳ级围岩
	细目同<10 隧道——甲、新建——一、×××隧道——Ⅰ.建筑工程费——（一）正洞××工区（钻爆法施工）——1.Ⅰ级围岩>	0410X0101J010201	①开挖
		0410X0101J010202	②支护
		0410X0101J010203	③衬砌
		0410X0101J010204	④拱顶压浆
10010105	5. Ⅴ级围岩	0410X0101J0105	（5）Ⅴ级围岩
	细目同<10 隧道——甲、新建——一、×××隧道——Ⅰ.建筑工程费——（一）正洞××工区（钻爆法施工）——1.Ⅰ级围岩>	0410X0101J010201	①开挖
		0410X0101J010202	②支护
		0410X0101J010203	③衬砌
		0410X0101J010204	④拱顶压浆

（8）根据TBM法施工实际情况及相关定额等造价标准研究现状，将"正洞××工区（TBM法施

工）"子目细分为"TBM 安拆""TBM 步进""正洞掘进""衬砌""支护""TBM 进出场费"等，如表 2-133 所示。

表 2-133 子目名称对照表

本规范		原指南	
编码	名称	编码	名称
100102	（二）正洞××工区（TBM 法施工）		
10010201	1. TBM 安拆		
10010202	2. TBM 步进		
10010203	3. 正洞掘进		
10010204	4. 衬砌		
10010205	5. 支护		
10010206	6. TBM 进出场费		

（9）由于 TBM 安拆通常是按台次进行计量，与 TBM 投入数量有关，因此独立设置子目；TBM 步进指 TBM 由 TBM 拼装场至施工工作面的步进长度，而非隧道的隧道工区长度。盾构法施工的盾构机安拆、盾构机步进也采用了相同的分类方式。

（10）TBM 正洞掘进仍然按照围岩级别进行分类，包括 TBM 开挖，装、运、卸渣及空回，仰拱块同步安装，通风、照明、施工排水及管线路等工作内容。TBM 施工衬砌主要包括模筑混凝土、仰拱块预制运输和钢筋。其中，因 TBM 掘进不会出现超挖回填的问题，故模筑混凝土仅将"预留变形量采用模筑混凝土回填"独立设置子目；因仰拱块安装在 TBM 正洞掘进的工作内容中考虑，故仅将"仰拱块预制""仰拱块运输"独立设置子目，如表 2-134 所示。

表 2-134 子目名称对照表

本规范		原指南	
编码	名称	编码	名称
10010203	3. 正洞掘进		
1001020301	（1）Ⅰ级围岩		
1001020302	（2）Ⅱ级围岩		
1001020303	（3）Ⅲ级围岩		
1001020304	（4）Ⅳ级围岩		
1001020305	（5）Ⅴ级围岩		
1001020306	（6）Ⅵ级围岩		
10010204	4. 衬砌		
1001020401	（1）模筑混凝土		
1001020402	（2）预留变形量采用模筑混凝土回填		
1001020403	（3）仰拱块预制		
1001020404	（4）仰拱块运输		
1001020405	（5）钢筋		

（11）考虑到 TBM 属于特种设备，需根据施工方案确定的 TBM 场外运输距离和超限运输相关规定计算进出场费用。需要注意的是，因大型临时设施独立设置了"特殊便道"，用以解决特种施工设备如

TBM等需要特殊设计的各类便道工程，故此处不可重复计列其运输便道费用。

（12）根据盾构法施工实际情况及相关定额等造价标准研究现状，将"正洞××工区（盾构法施工）"子目细分为"盾构机安拆""盾构机步进""正洞掘进""管片预制""管片运输""注浆支护""防水""隧道洞口环圈""柔性接缝环""箱涵预制""箱涵运输安装""沟槽及仰拱填充""联络通道""盾构工作井""泥水处理系统"等15个子目，如表2-135所示。

表2-135 子目名称对照表

本规范		原指南	
编码	名称	编码	名称
100103	（三）正洞××工区（盾构法施工）		
10010301	1. 盾构机安拆		
10010302	2. 盾构机步进		
10010303	3. 正洞掘进		
10010304	4. 管片预制		
10010305	5. 管片运输		
10010306	6. 注浆支护		
10010307	7. 防水		
10010308	8. 隧道洞口环圈		
10010309	9. 柔性接缝环		
10010310	10. 箱涵预制		
10010311	11. 箱涵运输安装		
10010312	12. 沟槽及仰拱填充		
10010313	13. 联络通道		
10010314	14. 盾构工作井		
10010315	15. 泥水处理系统		

（13）盾构机正洞掘进按"土压平衡式盾构掘进""泥水平衡式盾构掘进"两种平衡方式进行子目设置，是与盾构机实际施工方式相一致的。同时，不再按围岩级别进行子目细分，而是按"负环段""始发段""到达段""正常段土质地层""正常段卵砾石地层""正常段复合地层""正常段岩石地层""泥水处理系统"等盾构法施工技术区段或类别划分标准进行细分。包括盾构机掘进，井口装、运、卸渣及空回，管片拼装、拴接，通风、照明、施工排水及管线路等工作内容，充分体现了新技术、新工艺、新材料的发展，如表2-136所示。

表2-136 子目名称对照表

本规范		原指南	
编码	名称	编码	名称
10010303	3. 正洞掘进		
1001030301	（1）土压平衡式盾构掘进		
100103030101	①负环段		
100103030102	②始发段		
100103030103	③到达段		

续表

本规范		原指南	
编码	名称	编码	名称
100103030104	④正常段土质地层		
100103030105	⑤正常段卵砾石地层		
100103030106	⑥正常段复合地层		
100103030107	⑦正常段岩石地层		
1001030302	（2）泥水平衡式盾构掘进		
100103030201	①负环段		
100103030202	②始发段		
100103030203	③到达段		
100103030204	④正常段土质地层		
100103030205	⑤正常段卵砾石地层		
100103030206	⑥正常段复合地层		
100103030207	⑦正常段岩石地层		

（14）盾构法施工采用管片预制安装的衬砌支护施工方式，因此独立设置了"管片预制""管片运输""注浆支护""防水""隧道洞口环圈""柔性接缝环"等子目，较全面地反映了各项工序及工程内容情况。

（15）针对盾构法施工设置的底部中间箱涵、边箱涵、工作井等，通过充分的现场调研，结合各项工程的施工特点，设置了"箱涵预制""箱涵运输安装""沟槽及仰拱填充""联络通道""盾构工作井"子目，实现了盾构法全过程工程量清单子目设置规范。

（16）为避免与第十一节明洞产生混淆，将原指南"明洞及棚洞"修改为"接长明洞及棚洞"，并结合编制办法章节表，设置"开挖""衬砌""拱顶回填"子目，更好地区分不同子目的综合单价，如表2-137所示。

表2-137　子目名称对照表

本规范		原指南	
编码	名称	编码	名称
100104	（四）接长明洞及棚洞	0410X0101J02	2. 明洞及棚洞
10010401	1. 开挖		
10010402	2. 衬砌		
10010403	3. 拱顶回填		

（17）针对"辅助坑道"工程量清单编制的深细度问题，进行广泛的调研和征求意见，由于有辅助坑道的隧道需分别编列，单个隧道的辅助坑道数量有限且独立性较强，因此本规范最终确定辅助坑道可分别编制或者按断面或围岩等级进行子目设置，各围岩等级下不再细分有轨、无轨、开挖、支护、衬砌等子目。同时，结合编制办法章节表，增加"泄水洞"子目，如表2-138所示。

表2-138 子目名称对照表

本规范		原指南	
编码	名称	编码	名称
100105	（五）辅助坑道	0410X0101J03	3.辅助坑道
10010501	1.平行导坑	0410X0101J0301	（1）平行导坑
		0410X0101J030101	①设计开挖断面≤16平方米
		0410X0101J03010101	A.Ⅰ级围岩
		0410X0101J03010102	B.Ⅱ级围岩
		0410X0101J03010103	C.Ⅲ级围岩
		0410X0101J03010104	D.Ⅳ级围岩
		0410X0101J03010105	E.Ⅴ级围岩
		0410X0101J03010106	F.Ⅵ级围岩
		0410X0101J030102	②设计开挖断面≤25平方米
		0410X0101J03010201	A.Ⅰ级围岩
		0410X0101J03010202	B.Ⅱ级围岩
		0410X0101J03010203	C.Ⅲ级围岩
		0410X0101J03010204	D.Ⅳ级围岩
		0410X0101J03010205	E.Ⅴ级围岩
		0410X0101J03010206	F.Ⅵ级围岩
		0410X0101J030103	③设计开挖断面>25平方米
		0410X0101J03010301	A.Ⅰ级围岩
		0410X0101J03010302	B.Ⅱ级围岩
		0410X0101J03010303	C.Ⅲ级围岩
		0410X0101J03010304	D.Ⅳ级围岩
		0410X0101J03010305	E.Ⅴ级围岩
		0410X0101J03010306	F.Ⅵ级围岩
10010502	2.斜井	0410X0101J0302	（2）斜井
		0410X0101J030201	①设计开挖断面≤16平方米
		0410X0101J03020101	A.Ⅰ级围岩
		0410X0101J03020102	B.Ⅱ级围岩
		0410X0101J03020103	C.Ⅲ级围岩
		0410X0101J03020104	D.Ⅳ级围岩
		0410X0101J03020105	E.Ⅴ级围岩
		0410X0101J03020106	F.Ⅵ级围岩
		0410X0101J030202	②设计开挖断面≤25平方米
		0410X0101J03020201	A.Ⅰ级围岩
		0410X0101J03020202	B.Ⅱ级围岩
		0410X0101J03020203	C.Ⅲ级围岩
		0410X0101J03020204	D.Ⅳ级围岩

续表

本规范		原指南	
编码	名称	编码	名称
		0410X0101J03020205	E. Ⅴ级围岩
		0410X0101J03020206	F. Ⅵ级围岩
		0410X0101J030203	③ 设计开挖断面>25平方米
		0410X0101J03020301	A. Ⅰ级围岩
		0410X0101J03020302	B. Ⅱ级围岩
		0410X0101J03020303	C. Ⅲ级围岩
		0410X0101J03020304	D. Ⅳ级围岩
		0410X0101J03020305	E. Ⅴ级围岩
		0410X0101J03020306	F. Ⅵ级围岩
10010503	3. 横洞	0410X0101J0303	（3）横洞
		0410X0101J030301	① 设计开挖断面≤16平方米
		0410X0101J03030101	A. Ⅰ级围岩
		0410X0101J03030102	B. Ⅱ级围岩
		0410X0101J03030103	C. Ⅲ级围岩
		0410X0101J03030104	D. Ⅳ级围岩
		0410X0101J03030105	E. Ⅴ级围岩
		0410X0101J03030106	F. Ⅵ级围岩
		0410X0101J030302	② 设计开挖断面≤25平方米
		0410X0101J03030201	A. Ⅰ级围岩
		0410X0101J03030202	B. Ⅱ级围岩
		0410X0101J03030203	C. Ⅲ级围岩
		0410X0101J03030204	D. Ⅳ级围岩
		0410X0101J03030205	E. Ⅴ级围岩
		0410X0101J03030206	F. Ⅵ级围岩
		0410X0101J030303	③ 设计开挖断面>25平方米
		0410X0101J03030301	A. Ⅰ级围岩
		0410X0101J03030302	B. Ⅱ级围岩
		0410X0101J03030303	C. Ⅲ级围岩
		0410X0101J03030304	D. Ⅳ级围岩
		0410X0101J03030305	E. Ⅴ级围岩
		0410X0101J03030306	F. Ⅵ级围岩
10010504	4. 竖井	0410X0101J0304	（4）竖井
		0410X0101J030401	① 设计开挖断面≤16平方米
		0410X0101J03040101	A. Ⅰ级围岩
		0410X0101J03040102	B. Ⅱ级围岩
		0410X0101J03040103	C. Ⅲ级围岩

续表

本规范		原指南	
编码	名称	编码	名称
		0410X0101J03040104	D. Ⅳ级围岩
		0410X0101J03040105	E. Ⅴ级围岩
		0410X0101J03040106	F. Ⅵ级围岩
		0410X0101J030402	②设计开挖断面≤25平方米
		0410X0101J03040201	A. Ⅰ级围岩
		0410X0101J03040202	B. Ⅱ级围岩
		0410X0101J03040203	C. Ⅲ级围岩
		0410X0101J03040204	D. Ⅳ级围岩
		0410X0101J03040205	E. Ⅴ级围岩
		0410X0101J03040206	F. Ⅵ级围岩
		0410X0101J030403	③设计开挖断面>25平方米
		0410X0101J03040301	A. Ⅰ级围岩
		0410X0101J03040302	B. Ⅱ级围岩
		0410X0101J03040303	C. Ⅲ级围岩
		0410X0101J03040304	D. Ⅳ级围岩
		0410X0101J03040305	E. Ⅴ级围岩
		0410X0101J03040306	F. Ⅵ级围岩
10010505	5. 泄水洞		

（18）"附属工程"洞口防护中，将"边坡加固锚杆"从"土钉"中移出，与第二章路基附属工程保持一致。同时，增加"素喷混凝土""网喷混凝土""土石方""主动防护网""被动防护网"等常用工程的子目，便于编制者使用，如表2-139所示。

表2-139 子目名称对照表

本规范		原指南	
编码	名称	编码	名称
10010701	1. 洞口防护	0410X0101J0501	（1）洞口防护
1001070103	（3）土钉	0410X0101J050103	③土钉
1001070104	（4）边坡加固锚杆		
1001070107	（7）素喷混凝土	0410X0101J050106	⑥喷混凝土
1001070108	（8）网喷混凝土		
1001070110	（10）土石方		
1001070111	（11）主动防护网		
1001070112	（12）被动防护网		

（19）"附属工程"地表加固中，将"钻孔"从"注浆"中移出，独立设置子目，便于两者分别按合理计量单位进行计量；地基处理各类桩参照第二章路基附属工程进行全面修改及统一，如表2-140所示。

表 2-140 子目名称对照表

本规范		原指南	
编码	名称	编码	名称
10010702	2. 地表加固	0410X0101J0502	（2）地表加固
1001070201	（1）钻孔		
1001070202	（2）注浆	0410X0101J050201	①注浆
1001070203	（3）水泥（混凝土）置换桩		
1001070204	（4）打入（沉入）桩		
1001070205	（5）其他桩（井）		

（20）"附属工程"隧道内洞穴处理也参照第二章路基附属工程进行全面修改及统一。同时，结合隧道内洞穴处理的特点，增加了较为常用的"桩板（筏）结构"子目，其他特殊岩溶处理措施，如洞内架桥、洞内修建高边坡等可根据项目实际情况补充子目，如表 2-141 所示。

表 2-141 子目名称对照表

本规范		原指南	
编码	名称	编码	名称
10010703	3. 隧道内洞穴处理	0410X0101J06	6. 洞穴处理
1001070301	（1）钻孔	0410X0101J0601	（1）钻孔
1001070302	（2）灌注浆（砂）	0410X0101J0602	（2）注浆
100107030201	①灌浆		
100107030202	②灌砂	0410X0101J0603	（3）灌砂
1001070303	（3）填筑		
100107030301	①填砂石料	0410X0101J0604	（4）填碎石
100107030302	②填土石	0410X0101J0605	（5）填土
100107030303	③填（片石）混凝土	0410X0101J0606	（6）填石（片石）
100107030304	④填浆砌石	0410X0101J0607	（7）填浆砌石
1001070304	（4）桩板（筏）结构	0410X0101J0608	（8）填（片石）混凝土
		0410X0101J0609	（9）钢筋（预应力）混凝土管桩
		0410X0101J0610	（10）钢管桩
		0410X0101J0611	（11）钻（挖）孔桩
		0410X0101J0612	（12）喷混凝土
		0410X0101J0613	（13）锚杆
		0410X0101J0614	（14）钢筋混凝土盖板
		0410X0101J0615	（15）涵洞
		0410X0101J0616	（16）泄水洞
		0410X0101J0617	（17）小桥
		0410X0101J0618	（18）中桥
		0410X0101J0619	（19）防排水
		0410X0101J0620	（20）锚索

（21）为了体现绿色、环保的施工理念，增加了"洞口绿化""弃渣场处理"子目，因隧道施工导致的山体破坏和弃渣场环境破坏，必须进行洞口附近山体绿化和弃渣场复垦、绿化等处理，施工不是破坏，而是重塑，需还大自然原本的绿水青山，如表 2-142 所示。

表 2-142 子目名称对照表

本规范		原指南	
编码	名称	编码	名称
10010704	4. 洞口绿化		
10010705	5. 弃渣场处理		
1001070501	（1）干砌石		
1001070502	（2）浆砌石		
1001070503	（3）（钢筋）混凝土		
1001070504	（4）场地平整、绿化		

（22）针对一些隧道复杂地质处理措施，增加"隧道涌水抽排""径向注浆""塌腔回填""帷幕注浆"等子目，囊括隧道正洞反坡抽排水、通过斜井抽排水，封堵墙施工与拆除、径向注浆、帷幕注浆，塌腔清理、吹砂、圬工回填等工作内容，如表 2-143 所示。

表 2-143 子目名称对照表

本规范		原指南	
编码	名称	编码	名称
10010706	6. 隧道涌水抽排		
10010707	7. 径向注浆		
10010708	8. 塌腔回填		
10010709	9. 帷幕注浆		

（23）结合编制办法和铁路工程隧道定额，新增"监控量测"条目，并按"地表下沉与底板沉降""拱顶下沉""净空变化"设置子目，如表 2-144 所示。

表 2-144 子目名称对照表

本规范		原指南	
编码	名称	编码	名称
100108	（八）监控量测		
10010801	1. 地表下沉与底板沉降		
10010802	2. 拱顶下沉		
10010803	3. 净空变化		

（24）与隧道施工存在接口或联系的站后相关工程，进行了全面整理和整合，建筑工程包括有：隧道洞室防护门、永久通风与空调系统设备基础、消防及安全防护、供水管路、隧道防灾救援、隧道预埋电缆槽道、隧道接触网预埋槽道、隧道贯通地线、隧道综合洞室设备基础、隧道照明；安装工程包括有：隧道照明安装、隧道洞室防护门安装、隧道防灾救援等；其他站后相关安装工程纳入站后相关章节中，避免重复或施工主体混淆，如表 2-145 所示。

表 2-145 子目名称对照表

本规范		原指南	
编码	名称	编码	名称
100109	（九）相关工程		
10010901	1. 隧道洞室防护门		
10010902	2. 永久通风与空调系统设备基础		
10010903	3. 消防及安全防护		
10010904	4. 供水管路		
10010905	5. 隧道防灾救援		
1001090501	（1）电力		
1001090502	（2）给排水		
1001090503	（3）机械		
1001090504	（4）通信		
10010906	6. 隧道预埋电缆槽道		
10010907	7. 隧道接触网预埋槽道		
10010908	8. 隧道贯通地线		
10010909	9. 隧道综合洞室设备基础		
10010910	10. 隧道照明		
	Ⅱ.安装工程费	0410X0101A	Ⅱ.安装工程费
100110	（一）隧道照明安装		
100111	（二）隧道洞室防护门		
100112	（三）隧道防灾救援		

（25）"改建"下级子目增加"三、×××隧道"层级，同样要求按照新建隧道工程子目划分原则进行改建工程的子目设置，而非原指南中将所有改建工程汇总编制的原则。同时，"衬砌""支护""附属工程"等子目与新建隧道工程相应子目一致，提高规范的标准性。同时，结合改建工程特点，增加"凿除混凝土及砌体""漏水处理""衬砌背后压浆"等处理措施子目，其他特殊处理措施同样可自行进行补充，本规范不再赘述，如表 2-146 所示。

表 2-146 子目名称对照表

本规范		原指南	
编码	名称	编码	名称
	乙、改建	0410G	乙、改建
1003	三、×××隧道		
	Ⅰ.建筑工程费	0410GJ	Ⅰ.建筑工程费
100301	（一）开挖	0410GJ01	一、开挖
100302	（二）衬砌	0410GJ02	二、支护
	细目同<10 隧道——甲、新建——一、×××隧道——Ⅰ.建筑工程费——（一）正洞（钻爆法施工）——1.Ⅰ级围岩——（2）衬砌>	0410GJ03	三、衬砌

续表

本规范		原指南	
编码	名称	编码	名称
100303	（三）支护		
	细目同<10 隧道——甲、新建——一、×××隧道——Ⅰ.建筑工程费——（一）正洞（钻爆法施工）——1.Ⅰ级围岩——（3）支护>		
100304	（四）凿除混凝土及砌体	0410GJ04	四、圬工凿除
10030401	1. 浆砌石	0410GJ0401	（一）浆砌石
10030402	2. 混凝土	0410GJ0402	（二）混凝土
10030403	3. 钢筋混凝土	0410GJ0403	（三）钢筋混凝土
100305	（五）衬砌背后压浆	0410GJ05	五、衬砌背后压浆
100306	（六）漏水处理	0410GJ06	六、漏水处理
100307	（七）洞门	0410GJ07	七、洞门
100308	（八）隧道附属工程	0410GJ08	八、附属工程
	细目同<10 隧道——甲、新建——一、×××隧道——Ⅰ.建筑工程费——（七）附属工程>	0410GJ0801	（一）洞口防护

（26）结合隧道工程子目设置，对明洞和棚洞节的子目进行相应的规范化，如表2-147所示。

表2-147 子目名称对照表

本规范		原指南	
编码	名称	编码	名称
11	明洞	0411	明洞（××座）
	甲、新建	0411X	甲、新建（××座）
1101	一、明洞	0411XJ	Ⅰ.建筑工程费
	Ⅰ.建筑工程费	0411XJ01	一、明洞（××座）
110101	（一）开挖	0411XJ0101	（一）开挖
110102	（二）衬砌	0411XJ0102	（二）衬砌
110103	（三）拱顶回填	0411XJ0103	（三）拱顶回填
110104	（四）洞门	0411XJ0104	（四）洞门
110105	（五）明洞附属工程	0411XJ0105	（五）附属工程
	细目同<10 隧道——甲、新建——一、×××隧道——Ⅰ.建筑工程费——（七）附属工程>	0411XJ010501	1. 洞口防护
1102	二、棚洞	0411XJ02	二、棚洞（××座）
	细目同<11 明洞——甲、新建——Ⅰ.建筑工程费——一、明洞>	0411XJ0201	（一）开挖
		0411XJ0202	（二）衬砌
		0411XJ0203	（三）洞顶回填
		0411XJ0204	（四）洞门
		0411XJ0205	（五）附属工程
		0411XJ020501	1. 洞口防护

（27）改建明洞中增加了"一、明洞"子目层级，且并未设置后续子目，为编制者提供更大的自由度，可以设置"二、棚洞"，也可以设置"二、×××明洞"等，其下一级子目设置可与"一、明洞"一致，满足不同项目对于改建工程子目设置的不同要求。

2．计量单位

（1）新增子目均按照类似子目确定计量单位。

（2）"允许超挖采用模筑混凝土回填""允许超挖采用喷射混凝土回填""允许超挖采用喷射纤维混凝土回填"通常按照隧道工程相关设计标准进行设计，其工程数量与围岩级别长度有关，而不能按照实际发生数量计量，超出设计部分不予计量，因此采用"延长米"作为计量单位。

（3）"预留变形量采用模筑混凝土回填""预留变形量采用喷射混凝土回填""预留变形量采用喷射纤维混凝土回填"受隧道现场地质情况影响较大，若出现软岩大变形等特殊地质问题，预留变形量往往与设计差异巨大，而这一部分数量差异风险不能完全由施工方承担，因此采用"圬工方"作为计量单位，并根据现场实际发生数量情况进行计量，体现风险共担的工程量清单编制理念。在"正洞××工区（TBM法施工）"的"预留变形量采用模筑混凝土回填"子目中采用同样的处理方法。

（4）由于"模筑混凝土""允许超挖采用模筑混凝土回填""预留变形量采用模筑混凝土回填"采用了"圬工方"或"延长米"的计量单位，而其上层子目"衬砌"计量单位"圬工方"并未明确其所包括的范围，可能会导致编制者在对此三类混凝土数量汇总时产生疑问。通常情况下，清单项目的工程量应以实体工程量为准，并以设计图示的净值计算，这也是工程量清单编制的基本原则，故本清单对类似问题并未一一写明。此处与铁路编制办法要求的衬砌数量的汇总原则是一致的，也是与"开挖"的工程量计算规则原则一致，即按设计图示衬砌体积计算，不含设计允许超挖、预留变形量。编制者应熟练掌握工程量清单的基本知识，举一反三，切忌闭门造车。

（5）根据铁路工程隧道定额，拱顶压浆工程数量，设计时可按每延长米 0.25 m³ 综合考虑。因此，"拱顶压浆"也采用"延长米"作为计量单位，不能按照实际发生数量计量，超出设计部分不予计量。

（6）"正洞××工区（TBM法施工）"中，"TBM步进""正洞掘进"均采用"延长米"作为计量单位，如前所述，"TBM步进"的延长米是指按设计图示步进的长度，而"正洞掘进"的延长米是按设计图示正洞工区的长度，两者不可混淆。

（7）在"正洞××工区（盾构法施工）"的"盾构机步进""正洞掘进"等子目的计量单位采用了与"正洞××工区（TBM法施工）"同样的处理方法。除此以外，"联络通道"也采用"延长米"的计量单位，此处主要指按设计图示联络通道开挖的长度，而非工区长度。

（8）隧道附属工程的洞口防护中，素喷混凝土由"平方米"调整为"圬工方"。地表加固中，将原指南的"注浆"拆分为"钻孔""注浆"后，"注浆"计量单位由"钻孔米"调整为"立方米"，更符合现场实际，更贴合施工情况，有利于计量管理，如表2-148所示。

表2-148 子目计量单位对照表

本规范		原指南	
名称	计量单位	名称	计量单位
（7）素喷混凝土	圬工方	⑥喷混凝土	平方米
（1）钻孔	钻孔米		
（2）注浆	立方米	①注浆	钻孔米

（9）原指南中"帷幕注浆"按设计图示小导管的长度采用"米"作为计量单位，与现场实际计量差异较大，通过广泛调研，本规范按设计图示通过钻孔注入的浆液体积采用"立方米"作为计量单位，

并按"浆液材料种类"细分下一级子目,如表 2-149 所示。

表 2-149 子目计量单位对照表

本规范		原指南	
名称	计量单位	名称	计量单位
9. 帷幕注浆	立方米	8. 帷幕注浆	米

(10)"监控量测"根据铁路工程隧道定额设置计量单位:"地表下沉与底板沉降"按"个测点"、"拱顶下沉"按"个测点"、"净空变化"按"条基线",如表 2-150 所示。

表 2-150 子目计量单位对照表

本规范		原指南	
名称	计量单位	名称	计量单位
(八)监控量测	延长米		
1. 地表下沉与底板沉降	个测点		
2. 拱顶下沉	个测点		
3. 净空变化	条基线		

3. 子目划分特征

(1)新增子目均按照类似子目确定子目划分特征。

(2)各类施工方案的"正洞××工区"细分子目后,基本采用"综合"的子目划分特征,无须再对子目进行下一级细分。

(3)如前所述,辅助坑道可按照工点、断面或围岩等级进行子目划分,但无须再细分开挖、支护、衬砌等细目。摒弃原指南中明确下级子目划分的设计开挖断面范围的规则,给予编制者更大的自由度,如表 2-151 所示。

表 2-151 子目划分特征对照表

本规范		原指南	
名称	子目划分特征	名称	子目划分特征
(五)辅助坑道		3. 辅助坑道	
1. 平行导坑	断面/围岩等级	(1)平行导坑	
		① 设计开挖断面≤16 平方米	围岩级别
		② 设计开挖断面≤25 平方米	围岩级别
		③ 设计开挖断面>25 平方米	围岩级别
2. 斜井	断面/围岩等级	(2)斜井	
		① 设计开挖断面≤16 平方米	围岩级别
		② 设计开挖断面≤25 平方米	围岩级别
		③ 设计开挖断面>25 平方米	围岩级别
3. 横洞	断面/围岩等级	(3)横洞	
		① 设计开挖断面≤16 平方米	围岩级别
		② 设计开挖断面≤25 平方米	围岩级别
		③ 设计开挖断面>25 平方米	围岩级别

续表

本规范		原指南	
名称	子目划分特征	名称	子目划分特征
4.竖井	断面/围岩等级	（4）竖井	
		①设计开挖断面≤16平方米	围岩级别
		②设计开挖断面≤25平方米	围岩级别
		③设计开挖断面>25平方米	围岩级别

（4）原指南"泄水洞"按"孔径"划分子目，结合现场实际情况及铁路工程隧道定额规则，改为按"断面/围岩等级"划分子目。"平行导坑""斜井""横洞""竖井"等子目也依此划分，如表 2-152 所示。

表 2-152 子目划分特征对照表

本规范		原指南	
名称	子目划分特征	名称	子目划分特征
（五）辅助坑道			
5.泄水洞	断面/围岩等级	（16）泄水洞	孔径

（5）隧道附属工程"地表加固"各类桩和洞穴处理子目的子目划分特征与第二章路基附属工程保持一致，提高规范的标准化，如表 2-153 所示。

表 2-153 子目划分特征对照表

本规范		原指南	
名称	子目划分特征	名称	子目划分特征
（3）水泥（混凝土）置换桩		②钢管桩	桩径
①CFG 桩	桩径	④旋喷桩	桩径
②旋喷桩	桩径	⑤碎石桩	综合
③粉喷桩	水泥含量	⑥钻（挖）孔桩	桩径
④水泥搅拌桩	水泥含量		
（4）打入（沉入）桩			
①钢筋混凝土方桩	综合		
②钢筋混凝土管桩	桩径		
③钢管桩	桩径		
（5）其他桩（井）			
①袋装（射水）砂井	井径		
②砂桩	桩径		
③碎石桩	桩径		
④石灰桩	桩径		

（6）由于"隧道涌水抽排"采用设计涌水量计算用水方量，抽排方案的不同，每一立方米涌水的抽排费用不尽相同，其差异主要体现在抽排级数的不同，每多一级抽排，同一立方米涌水费用可能翻

倍。因此，子目划分特征按单级或多级设置，充分体现不同级数下涌水量的综合单价差异，如表2-154所示。

表2-154 子目划分特征对照表

本规范		原指南	
名称	子目划分特征	名称	子目划分特征
6. 隧道涌水抽排	单级/多级		

4. 工程量计算规则

（1）新增子目均按照类似子目确定工程量计算规则，其他子目均进行了规范化、统一化的调整。

（2）钻爆法正洞工区开挖工程量计算规则为"按设计图示开挖体积计算（不含设计允许超挖、预留变形量）"，特别需要注意不可按照现场实际开挖数量进行计量，设计允许超挖、预留变形量的开挖费用应纳入综合单价中。TBM法正洞工区掘进同样按照此原则，其计量规则为"按设计图示开挖体积计算（不含设计预留变形量）"，如表2-155所示。

表2-155 子目工程量计算规则对照表

本规范		原指南	
名称	工程量计算规则	名称	工程量计算规则
（1）开挖	按设计图示开挖体积计算（不含设计允许超挖、预留变形量）	①开挖	按图示不含设计允许超挖、预留变形量的设计断面计算。含沟槽和各种附属洞室的开挖数量
3. 正洞掘进	按设计图示正洞工区长度计算		
（1）Ⅰ级围岩	按设计图示开挖体积计算（不含设计预留变形量）		

（3）如前所述，预留变形量回填按设计图示预留变形未变部分回填圬工体积计算，即按实际发生的回填数量计量，而非按设计数量计量，如表2-156所示。

表2-156 子目工程量计算规则对照表

本规范		原指南	
名称	工程量计算规则	名称	工程量计算规则
②允许超挖采用模筑混凝土回填	按设计图示围岩长度计算		
③预留变形量采用模筑混凝土回填	按设计图示预留变形量未变部分采用模筑混凝土回填圬工体积计算		
②允许超挖采用喷射混凝土回填	按设计图示围岩长度计算		
③预留变形量采用喷射混凝土回填	按设计图示预留变形未变部分采用喷射混凝土回填圬工体积计算		
⑤允许超挖采用喷射纤维混凝土回填	按设计图示围岩长度计算		
⑥预留变形量采用喷射纤维混凝土回填	按设计图示预留变形未变部分采用喷射纤维混凝土回填圬工体积计算		

（4）修改了原指南"拱顶压浆"按设计图示隧道长度计算的不准确论述，改为"按设计图示围岩长度计算"，如表 2-157 所示。

表 2-157 子目工程量计算规则对照表

本规范		原指南	
名称	工程量计算规则	名称	工程量计算规则
（4）拱顶压浆	按设计图示围岩长度计算	④拱顶压浆	按设计图示隧道长度计算

（5）虽然盾构法施工新增条目"盾构工作井""泥水处理系统"是按设计图示座或套的数量计算，但还需考虑工作井围护结构和土石方，泥水处理系统压滤和泥浆制备等工作内容。

（6）"平行导坑"将连接正洞的全部横通道长度也纳入计量，确定工程量计算规则为"按设计图示平行导坑长度计算（含连接正洞的全部横通道长度）"，以便真实反映平行导坑每延长米的综合单价，如表 2-158 所示。

表 2-158 子目工程量计算规则对照表

本规范		原指南	
名称	工程量计算规则	名称	工程量计算规则
1. 平行导坑	按设计图示平行导坑长度计算（含连接正洞的全部横通道长度）	（1）平行导坑	按设计图示平行导坑长度计算

（7）结合竖井现场实际施工情况，将"竖井"的工程量计算规则调整为"按设计图示竖井锁口至井底车场底内轮廓线长度计算"，重点增加了井底车场底内轮廓线的内容，如表 2-159 所示。

表 2-159 子目工程量计算规则对照表

本规范		原指南	
名称	工程量计算规则	名称	工程量计算规则
4. 竖井	按设计图示竖井锁口至井底车场底内轮廓线长度计算	（4）竖井	按设计图示竖井锁口至井底长度计算

（8）相关工程中的"供水管路"指为隧道消防铺设的供水管路，计量规则为"按设计图示供隧道消防使用的水源点（或蓄水池）至洞内所铺设的供水管路长度计算"。而非为施工而铺设的临时给水管路，该管路在第十章大型临时设施的"临时给水设施"子目中，且只将隧道工程水源点至山上蓄水池的给水管路作为大临工程，而储水池往后铺设的给水管路的纳入小临工程中。

5. 工程（工作）内容

（1）新增子目均按照类似子目确定工程（工作）内容，其他子目均进行了规范化、统一化的调整。

（2）结合编制办法和铁路工程隧道定额，对"正洞××工区（钻爆法施工）"的"开挖"工作内容进行了较大调整。

① 将"脚手架搭拆"修改为"台架移动就位"，更准确反映隧道施工机具名称。

② 将"爆破（含特殊要求的控制爆破）""非爆破等开挖工法"均纳入工作内容，根据隧道工程具体情况，区分爆破和非爆破数量比例，并据此确定综合单价；当然，也可新建同级子目将爆破和非爆破进行分类并分别确定综合单价，如设置"爆破开挖""单臂掘进机开挖""三臂凿岩台车开挖""铣挖机开挖""液压破碎锤开挖"等子目。

③ 除"洞内出渣"外，将"弃渣洞外远运至弃渣场"的工作内容也纳入本子目，更准确反映弃渣

由开挖至弃渣的全过程工作内容及费用。

④将"临时支护"包括"临时喷射混凝土（含挂网）""临时钢支撑"等工程的施工及拆除均纳入"开挖"中，其费用在开挖单价中综合反映，避免放入永久支护时，综合单价失真或临时措施计量不准确等问题，并坚持依法合规的原则。

⑤将"反坡排水"从工作内容中删除，仅保留符合铁路工程隧道规范及定额范围内的施工正常排水工作内容，减少涌水突泥困难地质隧道的计量风险，体现风险共担的原则。

⑥删除"监控量测""有害气体排放"等工作内容，根据铁路工程隧道相关定额和办法单独设置子目并计量，如表2-160所示。

表2-160 子目工程（工作）内容对照表

本规范		原指南	
名称	工程（工作）内容	名称	工程（工作）内容
（1）开挖	1. 开挖：（1）测量、台架移动就位；（2）挖土，石方钻眼、控制爆破、非爆破、找顶，通风，洞内出渣；（3）防尘，照明，三管两线及轨道安拆、养护；（4）施工排水；（5）道路养护。2. 洞外弃渣；3. 临时支护及拆除	①开挖	1.开挖：（1）脚手架搭拆；（2）临时支撑制安拆；（3）挖土，石方钻眼、爆破，找顶，通风，出碴（含弃碴远运）、监控量测；（4）防尘，照明，三管两线及轨道安拆、养护；（5）排水（含反坡排水）；（6）道路养护。2. 有害气体排放

（3）"模筑混凝土"增加衬砌台车使用、仰拱栈桥制安拆、洞室衬砌等工作内容，充分体现衬砌施工新技术新工艺，如移动式仰拱栈桥、移动式水沟沟槽模板台车、移动式防水板作业台架等。全面囊括需同步施工的站后等工程洞室的衬砌工程，如表2-161所示。

表2-161 子目工程（工作）内容对照表

本规范		原指南	
名称	工程（工作）内容	名称	工程（工作）内容
（2）衬砌		③衬砌	
①模筑混凝土	1. 衬砌：衬砌台车使用，模板制安拆，防水材料保护，混凝土浇筑，钢筋混凝土沟槽盖板制安；2. 防水板、土工布（膜）：工作平台搭拆、敷设及安装（焊接）；3. 透水软管、止水带、盲沟：制安、检查；4. 变形缝设置；5. 仰拱栈桥制安拆；6. 洞室衬砌		1. 衬砌：脚手架及衬砌平台制安拆，模板制安拆，钢筋及预埋件制安，防水材料保护，混凝土浇筑，沟槽盖板制安，边墙砌筑；2. 防水板、土工布（膜）：工作平台搭拆、敷设及安装（焊接）；3. 透水软管、止水带、盲沟：制安、检查；4. 变形缝设置
②允许超挖采用模筑混凝土回填	混凝土浇筑		
③预留变形量采用模筑混凝土回填	混凝土浇筑		
④钢筋	钢筋及预埋件制安		

（4）"喷射混凝土""喷射纤维混凝土"均改为洞外集中拌制、洞内湿喷的施工工法，不再采用洞内配料、干喷的施工工法，提高施工质量。同时，也提倡采用湿喷机械手机械化施工，提高工作效率，如表2-162所示。

（5）"锚杆"确定工作内容包括：台架移动就位、钻孔、清孔，锚杆制作，砂浆配料（含外加剂）、拌制、灌注，安装、锚固、堵孔等。同样提倡采用锚杆台车进行机械化施工，提高工作效率，如表2-163所示。

表 2-162 子目工程（工作）内容对照表

本规范		原指南	
名称	工程（工作）内容	名称	工程（工作）内容
①喷射混凝土	1.混凝土集中拌制、运输、机具及台架就位、喷射、养护；2.清理回弹料	②支护	3.喷射混凝土：脚手架搭拆，钢筋网制安，混凝土（含耐腐蚀混凝土、纤维混凝土）配料（含外加剂）、拌制、喷射、养护，收回弹料
②允许超挖采用喷射混凝土回填	1.混凝土集中拌制、运输、机具及台架就位、喷射、养护；2.清理回弹料		
③预留变形量采用喷射混凝土回填	1.混凝土集中拌制、运输、机具及台架就位、喷射、养护；2.清理回弹料		
④喷射纤维混凝土	1.纤维混凝土集中拌制、运输、机具及台架就位、喷射、养护；2.清理回弹料		
⑤允许超挖采用喷射纤维混凝土回填	1.纤维混凝土集中拌制、运输、机具及台架就位、喷射、养护；2.清理回弹料		
⑥预留变形量采用喷射纤维混凝土回填	1.纤维混凝土集中拌制、运输、机具及台架就位、喷射、养护；2.清理回弹料		

表 2-163 子目工程（工作）内容对照表

本规范		原指南	
名称	工程（工作）内容	名称	工程（工作）内容
⑬砂浆锚杆	1.台架移动就位；2.钻孔、清孔；3.锚杆制安；4.砂浆配料（含外加剂）、拌制、灌注；5.安装，锚固	②支护	2.钻孔，浆液制作、灌注，锚杆制安、锚固，堵孔
⑭中空锚杆	1.台架移动就位；2.钻孔、清孔；3.锚杆制安；4.砂浆配料（含外加剂）、拌制、灌注；5.安装，锚固		
⑮自进式锚杆	1.台架移动就位；2.钻孔、清孔；3.锚杆制安；4.砂浆配料（含外加剂）、拌制、灌注；5.安装，锚固		

（6）"TBM 步进""盾构机步进"的工作内容充分考虑步进过程的各类工程，而不仅仅是 TBM、盾构机的移动，包括有 TBM、盾构机和车架前移，导台施工，隧道内照明、运输、供气通风、轨道铺设，管路铺设，施工测量，通信，维修保养等工作内容。

（7）"仰拱块运输"由专用平板车和固定编组成列的运输列车，运至 TBM 后配套材料车链条拖拉装置处，由拖拉装置拖到设备桥下部，用专用仰拱吊机运至预定安装位置，至此完成仰拱块运输的全部内容。

（8）盾构法正洞掘进分为"土压平衡式盾构掘进""泥水平衡式盾构掘进"两种方式，其工作内容主要差异为土压平衡式在井口土方装车、运、卸及空回，而泥水平衡式在井口排泥水输出、装、运、卸渣及空回。除此以外，两者的工作内容还包括盾构机掘进、保养、换刀，管片运输、吊装、拼装、拴接、轨道铺拆、养护、进入、进料，通风、照明、施工排水及管线路的安装、使用、维护及拆除等。

（9）盾构法注浆支护中"二次注浆"包括打穿管片后对管片防水，管片嵌缝，浆液制作、压浆、检查、堵孔的工作内容，与"防水"子目工程内容并非重复。

（10）"平行导坑""斜井""横洞""泄水洞"工作内容进行了规范化和统一化，修改原指南中脚手架、超前小钢管、衬砌平台、混凝土配料等用词为开挖台架、超前小导管、衬砌台车、混凝土集中拌制等，与正洞支护衬砌工作内容相统一，分为"开挖""支护""衬砌""洞门工程"等，如表 2-164 所示。

表 2-164 子目工程（工作）内容对照表

本规范		原指南	
名称	工程（工作）内容	名称	工程（工作）内容
1. 平行导坑	1. 开挖：台架移动就位，挖土，石方钻眼、爆破，找顶，通风，出渣，防尘，照明，三管两线，道路养护，施工排水，横通道进入正洞挑顶；2. 支护：（1）钻孔、清孔，小导管制安；（2）钻孔，浆液制作、灌注，锚杆制安、锚固，堵孔；（3）喷射混凝土：混凝土集中拌制、运输、机具就位、喷射、养护、清理回弹料；（4）各种支撑（含格栅钢架、型钢拱架、钢轨钢架等）制安拆；（5）注浆：钻孔、清孔，浆液制作、灌注，压水试验，止浆墙的浇筑等；（6）管棚支护：混凝土导向墙的浇筑，钻孔、清孔，钢管制安，台架移动就位，浆液制作、灌注、检查、堵孔；3. 衬砌：衬砌台车制安拆，模板制安拆，钢筋及预埋件制安，混凝土浇筑，沟槽盖板制安，防排水，变形缝设置；4. 洞口工程：（1）洞门边仰坡及基础：边仰坡土石方和基坑挖填，圬工砌筑；（2）洞门衬砌：台架移动就位，模板制安拆，混凝土浇筑，砌体砌筑	（1）平行导坑	1. 开挖：脚手架搭拆，挖土，石方钻眼、爆破，找顶，通风，出碴（含弃碴远运），防尘，照明，三管两线及轨道安拆、养护，道路养护，排水（含反坡排水）。2. 支护：（1）钻孔、清孔，超前小钢管制安等；（2）钻孔、清孔，浆液制作、灌注，锚杆制安、锚固；（3）各种钢支撑（包括格栅钢架、型钢拱架、钢轨钢架等）制安拆；（4）喷射混凝土：脚手架搭拆，钢筋网制安，混凝土配料（含外加剂）、拌制、喷射、养护、收回弹料；（5）注浆：钻孔、清孔，浆液制作、灌注。3. 衬砌：脚手架及衬砌平台制安拆，模板制安拆，钢筋及预埋件制安，混凝土浇筑，沟槽盖板制安，边墙砌筑，变形缝设置。4. 洞口工程：（1）洞门边仰坡及基础：边仰坡土石方和基坑挖填，圬工砌筑；（2）洞门衬砌：脚手架搭拆，模板制安拆，混凝土浇筑，砌体砌筑；（3）附属工程：土石方挖填，防水板、透水软管、止水带制安，排水沟槽挖填、沟身砌筑，边仰坡坡面防护，地基处理、回填封闭，挡护圬工砌筑
2. 斜井	1. 开挖：台架移动就位，挖土，石方钻眼、爆破，找顶，通风，出渣，防尘，照明，三管两线，道路养护，施工排水，斜井进入正洞挑顶；2. 支护：（1）钻孔、清孔，小导管制安；（2）钻孔，浆液制作、灌注，锚杆制安、锚固，堵孔；（3）喷射混凝土：混凝土集中拌制、运输、机具就位、喷射、养护、清理回弹料；（4）各种支撑（含格栅钢架、型钢拱架、钢轨钢架等）制安拆；（5）注浆：钻孔、清孔，浆液制作、灌注，压水试验，止浆墙的浇筑等；（6）管棚支护：混凝土导向墙的浇筑，钻孔、清孔，钢管制安，台架移动就位，浆液制作、灌注、检查、堵孔；3. 衬砌：衬砌台车制安拆，模板制安拆，钢筋及预埋件制安，混凝土浇筑，沟槽盖板制安，防排水，变形缝设置；4. 洞口工程：（1）洞门边仰坡及基础：边仰坡土石方和基坑挖填，圬工砌筑；（2）洞门衬砌：台架移动就位，模板制安拆，混凝土浇筑，砌体砌筑	（2）斜井	1. 开挖：脚手架搭拆，挖土，石方钻眼、爆破，找顶，通风，出碴（含弃碴远运），防尘，照明，三管两线及轨道安拆、养护，排水。2. 支护：（1）钻孔、清孔，超前小钢管制安等；（2）钻孔、清孔，浆液制作、灌注，锚杆制安、锚固；（3）各种钢支撑（包括格栅钢架、型钢拱架、钢轨钢架等）制安拆；（4）喷射混凝土：脚手架搭拆，钢筋网制安，混凝土配料（含外加剂）、拌制、喷射、养护、收回弹料；（5）注浆：钻孔、清孔，浆液制作、灌注。3. 衬砌：脚手架及衬砌平台制安拆，模板制安拆，钢筋及预埋件制安，混凝土浇筑，沟槽盖板制安，边墙砌筑，变形缝设置。4. 洞口工程：（1）洞门边仰坡及基础：边仰坡土石方和基坑挖填，圬工砌筑；（2）洞门衬砌：脚手架搭拆，模板制安拆，混凝土浇筑，砌体砌筑；（3）附属工程：土石方挖填，防水板、透水软管、止水带制安，排水沟槽挖填、沟身砌筑，边仰坡坡面防护，地基处理、回填封闭，挡护圬工砌筑

续表

本规范		原指南	
名称	工程（工作）内容	名称	工程（工作）内容
3. 横洞	1. 开挖：台架移动就位，挖土，石方钻眼、爆破，找顶，通风，出渣，防尘，照明，三管两线，道路养护，施工排水，横洞进入正洞挑顶；2. 支护：（1）钻孔、清孔，小导管制安；（2）钻孔，浆液制作、灌注，锚杆制安、锚固，堵孔；（3）喷射混凝土：混凝土集中拌制、运输、机具就位、喷射、养护、清理回弹料；（4）各种支撑（含格栅钢架、型钢拱架、钢轨钢架等）制安拆；（5）注浆：钻孔、清孔，浆液制作、灌注，压水试验，止浆墙的浇筑等；（6）管棚支护：混凝土导向墙的浇筑，钻孔、清孔，钢管制安，台架移动就位、浆液制作、灌注、检查、堵孔；3. 衬砌：衬砌台车制安拆，模板制安拆，钢筋及预埋件制安，混凝土浇筑，沟槽盖板制安，防排水，变形缝设置；4. 洞口工程：（1）洞门边仰坡及基础：边仰坡土石方和基坑挖填，圬工砌筑；（2）洞门衬砌：台架移动就位，模板制安拆，混凝土浇筑，砌体砌筑	（3）横洞	1. 开挖：脚手架搭拆，挖土，石方钻眼、爆破，找顶，通风，出碴（含弃碴远运），防尘，照明，三管两线及轨道安拆、养护，道路养护，排水。2. 支护：（1）钻孔、清孔，超前小钢管制安等；（2）钻孔、清孔，浆液制作、灌注，锚杆制安、锚固；（3）各种钢支撑（包括格栅钢架、型钢拱架、钢轨钢架等）制安拆；（4）喷射混凝土：脚手架搭拆，钢筋网制安，混凝土配料（含外加剂）、拌制、喷射、养护，收回弹料；（5）注浆：钻孔、清孔，浆液制作、灌注。3. 衬砌：脚手架及衬砌平台制安拆，模板制安拆，钢筋及预埋件制安，混凝土浇筑，沟槽盖板制安，边墙砌筑，变形缝设置。4. 洞口工程：（1）洞门边仰坡及基础：边仰坡土石方和基坑挖填，圬工砌筑；（2）洞门衬砌：脚手架搭拆，模板制安拆，混凝土浇筑，砌体砌筑；（3）附属工程：土石方挖填，防水板、透水软管、止水带制安，排水沟槽挖填、沟身砌筑，边仰坡坡面防护，地基处理、回填封闭，挡护圬工砌筑
5. 泄水洞	1. 开挖：台架移动就位，挖土，石方钻眼、爆破，找顶，通风，出渣，防尘，照明，三管两线，轨道或道路养护，施工排水；2. 支护：（1）钻孔、清孔，小导管制安；（2）钻孔，浆液制作、灌注，锚杆制安、锚固，堵孔；（3）喷射混凝土：混凝土集中拌制、运输、机具就位、喷射、养护、清理回弹料；（4）各种支撑（含格栅钢架、型钢拱架、钢轨钢架等）制安拆；（5）注浆：钻孔、清孔，浆液制作、灌注，压水试验，止浆墙的浇筑等；（6）管棚支护：混凝土导向墙的浇筑，钻孔、清孔，钢管制安，台架移动就位、浆液制作、灌注、检查、堵孔；3. 衬砌：衬砌台车制安拆，模板制安拆，钢筋及预埋件制安，混凝土浇筑，沟槽盖板制安，防排水，变形缝设置；4. 洞口工程：（1）洞门边仰坡及基础：边仰坡土石方和基坑挖填，圬工砌筑；（2）洞门衬砌：台架移动就位，模板制安拆，混凝土浇筑，砌体砌筑	（16）泄水洞	1. 基坑挖填；2. 模板制安拆；3. 钢筋及预埋件制安；4. 基础混凝土浇筑或砌筑；5. 脚手架搭拆；6. 钢筋混凝土圆管制安，套管钢筋混凝土浇筑，管座混凝土浇筑；7. 防水层、防护层铺设，变形缝设置；8. 进出口及附属：土石挖填，圬工砌筑

（11）"竖井"结合现场实际情况对工作内容进行了全面的修订，开挖工作内容增加井架与提升系统安拆，吊盘移动就位；支护衬砌与其他类型辅助坑道工作内容保持一致；增加井口和井底工程的详细工作内容：井口基础土石方和基坑挖填，圬工砌筑；井口衬砌模板制安拆，混凝土浇筑，砌体砌筑；井底马头门施工，出渣，圬工砌筑；井底综合车场施工，模板制安拆，混凝土浇筑等，如表2-165所示。

表2-165 子目工程（工作）内容对照表

本规范		原指南	
名称	工程（工作）内容	名称	工程（工作）内容
4. 竖井	1. 开挖：井架与提升系统安拆，吊盘移动就位，挖土，石方钻眼、爆破、清底，通风，出渣，防尘，照明，三管两线养护，排水；2. 支护：（1）钻孔、清孔，小导管制安；（2）钻孔，浆液制作、灌注，锚杆制安、锚固，堵孔；（3）喷射混凝土：混凝土集中拌制、运输、机具就位、喷射、养护、清理回弹料；（4）各种支撑（含格栅钢架、型钢拱架、钢轨钢架等）制安拆；（5）注浆：钻孔、清孔，浆液制作、灌注，压水试验，止浆墙的浇筑等；（6）管棚支护：混凝土导向墙的浇筑，钻孔、清孔，钢管制安，台架移动就位、浆液制作、灌注、检查、堵孔；3. 衬砌：衬砌台模板制安拆，模板制安拆，钢筋及预埋件制安，混凝土浇筑，防排水，变形缝设置；4. 井口工程：（1）井口基础：土石方和基坑挖填，圬工砌筑；（2）井口衬砌：模板制安拆，混凝土浇筑，砌体砌筑；5. 井底工程：（1）马头门施工，出渣，圬工砌筑；（2）综合车场施工，模板制安拆，混凝土浇筑；（3）施工设备换装	（4）竖井	1. 开挖：井孔土石挖、通风，出碴（含弃碴远运），防尘，照明，三管两线安拆、养护，排水；2. 喷锚支护：钻孔、清孔，浆液制作、灌注，锚杆制安、锚固；混凝土配料（含外加剂）、拌制、喷射、养护，收回弹料；各种钢支撑（包括格栅钢架、型钢拱架、钢轨钢架等）制安拆；3. 模板制安拆，钢筋及预埋件制安，混凝土浇筑；4. 竖井信号设置；5. 附属工程：土石方挖填，排水沟槽挖填、沟身砌筑，边坡防护，地基处理、回填封闭、挡护圬工砌筑

（12）隧道附属工程边坡防护、地基处理桩等各类子目的工作内容与第二章路基附属工程和第三章桥涵附属工程保持一致性。

（13）"隧道内洞穴处理"的"桩板（筏）结构"通过桩和板的结构组合实现隧道底固结和支撑强度。首先，按设计要求铺设灰土垫层。其次，进行钻孔桩施工，受隧道内净空限制，采用20 m左右的旋挖钻工法无法进洞施工，同时受隧道内泥浆处理困难的限制，回旋钻工法也无法正常施工。因此，需采用冲击钻并对冲击钻机高度进行适当改造后进行钻孔桩施工。最后，在钻孔桩施工完成后，进行承载板、垫层等钢筋混凝土结构的施工。

（14）"帷幕注浆"在原指南基础上增加了封堵墙模板制安拆、封堵墙混凝土浇筑、封堵墙拆除等工作内容，保证工作内容更为完整，如表2-166所示。

表 2-166　子目工程（工作）内容对照表

本规范		原指南	
名称	工程（工作）内容	名称	工程（工作）内容
9. 帷幕注浆	1. 封堵墙模板制安拆；2. 封堵墙混凝土浇筑；3. 浆液制作、注浆、检查；4. 封堵墙拆除	8. 帷幕注浆	1. 压水试验；2. 止浆墙浇筑；3. 钻孔、清孔；4. 顶管；5. 浆液制作；6. 灌浆

（15）隧道洞室防护门、永久通风与空调系统、消防及安全防护等站后相关工程的建筑工程费主要指局部开挖、设备基础和沟槽圬工、管道和管线铺设等工作内容。

（16）站后相关工程的安装工程费包括隧道照明设备的安装、调试，电力变压器、无线、牵变、综合洞室防护门等设备的安装、调试，现场探测器、系统终端设备（含软件）安装、调试等工作内容，其他相关工程的工作内容纳入站后相关章节子目中。

（17）"改建"隧道的"开挖"工作内容应与新建隧道的开挖工作内容保持一致，规范中"出渣（含弃渣远运）、监控量测；临时支撑制安拆"等内容与其他工作内容存在重复，为笔误，如表 2-167 所示。

表 2-167　子目工程（工作）内容对照表

本规范		原指南	
名称	工程（工作）内容	名称	工程（工作）内容
（一）开挖	1.开挖：（1）台架移动就位，挖土，石方钻眼、爆破，找顶，通风，施工排水；（2）防尘，照明，三管两线及轨道安拆、养护；（3）道路养护。2. 洞外弃渣；3. 临时支护及拆除	一、开挖	1.开挖：（1）脚手架搭拆；（2）临时支撑制安拆；（3）挖土，石方钻眼、爆破，找顶，通风，出碴（含弃碴远运）、监控量测；（4）防尘，照明，三管两线及轨道安拆、养护；（5）排水（含反坡排水）；（6）道路养护。2. 有害气体排放

（18）明洞和棚洞的工作内容结合隧道工程工作内容进行修改和完善。

6. 附注中需要注意的问题

（1）将原指南"开挖""衬砌钢筋""模筑混凝土"工程量计算规范"含沟槽和各种附属洞室开挖""含沟槽和各种附属洞室钢筋""含沟槽及盖板和各种附属洞室的衬砌圬工"放入附注中，TBM 法施工工区、盾构法施工工区的正洞掘进、模筑混凝土、衬砌钢筋等也将相关内容放入附注中，如表 2-168 所示。

表 2-168　子目附注对照表

本规范		原指南	
名称	附注	名称	附注
（1）开挖	含沟槽和各种附属洞室开挖	①开挖	
①模筑混凝土	含沟槽及盖板和各种附属洞室的衬砌圬工	③衬砌	不含挂网喷射混凝土的钢筋网
④钢筋	含沟槽和各种附属洞室钢筋		

（2）盾构机安拆和步进还需包括转场运输、过站、调头等工作内容，在附注中进行了说明。

（3）斜井附注中增加"含主副斜井及位于斜井内的临时施工洞室"的工作内容，弥补原指南中的遗漏，如表 2-169 所示。

表 2-169 子目附注对照表

本规范		原指南	
名称	附注	名称	附注
2. 斜井	含主副斜井及位于斜井内的临时施工洞室	（2）斜井	

（4）"二、×××隧道"增加了"可合并编列，如'隧长<1000 m 隧道共×座'"的附注说明，再一次对本规范提出的精简隧道章节层级理念进行了强调，如表 2-170 所示。

表 2-170 子目附注对照表

本规范		原指南	
名称	附注	名称	附注
二、×××隧道	可合并编列，如"隧长<1 000 m 隧道共×座"	（二）×××隧道	

（5）其他子目将一些说明性内容从工程量计算规则中移出放入附注，对计量规则进行了规范化。

6.5 第五章 轨道工程

1. 子目划分

本章共计 3 节 168 个子目，在原指南基础上减少 54 个子目，删除了一些已经淘汰的工程子目，增加了一些新技术子目。具体变化情况如下：

第 12 节 正线

（1）根据施工实际情况，长钢轨铺新轨时，采用木枕无法满足轨道施工质量标准。因此，删除原指南中木枕下级子目，仅保留"木枕"子目，并在附注中说明只用于采用标准轨的铺轨工程，如表 2-171 所示。

表 2-171 子目名称对照表

本规范		原指南	
编码	名称	编码	名称
120101	（一）木枕	0512XJ0101	（一）木枕
		0512XJ010101	1. 标准轨
		0512XJ010102	2. 长钢轨

（2）结合当前轨道施工技术发展，取消正（站）线"钢筋混凝土宽枕"子目；删除"无砟道床地段铺轨""过渡段铺轨"的"标准轨"子目，如表 2-172 所示。

表 2-172 子目名称对照表

本规范		原指南	
编码	名称	编码	名称
		0512XJ0104	（四）钢筋混凝土宽枕
		0512XJ010401	1. 标准轨
		0512XJ010402	2. 长钢轨

（3）"无砟道床地段铺轨"增加"轨道调整""更换垫板""更换轨距挡板"等下级子目，既完善无砟道床铺轨工程内容，又将施工责任主体和综合单价存在差异的内容设置了独立子目，有利于现场工

程计量,如表 2-173 所示。

表 2-173 子目名称对照表

本规范		原指南	
编码	名称	编码	名称
120104	(四)无砟道床地段铺轨	0512XJ0105	(五)无碴道床铺轨
12010401	1. 铺轨	0512XJ010501	1. 标准轨
12010402	2. 轨道调整	0512XJ010502	2. 长钢轨
12010403	3. 更换垫板		
12010404	4. 更换轨距挡板		

(4)充分体现轨道工程机械化施工技术,增加"大型机械安拆与调试"子目,为未来更多新技术新设备的引入创造计量依据,如表 2-174 所示。

表 2-174 子目名称对照表

本规范		原指南	
编码	名称	编码	名称
120107	(七)大型机械安拆与调试		

(5)考虑到各类铺轨工程钢轨打磨综合单价的相似性,将"钢轨打磨"独立设置子目,有利于向施工责任主体的有效计量,如表 2-175 所示。

表 2-175 子目名称对照表

本规范		原指南	
编码	名称	编码	名称
120108	(八)钢轨打磨		

(6)为提高规定的标准化程度,"铺旧轨"采用细目同铺新轨的方式,减少规范子目冗余,如表 2-176 所示。

表 2-176 子目名称对照表

本规范		原指南	
编码	名称	编码	名称
1202	二、铺旧轨	0512XJ02	二、铺旧轨
细目同<12 正线——甲、新建——Ⅰ.建筑工程费——一、铺新轨>		0512XJ0201	(一)木枕
		0512XJ0202	(二)钢筋混凝土枕
		0512XJ0203	(三)钢筋混凝土桥枕
		0512XJ0204	(四)钢筋混凝土宽枕
		0512XJ0205	(五)无碴道床铺轨
		0512XJ0206	(六)无枕地段铺轨
		0512XJ0207	(七)过渡段铺轨

（7）本规范对标准用词进一步规范，轨道工程的道床"碴"、道砟"碴"等统一调整为"砟"，除此以外，将隧道工程中的"隧道弃碴"统一调整为"隧道弃渣"等。

（8）"无砟道床"下级子目进行了较大调整：无砟道床细分为"路基地段无砟道床""桥梁地段无砟道床""隧道地段无砟道床""道岔地段无砟道床""端刺、摩擦板地段无砟道床"；路桥隧地段无砟道床下级子目细分为"轨道板（枕）预制""轨道板（枕）运输""道床现浇部分及轨道板（枕）安装""减振垫层"，并将Ⅰ型板式、Ⅱ型板式、Ⅲ型板式、双块式、弹性支承块式纳入其中。除此以外，考虑到不同地段不同类型的无砟道床安装工作内容存在一定差异，故未使用"细目同"的标准化处理办法，如表2-177所示。

表2-177 子目名称对照表

本规范		原指南	
编码	名称	编码	名称
120302	（二）无砟道床	0512XJ0302	（二）无碴道床
12030201	1.路基地段无砟道床	0512XJ030201	1.路基地段无碴道床
1203020101	（1）轨道板（枕）预制	0512XJ03020101	（1）××式无碴道床
1203020102	（2）轨道板（枕）运输	0512XJ0302010101	①现场施工部分
1203020103	（3）道床现浇部分及轨道板（枕）安装	0512XJ0302010102	②构件预制
1203020104	（4）减振垫层	0512XJ0302010103	③减振垫层
		0512XJ03020102	（2）××式无碴道床
			细目同（1）××式无碴道床
12030202	2.桥梁地段无砟道床	0512XJ030202	2.桥梁地段无碴道床
1203020201	（1）轨道板（枕）预制		细目同1.路基地段无碴道床
1203020202	（2）轨道板（枕）运输		
1203020203	（3）道床现浇部分及轨道板（枕）安装		
1203020204	（4）减振垫层		
12030203	3.隧道地段无砟道床	0512XJ030203	3.隧道地段无碴道床
1203020301	（1）轨道板（枕）预制		细目同1.路基地段无碴道床
1203020302	（2）轨道板（枕）运输		
1203020303	（3）道床现浇部分及轨道板（枕）安装		
1203020304	（4）减振垫层		

（9）将"现场施工部分"子目细分为"道床现浇部分及轨道板（枕）安装""轨道板（枕）运输"，将综合单价差异较大的运输工作内容独立设置子目，便于现场验工计价，如表2-178所示。

表2-178 子目名称对照表

本规范		原指南	
编码	名称	编码	名称
120303	（三）道床过渡段	0512XJ0303	（三）道床过渡段
12030301	1.轨道板（枕）预制	0512XJ030301	1.现场施工部分
12030302	2.轨道板（枕）运输	0512XJ030302	2.构件预制

续表

本规范		原指南	
编码	名称	编码	名称
12030303	3. 道床现浇部分及轨道板（枕）安装		
12030304	4. 减振垫层	0512XJ030303	3. 减振垫层
		0512XJ0304	（四）混凝土宽枕道床
		0512XJ030401	1. 面层
		0512XJ03040101	（1）碎石道碴
		0512XJ03040102	（2）隔水层
		0512XJ030402	2. 底碴

（10）结合编制办法章节子目，将综合单价差异较大的"道岔地段无砟道床""端刺、摩擦板地段无砟道床"等道床类型单独设置子目，如表 2-179 所示。

表 2-179 子目名称对照表

本规范		原指南	
编码	名称	编码	名称
12030204	4. 道岔地段无砟道床		
12030205	5. 端刺、摩擦板地段无砟道床		

（11）对于机车整备棚、检查坑、洗车线、轨道衡、轮轨受电弓检测等无砟道床及铺轨，编制者可根据项目实际情况，新增子目。

（12）结合编制办法章节子目，对"改建"下级诸子目名称进行了规范化，并结合现场实际情况，增加"抽换电容枕""抽换电磁枕""钢轨打磨"等子目，如表 2-180 所示。

表 2-180 子目名称对照表

本规范		原指南	
编码	名称	编码	名称
12040603	3. 抽换电容枕		
12040604	4. 抽换电磁枕		
120409	（九）钢轨打磨		

第 13 节 站线

（13）与第 12 节正线相类似的子目进行了同步修改，如删除木枕长钢轨、钢筋混凝土宽枕、无砟道床等，如表 2-181 所示。

表 2-181 子目名称对照表

本规范		原指南	
编码	名称	编码	名称
130101	（一）木枕	0513XJ0101	（一）木枕
13010101	1. 标准轨	0513XJ010101	1. 标准轨
		0513XJ010102	2. 长钢轨

续表

本规范		原指南	
编码	名称	编码	名称
13010102	2. 异形轨	0513XJ010103	3. 异形轨
130102	（二）钢筋混凝土枕	0513XJ0102	（二）钢筋混凝土枕
13010201	1. 标准轨	0513XJ010201	1. 标准轨
13010202	2. 长钢轨	0513XJ010202	2. 长钢轨
13010203	3. 异形轨	0513XJ010203	3. 异形轨
130103	（三）钢筋混凝土桥枕	0513XJ0103	（三）钢筋混凝土桥枕
13010301	1. 标准轨	0513XJ010301	1. 标准轨
13010302	2. 长钢轨	0513XJ010302	2. 长钢轨
13010303	3. 异形轨	0513XJ010303	3. 异形轨
		0513XJ0104	（四）钢筋混凝土宽枕
		0513XJ010401	1. 标准轨
		0513XJ010402	2. 长钢轨
		0513XJ010403	3. 异形轨
130104	（四）无砟道床地段铺轨	0513XJ0105	（五）无碴道床铺轨
		0513XJ010501	1. 标准轨
13010401	1. 长钢轨	0513XJ010502	2. 长钢轨
1301040101	（1）铺轨		
1301040102	（2）轨道调整		
1301040103	（3）更换垫板		
1301040104	（4）更换轨距挡板		
13010402	2. 异形轨	0513XJ010503	3. 铺异形轨

（14）将施工责任主体和综合单价存在差异的道岔精调、道岔打磨独立设置子目，避免可能出现遗漏道岔铺设工作内容不完整的问题，如表 2-182 所示。

表 2-182　子目名称对照表

本规范		原指南	
编码	名称	编码	名称
130303	（三）道岔精调		
130304	（四）道岔打磨		

（15）"道岔地段无砟道床"按照正线的子目划分特征"轨型/岔型/枕型/速度值"设置子目，不再设置"单开道岔""特种道岔"层级，减少工程量清单层级冗余，如表 2-183 所示。

表 2-183 子目名称对照表

本规范		原指南	
编码	名称	编码	名称
13050204	4.道岔地段无砟道床	0513XJ050204	4.道岔区无碴道床
细目同<12正线——甲、新建——Ⅰ.建筑工程费——三、铺道床——（二）无砟道床——4.道岔地段无砟道床>		0513XJ05020401	（1）单开道岔
		0513XJ05020402	（2）特种道岔

（16）拆除、重铺、起落、拨移道岔仅细分"单开道岔""特种道岔"层级，不再按轨型、岔型、枕型、速度值等细分下级子目，同样为了减少工程量清单层级冗余。

第 14 节 线路有关工程

（17）按正线和站线细分"线路附属工程"子目，按道岔和轨道细分"线路备料"子目，增加"CPⅢ测设"子目，明晰工程量清单子目的界面划分，如表 2-184 所示。

表 2-184 子目名称对照表

本规范		原指南	
编码	名称	编码	名称
1401	一、线路附属工程	0514J01	一、附属工程
140101	（一）正线线路附属工程		
140102	（二）站线线路附属工程		
1402	二、线路备料	0514J02	二、线路备料
140201	（一）正线备料		
140202	（一）站线备料		
1403	三、CPⅢ测设		

2. 计量单位

（1）为了更好地表征"铺道床"综合单价情况，将子目计量单位由"元"调整为"铺轨公里"，便于发包人了解项目道床费用指标情况，解决了粒料道床只有"立方米"费用指标而无长度费用指标的问题，如表 2-185 所示。

表 2-185 子目计量单位对照表

本规范		原指南	
名称	计量单位	名称	计量单位
三、铺道床	铺轨公里	三、铺道床	元

（2）"道岔地段无砟道床"根据工作内容的特点，设置"组"作为计量单位，与现场计量原则相统一，如表 2-186 所示。

表 2-186 子目计量单位对照表

本规范		原指南	
名称	计量单位	名称	计量单位
4.道岔地段无砟道床	组		

（3）改建"线路"将计量单位由"元"调整为"公里"。同理，"铺道床"计量单位修改为"铺轨公里"，便于掌握改建费用指标情况，如表2-187所示。

表2-187 子目计量单位对照表

本规范		原指南	
名称	计量单位	名称	计量单位
一、线路	公里	一、线路	元
五、铺道床	铺轨公里	五、铺道床	立方米

（4）"CPⅢ测设"依据《关于客运专线CPⅢ测设收费有关事项的通知》（铁建设函〔2008〕466号），采用"正线公里"作为计量单位，如表2-188所示。

表2-188 子目计量单位对照表

本规范		原指南	
名称	计量单位	名称	计量单位
三、CPⅢ测设	正线公里		

3. 子目划分特征

（1）新增子目均按照类似子目确定子目划分特征。

（2）为了减少工程量清单子目冗余，正线木枕标准轨、钢筋混凝土枕标准轨、钢筋混凝土枕长钢轨、钢筋混凝土桥枕标准轨、钢筋混凝土桥枕长钢轨、无砟道床地段铺轨等子目划分特征均设置为"综合"，不再细分轨型或者枕型，提高子目的综合性，如表2-189所示。

表2-189 子目划分特征对照表

本规范		原指南	
名称	子目划分特征	名称	子目划分特征
（一）木枕	综合	（一）木枕	
		1. 标准轨	轨型
		2. 长钢轨	轨型
（二）钢筋混凝土枕		（二）钢筋混凝土枕	
1. 标准轨	综合	1. 标准轨	轨型 枕型
2. 长钢轨	综合	2. 长钢轨	轨型 枕型
（三）钢筋混凝土桥枕		（三）钢筋混凝土桥枕	
1. 标准轨	综合	1. 标准轨	轨型 枕型
2. 长钢轨	综合	2. 长钢轨	轨型 枕型
		（四）钢筋混凝土宽枕	
		1. 标准轨	轨型

续表

本规范		原指南	
名称	子目划分特征	名称	子目划分特征
		2. 长钢轨	轨型
（四）无砟道床地段铺轨		（五）无碴道床铺轨	
1. 铺轨	综合	1. 标准轨	轨型
2. 轨道调整	综合	2. 长钢轨	轨型
3. 更换垫板	综合		
4. 更换轨距挡板	综合		

（3）在本规范研究过程中，对于轨道章节争议较大的问题为是否将"面砟"细分下一级子目为"道砟价购"和"铺砟"。之所以将价购单独设置子目，是便于让承包人在备砟阶段就能进行计量计价，减少其资金垫付压力。对该问题进行分析对比发现，由于道砟密实度在采购、运输和铺砟完成后的差异较大，在备砟阶段，道砟的数量不易确定，若按相关采购合同进行计量计价势必造成后期数量变化和清单费用调整，不利于项目的投资控制。除此以外，道砟的运输费用包括由道砟场至存砟场、存砟场至工地两部分，子目细分可能造成运输费用混淆。因此，本规范道砟子目划分特征统一为"综合"，不再细分子目，待形成工程实体后再进行计量计价。

（4）较原指南，无砟道床按"道床结构类型"的子目划分特征位置发生了变化，由不同地段无碴道床子目调整至轨道板（枕）预制、运输、现浇和垫层中。考虑到单一铁路工程项目无砟道床类型基本固定或类型有限，按原指南层级划分，需增加"××式无碴道床"的层级，而本规范将结构类型区分放入子目划分特征中，编制者可根据项目具体情况进行细化下级子目，也可以不细分子目，一定程度上减少了工程量清单层级。而对于端刺、摩擦板地段无砟道床，道床过渡段等工程量较少的子目，不再考虑细分下级子目，均按"综合"作为子目划分特征，如表2-190所示。

表2-190 子目划分特征对照表

本规范		原指南	
名称	子目划分特征	名称	子目划分特征
1. 路基地段无砟道床		1. 路基地段无碴道床	道床结构类型
（1）轨道板（枕）预制	道床结构类型	（1）××式无碴道床	
（2）轨道板（枕）运输	道床结构类型	①现场施工部分	综合
（3）道床现浇部分及轨道板（枕）安装	道床结构类型	②构件预制	综合
（4）减振垫层	道床结构类型	③减振垫层	综合
		（2）××式无碴道床	
		细目同（1）××式无碴道床	

（5）改建工程重铺线路也仅按"标准轨""长钢轨"细分下级子目，不再按枕型作为子目划分特征，减少工程量清单冗余，如表2-191所示。

表 2-191 子目划分特征对照表

本规范		原指南	
名称	子目划分特征	名称	子目划分特征
（二）重铺		（二）重铺线路	
1. 标准轨	综合	1. 标准轨	轨型枕型
2. 长钢轨	综合	2. 长钢轨	轨型枕型

（6）站线与正线相类似的子目划分特征进行了同步修改，如木枕标准轨、钢筋混凝土枕标准轨、钢筋混凝土枕长钢轨、钢筋混凝土桥枕标准轨、钢筋混凝土桥枕长钢轨、无砟道床地段铺轨、无枕地段铺轨、过渡段铺轨、无砟道床等，如表 2-192 所示。

表 2-192 子目划分特征对照表

本规范		原指南	
名称	子目划分特征	名称	子目划分特征
1. 标准轨	综合	1. 标准轨	轨型
		2. 长钢轨	轨型
2. 异形轨	综合	3. 异形轨	轨型
（二）钢筋混凝土枕		（二）钢筋混凝土枕	
1. 标准轨	综合	1. 标准轨	轨型 枕型
2. 长钢轨	综合	2. 长钢轨	轨型 枕型
3. 异形轨	综合	3. 异形轨	轨型
（三）钢筋混凝土桥枕		（三）钢筋混凝土桥枕	
1. 标准轨	综合	1. 标准轨	轨型 枕型
2. 长钢轨	综合	2. 长钢轨	轨型 枕型
3. 异形轨	综合	3. 异形轨	轨型
		（四）钢筋混凝土宽枕	
		1. 标准轨	轨型 枕型
		2. 长钢轨	轨型 枕型
		3. 异形轨	轨型
（四）无砟道床地段铺轨		（五）无碴道床铺轨	
		1. 标准轨	轨型
1. 长钢轨		2. 长钢轨	轨型
（1）铺轨	综合		

续表

本规范		原指南	
名称	子目划分特征	名称	子目划分特征
（2）轨道调整	综合		
（3）更换垫板	综合		
（4）更换轨距挡板	综合		
2. 异形轨	综合	3. 铺异形轨	轨型
（五）无枕地段铺轨	综合	（六）无枕地段铺轨	轨型
（六）过渡段铺轨		（七）过渡段铺轨	
1. 标准轨	综合	1. 标准轨	轨型
2. 长钢轨	综合	2. 长钢轨	轨型
（七）钢轨打磨	综合		

（7）经研究，不同轨型情况下的"异形轨"综合单价差异不大，因此将子目划分特征由"轨型"调整为"综合"，减少不必要的子目划分，如表2-193所示。

表2-193 子目划分特征对照表

本规范		原指南	
名称	子目划分特征	名称	子目划分特征
2. 异形轨	综合	3. 异形轨	轨型

（8）原指南改建道岔工程子目划分特征采用"轨型、岔型、枕型、速度值"，包括拆除道岔亦是如此，子目划分过细，考虑到道岔材料主要以甲供材料为主，本着简明适用的原则，本规范将子目划分特征调整为"综合"，如表2-194所示。

表2-194 子目划分特征对照表

本规范		原指南	
名称	子目划分特征	名称	子目划分特征
二、道岔		二、道岔	
（一）拆除		（一）拆除道岔	
1. 单开道岔	综合	1. 单开道岔	轨型 岔型 枕型 速度值
2. 特种道岔	综合	2. 特种道岔	轨型 岔型 枕型
（二）重铺		（二）重铺道岔	
1. 单开道岔	综合	1. 单开道岔	轨型 岔型 枕型 速度值

续表

本规范		原指南	
名称	子目划分特征	名称	子目划分特征
2. 特种道岔	综合	2. 特种道岔	轨型 岔型 枕型 速度值
3. 道岔精调	综合		
4. 道岔打磨	综合		
（三）起落		（三）起落道岔	
1. 单开道岔	综合	1. 单开道岔	轨型 岔型 枕型 速度值
2. 特种道岔	综合	2. 特种道岔	轨型 岔型 枕型 速度值
3. 道岔精调	综合		
4. 道岔打磨	综合		
（四）拨移		（四）拨移道岔	
1. 单开道岔	综合	1. 单开道岔	轨型 岔型 枕型 速度值
2. 特种道岔	综合	2. 特种道岔	轨型 岔型 枕型 速度值
3. 道岔精调	综合		
4. 道岔打磨	综合		

（9）根据轨道精测网相关技术规范，CPⅢ测设需区分有砟轨道和无砟轨道，但考虑到轨道施工技术的快速发展，统筹考虑后，按"综合"作为子目划分特征，主要完成CPⅠ、CPⅡ网复测、加密，在CPⅢ设标的基础上进行CPⅢ网测量、数据整理等工作，根据项目实际情况或招标文件、合同要求，编制者可新增相关同级子目，如表2-195所示。

表2-195 子目划分特征对照表

本规范		原指南	
名称	子目划分特征	名称	子目划分特征
三、CPⅢ测设	综合		

4. 工程量计算规则

（1）新增子目均按照类似子目确定工程量计算规则，其他子目均进行了规范化、统一化的调整。

（2）轨道工程的工程量计算规则基本为"设计图示长度计算"，这也充分体现了轨道工程施工和计量的特点，在土建工程基本完成后，按照施工组织设计方案，进行铺轨工作。

（3）"面砟"的工程量计算规则为按设计图示体积计算，且含无砟道床与粒料道床过渡段和无砟道床两侧铺设数量。这与"道床过渡段"附注中"不含无砟道床与粒料道床过渡段的有砟部分铺设的道砟"的论述是一致的。

（4）根据轨道工程施工实际情况，需特别注意区分有砟道床的"减振橡胶垫层"是按设计图示铺设面积计算，无砟道床的"减振垫层"是按设计图示减振地段道床长度计算（不含过渡段），两者不可混淆，如表 2-196 所示。

表 2-196　子目工程量计算规则对照表

本规范		原指南	
名称	工程量计算规则	名称	工程量计算规则
（一）粒料道床		（一）粒料道床	
3. 减振橡胶垫层	按设计图示铺设面积计算	3. 减振橡胶垫层	按设计图示铺设面积计算
1. 路基地段无砟道床		1. 路基地段无砟道床	
（4）减振垫层	按设计图示减振地段道床长度计算（不含过渡段）	③减振垫层	按设计图示减振地段道床长度（不含过渡段）计算

（5）将原指南正线改建工程中"无缝线路应力放散""无缝线路锁定"工程量的计量规则由"按设计图示数量计算"调整为"按设计图示无缝线路长度计算"，让论述更为准确，如表 2-197 所示。

表 2-197　子目工程量计算规则对照表

本规范		原指南	
名称	工程量计算规则	名称	工程量计算规则
（七）无缝线路应力放散	按设计图示无缝线路长度计算	（七）无缝线路应力放散	按设计图示数量计算
（八）无缝线路锁定	按设计图示无缝线路长度计算	（八）无缝线路锁定	按设计图示数量计算

（6）将原指南新建特种道岔中"按设计图示单开道岔组数计算"工程量的计量规则调整为"按设计图示特种道岔组数计算"，让论述更为准确，如表 2-198 所示。

表 2-198　子目工程量计算规则对照表

本规范		原指南	
名称	工程量计算规则	名称	工程量计算规则
（二）特种道岔		（二）特种道岔	
1. 有砟道床铺道岔	按设计图示特种道岔组数计算	1. 有砟道床铺道岔	按设计图示单开道岔组数计算
2. 无砟道床铺道岔	按设计图示特种道岔组数计算	2. 无砟道床铺道岔	按设计图示单开道岔组数计算

（7）将原指南改建道岔工程中"按设计数量计算"工程量的计量规则调整为"按设计图示道岔组数计算"，让论述更为准确，如表 2-199 所示。

表 2-199 子目工程量计算规则对照表

本规范		原指南	
名称	工程量计算规则	名称	工程量计算规则
(三)起落		(三)起落道岔	
1. 单开道岔	按设计图示道岔组数计算	1. 单开道岔	按设计数量计算
2. 特种道岔	按设计图示道岔组数计算	2. 特种道岔	按设计数量计算
3. 道岔精调	按设计图示道岔组数计算		
4. 道岔打磨	按设计图示道岔组数计算		
(四)拨移		(四)拨移道岔	
1. 单开道岔	按设计图示道岔组数计算	1. 单开道岔	按设计数量计算
2. 特种道岔	按设计图示道岔组数计算	2. 特种道岔	按设计数量计算
3. 道岔精调	按设计图示道岔组数计算		
4. 道岔打磨	按设计图示道岔组数计算		

5. 工程（工作）内容

（1）新增子目均按照类似子目确定工程（工作）内容，其他子目均进行了规范化、统一化的调整。

（2）铺新轨木枕仅保留了标准轨的工作内容，并补充原指南遗漏的"接头板、轨距杆安装"等内容。其他枕型铺标准轨的工作内容也进行了全面梳理，并增加了抽换电容枕等内容，如表 2-200 所示。

表 2-200 子目工程（工作）内容对照表

本规范		原指南	
名称	工程（工作）内容	名称	工程（工作）内容
一、铺新轨		一、铺新轨	
(一)木枕	1. 人工铺轨：轨枕、钢轨、钢轨配件和轨枕扣件散布、拼装；2. 机械铺轨：轨节拼装、倒装，机械铺设；3. 接头板安装；4. 合拢口锯轨，钻孔；5. 涂油，检修，拨荒道；6. 防爬设备、调节器、轨距杆、轨撑等安装；7. 调轨缝、整修等	(一)木枕	
		1. 标准轨	1. 人工铺轨：轨枕、钢轨、钢轨配件和轨枕扣件散布、拼装；2. 机械铺轨：轨节拼装、倒装，机械铺设；3. 合拢口锯轨，钻孔；4. 涂油，检修，拨荒道；5. 防爬设备、调节器、轨距杆、轨撑等安装；6. 调轨缝、整修等

续表

本规范		原指南	
名称	工程（工作）内容	名称	工程（工作）内容
		2. 长钢轨	1. 单根轨枕铺设法：（1）厂内焊接长钢轨；（2）工地铺设；（3）长钢轨工地焊接；（4）应力放散与锁定；（5）打磨。2. 换铺法：（1）标准轨节拼装、铺设、接头临时联结；（2）标准轨条回收倒用；（3）厂内焊接长钢轨；（4）长钢轨工地铺设；（5）长钢轨工地焊接；（6）应力放散与锁定；（7）打磨。3. 合拢口锯轨。4. 钢轨伸缩调节器安装。5. 涂油，检修，拨荒道。6. 防爬设备、调节器、轨距杆、轨撑等安装。7. 调轨距、整修。8. 长钢轨绝缘接头制安等
（二）钢筋混凝土枕		（二）钢筋混凝土枕	
1. 标准轨	1. 人工铺轨：螺旋道钉锚固，轨枕、钢轨、钢轨配件和轨枕扣件散布、拼装；2. 机械铺轨：轨节拼装、倒装，机械铺设；3. 合拢口锯轨，钻孔；4. 涂油，检修，拨荒道；5. 防爬设备、调节器、轨距杆、轨撑等安装；6. 调轨缝、整修、抽换电容枕等	1. 标准轨	1. 人工铺轨：螺旋道钉锚固，轨枕、钢轨、钢轨配件和轨枕扣件散布、拼装；2. 机械铺轨：轨节拼装、倒装，机械铺设；3. 合拢口锯轨，钻孔；4. 涂油，检修，拨荒道；5. 防爬设备、调节器、轨距杆、轨撑等安装；6. 调轨缝、整修等
2. 长钢轨	1. 单枕法：（1）螺旋道钉锚固；（2）焊接长钢轨；（3）工地铺设；（4）长钢轨工地焊接；（5）应力放散与锁定。2. 换铺法：（1）标准轨节拼装、铺设、接头临时联结；（2）标准轨条回收倒用；（3）焊接长钢轨；（4）长钢轨工地铺设；（5）长钢轨工地焊接；（6）应力放散与锁定；3. 合拢口锯轨；4. 钢轨伸缩调节器安装；5. 涂油，检修，拨荒道；6. 防爬设备、调节器、轨距杆、轨撑等安装；7. 调轨距、整修、抽换电容枕等；8. 长钢轨绝缘接头制安等	2. 长钢轨	1. 单根轨枕铺设法：（1）螺旋道钉锚固；（2）厂内焊接长钢轨；（3）工地铺设；（4）长钢轨工地焊接；（5）应力放散与锁定；（6）打磨。2. 换铺法：（1）标准轨节拼装、铺设、接头临时联结；（2）标准轨条回收倒用；（3）厂内焊接长钢轨；（4）长钢轨工地铺设；（5）长钢轨工地焊接；（6）应力放散与锁定；（7）打磨。3. 合拢口锯轨。4. 钢轨伸缩调节器安装。5. 涂油，检修，拨荒道。6. 防爬设备、调节器、轨距杆、轨撑等安装。7. 调轨距、整修。8. 长钢轨绝缘接头制安等
（三）钢筋混凝土桥枕		（三）钢筋混凝土桥枕	
1. 标准轨	1. 人工铺轨：螺旋道钉锚固，轨枕、钢轨、钢轨配件和轨枕扣件散布、拼装；2. 机械铺轨：轨节拼装、倒装，机械铺设；3. 合拢口锯轨，钻孔；4. 涂油，检修，拨荒道；5. 防爬设备、调节器、轨距杆、轨撑等安装；6. 调轨缝、整修、抽换电容枕等	1. 标准轨	1. 人工铺轨：螺旋道钉锚固，轨枕、钢轨、钢轨配件和轨枕扣件散布、拼装；2. 机械铺轨：轨节拼装、倒装，机械铺设；3. 合拢口锯轨，钻孔；4. 涂油，检修，拨荒道；5. 防爬设备、调节器、轨距杆、轨撑等安装；6. 调轨缝、整修等

续表

本规范		原指南	
名称	工程（工作）内容	名称	工程（工作）内容
2. 长钢轨	1. 单枕法：（1）螺旋道钉锚固；（2）焊接长钢轨；（3）工地铺设；（4）长钢轨工地焊接；（5）应力放散与锁定；2. 换铺法：（1）标准轨节拼装、铺设、接头临时联结；（2）标准轨条回收倒用；（3）焊接长钢轨；（4）长钢轨工地铺设；（5）长钢轨工地焊接；（6）应力放散与锁定；3. 合拢口锯轨；4. 钢轨伸缩调节器安装；5. 涂油，检修，拨荒道；6. 防爬设备、调节器、轨距杆、轨撑等安装；7. 调轨距、整修、抽换电容枕等；8. 长钢轨绝缘接头制安等	2. 长钢轨	1. 单根轨枕铺设法：（1）螺旋道钉锚固；（2）厂内焊接长钢轨；（3）工地铺设；（4）长钢轨工地焊接；（5）应力放散与锁定；（6）打磨。2. 换铺法：（1）标准轨节拼装、铺设、接头临时联结；（2）标准轨条回收倒用；（3）厂内焊接长钢轨；（4）长钢轨工地铺设；（5）长钢轨工地焊接；（6）应力放散与锁定；（7）打磨。3. 合拢口锯轨。4. 钢轨伸缩调节器安装。5. 涂油，检修，拨荒道。6. 防爬设备、调节器、轨距杆、轨撑等安装。7. 调轨距、整修。8. 长钢轨绝缘接头制安等
		（四）钢筋混凝土宽枕	
		1. 标准轨	1. 人工铺轨：螺旋道钉锚固，轨枕、钢轨、钢轨配件和轨枕扣件散布、拼装；2. 机械铺轨：轨节拼装、倒装，机械铺设；3. 合拢口锯轨，钻孔；4. 涂油，检修，拨荒道；5. 防爬设备、调节器、轨距杆、轨撑等安装；6. 调轨缝、整修等
		2. 长钢轨	1. 单根轨枕铺设法：（1）螺旋道钉锚固；（2）厂内焊接长钢轨；（3）工地铺设；（4）长钢轨工地焊接；（5）应力放散与锁定；（6）打磨。2. 换铺法：（1）标准轨节拼装、铺设、接头临时联结；（2）标准轨条回收倒用；（3）厂内焊接长钢轨；（4）长钢轨工地铺设；（5）长钢轨工地焊接；（6）应力放散与锁定；（7）打磨。3. 合拢口锯轨。4. 钢轨伸缩调节器安装。5. 涂油，检修，拨荒道。6. 防爬设备、调节器、轨距杆、轨撑等安装。7. 调轨距、整修。8. 长钢轨绝缘接头制安等

（3）结合铁路工程轨道定额及现场实际情况，将铺长钢轨工作内容区分为单枕法和换铺法，规范了工作内容为：

① 单枕法：螺旋道钉锚固，焊接长钢轨，工地铺设，长钢轨工地焊接，应力放散与锁定；

②换铺法：标准轨节拼装、铺设、接头临时联结，标准轨条回收倒用，焊接长钢轨，长钢轨工地铺设，长钢轨工地焊接，应力放散与锁定；

③合拢口锯轨，钢轨伸缩调节器安装，涂油、检修、拨荒道、防爬设备、调节器、轨距杆、轨撑等安装，调轨距、整修、抽换电容枕等，长钢轨绝缘接头制安等。

（4）无砟道床地段铺轨采用拖拉法施工，与单枕法较为相似，但需增加"铁屑清理，锚固，钢轨扣件运输、散布、安装"等工作内容，如表2-201所示。

表2-201 子目工程（工作）内容对照表

本规范		原指南	
名称	工程（工作）内容	名称	工程（工作）内容
（四）无砟道床地段铺轨		（五）无碴道床铺轨	
		1. 标准轨	1.钢轨、钢轨配件和轨枕扣件散布、安装，涂油，检修；2.合拢口锯轨，钻孔；3.防爬设备、调节器、轨距杆、轨撑等安装；4.调轨缝、整修等
1. 长钢轨		2. 长钢轨	1.厂内焊接长钢轨；2.长钢轨工地铺设；3.长钢轨工地焊接；4.应力放散与锁定；5.打磨；6.合拢口锯轨；7.钢轨伸缩调节器安装；8.涂油，检修；9.防爬设备、调节器、轨距杆、轨撑等安装；10.长钢轨绝缘接头制安等
（1）铺轨	1.焊接长钢轨；2.长钢轨铺设、垫板及轨距挡板更换；3.长钢轨工地焊接；4.应力放散与锁定；5.铁屑清理；6.合拢口锯轨；7.涂油，检修；8.防爬设备、调节器、轨距杆、轨撑等安装；9.长钢轨绝缘接头制安；10.锚固等；11.运输、散布、安装钢轨扣件		

（5）"大型机械安拆与调试"将铺设标准轨的轨节铺轨机等安拆与调试和铺设长钢轨的铺轨机组安拆与调试纳入其中，如表2-202所示。

表2-202 子目工程（工作）内容对照表

本规范		原指南	
名称	工程（工作）内容	名称	工程（工作）内容
（七）大型机械安拆与调试	轨节铺轨机安拆与调试、铺轨机安拆调试等		

（6）正线有砟轨道的轨道调整放在粒料道床的"面砟"工作内容中，而无砟轨道的轨道调整在"无砟道床地段铺轨"条目下级设置独立子目，与现场计量过程相统一，如表2-203所示。站线也采用了同样的归类方式。

表 2-203 子目工程（工作）内容对照表

本规范		原指南	
名称	工程（工作）内容	名称	工程（工作）内容
1. 面砟	1. 材料价购，运输；2. 人工铺设：道砟回填、均匀、起道、串砟、轨枕方正、道床捣固、起拨道、整形、整理、轨道调整；3. 机械铺设：反复铺砟、捣固、稳定、起拨道、整形、整理、轨道调整	1. 面砟	1. 人工铺设：道砟回填、均匀、起道、串砟、轨枕方正、道床捣固、起拨道、整形、整理；2. 机械铺设：反复铺砟、捣固、稳定、起拨道、整形、整理

（7）综合各类板式、双块式无砟道床预制特点，归纳"轨道板（枕）预制"工程内容为：模板制安拆，钢筋及预埋件制安（含绝缘处理），混凝土浇筑，锚具安装，制孔，预应力筋制安及张拉，切割、封锚，打磨，养护、检测，厂内吊运、存放，如表 2-204 所示。

表 2-204 子目工程（工作）内容对照表

本规范		原指南	
名称	工程（工作）内容	名称	工程（工作）内容
（1）轨道板（枕）预制	1. 模板制安拆；2. 钢筋及预埋件制安（含绝缘处理）；3. 混凝土浇筑；4. 锚具安装，制孔，预应力筋制安及张拉，切割、封锚；5. 打磨；6. 养护、检测；7. 厂内吊运、存放	（1）××式无砟道床	
（2）轨道板（枕）运输	施工准备、轨道板（枕）装车、运输、卸车、空回	① 现场施工部分	1. 表面处理；2. 模板制安拆；3. 钢筋及预埋件制安（含绝缘处理）；4. 底座（支承层）、凸型挡台、道床板混凝土浇筑；5. 预制构件安装；6. CA 砂浆注入袋铺设；7. CA 砂浆灌筑；8. 凸型挡台周围填充；9. 封闭层、防水层铺设；10. 变形缝设置；11. 基桩设置、测量

（8）通过对各类无砟道床新技术新工艺的调研总结，对原指南"现场施工部分"进行了全面修改，"路基、隧道地段无砟道床"的"道床现浇部分及轨道板（枕）安装"主要修改内容为：

① I 型板式：钢筋制安，道床板、凸台混凝土浇筑，拉毛，植筋，传力杆制安，底座伸缩缝制作，综合接地；检测、粗放、精调，灌浆，凸形挡台填充树脂，浸水养护，施工测量。

② II 型板式：支承层混合料浇筑，拉毛，综合接地；检测、打磨、粗放、精调，灌浆，现浇混凝土浇筑，现浇构件钢筋制安，轨道板侧面、板间封边，轨道板纵向连接，施工测量。

③ III 型板式：钢筋制安，传力杆制安，限位槽模板安拆，底座混凝土浇筑，底座伸缩缝制作，隔离层、弹性垫层铺设，综合接地；检测、粗放、精调，自密实混凝土浇筑，现浇构件钢筋制安，施工测量。

④ 双块式：级配碎石制备、填筑压实，支承层混合料浇筑，钢筋制安，底座及道床板混凝土浇筑，综合接地，植筋，拉毛；轨排组装、铺设、施工测量。

⑤弹性支承块式：套靴、垫板及预埋件，铺设，植筋，现浇混凝土浇筑，现浇构件钢筋制安，拉毛，伸缩缝制作，综合接地，施工测量。

相较路基、隧道地段，桥梁地段主要是Ⅱ型板式和双块式存在一定差异，Ⅱ型板式没有了支承层混合料浇筑，取而代之的是钢筋制安，底座、侧向挡块混凝土浇筑，植筋，铺土工布、PE膜，梁端挤塑板安装。双块式没有了级配碎石制备、填筑压实，支承层混合料浇筑，植筋；取而代之的是侧向挡块混凝土浇筑，中间层安装等。

（9）"道岔地段无砟道床"未再区分预制和现浇部分，其现浇部分与双块式工作内容较为接近，如表2-205所示。

表2-205 子目工程（工作）内容对照表

本规范		原指南	
名称	工程（工作）内容	名称	工程（工作）内容
4.道岔地段无砟道床	1.模板制安拆；2.钢筋及预埋件制安（含绝缘处理）；3.混凝土浇筑；4.锚具安装，制孔，预应力筋制安及张拉，切割、封锚；5.打磨；6.养护、检测；7.厂内吊运、存放；8.钢筋制安，道床板混凝土浇筑，综合接地，植筋，拉毛；9.轨排组装、铺设、施工测量；铺设减振垫层		

（10）结合铁路工程轨道定额和现场实际施工情况，首次明确了"端刺、摩擦板地段无砟道床"工作内容为：表面处理，模板制安拆，钢筋及预埋件制安（含绝缘处理），底座（支承层）、凸型挡台、道床板混凝土浇筑，预制构件粗放、安装、精调，CA砂浆注入袋铺设，CA砂浆灌筑，自密实混凝土拌制、浇筑，凸型挡台周围填充，封闭层、防水层铺设，变形缝设置，基桩设置、测量，预制模板制安拆，钢筋及预埋件制安（含绝缘处理），混凝土预制，锚具安装，制孔，预应力筋制安及张拉，切割、封锚，打磨，养护、检测，厂内吊运、存放，端刺、摩擦板开挖、施工等。

（11）改建工程"抽换电容枕""抽换电磁枕"结合"抽换轨枕"，确定工作内容为：松开扣件和防爬设备，调节器、轨距杆、轨撑，抽出旧枕；更换新枕，上紧扣件和防爬设备，调节器、轨距杆、轨撑；整修。

（12）站线与正线相类似的工程内容进行了同步修改，并根据现场施工实际，站线铺新轨均补充"螺旋道钉锚固"等工作内容。站线"钢筋混凝土枕"长钢轨增加了"铺轨机安拆调试"工作内容，主要针对若不使用正线工程中"大型机械安拆与调试"子目，可将相关工作内容放至此处，"异形轨"中也进行了同样的设置，但本规范推荐无论是否有正线工程，大型机械安拆与调试等工作内容均在正线工程"大型机械安拆与调试"子目，如表2-206所示。

表2-206 子目工程（工作）内容对照表

本规范		原指南	
名称	工程（工作）内容	名称	工程（工作）内容
1.标准轨	1.人工铺轨：螺旋道钉锚固，轨枕、钢轨、钢轨配件和轨枕扣件散布、拼装；2.机械铺轨：轨节拼装、倒装，机械铺设；3.合拢口锯轨，钻孔；4.锚固；5.涂油，检修，拨荒道；6.防爬设备、调节器、轨距杆、轨撑等安装；7.调轨缝、整修	1.标准轨	1.人工铺轨：轨枕、钢轨、钢轨配件和轨枕扣件散布、拼装；2.机械铺轨：轨节拼装、倒装，机械铺设；3.合拢口锯轨，钻孔；4.涂油，检修，拨荒道；5.防爬设备、调节器、轨距杆、轨撑等安装；6.调轨缝、整修等

续表

本规范		原指南	
名称	工程（工作）内容	名称	工程（工作）内容
2.长钢轨	1.焊接长钢轨。2.单枕法：铺轨机安拆调试，螺旋道钉锚固，钢轨及轨枕铺设；换铺法：标准轨节拼装、铺设、接头临时联结，工具轨回收倒用。3.长钢轨工地焊接，应力放散与锁定。4.涂油、检修，合拢口锯轨。5.长钢轨绝缘接头制安。6.钢轨伸缩调节器、轨距杆、轨撑等安装。7.调轨距、整修。8.锚固等	2.长钢轨	1.单根轨枕铺设法：（1）螺旋道钉锚固；（2）厂内焊接长钢轨；（3）工地铺设；（4）长钢轨工地焊接；（5）应力放散与锁定；（6）打磨。2.换铺法：（1）标准轨节拼装、铺设、接头临时联结；（2）标准轨条回收倒用；（3）厂内焊接长钢轨；（4）长钢轨工地铺设；（5）长钢轨工地焊接；（6）应力放散与锁定；（7）打磨。3.合拢口锯轨。4.钢轨伸缩调节器安装。5.涂油、检修，拨荒道。6.防爬设备、调节器、轨距杆、轨撑等安装。7.调轨距、整修。8.长钢轨绝缘接头制安等
3.异形轨	1.人工铺轨：螺旋道钉锚固，轨枕、钢轨、钢轨配件和轨枕扣件散布、拼装；2.机械铺轨：轨节铺轨机等安拆与调试、轨节拼装、倒装，机械铺设；3.合拢口锯轨，钻孔；4.锚固；5.涂油，检修，拨荒道；6.防爬设备、调节器、轨距杆、轨撑等安装；7.调轨缝、整修	3.异形轨	1.人工铺轨：螺旋道钉锚固，轨枕、钢轨、钢轨配件和轨枕扣件散布、拼装；2.合拢口锯轨，钻孔；3.涂油，检修，拨荒道；4.防爬设备、调节器、轨距杆、轨撑等安装；5.调轨缝、整修等

（13）为了确保工作内容更为完整，在站线"异形轨"中增加机械铺轨的工作内容，包括轨节拼装、倒装，机械铺设等，如表2-207所示。

表2-207 子目工程（工作）内容对照表

本规范		原指南	
名称	工程（工作）内容	名称	工程（工作）内容
2.异形轨	1.人工铺轨：螺旋道钉锚固，轨枕、钢轨、钢轨配件和轨枕扣件散布、拼装；2.机械铺轨：轨节拼装、机械铺设；3.合拢口锯轨，钻孔；4.锚固；5.涂油，检修，拨荒道；6.防爬设备、调节器、轨距杆、轨撑等安装；7.调轨缝、整修	3.异形轨	1.人工铺轨：螺旋道钉锚固，轨枕、钢轨、钢轨配件和轨枕扣件散布、拼装；2.合拢口锯轨，钻孔；3.涂油，检修，拨荒道；4.防爬设备、调节器、轨距杆、轨撑等安装；5.调轨缝、整修等

（14）站线"无砟道床地段铺轨"长钢轨"铺轨"工作内容应与正线"无砟道床地段铺轨"长钢轨"铺轨"工作内容一致，且"垫板及轨距挡板更换"的工作内容已单独设置子目，因此应删除该内容，为笔误。正线与站线铺轨更换垫板条目单位不同，正线为垫板个数，站线为铺轨公里，为笔误，应统一单位为铺轨公里。

（15）结合铁路工程轨道定额和现场实际施工情况，铺新岔和铺旧岔均需增加"岔区临时轨道养护"

"重车碾压"等工作内容，同时还包括调轨缝、辅助轨铺设等工作内容。除此以外，将道岔打磨从工作内容中移出，独立设置子目，如表 2-208 所示。

表 2-208 子目工程（工作）内容对照表

本规范		原指南	
名称	工程（工作）内容	名称	工程（工作）内容
三、铺新岔		三、铺新岔	
（一）单开道岔		（一）单开道岔	
1. 有砟道床铺道岔	1. 人工铺岔：道岔、岔枕、道岔配件和岔枕扣件散布、安装；2. 机械铺岔：岔节拼装，机械铺设，人工抽换及铺钉岔枕；3. 涂油，整修；4. 防爬设备、调节器、轨距杆、绝缘轨安装；5. 与无缝线路联结的道岔接头焊接、胶接绝缘接头，应力放散与锁定，岔区临时轨道养护；6. 重车碾压	1. 有碴道床铺道岔	1. 人工铺岔：道岔、岔枕、道岔配件和岔枕扣件散布、安装；2. 机械铺岔：岔节拼装，机械铺设，人工抽换及铺钉岔枕；3. 涂油，整修；4. 防爬设备、调节器、轨距杆、绝缘轨安装；5. 与无缝线路联结的道岔接头焊接、胶接绝缘接头，应力放散与锁定，打磨
2. 无砟道床铺道岔	1. 人工铺岔：道岔、配扣件散布、安装；2. 机械铺岔：机械吊装、铺设；3. 涂油，整修；4. 防爬设备、调节器、轨距杆、绝缘轨安装；5. 与无缝线路联结的道岔接头焊接、胶接绝缘接头，应力放散与锁定，岔区临时轨道养护；6. 重车碾压	2. 无碴道床铺道岔	1. 人工铺岔：道岔、配扣件散布、安装；2. 机械铺岔：机械吊装、铺设；3. 涂油，整修；4. 防爬设备、调节器、轨距杆、绝缘轨安装；5. 与无缝线路联结的道岔接头焊接、胶接绝缘接头，应力放散与锁定，打磨
（二）特种道岔		（二）特种道岔	
1. 有砟道床铺道岔	1. 人工铺岔：道岔、岔枕、道岔配件和岔枕扣件散布、安装；2. 机械铺岔：岔节拼装，机械铺设，人工抽换及铺钉岔枕；3. 涂油，整修；4. 防爬设备、调节器、轨距杆、绝缘轨安装；5. 与无缝线路联结的道岔接头焊接、胶接绝缘接头，应力放散与锁定，岔区临时轨道养护；6. 重车碾压	1. 有碴道床铺道岔	1. 人工铺岔：道岔、岔枕、道岔配件和岔枕扣件散布、安装；2. 机械铺岔：岔节拼装，机械铺设，人工抽换及铺钉岔枕；3. 涂油，整修；4. 防爬设备、调节器、轨距杆、绝缘轨安装；5. 与无缝线路联结的道岔接头焊接、胶接绝缘接头，应力放散与锁定，打磨
2. 无砟道床铺道岔	1. 人工铺岔：道岔、配扣件散布、安装；2. 机械铺岔：机械吊装、铺设；3. 涂油，整修；4. 防爬设备、调节器、轨距杆、绝缘轨安装；5. 与无缝线路联结的道岔接头焊接、胶接绝缘接头，应力放散与锁定，岔区临时轨道养护；6. 重车碾压	2. 无碴道床铺道岔	1. 人工铺岔：道岔、配扣件散布、安装；2. 机械铺岔：机械吊装、铺设；3. 涂油，整修；4. 防爬设备、调节器、轨距杆、绝缘轨安装；5. 与无缝线路联结的道岔接头焊接、胶接绝缘接头，应力放散与锁定，打磨

续表

本规范		原指南	
名称	工程（工作）内容	名称	工程（工作）内容
（三）道岔精调	精调		
（四）道岔打磨	打磨		
四、铺旧岔		四、铺旧岔	
（一）单开道岔	1.人工铺岔：道岔、岔枕、道岔配件和岔枕扣件散布、安装；2.机械铺岔：岔节拼装，机械铺设，人工抽换及铺钉岔枕；3.涂油，整修；4.防爬设备、调节器，轨距杆、绝缘轨安装；5.与无缝线路联结的道岔接头焊接、胶接绝缘接头，应力放散与锁定，岔区临时轨道养护；6.重车碾压	（一）单开道岔	1.人工铺岔：道岔、岔枕、道岔配件和岔枕扣件散布、安装；2.机械铺岔：岔节拼装，机械铺设，人工抽换及铺钉岔枕；3.涂油，整修；4.防爬设备、调节器，轨距杆、绝缘轨安装；5.与无缝线路联结的道岔接头焊接、胶接绝缘接头，应力放散与锁定，打磨
（二）特种道岔	1.人工铺岔：道岔、岔枕、道岔配件和岔枕扣件散布、安装；2.机械铺岔：岔节拼装，机械铺设，人工抽换及铺钉岔枕；3.涂油，整修；4.防爬设备、调节器，轨距杆、绝缘轨安装；5.与无缝线路联结的道岔接头焊接、胶接绝缘接头，应力放散与锁定，岔区临时轨道养护；6.重车碾压	（二）特种道岔	1.人工铺岔：道岔、岔枕、道岔配件和岔枕扣件散布、安装；2.机械铺岔：岔节拼装，机械铺设，人工抽换及铺钉岔枕；3.涂油，整修；4.防爬设备、调节器，轨距杆、绝缘轨安装；5.与无缝线路联结的道岔接头焊接、胶接绝缘接头，应力放散与锁定，打磨
（三）道岔精调	精调		
（四）道岔打磨	打磨		

（16）改建道岔工程中重铺、起落、拨移均增加了道岔精调和打磨的工作内容，完善了工序的全部内容，如表2-209所示。

表2-209 子目工程（工作）内容对照表

本规范		原指南	
名称	工程（工作）内容	名称	工程（工作）内容
（三）道岔精调	精调		
（四）道岔打磨	打磨		

（17）线路附属工程分成正线和站线后，工作内容更为明晰，需要注意的是平交道道口板的预制、铺砌，平交道口护轮轨及防护设施制安均属于其工作内容，而平交道土石方和路面在第九章相关子目中，本子目不包含。

（18）线路备料包括钢轨架制作、埋设，各种钢轨、道岔、扣配件、轨枕等规定备用材料按规定存放地点放置，如表2-210所示。

表 2-210 子目工程（工作）内容对照表

本规范		原指南	
名称	工程（工作）内容	名称	工程（工作）内容
二、线路备料		二、线路备料	钢轨架制作、埋设，各种规定备用材料按规定存放地点放置，验交前保管
（一）正线备料	按规定存放		
（一）站线备料	按规定存放		

6. 附注中需要注意的问题

（1）由于无砟道床地段铺轨并未区分不同无砟道床类型，因此在附注中特别说明若无砟道床类型为Ⅱ型板，则工作内容不含扣件散布，如表 2-211 所示。

表 2-211 子目附注对照表

本规范		原指南	
名称	附注	名称	附注
1. 铺轨	Ⅱ型板不含扣件散布	1. 标准轨	
2. 轨道调整		2. 长钢轨	

（2）路基等各个地段无砟道床将轨道板（枕）运输独立设置子目，而道岔地段、端刺、摩擦板地段并未细分下级子目。因此，在附注中特别说明还包括预制件从预制厂运至工地的工作内容。

6.6 第六章 通信、信号、信息及灾害监测

1. 子目划分

本章共计 4 节 460 个子目，在原指南基础上减少 57 个子目，删除了一些已经淘汰的工程子目，增加了一些新技术子目。具体变化情况如下：

第 15 节通信

（1）为便于清单编制和审核，避免同一子系统的内容在不同子目中出现所造成的系统不完整性问题，对新近发展较快并运用成熟的通信子系统进行了重新规整和细化，将原指南类似和重复的工作内容进行了合并和归类。

（2）结合编制办法章节表，摒弃原指南"通信线路""通信设备"分类方式，除"通信线路"外，将"通信设备"按有线和无线通信子系统进行分类。与原指南比较，增加了数据通信、布线工程、数字同步及时间分配、隧道事故报警电话、列尾装置、综合网络管理子系统等子目，取消了传真设备、会议电话设备、无线列调、电缆自动充气系统设备、有线广播设备、电视及共用天线系统等子目，如表 2-212 所示。

表 2-212 子目名称对照表

本规范		原指南	
编码	名称	编码	名称
15	通信	0615	通信
1501	一、通信线路	061501	一、通信线路
1505	五、有线调度通信		

续表

本规范		原指南	
编码	名称	编码	名称
1506	六、无线通信		
1509	九、应急通信		
150901	（一）专用应急通信		
150902	（二）隧道事故报警电话		
1510	十、布线工程		
1511	十一、数字同步及时间分配		
1512	十二、通信电源设备及防雷接地装置		
1513	十三、列尾装置		
1514	十四、其他通信		

（3）为了将土建和四电工程子目的深细度尽量保持一致，将"通信线路"的下级子目进行了优化，光（电）缆沟、管道、槽道不再强制要求设置下级子目，采用第二章路基附属工程的子目划分思路，仅在子目划分特征中说明可按土石类别、孔数或材质进行下级子目划分，槽道更是采用"综合"作为子目划分特征，减少清单冗余，如表2-213所示。

表 2-213　子目名称对照表

本规范		原指南	
编码	名称	编码	名称
15010101	1. 光（电）缆沟	061501J0101	1. 光、电缆沟
		061501J010101	（1）土沟
		061501J010102	（2）石沟
15010102	2. 光（电）缆管道	061501J0102	2. 光、电缆管道
		061501J010201	（1）混凝土管道
		061501J010202	（2）塑料管道
		061501J010203	（3）镀锌钢管
15010103	3. 光（电）缆槽道	061501J0103	3. 光、电缆槽道

（4）"敷设光、电缆"子目重复内容较多，因此本规范将两部分子目合并为光（电）缆敷设。设置"光缆杆路""埋式光（电）缆敷设""管道光（电）缆敷设""槽道光（电）缆敷设""架空光缆敷设""墙壁电缆敷设""备用光（电）缆"等同级子目，并取消了长途干线架空电缆的相关子目，增加了"光（电）缆保护及防护"子目，更符合现场实际施工情况，如表2-214所示。

表 2-214　子目名称对照表

本规范		原指南	
编码	名称	编码	名称
15010104	4. 光缆杆路		
15010105	5. 埋式光（电）缆敷设	061501J0104	4. 敷设光、电缆

续表

本规范		原指南	
编码	名称	编码	名称
15010106	6. 管道光（电）缆敷设	061501J010401	（1）架空光缆
15010107	7. 槽道光（电）缆敷设	061501J01040101	①新设杆路
15010108	8. 架空光缆敷设	061501J01040102	②利用既有杆路
		061501J010402	（2）埋式光缆
		061501J01040201	①路基地段
		061501J01040202	②桥隧地段
		061501J010403	（3）管道光缆
		061501J010404	（4）架空电缆
		061501J01040401	①新设杆路
		061501J01040402	②利用既有杆路
		061501J010405	（5）埋式电缆
		061501J01040501	①路基地段
		061501J01040502	②桥隧地段
		061501J010406	（6）管道电缆
		061501J010407	（7）架设漏泄同轴电缆
		061501J01040701	①架设隧道内漏泄同轴电缆
		061501J01040702	②架设隧道外漏泄同轴电缆
15010109	9. 光（电）缆保护及防护		
15010110	10. 备用光（电）缆	061501J0106	5. 备用光、电缆
		061501J010601	（1）备用光缆
		061501J010602	（2）备用电缆

（5）随着铁路工程通信技术的发展，取消长途通信、区段及站场通信、地区通信的设备安装分类方式，取消按照站点类型的设备安装分类方式，按照现行的通信子系统及子系统的设备类型对有线通信分类，为"传输及接入网"新增了子目，包括设备、网管系统和其他辅助设备等的安装和调试工作；为"数据通信"新增了子目，包括设备、网管系统等的安装和调试工作；为"电话交换"新增了子目，包括交换机、网管系统等的安装和调试工作；"有线调度通信"新增了子目，包括设备、网管系统等的安装和调试工作，如表2-215所示。

表2-215 子目名称对照表

本规范		原指南	
编码	名称	编码	名称
1502	二、传输及接入网	061502	二、通信设备
	Ⅱ．安装工程费	061502A	Ⅱ．安装工程费
150201	（一）传输及接入设备	061502A01	（一）长途通信设备
150202	（二）传输及接入设备网管系统	061502A0101	1. 公司基地

续表

本规范		原指南	
编码	名称	编码	名称
150203	（三）其他辅助设备	061502A010101	（1）长途传输设备
150204	（四）传输及接入设备系统调试	061502A010102	（2）会议电话、电视设备
1503	三、数据通信	061502A010103	（3）电报、传真设备
	Ⅱ．安装工程费	061502A010104	（4）其他辅助设备
150301	（一）数据网设备	061502A0102	2．通信站
150302	（二）网管系统	061502A010201	（1）长途传输设备
150303	（三）系统调试	061502A010202	（2）会议电话、电视设备
1504	四、电话交换	061502A010203	（3）电报、传真设备
	Ⅱ．安装工程费	061502A010204	（4）其他辅助设备
150401	（一）程控电话交换机	061502A0103	3．中间站（含编组站）
150402	（二）网管系统	061502A010301	（1）长途传输设备
150403	（三）系统调试	061502A010302	（2）电报、传真设备
1505	五、有线调度通信	061502A010303	（3）其他辅助设备
	Ⅱ．安装工程费	061502A0104	4．区间点
150501	（一）有线调度通信设备	061502A0105	5．有线系统联调
150502	（二）调度通信设备网管	061502A02	（二）区段及站场通信设备
150503	（三）系统调试	061502A0201	1．调度所

（6）将"无线列调通信""GSM-R无线通信"的铁塔和电杆以及"架设漏泄同轴电缆"等建筑工程子目，纳入"无线通信"建筑工程子目，划分为"天线铁塔及基础""漏泄同轴电缆架设"两条子目，且铁塔按基础与铁塔组立分列子目，同轴电缆按隧道内、隧道外，同接触网分列子目。将已成为主流设备的"GSM-R无线通信"作为本规范无线通信设备安装主要子目，并按"核心网设备""天馈系统""SIM卡管理子系统""电子地图"等设备类型确定下级子目，如表2-216所示。

表2-216 子目名称对照表

本规范		原指南	
编码	名称	编码	名称
1506	六、无线通信	061502A020101	（1）数字调度主系统设备
	Ⅰ．建筑工程费	061502A020102	（2）传输设备
150601	（一）天线铁塔及基础	061502A020103	（3）其他设备
15060101	1．地面铁塔	061502A0202	2．中间站（含编组站）
15060102	2．楼顶铁塔	061502A020201	（1）数字调度分系统设备
15060103	3．通信铁塔基础	061502A03	（三）地区通信设备
150602	（二）漏泄同轴电缆架设	061502A0301	1．程控电话交换设备
15060201	1．架设隧道内漏泄同轴电缆	061502A0302	2．自动电话
15060202	2．架设隧道外漏泄同轴电缆	061502A04	（四）电源设备

续表

本规范		原指南	
编码	名称	编码	名称
15060203	3. 与接触网同杆架设漏泄同轴电缆	061502A0401	1. 公司基地
15060204	4. 备用漏泄同轴电缆	061502A0402	2. 调度所
	Ⅱ. 安装工程费	061502A0403	3. 通信站
150603	（一）GSM-R 无线通信	061502A0404	4. 中间站（含编组站）
15060301	1. 核心网设备	061502A0405	5. 区间点用户点
15060302	2. 无线子系统设备	061502A07	（五）无线通信设备
15060303	3. 天馈系统	061502A0501	1. 无线列调通信设备
15060304	4. 系统网管	061502A050101	（1）车站台
15060305	5. GSM-R 接口监测系统	061502A050102	（2）互控台
15060306	6. 漏缆监测系统	061502A050103	（3）中继器
15060307	7. SIM 卡管理子系统	061502A050104	（4）机车台
15060308	8. 系统调试	061502A050105	（5）调度总机
15060309	9. 场强测试	061502A050106	（6）无线列调天线
15060310	10. 电磁环境检测	061502A0502	2. GSM-R 无线通信设备
15060311	11. 网络优化	061502A050201	（1）交换中心 TRAU 设备
15060312	12. 电子地图	061502A050202	（2）基站子系统 BSS
15060313	13. GSM-R 数据制作	061502A050203	（3）直放站
150604	（二）其他无线通信	061502A050204	（4）GMS-R 系统联调

（7）结合铁路工程通信新技术发展，对一些日趋成熟和广泛应用的通信设备独立设置子目，新增"会议电视""布线工程""数字同步及时间分配""列尾装置""综合网络管理""光纤监测"等子目。同时，将"综合视频监控"细分为视频杆塔及基础工程，视频采集点设备、视频汇集点设备、视频节点设备、视频终端设备、网管设备等安装与调试；"应急通信"细分为应急中心设备、隧道事故报警电话等安装与调试；"通信电源设备及防雷接地装置"细分为高频开关电源、UPS、配电设备、防雷装置、通信电源及环境监控设备等安装与调试，较原指南进行了全面的调整和修改，如表 2-217 所示。

表 2-217　子目名称对照表

本规范		原指南	
编码	名称	编码	名称
1507	七、会议电视	061502A0503	3. 其他无线通信设备
	Ⅱ. 安装工程费	061502A06	（六）其他通信
150701	（一）会议电视设备	061502A0601	1. 电源及环境监测系统
150702	（二）网管系统	061502A060101	（1）监测中心
150703	（三）系统调试	061502A060102	（2）分机设备
1508	八、综合视频监控	061502A0602	2. 综合视频监控系统
	Ⅰ. 建筑工程费	061502A060201	（1）监控中心

续表

本规范		原指南	
编码	名称	编码	名称
150801	(一)视频杆塔及基础	061502A060202	(2)现场
	Ⅱ.安装工程费	061502A0603	3.光缆在线监测系统
150802	(一)视频采集点设备	061502A0604	4.电缆自动充气系统设备
150803	(二)视频汇集点设备	061502A0605	5.有线广播设备、电视及共用天线系统
150804	(三)视频节点设备	061502A0606	6.应急通信
150805	(四)视频终端设备	061502A0607	7.其他系统
150806	(五)网管设备		
150807	(六)系统调试		
1509	九、应急通信		
	Ⅱ.安装工程费		
150901	(一)专用应急通信		
15090101	1.应急中心设备		
15090102	2.系统调试		
150902	(二)隧道事故报警电话		
15090201	1.隧道事故报警电话设备		
15090202	2.网管设备		
15090203	3.系统调试		
1510	十、布线工程		
	Ⅱ.安装工程费		
151001	(一)综合布线		
1511	十一、数字同步及时间分配		
	Ⅱ.安装工程费		
151101	(一)时钟设备		
151102	(二)时间设备		
151103	(三)网管系统		
151104	(四)系统调试		
1512	十二、通信电源设备及防雷接地装置		
	Ⅰ.建筑工程费		
151201	(一)防雷接地装置		
15120101	1.接地装置		
	Ⅱ.安装工程费		
151202	(一)通信电源设备		
15120201	1.高频开关电源(含蓄电池及附属装置)		

续表

本规范		原指南	
编码	名称	编码	名称
15120202	2. UPS（含蓄电池及附属装置）		
15120203	3. 配电设备		
151203	（二）防雷装置		
15120301	1. 防雷装置		
151204	（三）通信电源及环境监控		
15120401	1. 通信电源及环境监控设备		
15120402	2. 系统调试		
1513	十三、列尾装置		
	Ⅱ. 安装工程费		
151301	（一）列尾装置设备		
151302	（二）网管系统		
151303	（三）系统调试		
1514	十四、其他通信		
	Ⅱ. 安装工程费		
151401	（一）综合网络管理		
15140101	1. 综合网络管理设备		
15140102	2. 系统调试		
151402	（二）光纤监测		
15140201	1. 光纤监测设备		
15140202	2. 网管系统		
15140203	3. 系统调试		

第16节 信号

（8）为便于清单编制和审核，避免原指南中小系统的重复罗列，对新近发展较快并运用成熟的信号系统进行了重新规整和细化，子目划分结构与原指南基本一致，重点将原指南类似和重复的工作内容进行了合并和归类。

（9）与通信相似，"电缆沟""电缆槽道""敷设电缆"下级子目进行了优化，并增加"电缆保护""敷设贯通接地铜缆及接地连接"子目，如表2-218所示。

表2-218 子目名称对照表

本规范		原指南	
编码	名称	编码	名称
1602	二、闭塞系统	061602	二、闭塞设备
160201	（一）自动闭塞	061602J01	（一）自动闭塞
	Ⅰ. 建筑工程费	061602J	Ⅰ. 建筑工程费
16020101	1. 电缆沟	061602J0101	1. 电缆沟

续表

本规范		原指南	
编码	名称	编码	名称
		061602J010101	（1）土沟
		061602J010102	（2）石沟
16020102	2.电缆槽道	061602J0102	2.电缆槽道
16020103	3.敷设电缆	061602J0103	3.电缆敷设
		061602J010301	（1）路基地段
		061602J010302	（2）桥隧地段
16020104	4.电缆保护		
16020105	5.敷设贯通接地铜缆		

（10）将"自动闭塞""自动站间闭塞""半自动闭塞"安装工程子目划分进行了统一，删除了原指南"UM2000 移频自动闭塞""ZPW-2000 移频自动闭塞"等设备安装，按室外工程和室内工程增加了室外信号机、轨道电路、计轴设备，室内机柜、架间配线、信号电源、系统、站间安全信息传输等设备的调试和安装，提高了工程量清单标准化，后续子目也沿用了这一原则，如表 2-219 所示。

表 2-219 子目名称对照表

本规范		原指南	
编码	名称	编码	名称
	Ⅱ.安装工程费	061602A	Ⅱ.安装工程费
		061602A0101	1.UM2000 移频自动闭塞
		061602A0102	2.ZPW-2000 移频自动闭塞
16020106	1.室外工程		
1602010601	（1）信号机安装（含基础）		
1602010602	（2）轨道电路安装（含基础）		
1602010603	（3）计轴设备安装（含基础）		
16020107	2.室内工程		
1602010701	（1）自动闭塞系统室内机柜安装、架间配线		
1602010702	（2）自动闭塞系统调试		
1602010703	（3）自动闭塞系统信号电源		

（11）分析"自动闭塞"与"自动站间闭塞""半自动闭塞"在室内安装工程的差异性，增加了"站间安全信息传输设备"子目，如表 2-220 所示。

表 2-220 子目名称对照表

本规范		原指南	
编码	名称	编码	名称
160202	（二）自动站间闭塞	061602J02	（二）自动站间闭塞
细目同<16 信号——二、闭塞系统——（一）自动闭塞——Ⅰ.建筑工程费>			（细目同自动闭塞）

续表

本规范		原指南	
编码	名称	编码	名称
16020206	1. 室外工程	061602A02	（二）自动站间闭塞
细目同<16 信号——二、闭塞系统——（一）自动闭塞——Ⅱ.安装工程费——1.室外工程>			
16020207	2. 室内工程		
1602020701	（1）自动站间闭塞系统室内机柜安装及架柜间配线		
1602020702	（2）自动站间闭塞系统调试		
1602020703	（3）自动站间闭塞系统信号电源		
1602020704	（4）站间安全信息传输设备		
160203	（三）半自动闭塞	061602J03	（三）半自动闭塞
细目同<16 信号——二、闭塞系统——（一）自动闭塞——Ⅰ.建筑工程费>			（细目同自动闭塞）
16020306	1. 室外工程	061602A03	（三）半自动闭塞
细目同<16 信号——二、闭塞系统——（一）自动闭塞——Ⅱ.安装工程费——1.室外工程>			
16020307	2. 室内工程		
1602030701	（1）半自动闭塞系统室内机柜安装及架柜间配线		
1602030702	（2）半自动闭塞系统调试		
1602030703	（3）半自动闭塞系统信号电源		
1602030704	（4）站间安全信息传输设备		

（12）修改"列车运行与控制系统"仅计列了"点式应答器电缆敷设"的局限，沿用"自动闭塞"子目，将"电缆沟""电缆槽道""敷设电缆"等均纳入建筑工程，将室外电子单元箱、应答器安装，室内机柜安装及架柜间配线、系统、信号电源调试和安装纳入安装工程，如表 2-221 所示。

表 2-221　子目名称对照表

本规范		原指南	
编码	名称	编码	名称
1603	三、列车运行控制系统	061603	三、列车运行与控制系统
细目同<16 信号——二、闭塞系统——（一）自动闭塞——Ⅰ.建筑工程费>		061603J01	（一）点式应答器电缆敷设
		061603J0101	1. 路基地段
		061603J0102	2. 桥隧地段

（13）"联锁系统"安装子目进行了重新分类，"信号机安装""轨道电路及电码化安装""道岔转辙装置""计轴设备安装"归类为"室外工程"，"室内工程"同样是室内机柜安装及架柜间配线、系统、

信号电源调试和安装。除此以外，根据编制办法章节表，将"道岔融雪装置"放入"其他信号设备"中，采用与自动闭塞相同的建筑工程子目，安装工程划分子目为：室外电气控制柜、隔离变压器、箱盒基础、道岔融雪安装，室内控制终端设备安装等，如表2-222所示。

表2-222 子目名称对照表

本规范		原指南	
编码	名称	编码	名称
1604	四、联锁系统	061604	四、联锁装置
160401	（一）电气集中联锁	061604J01	（一）电气集中联锁
	Ⅰ.建筑工程费	061604J	Ⅰ.建筑工程费
细目同<16信号——二、闭塞系统——（一）自动闭塞——Ⅰ.建筑工程费>		（细目同自动闭塞）	
	Ⅱ.安装工程费	061604A	Ⅱ.安装工程费
16040106	1.室外工程		
1604010601	（1）信号机安装（含基础）	061604A0101	1.信号机
1604010602	（2）轨道电路及电码化安装（含基础）	061604A0102	2.轨道电路及电码化
1604010603	（3）道岔转辙装置（含基础）	061604A0103	3.道岔转辙装置
		061604A0104	4.道岔融雪装置
1604010604	（4）计轴设备安装（含基础）		
16040107	2.室内工程	061604A0105	5.室内信号设备
1604010701	（1）电气集中联锁系统室内机柜、控制台安装及架柜间配线		
1604010702	（2）电气集中联锁系统调试		
1604010703	（3）电气集中联锁系统信号电源		
1604010704	（4）车站其他设备		
160402	（二）计算机联锁	061604A02	（二）计算机联锁
	Ⅰ.建筑工程费	061604J	Ⅰ.建筑工程费
细目同<16信号——二、闭塞系统——（一）自动闭塞——Ⅰ.建筑工程费>		（细目同自动闭塞）	
	Ⅱ.安装工程费	061604A	Ⅱ.安装工程费
16040206	1.室外工程	061604A0201	1.信号机
细目同<16信号——四、联锁系统——（一）电气集中联锁——Ⅱ.安装工程费——1.室外工程>		061604A0202	2.轨道电路及电码化
16040207	2.室内工程	061604A0203	3.道岔转辙装置
1604020701	（1）计算机联锁系统室内机柜、操作显示设备安装及架柜间配线	061604A0204	4.道岔融雪装置
1604020702	（2）计算机联锁系统调试	061604A0205	5.室内信号设备
1604020703	（3）计算机联锁系统信号电源		
1604020704	（4）车站其他设备		

（14）结合铁路工程信号新技术发展，"驼峰信号"子目调整为：驼峰控制系统、可控停车器系统、机车遥控和机车信号、驼峰调车作业单系统、驼峰机械等子目，将原指南子目进行了重新分类，如表2-223所示。

表2-223 子目名称对照表

本规范		原指南	
编码	名称	编码	名称
1605	五、驼峰信号	061605	五、驼峰信号设备
160501	（一）驼峰控制系统	061605J01	（一）驼峰信号控制系统
160502	（二）可控停车器系统	061605J02	（二）速度控制室外调速设备
160503	（三）机车遥控和机车信号	061605J03	（三）驼峰机车信号
160504	（四）驼峰调车作业单系统		
160505	（五）驼峰机械	061605J04	（四）驼峰机械

（15）"驼峰控制系统"增加了"踏板设备安装""峰顶摘钩显示盘""按钮柱安装""雷达设备安装（进路及速度控制）""测重传感器安装（进路及速度控制）""测长安装（进路及速度控制）""限界检查器安装（进路及速度控制）"等子目。"驼峰机械"增加了"减速器""减速器维修所"等的建筑和安装子目，如表2-224所示。

表2-224 子目名称对照表

本规范		原指南	
编码	名称	编码	名称
1605	五、驼峰信号	061605	五、驼峰信号设备
160501	（一）驼峰控制系统	061605J01	（一）驼峰信号控制系统
	Ⅰ．建筑工程费	061605J0101	1．进录控制器
细目同<16 信号——二、闭塞系统——（一）自动闭塞——Ⅰ．建筑工程费>		（细目同自动闭塞）	
		061605J0102	2．进路及速度控制
		（细目同自动闭塞）	
	Ⅱ．安装工程费	061605A	Ⅱ．安装工程费
16050106	1．室外工程	061605A0101	1．进路控制
1605010601	（1）信号机安装（含基础）	061605A010101	（1）信号机
1605010602	（2）轨道电路安装（含基础）	061605A010103	（3）轨道电路
1605010603	（3）道岔转辙装置（含基础）	061605A010102	（2）道岔转辙装置
1605010604	（4）踏板设备安装		
1605010605	（5）峰顶摘钩显示盘		
1605010606	（6）按钮柱安装		
1605010607	（7）雷达设备安装（进路及速度控制）		
1605010608	（8）测重传感器安装（进路及速度控制）		
1605010609	（9）测长安装（进路及速度控制）		

续表

本规范		原指南	
编码	名称	编码	名称
1605010610	（10）限界检查器安装（进路及速度控制）		
16050107	2.室内工程		
1605010701	（1）驼峰控制系统室内机柜安装及架柜间配线	061605A010104	（4）驼峰室内设备
1605010702	（2）驼峰控制系统调试	061605A0102	2.进路及速度控制
1605010703	（3）驼峰控制系统信号电源	061605A010201	（1）信号机
1605010704	（4）车站其他设备	061605A010203	（3）轨道电路
		061605A010202	（2）道岔转辙装置
		061605A010206	（6）测速装置
		061605A010205	（5）测重装置
		061605A010204	（4）测长区段
		061605A010207	（7）限界检查器
		061605A010208	驼峰室内设备
160505	（五）驼峰机械	061605J04	（四）驼峰机械
16050509	3.减速器		
16050512	6.减速器维修所		

（16）"其他信号"主要是增加了一些原指南遗漏或新技术的信号工程，包括有"道岔融雪""无线调车机车信号及监控装置""道口信号""信号设备雷电防护及接地""机车信号检修测试所""信号集中监测""编组站自动化"等子目，如表2-225所示。

表2-225 子目名称对照表

本规范		原指南	
编码	名称	编码	名称
1606	六、其他信号设备	061607	七、其他信号
160601	（一）道岔融雪		
160602	（二）无线调车机车信号及监控装置		
160603	（三）道口信号	061602J04	（四）道口信号
160604	（四）信号设备雷电防护及接地		
160605	（五）机车信号检修测试所	061606J02	（二）机车信号检修设备
160606	（六）信号集中监测		
160607	（七）编组站自动化		

第17节 信息

（17）信息在与通信、信号节子目设置调整原则一致的基础上，结合编制办法章节表进行修改和完善。

（18）与通信、信号有所不同，"公共基础平台"还需要设置综合布线用的钢管管槽和桥架的建筑工程，包括站房内旅服、客票、门禁、行包系统配管接续、安装固定，打孔、组装钢槽、组装桥架、安装固定等内容。同样，"综合布线""电源设备""信息设备防雷"需增加配套的安装工程子目，不再按类型设置信息处理中心或站段的"计算机网络平台""计算机网络与信息安全""信息共享平台""公用基础信息平台""铁路门户"等子目，如表2-226所示。

表2-226 子目名称对照表

本规范		原指南	
编码	名称	编码	名称
1701	一、公共基础平台	061701	一、公共基础平台
17010201	1. 钢管		
17010202	2. 桥架		
170103	（一）综合布线	061701J02	（二）综合布线
170104	（二）电源设备		
170105	（三）信息设备防雷		
170201	（一）旅客服务信息系统		
170202	（二）客票系统	061702A0202	2.售票及检票系统
170203	（三）运输调度管理系统		
170204	（四）行包信息系统		
170205	（五）货运管理信息系统		
170206	（六）动车组管理信息系统		
170207	（七）办公管理信息系统		
170208	（八）公安管理信息系统		
170209	（九）门禁系统		
170210	（十）电源及设备房屋环境监控系统		

（19）"应用系统"子目划分较原指南变化较大，变化内容如下：

① 将原指南"运营调度系统""计划调度管理系统（OPMS）""旅客运输管理系统（PTMS）""专业运输管理系统（STMS）"合并为"运输调度管理系统"，编制者可根据设备类型细分子目，如表2-227所示。

表2-227 子目名称对照表

本规范		原指南	
编码	名称	编码	名称
170203	（三）运输调度管理系统	061702A0101	1. 运营调度系统
	Ⅱ.安装工程费	061702A010101	（1）调度中心/调度所
17020301	1. 调度中心（所）设备	061702A010102	（2）站、段
17020302	2. 系统调试	061702A0102	2. 计划调度管理系统（OPMS）
		061702A010201	（1）调度中心/调度所
		061702A010202	（2）站、段
		061702A0103	3. 旅客运输管理系统（PTMS）
		061702A010301	（1）特大型客站

续表

本规范		原指南	
编码	名称	编码	名称
		061702A010302	（2）大型客站
		061702A010303	（3）中型客站
		061702A010304	（4）小型客站
		061702A0104	4.货运运输管理系统（FTMS）
		061702A0105	5.专业运输管理系统（STMS）
		061702A0106	6.防灾安全监控系统

② "货运管理信息系统"按中心、车站划分设备、系统调试和安装子目，如表2-228所示。

表2-228 子目名称对照表

本规范		原指南	
编码	名称	编码	名称
170205	（五）货运管理信息系统		
	Ⅱ．安装工程费		
17020501	1.中心		
1702050101	（1）中心设备		
1702050102	（2）中心系统调试		
17020502	2.车站		
1702050201	（1）车站设备		
1702050202	（2）车站系统调试		

③ 删除"防灾安全监控系统"子目，将相关内容纳入"灾害监测"节中，如表2-229所示。

表2-229 子目名称对照表

本规范		原指南	
编码	名称	编码	名称
		061702A0106	6.防灾安全监控系统

④ 删除"5T及车号自动识别系统""综合维修管理信息系统""求助设施""小件寄存系统""系统联调"系统，编制者可根据项目实际情况进行新增子目，如表2-230所示。

表2-230 子目名称对照表

本规范		原指南	
编码	名称	编码	名称
		061702A0107	7.5T及车号自动识别系统
		061702A0314	14.综合维修管理信息系统
		061702A0403	3.求助设施
		061702A0404	4.小件寄存系统
		061702A05	（五）系统联调

⑤摒弃原指南"旅客服务信息系统""客票系统"按各类系统都按特大型客站、大型客站、中型客站和小型客站分类的规则，规定按各站分别编制，在各站下级子目再区分"综合显示系统""客运广播系统""信息查询系统""客票发售与预订系统""票务系统"等系统或设备类型。

⑥维持前述子目细分原则，"行包信息系统"按"中心""车站"细分系统、设备的安装和调试的子目，不再按客站大小细分子目，如表2-231所示。

表2-231 子目名称对照表

本规范		原指南	
编码	名称	编码	名称
170204	（四）行包信息系统		
	Ⅱ.安装工程费		
17020401	1.中心		
1702040101	（1）中心设备		
1702040102	（2）中心系统调试		
17020402	2.车站		
1702040201	（1）车站设备		
1702040202	（2）车站系统调试		

⑦根据系统所在房屋及工程的位置不同，将"火灾自动报警系统"分别归入第19节电力或第21节旅客站房中，设计归属更为明确。

⑧"市场营销策划系统""货运营销及运力配置系统""机务管理信息系统""车辆管理信息系统""工务管理信息系统""电务管理信息系统""资源管理信息系统""财务会计管理信息系统""统计分析系统""审计管理信息系统""保价运输管理系统""办公信息系统""决策支持系统"均纳入"办公管理信息系统"中，根据中心、站段实际设置情况细分下级子目。

⑨"动车组管理信息系统"按"动车段""动车所"细分了管线建筑工程子目和设备、系统调试安装子目，如表2-232所示。

表2-232 子目名称对照表

本规范		原指南	
编码	名称	编码	名称
170206	（六）动车组管理信息系统		
	Ⅰ.建筑工程费		
17020601	1.动车段管线		
17020602	2.动车所管线		
	Ⅱ.安装工程费		
17020603	1.动车段		
1702060301	（1）动车段设备		
1702060302	（2）动车段系统调试		
17020604	2.动车所		
1702060401	（1）动车所设备		
1702060402	（2）动车所系统调试		

⑩ 仅保留"电源及设备房屋环境监控系统"按中心、站段细分子目,"门禁系统"等子目按不同设备、系统的调试和安装细分子目。

第 18 节 灾害监测

(20) 如前所述,将"防灾安全监控系统"移至"灾害监测",但对其内容进行了较大调整。

(21) 新增"公共基础平台"子目,细目同通信工程,包含光(电)缆沟、管道、槽道、杆路、敷设等内容,如表 2-233 所示。

表 2-233 子目名称对照表

本规范		原指南	
编码	名称	编码	名称
1801	一、公共基础平台		
	Ⅰ.建筑工程费		
细目同<15 通信——一、通信线路——Ⅰ.建筑工程费——(一)长途干线光(电)缆>			

(22) 本规范规定的主要灾害监测系统包括:风、雨、雪及异物侵限监测中心系统设备,地震预警监测中心系统设备,风、雨、雪及异物侵限现场采集设备和监控单元,地震计和监控单元,设备防雷及接地等。

2. 计量单位

(1) 新增子目均按照类似子目确定计量单位。

第 15 节 通信

(2) 结合现场实际计量要求,将"光(电)缆管道"计量单位由"公里"调整为"米",与"光、电缆槽道"相同,如表 2-234 所示。

表 2-234 子目计量单位对照表

本规范		原指南	
名称	计量单位	名称	计量单位
2.光(电)缆管道	米	2.光、电缆管道	公里

(3) 为更好满足现场计量要求,"光(电)缆保护及防护"未采用铁路编制办法的计量单位"元",而采用自然计量单位"处",如表 2-235 所示。

表 2-235 子目计量单位对照表

本规范		原指南	
名称	计量单位	名称	计量单位
9.光(电)缆保护及防护	处		

(4) 为提高规范的统一性,设备及系统子目均采用自然计量单位"套""系统"或"台"等,而系统调试统一采用"元"的计量单位。

第 16 节 信号

(5) 列车调度指挥系统(TDCS)、调度集中系统(CTC)等"系统调试"与通信章节原则一致,计量单位由原指南"系统"调整为"元",更方便操作应用,如表 2-236 所示。

表 2-236　子目计量单位对照表

本规范		原指南	
名称	计量单位	名称	计量单位
（一）列车调度指挥系统（TDCS）	元	（一）、列车调度指挥系统（TDCS）	套
（二）调度集中系统（CTC）	元	（二）、调度集中系统（CTC）	套

（6）为提高清单标准性、统一性，将闭塞系统、列车运行控制系统等子目的计量单位均调整为"正线公里"，如表 2-237 所示。

表 2-237　子目计量单位对照表

本规范		原指南	
名称	计量单位	名称	计量单位
二、闭塞系统	正线公里	二、闭塞设备	元
三、列车运行控制系统	正线公里	三、列车运行与控制系统	元

（7）将"道岔转辙装置（含基础）"计量单位和子目划分特征进行了优化合并，删除原指南子目划分特征牵引点个数，计量单位由"组道岔"调整为"牵引点"，有效减少下一级子目层级，如表 2-238 所示。

表 2-238　子目计量单位对照表

本规范		原指南	
名称	计量单位	名称	计量单位
（3）道岔转辙装置（含基础）	牵引点	3.道岔转辙装置	组道岔

（8）对"驼峰信号"各级子目的计量单位进一步规范化，"驼峰控制系统""机车遥控和机车信号"均采用"场"作为计量单位，"可控停车器系统"均采用"股道"作为计量单位等，如表 2-239 所示。

表 2-239　子目计量单位对照表

本规范		原指南	
名称	计量单位	名称	计量单位
（一）驼峰控制系统	场	（一）驼峰信号控制系统	股道

第 17 节　信息

（9）"地区光（电）缆"的计量单位由"公里"调整为"元"。"管（槽）、桥架"计量单位为"元"，规范中有遗漏，为笔误，如表 2-240 所示。

表 2-240　子目计量单位对照表

本规范		原指南	
名称	计量单位	名称	计量单位
（一）地区光（电）缆	元	（一）区间、站场和地区光、电缆	公里

（10）"应用系统"等系统调试与通信节原则一致，计量单位为"元"，更方便操作应用。

3. 子目划分特征

（1）新增子目均按照类似子目确定子目划分特征。

第 15 节 通信

（2）光（电）缆沟按"土石类别"进行子目划分，不再按同沟敷设根数、土质类别进一步细分，避免清单子目过度细分的问题，遵循了土建和四电工程子目深细度尽量一致的原则，如表 2-241 所示。针对是否按土石类别划分子目是否仍然过细的问题，规范调研过程中也开展了计列讨论，是值得商榷的问题，后续章节中的电力电杆和铁塔（包括支柱基础）等均存在此类问题。

表 2-241　子目划分特征对照表

本规范		原指南	
名称	子目划分特征	名称	子目划分特征
1. 光（电）缆沟	土石类别	1. 光、电缆沟	
		（1）土沟	同沟敷设根数 土质 类别
		（2）石沟	同沟敷设根数 石质 类别

（3）光（电）缆管道子目划分特征为"孔数/材质"，删除了原指南"管径"的子目划分规则；光（电）缆槽道划分特征由原指南"槽宽"改为"综合"。同样解决了清单子目过度细分的问题，如表 2-242 所示。

表 2-242　子目划分特征对照表

本规范		原指南	
名称	子目划分特征	名称	子目划分特征
2. 光（电）缆管道	孔数/材质	2. 光、电缆管道	
		（1）混凝土管道	管径 孔数
		（2）塑料管道	管径 孔数
		（3）镀锌钢管	管径 孔数
3. 光（电）缆槽道	综合	3. 光、电缆槽道	槽宽

（4）光（电）缆敷设子目划分特征为"芯数/对数"，删除了原指南"缆型"的子目划分规则；对于芯数简单地说就是光纤数量（多少根），至于对数一般应用于电缆行业，在电缆中对数可以简单地理解为，按照标准的色谱每两种颜色组成一对，大对数的又是由很多的对数组成若干的对数单元，再由若干单元组成一根缆。因此，芯数、对数更能体现光（电）缆敷设特点，故作如此调整，如表 2-243 所示。

表 2-243 子目划分特征对照表

本规范		原指南	
名称	子目划分特征	名称	子目划分特征
5. 埋式光（电）缆敷设	芯数/对数	4. 敷设光、电缆	
6. 管道光（电）缆敷设	芯数/对数	（1）架空光缆	
7. 槽道光（电）缆敷设	芯数/对数	① 新设杆路	缆型 芯数
8. 架空光缆敷设	芯数	② 利用既有杆路	缆型 芯数
		（2）埋式光缆	
		① 路基地段	缆型 芯数
		② 桥隧地段	缆型 芯数
		（3）管道光缆	缆型 芯数
		（4）架空电缆	
		① 新设杆路	缆型 芯数
		② 利用既有杆路	缆型 芯数
		（5）埋式电缆	
		① 路基地段	缆型 芯数
		② 桥隧地段	缆型 芯数
		（6）管道电缆	缆型 芯数
		（7）架设漏泄同轴电缆	
		① 架设隧道内漏泄同轴电缆	缆型 芯数
		② 架设隧道外漏泄同轴电缆	缆型 芯数

（5）为更好满足现场计量要求，将网管系统、SIM 卡管理子系统、视频终端设备等子目划分由"设备类型"调整为"综合"，如表 2-244 所示。

表 2-244　子目划分特征对照表

本规范		原指南	
名称	子目划分特征	名称	子目划分特征
（二）网管系统	综合	（1）长途传输设备	设备类型
7. SIM 卡管理子系统	综合		
（四）视频终端设备	综合	7. 其他系统	设备类型

第 16 节信号

（6）与通信相同，将调度中心、车站分机等子目划分由"设备类型"调整为"综合"，如表 2-245 所示。

表 2-245　子目划分特征对照表

本规范		原指南	
名称	子目划分特征	名称	子目划分特征
1. 调度中心	综合	1. 调度中心	设备类型
2. 车站分机	综合	2. 车站分机	设备类型

（7）结合工程特点，敷设贯通接地铜缆的子目划分特征与其他电缆有所区别，设置为"地线类型"，如表 2-246 所示。

表 2-246　子目划分特征对照表

本规范		原指南	
名称	子目划分特征	名称	子目划分特征
5. 敷设贯通接地铜缆	地线类型		

（8）为提高清单规范性、统一性，"闭塞系统""列车运行控制系统""联锁系统""驼峰信号"等下级子目简化为"类型""综合"两类，取消了非电化、电化，轨道电路及电码化类型，道岔类型，轨道电路等特征的描述，如表 2-247 所示。

表 2-247　子目划分特征对照表

本规范		原指南	
名称	子目划分特征	名称	子目划分特征
（1）自动站间闭塞系统室内机柜安装及架柜间配线	类型		
（2）自动站间闭塞系统调试	综合		
（3）自动站间闭塞系统信号电源	综合		
（4）站间安全信息传输设备	综合		
（1）半自动闭塞系统室内机柜安装及架柜间配线	类型		

续表

本规范		原指南	
名称	子目划分特征	名称	子目划分特征
（2）半自动闭塞系统调试	综合		
（3）半自动闭塞系统信号电源	综合		
（4）站间安全信息传输设备	综合		
（1）列车运行控制系统室内机柜安装及架柜间配线	类型		
（2）列车运行控制系统调试	综合		
（3）列车运行控制系统信号电源	综合		
（1）信号机安装（含基础）	类型	1. 信号机	类型
（2）轨道电路及电码化安装（含基础）	类型	2. 轨道电路及电码化	非电化、电化或轨道电路及电码化类型
（3）道岔转辙装置（含基础）	类型	3. 道岔转辙装置	道岔类型 牵引点个数
		4. 道岔融雪装置	综合
（4）计轴设备安装（含基础）	类型		
（1）信号机安装（含基础）	类型	1. 信号机	类型
（2）轨道电路及电码化安装（含基础）	类型	2. 轨道电路及电码化	非电化、电化或轨道电路及电码化类型
（3）道岔转辙装置（含基础）	类型	3. 道岔转辙装置	道岔类型 牵引点个数
		4. 道岔融雪装置	综合
（4）计轴设备安装（含基础）	类型		
（1）驼峰控制系统室内机柜安装及架柜间配线	类型	（4）驼峰室内设备	设备类型

第17节 信息

（9）"×××车站线缆"的子目划分标准"线缆/类型"应为"线缆类型"，此处为笔误。

（10）各种系统调试与通信节原则一致，计量单位为"元"，更方便操作应用，如表2-248所示。

表2-248 子目划分特征对照表

本规范		原指南	
名称	子目划分特征	名称	子目划分特征
（2）中心系统调试	综合	（1）调度中心/调度所	设备类型
（2）×××车站系统调试	系统		

第18节 灾害监测

（11）结合工程特点，灾害监测的敷设光（电）缆子目划分特征保留了缆型，即为"缆型/芯数/对数"，如表2-249所示。

表 2-249　子目划分特征对照表

本规范		原指南	
名称	子目划分特征	名称	子目划分特征
（三）敷设光（电）缆			
1. 槽道光（电）缆	缆型/芯数/对数		
2. 埋式光（电）缆	缆型/芯数/对数		
3. 备用光（电）缆	缆型/芯数/对数		

4. 工程量计算规则

（1）新增子目均按照类似子目确定工程量计算规则，其他子目均进行了规范化、统一化的调整。

（2）通信、信号、信息及灾害监测工程的工程量计算规则基本采用"按设计图示长度计算""按设计图示数量计算"或"按设计要求综合计算"的标准说法，部分子目的含接头坑，含人（手）孔坑，含附加长度、室内光（电）缆及引上光（电）缆等描述内容纳入附注中。

（3）摈弃原指南"长途干线光、电缆""地区及站场光、电缆"出现的"按设计光缆沟长度计算""按设计光、电缆沟中心线长度计算""按设计管道长度计算""按设计管道中心线长度计算"等有差异的规则描述，对类似子目均进行统一规定，如表 2-250 所示。

表 2-250　子目工程量计算规则对照表

本规范		原指南	
名称	工程量计算规则	名称	工程量计算规则
（一）长途干线光（电）缆		（一）长途干线光、电缆	
1. 光（电）缆沟	按设计图示光（电）缆沟长度计算	1. 光、电缆沟	
		（1）土沟	按设计光缆沟长度（含接头坑）计算
		（2）石沟	按设计光缆沟长度（含接头坑）计算
2. 光（电）缆管道	按设计图示管道长度计算	2. 光、电缆管道	
		（1）混凝土管道	按设计管道长度（含人孔坑）计算
		（2）塑料管道	按设计管道长度（含人孔坑）计算
		（3）镀锌钢管	按设计管道长度（含人孔坑）计算

（4）闭塞系统的"电缆沟"工程量计算规则应为"按设计图示电缆沟长度计算"，附注中补充"含接头坑"，此处为笔误，如表 2-251 所示。

表2-251 子目工程量计算规则对照表

本规范		原指南	
名称	工程量计算规则	名称	工程量计算规则
1. 光（电）缆沟	按设计图示光（电）缆沟长度计算	1. 光、电缆沟	
		（1）土沟	按设计光、电缆沟中心线长度（含接头坑）计算
		（2）石沟	按设计光、电缆沟中心线长度（含接头坑）计算
2. 光（电）缆管道	按设计图示管道长度计算	2. 光、电缆管道	
		（1）混凝土管道	按设计管道中心线长度（含人、手孔坑）计算
		（2）塑料管道	按设计管道中心线长度（含人、手孔坑）计算
		（3）镀锌钢管	按设计管道中心线长度（含人、手孔坑）计算

（5）闭塞系统的"电缆槽道""敷设电缆"采用了"按设计图示数量计算"的工程量计算规则，与通信节"按设计图示槽道长度计算""按设计图示敷设光（电）缆长度计算"同义，包括其附注，后续拟对其进行统一描述，如表2-252所示。

表2-252 子目工程量计算规则对照表

本规范		原指南	
名称	工程量计算规则	名称	工程量计算规则
1. 电缆沟	按设计图示光（电）缆沟长度（含接头坑）计算	1. 电缆沟	
		（1）土沟	按设计电缆沟中心线长度计算；不含砌筑电缆槽道及铺设电缆槽挖沟的长度
		（2）石沟	按设计电缆沟中心线长度计算；不含砌筑电缆槽道及铺设电缆槽挖沟的长度
2. 电缆槽道	按设计图示数量计算	2. 电缆槽道	按设计槽道长度计算
3. 敷设电缆	按设计图示数量计算	3. 电缆敷设	
		（1）路基地段	按设计敷设长度（含附加长度）计算
		（2）桥隧地段	按设计敷设长度（含附加长度）计算
4. 电缆保护	按设计图示数量计算		
5. 敷设贯通接地铜缆	按设计图示数量计算		

（6）如前所述，"闭塞系统"的安装工程子目发生了较大调整，基本按"室外工程""室内工程"

进行分类，其工程量计算规则均按普适性较强的"按设计图示数量计算"确定，后续类似子目也均维持这一思路。

（7）将驼峰机械的"液压站"工程量计算规则由"按液压站内设备计列"调整为"按设计图示数量计算"，解决计量单位与工程量计算规则相矛盾的问题，减少原指南在执行过程中出现的一些争议，如表2-253所示。

表2-253 子目工程量计算规则对照表

本规范		原指南	
名称	工程量计算规则	名称	工程量计算规则
1. 空压站	按设计图示数量计算	1. 空压站设备基础	按设计数量计算
2. 液压站	按设计图示数量计算	2. 液压站设备基础	按液压站内设备计列

5. 工程（工作）内容

（1）新增子目均按照类似子目确定工作内容，其他子目均进行了规范化、统一化的调整。

第15节 通信

（2）"光（电）缆沟"结合常用工程（工作）内容的定义，将"光缆沟、接头坑挖填；石碴清理"简化为"沟槽挖填"，包括了土石挖、填、弃、弃方整理、回填等内容，如表2-254所示。

表2-254 子目工程（工作）内容对照表

本规范		原指南	
名称	工程（工作）内容	名称	工程（工作）内容
1. 光（电）缆沟	1. 路面、硬化面开凿及修复；2. 沟槽挖填	1. 光、电缆沟	
		（1）土沟	1. 路面、硬化面开凿及修复；2. 光缆沟、接头坑挖填；3. 石碴清理
		（2）石沟	1. 路面、硬化面开凿及修复；2. 光缆沟、接头坑挖填；3. 石碴清理

（3）"光（电）缆管道"结合设计内容进行完善，补充管道沟抽水、模板制安拆、钢筋制安、基础混凝土浇筑、支架制安、盖板制安、敷设子管等，如表2-255所示。

表2-255 子目工程（工作）内容对照表

本规范		原指南	
名称	工程（工作）内容	名称	工程（工作）内容
2. 光（电）缆管道	1. 路面、硬化面开凿及修复；2. 管道沟抽水；3. 沟槽挖填；4. 模板制安拆，钢筋制安；5. 基础混凝土浇筑；6. 支架制安；7. 盖板制安；8. 人孔（手）孔坑挖填、砌筑；9. 通信管道铺设；10. 敷设子管	2. 光、电缆管道	

续表

本规范		原指南	
名称	工程（工作）内容	名称	工程（工作）内容
		（1）混凝土管道	1. 路面、硬化面开凿及修复；2. 管道沟、人（手）孔坑挖填；3. 人（手）孔砌筑；4. 通信管道铺设；5. 石碴清理
		（2）塑料管道	1. 路面、硬化面开凿及修复；2. 管道沟、人（手）孔坑挖填；3. 人（手）孔砌筑；4. 通信管道铺设；5. 石碴清理
		（3）镀锌钢管	1. 路面、硬化面开凿及修复；2. 管道沟、人（手）孔坑挖填；3. 人（手）孔砌筑；4. 通信管道铺设；5. 石碴清理
3. 光（电）缆槽道	1. 路面、硬化面开凿及修复；2. 沟槽挖填；3. 模板制安拆，钢筋制安；4. 基础混凝土浇筑，槽身砌筑；5. 支架制安；6. 盖板制安	3. 光、电缆槽道	1. 路面、硬化面开凿及修复；2. 沟槽挖填；3. 模板制安拆，钢筋制安；4. 基础混凝土浇筑，槽身砌筑；5. 支架制安；6. 盖板制安；7. 石碴清理

（4）根据光（电）缆不同敷设方式，补充完善了工作内容，包括光（电）缆接续、引入、成端，疏通管道，揭铺盖板，架设吊线等内容，体现不同敷设方式的差异性，如表2-256所示。

表2-256　子目工程（工作）内容对照表

本规范		原指南	
名称	工程（工作）内容	名称	工程（工作）内容
5. 埋式光（电）缆敷设	1. 光（电）缆敷设；2. 光（电）缆接续；3. 光（电）缆引入；4. 光（电）缆成端		
6. 管道光（电）缆敷设	1. 疏通管道；2. 人、手孔坑抽水；3. 光（电）缆敷设；4. 光（电）缆接续；5. 光（电）缆引入；6. 光（电）缆成端		
7. 槽道光（电）缆敷设	1. 揭铺盖板；2. 光（电）缆敷设；3. 光（电）缆接续；4. 光（电）缆引入；5. 光（电）缆成端		

（5）"传输及接入网""数据通信""电话交换""有线调度通信"等采用了相似的子目划分，其工作内容也进行了统一，包括设备安装、调试，软硬件测试、系统调试等内容，如表2-257所示。

表 2-257 子目工程（工作）内容对照表

本规范		原指南	
名称	工程（工作）内容	名称	工程（工作）内容
（二）传输及接入设备网管系统	设备安装、调试	（1）长途传输设备	1.传输设备端机框架安装；2.传输设备配线电缆的敷设、焊接；3.传输设备安装、调试
（一）数据网设备	设备安装、调试		
（三）系统调试	1.软硬件测试；2.系统调试	5.有线系统联调	1.装配附件；2.软硬件测试、系统调试

（6）无线通信的"天线铁塔及基础"下一级子目进行拆分后，"通信铁塔基础"的工作内容包括地基处理、基坑挖填、基础浇筑、回填、余土外运等，"地面铁塔""楼顶铁塔"仅保留铁塔制安的工程内容，由原指南的"楼顶结构处理、铁塔组立、防雷设施制安、塔灯及电源线安装"等增加了"安装走线架、馈线窗等"，如表 2-258 所示。

表 2-258 子目工程（工作）内容对照表

本规范		原指南	
名称	工程（工作）内容	名称	工程（工作）内容
（一）天线铁塔及基础		1.无线列调通信设备	
1.地面铁塔	1.铁塔组立；2.防雷设施制安；3.塔灯及电源线安装；4.安装走线架、馈线窗等		
2.楼顶铁塔	1.楼顶结构处理；2.铁塔组立；3.防雷设施制安；4.塔灯及电源线安装；5.安装走线架、馈线窗等		
3.通信铁塔基础	1.地基处理；2.基坑挖填；3.基础浇筑；4.回填；5.余土外运		

（7）"漏泄同轴电缆架设"对漏缆架设工作进行了完善，补充了固定吊夹（支架），布放电缆、吊挂，漏缆接续，射频电缆引入，测试等内容，使工作内容描述更为准确，如表 2-259 所示。

表 2-259 子目工程（工作）内容对照表

本规范		原指南	
名称	工程（工作）内容	名称	工程（工作）内容
（二）漏泄同轴电缆架设			
1.架设隧道内漏泄同轴电缆	1.隧道壁上打眼，固定吊夹（支架）；2.布放电缆、吊挂；3.漏缆接续；4.安装功分器、接地件及各种接头；5.射频电缆引入；6.测试		
2.架设隧道外漏泄同轴电缆	1.杆坑挖填；2.立杆；3.架设吊线；4.布放电缆、吊挂；5.漏缆接续；6.装撑杆拉线；7.安装功分器、接地件及各种接头；8.射频电缆引入；9.测试		

续表

本规范		原指南	
名称	工程（工作）内容	名称	工程（工作）内容
3. 与接触网同杆架设漏泄同轴电缆	1. 架设吊线；2. 布放电缆、吊挂；3. 漏缆接续；4. 安装功分器、接地件及各种接头；5. 射频电缆引入；6. 测试		
4. 备用漏泄同轴电缆	按规定存放		

（8）将原指南"交换中心TRAU设备"的工作内容"天线及馈线安装"独立设置子目"天馈系统"后，其工作内容进行了调整和完善，包括开箱检验、安装固定、敷设馈线、馈线接地、装配附件、性能和功能测试，如表2-260所示。

表2-260　子目工程（工作）内容对照表

本规范		原指南	
名称	工程（工作）内容	名称	工程（工作）内容
3. 天馈系统	1. 开箱检验；2. 安装固定；3. 敷设馈线；4. 馈线接地；5. 装配附件；6. 性能和功能测试	（1）交换中心TRAU设备	1. 设备安装、调试；2. 天线及馈线安装

第16节　信号

（9）"列车调度指挥系统""调度集中系统"下一级子目的工作内容中，将一些重复冗余的内容进行了优化，不再罗列总机设备、分机设备、调度台、投影显示设备等内容，如表2-261所示。

表2-261　子目工程（工作）内容对照表

本规范		原指南	
名称	工程（工作）内容	名称	工程（工作）内容
（一）列车调度指挥系统（TDCS）		（一）、列车调度指挥系统（TDCS）	
1. 调度中心	设备安装、调试	1. 调度中心	调度中心总机设备、调度台、投影显示设备等以及其他附属设备、各种软件安装调试
2. 车站分机	设备安装、调试	2. 车站分机	调度分机设备等以及其他附属设备、各种软件安装调试
3. 系统调试	1. 中心设备与车站分机调试，与其他系统的调试；2. 系统设备与相邻线路系统调试	3. 系统联调	系统设备联调，含与相邻系统的调试
（二）调度集中系统（CTC）		（二）调度集中系统（CTC）	
1. 调度中心	设备安装、调试	1. 调度中心	调度中心总机设备、调度台、投影显示设备等以及其他附属设备安装调试

续表

本规范		原指南	
名称	工程（工作）内容	名称	工程（工作）内容
2. 车站分机	设备安装、调试	2. 车站分机	调度分机设备等以及其他附属设备安装调试
3. 系统调试	1. 中心设备与车站分机调试，与其他系统的调试；2. 系统设备与相邻线路系统调试	3. 系统联调	系统设备联调，含与相邻系统的调试

（10）结合闭塞系统的工程特点，电缆槽道增加"敷设电缆槽（附盖板），电缆槽底部铺设防水层、保护层"的工作内容，从而更符合施工现场实际，如表2-262所示。

表2-262 子目工程（工作）内容对照表

本规范		原指南	
名称	工程（工作）内容	名称	工程（工作）内容
1. 电缆沟	1. 路面、硬化面开凿及修复；2. 沟槽挖填	1. 电缆沟	
		（1）土沟	1. 路面、站台面、硬化面开凿及修复；电缆沟挖填；3. 石砟清理
		（2）石沟	1. 路面、站台面、硬化面开凿及修复；电缆沟挖填；3. 石砟清理
2. 电缆槽道	1. 路面、硬化面开凿及修复；2. 沟槽挖填；3. 敷设电缆槽（附盖板）；4. 电缆槽底部铺设防水层、保护层；5. 砌筑槽道砖墙、槽底面铺砖	2. 电缆槽道	1. 路面、站台面、开凿及修复；2. 沟槽挖填；3. 槽道底面铺砖；4. 砌筑槽道砖墙、抹面；5. 盖盖板

（11）与通信节相同，"敷设电缆"也完善了电缆引入、成端等工作内容，如表2-263所示。

表2-263 子目工程（工作）内容对照表

本规范		原指南	
名称	工程（工作）内容	名称	工程（工作）内容
3. 敷设电缆	1. 电缆敷设；2. 电缆挖沟；3. 电引入；4. 电缆成端	3. 电缆敷设	
		（1）路基地段	电缆敷设
		（2）桥隧地段	电缆敷设
4. 电缆保护	管及槽防护		
5. 敷设贯通接地铜缆	贯通地线敷设		

（12）"闭塞系统""列车运行控制系统""联锁系统""驼峰信号"等子目中的设备及系统调试均按室内、室外进行分类，工作内容也相应具体化，特别是室内工程室内机柜安装及架柜间配线、系统调试、信号电源等子目的工作内容更为翔实，使其更符合现场实际，如表2-264所示。

表 2-264 子目工程（工作）内容对照表

本规范		原指南	
名称	工程（工作）内容	名称	工程（工作）内容
（1）自动闭塞系统室内机柜安装、架间配线	1. 设备安装、调试；2. 测长度、布放切割、编号对线、穿套管、缠绕线环、导通测试、接至配线端子；3. 将电缆外皮相互连接；4. 铭牌标记	（二）自动站间闭塞	1. 室内、外设备的安装；2. 系统调试
（2）自动闭塞系统调试	1. 闭塞系统站、场间调试；2. 闭塞系统与站内联锁结合调试；3. 车站与中心设备结合调试		
（3）自动闭塞系统信号电源	1. 电源屏设备含走线槽、支架底座安装、电源屏（含UPS）、蓄电池、电池柜等开箱、安装、调试、与CSM结合调试；2. 电源引入防雷箱开箱、安装固定、导通调试、与CSM结合调试；3. 接地连接		

（13）联锁系统的"信号机安装（含基础）"结合施工现场实际情况，增加了施工防护，安装固定信号机构、缠绕线环、套管打字、配线连接、测试调整、铸铁机构刷漆，高柱信号机托架安装、固定机构和梯子，信号设备固定，接地连接、敷设支线接地电缆、测试电阻等内容。驼峰信号等下一级子目同理，如表 2-265 所示。

表 2-265 子目工程（工作）内容对照表

本规范		原指南	
名称	工程（工作）内容	名称	工程（工作）内容
（1）信号机安装（含基础）	1. 施工防护；2. 安装固定信号机构、缠绕线环、套管打字、配线连接、测试调整、铸铁机构刷漆；3. 箱、盒、标志牌（含信号机号码牌、反向进站标志、其他标志）安装，箱、盒安全接地；4. 信号机周围地面硬化；5. 信号机安装；高柱信号机杆坑、立柱；6. 高柱信号机托架安装、固定机构和梯子；7. 基础制安；8. 信号设备固定；9. 接地连接、敷设支线接地电缆、测试电阻	1. 信号机	1. 信号机的挖坑、立柱、机构安装、调试；2. 信号机的安全连接；3. 箱、盒的安装及其安全接地；4. 信号基础制安及周围地面硬化

（14）联锁系统的"轨道电路及电码化安装（含基础）"结合施工新技术发展情况，调整为钢轨打眼，轨道区段器材、防护盒、引接线的安装，卡具固定，防护管防护，配线连接，电缆做头，测试调整，电容安装，非电容枕电容罩安装，电码化室外设备安装，电化区段扼流变压器安装，箱盒安装及安全接地，信号基础制安及周围地面硬化等内容，如表 2-266 所示。

表 2-266 子目工程（工作）内容对照表

本规范		原指南	
名称	工程（工作）内容	名称	工程（工作）内容
（2）轨道电路及电码化安装（含基础）	1. 钢轨打眼；2. 轨道区段器材、防护盒、引接线的安装；3. 卡具固定；4. 防护管防护；5. 配线连接；6. 电缆做头；7. 测试调整；8. 电容安装；9. 非电容枕电容罩安装；10. 电码化室外设备安装；11. 电化区段扼流变压器安装；12. 箱盒安装及安全接地；13. 信号基础制安及周围地面硬化	2. 轨道电路及电码化	1. 轨道电路及电码化各种器材的安装；2. 调整钢轨轨缝，接头绝缘、轨距杆绝缘及接续线的安装；3. 各类型道岔跳线、牵引连接线、横向连接线、中点连接线等的安装；4. 箱、盒的安装及其安全接地；5. 信号基础制安及周围地面硬化

244

（15）联锁系统的"道岔转辙装置（含基础）"结合施工现场实际情况，增加了道岔及杆件防护罩固定、清扫涂油，杆件加工装配、清扫涂油刷漆，密贴检测器安装固定、道岔缺口检查安装固定，道岔跳线钢轨打眼、道岔跳线及分支并联跳线固定，转辙机、密贴及安装装置接地等内容，如表 2-267 所示。

表 2-267 子目工程（工作）内容对照表

本规范		原指南	
名称	工程（工作）内容	名称	工程（工作）内容
（3）道岔转辙装置（含基础）	1. 道岔安装装置，打眼、固定转辙机、调整试验；2. 道岔外锁闭，安装固定外锁闭装置、杆件加工装配、清扫涂油刷漆；3. 道岔及杆件防护罩固定、清扫涂油；4. 密贴检测器安装固定、道岔缺口检查安装固定；5. 道岔跳线钢轨打眼、道岔跳线及分支并联跳线固定；6. 箱、盒安装及安全接地；7. 信号基础制安及周围地面硬化；8. 道岔整治；9. 转辙机、密贴及安装装置接地	3. 道岔转辙装置	1. 转辙装置和转辙机的安装、调试；2. 外锁闭装置的安装；3. 箱、盒的安装及其安全接地；4. 信号基础制安及周围地面硬化；5. 道岔整治

（16）"可控停车器系统"将原指南"减速器"子目归入"室外安装"的工作内容中，并增加基础制安、信号设备接地连接等内容。而"室内安装"包括了可控停车器的相关内容，如此使得规范子目和内容更为清晰完整，如表 2-268 所示。

表 2-268 子目工程（工作）内容对照表

本规范		原指南	
名称	工程（工作）内容	名称	工程（工作）内容
1. 室外安装	1. 安装停车器；2. 调试停车器；3. 基础制安；4. 信号设备接地连接	1. 减速器	1. 减速器及其辅助装置的安装、调试；2. 配合动力系统试压调试
2. 室内安装			
（1）可控停车器系统室内机柜安装、架柜间配线	1. 设备安装、调试；2. 测长度，布放切割，编号对线，穿套管，缠绕线环，导通测试，接至配线端子；3. 将电缆外皮相互连接；4. 铭牌标记		
（2）可控停车器系统调试	1. 可控停车器系统调试试验；2. 可控停车器系统与其他场间联系电路结合调试；3. 可控停车器系统与现车管理系统结合调试	2. 可控停车器	1. 停车器的安装，包括机械安装和电器连接；2. 系统调试
（3）可控停车器系统信号电源	1. 电源屏设备含走线槽、支架底座安装、电源屏（含 UPS）、蓄电池、电池柜等开箱、安装、调试、与 CSM 结合调试；2. 电源引入防雷箱开箱、安装固定、导通调试、与 CSM 结合调试；3. 接地连接	3. 可控顶	可控顶室外设备安装、调试
（4）车站其他设备	1. 开箱检验；2. 制作支架并刷漆；3. 安装固定；4. 接口插接、配线、标识；5. 软件安装、功能调试；6. 接地连接		

（17）"驼峰机械"各子目的工作内容进行了标准化，包括了设备基础或管道制作、挖沟、电缆敷设，设备安装、调试、管路基础安装等，避免了原指南中对一些具体设备名称的叙述，使得本规范更为简洁明了，如表2-269所示。

表2-269 子目工程（工作）内容对照表

本规范		原指南	
名称	工程（工作）内容	名称	工程（工作）内容
1. 空压站	1. 空压站内空压机等设备基础制作；2. 沟槽挖填；3. 电缆敷设	1. 空压站设备基础	1. 基坑挖填；2. 脚手架搭拆；3. 钢筋及预埋件制安；4. 模板制安拆；5. 混凝土浇筑；6. 砌体砌筑
2. 液压站	1. 液压站内油泵等设备基础制作；2. 管道沟、电缆沟及电缆敷设	2. 液压站设备基础	1. 基坑挖填；2 脚手架搭拆；3. 钢筋及预埋件制安；4. 模板制安拆；5. 混凝土浇筑；6. 砌体砌筑
3. 减速器	1. 减速器基础制作；2. 减速器道床整理		
4. 室外空压管道	1. 室外空压管道沟槽制作；2. 管道过轨挖沟、清理；3. 储罐基础制作	3. 室外空压管道	1. 石砟清理；2. 沟槽挖填；3. 管道铺（架）设；4. 检查（出风）井挖填、砌筑，盖板制安；5. 管路过道防护
5. 室外液压管道	1. 室外液压管道沟槽制作；2. 管道过轨挖沟、清理	4. 室外液压管道	1. 石砟清理；2. 沟槽挖填；3. 管道铺（架）设；4. 检查（出风）井挖填、砌筑，盖板制安；5. 管路过道防护
6. 减速器维修所	1. 减速器维修所内设备基础制作；2. 管道沟、电缆沟及光（电）缆敷设		

（18）"道口信号"结合设计情况，增加基础制安和信号设备接地连接等工作内容，如表2-270所示。

表2-270 子目工程（工作）内容对照表

本规范		原指南	
名称	工程（工作）内容	名称	工程（工作）内容
1. 道口信号	1. 室外信号机、控制箱、音响设备及箱、盒安装；2. 室内控制盘、架（柜）组合、电源等设备安装；3. 基础制安；4. 信号设备接地连接	（四）道口信号	1. 室外信号机、控制箱、音响设备及箱、盒安装；2. 室内控制盘、架（柜）组合、电源等设备安装

第17节 信息

（19）对于公共基础平台新增加的"管（槽）、桥架"子目，补充了打孔、组装钢槽、组装桥架、配管接续、安装固定、接地等工作内容。

（20）"综合布线"在原指南的基础上，增加了布线系统测试的工作内容，即软硬件测试，这一工作在安装工程中至关重要，本规范对此进行了完善，如表2-271所示。

表2-271 子目工程（工作）内容对照表

本规范		原指南	
名称	工程（工作）内容	名称	工程（工作）内容
（一）综合布线	1. 配管，管件、线槽及配线设备安装；2. 接地及预穿铁线；3. 安装信息插座；4. 清理管槽，布放缆线；5. 布线系统测试	（二）综合布线	1. 配管，管件、线槽及配线设备安装；2. 接地及预穿铁线；3. 安装信息插座；4. 清理管槽，布放缆线

（21）"应用系统"按逐个车站划分子目后，设备和系统调试工作内容均进行了统一化、简约化，体现本规范简明适用的原则。

（22）补充了原指南"应用系统"未涉及的建筑工程内容，主要指线缆核对、接续、固定、标记等内容，保证本规范工程的完整性。

第18节 灾害监测

（23）与通信节相统一，"光（电）缆沟"的工作内容调整为：路面、硬化面开凿及修复，沟槽挖填。"光（电）缆槽道"工作内容修整为：路面、硬化面开凿及修复，沟槽挖填，模板制安拆，钢筋制安，基础混凝土浇筑，槽身砌筑，支架制安，盖板制安，清运余土。"敷设光（电）缆""接地装置"等也采取同样的处理方式。

6. 附注中需要注意的问题

（1）为了提高清单子目的综合性，传输及接入网的其他辅助设备在附注中说明包含走线槽、走线架、光纤配线架、数字配线架、数据配线架、音频配线架、总配线架、光电综合柜、列头柜（架）等。

（2）为了更好理解子目包含内容，部分通信设备附注中对所含内容进行了解释，如"视频节点设备"包含服务器、控制器、处理器、编解码器、录像机、磁盘阵列、交换机等。

（3）"列车运行控制系统"将原指南的"LEU及点式应答器设备""列控中心设备"等进行了整合，在"列车运行控制系统室内机柜安装及架柜间配线"附注中进行说明，并补充了轨道电路接口及监测设备柜、列控系统接口柜、临时限速服务器柜、通信控制服务器柜、安全数据网网管服务器柜等设备，如表2-272所示。

表2-272 子目附注对照表

本规范		原指南	
名称	附注	名称	附注
		（四）列控中心设备	各站联锁、闭塞等列控信息综合处理设备
（1）列车运行控制系统室内机柜安装及架柜间配线	室内设备机柜含列控中心柜（列控主设备柜、LEU柜）、轨道电路接口及监测设备柜、列控系统接口柜、临时限速服务器柜、通信控制服务器柜、安全数据网网管服务器柜等	（三）LEU及点式应答器设备	包括区间、站内应答器及级间转换应答器

（4）把原指南中使用较少的联锁系统、驼峰信号等放入了"车站其他设备"附注中，包括电码化发码设备、轨道电路测试盘、道岔缺口监测总机、灯丝断丝报警、熔丝报警等，如表2-273所示。

表2-273 子目附注对照表

本规范		原指南	
名称	附注	名称	附注
（4）车站其他设备	其他设备含轨道电路测试盘、道岔缺口监测总机、灯丝断丝报警、熔丝报警等		

（5）为了提高清单子目的标准化，将原指南"驼峰控制系统"的子目"进路控制""进路及速度控制"调整至附注中，而子目与"闭塞系统"等一致，按室内工程和室外工程进行分类。

（6）由于信息工程桥架出现在多个子目中，因此在"管（槽）、桥架"的桥架主要含站房内旅服、客票、门禁、行包系统桥架。而综合布线桥架放于"综合布线"子目中，同时还含线缆、信息插座、分支管、机柜等，如表2-274所示。

表2-274 子目附注对照表

本规范		原指南	
名称	附注	名称	附注
（二）管（槽）、桥架			
1. 钢管	含站房内旅服、客票、门禁、行包系统管		
2. 桥架	含站房内旅服、客票、门禁、行包系统桥架		

（7）"应用系统"子目由按系统分调整为按车站分后，对各车站设备内容进行的附注，即含集成平台、客运广播、综合显示、视频、时钟等旅服子系统。

（8）"灾害监测"的各类系统设备包含信息处理平台、监测终端、网络及安全设备、电源设备等，为了简化清单子目，故按附注形式体现。

6.7 第七章 电力及电力牵引供电工程

1. 子目划分

本章共计2节318个子目，在原指南基础上增加92个子目，删除了一些已经淘汰的工程子目，增加了一些新技术子目。具体变化情况如下：

第19节 电力

（1）结合电力工程新技术新科技的发展，将电力节内容调整为供电线路、电源设备、其他电力、电力远动及综合自动化、电力系统直采直送、其他和地基处理共七个部分。"电力远动及综合自动化"结合信息节，进行了结构和内容调整；按照现行技术标准新增了"电力系统直采直送"部分。

（2）随着架杆技术发展，明确了"高压架空线路""低压与高压合架线路""低压架空线路"中"立杆"为"立混凝土电杆"，淘汰了木杆等其他杆型，如表2-275所示。

表2-275 子目名称对照表

本规范		原指南	
编码	名称	编码	名称
190101	（一）高压架空线路	071801J01	（一）高压架空线路
19010101	1. 立混凝土电杆	071801J0101	1. 立杆
190102	（二）低压与高压合架线路	071801J02	（二）低压与高压合架线路
细目同<19 电力——一、供电线路——Ⅰ．建筑工程费——（一）高压架空线路>		（细目同高压架空线路）	
190103	（三）低压架空线路	071801J03	（三）低压架空线路
19010301	1. 立混凝土电杆	071801J0301	1. 立杆

（3）取消了目前已基本不再使用的"低压与接触网柱合架线路""落地式变压器台"等子目，如表2-276所示。

表2-276 子目名称对照表

本规范		原指南	
编码	名称	编码	名称
		071801J04	（四）低压与接触网柱合架线路
		071802J0202	2. 落地式变压器台

（4）"高压干线电缆线路"除"直埋电缆沟""砖砌电缆沟"之外，新增了"钢筋混凝土电缆沟"；标准化"电缆管道""电缆槽道"的名称，将"混凝土排管"放入"电缆管道"附注中，取消"混凝土电缆槽"的名称。同理，也标准化了"高压站场电缆线路""高压桥隧电缆线路"的名称，如表2-277所示。

表2-277 子目名称对照表

本规范		原指南	
编码	名称	编码	名称
190104	（四）高压干线电缆线路	071801J05	（五）高压干线电缆线路
19010401	1. 直埋电缆沟	071801J0501	1. 电缆沟
19010402	2. 钢筋混凝土电缆沟	071801J050101	（1）土沟
19010403	3. 砖砌电缆沟	071801J050102	（2）石沟
19010404	4. 电缆管道		
		071801J0502	2. 砖砌电缆沟
		071801J0503	3. 混凝土排管
19010405	5. 电缆槽道	071801J0504	4. 混凝土电缆槽
19010406	6. 电缆桥架	071801J0505	5. 电缆桥架
19010407	7. 电缆敷设	071801J0506	6. 电缆敷设
190105	（五）高压站场电缆线路	071801J06	（六）站场高压电缆线路
190106	（六）高压桥隧电缆线路	071801J07	（七）高压桥隧电缆线路

（5）"高压桥隧电缆线路"补充设计可能会采用的"电缆桥架"，删除较少使用的隧道内钢索，使子目更能反映现场实际，如表2-278所示。

表2-278 子目名称对照表

本规范		原指南	
编码	名称	编码	名称
190106	（六）高压桥隧电缆线路	071801J07	（七）高压桥隧电缆线路
19010601	1.桥上电缆槽	071801J0701	1.桥上电缆槽道
19010602	2.电缆桥架		
19010603	3.隧道电缆挂架	071801J0702	2.隧道内钢索、挂架
19010604	4.电缆敷设	071801J0703	3.电缆敷设

（6）将"控制电缆线路"子目名称修改为"低压控制电缆线路"，更符合设计施工要求，如表2-279所示。

表2-279 子目名称对照表

本规范		原指南	
编码	名称	编码	名称
190108	（八）低压控制电缆线路	071801J09	（九）控制电缆线路

（7）为匹配"供电线路"安装工程费中电抗器、配电箱、电缆分支箱等落地设备，增设"线路设备基础"子目，体现清单子目的完整性。同理，针对上述高压、低压等各类电缆线路，也需匹配相关电缆保护，包括"拉管、顶管防护""桥、涵、隧道防护""过防护墙、人孔、手孔防护""电缆引入""电缆井"等子目，如表2-280所示。

表2-280 子目名称对照表

本规范		原指南	
编码	名称	编码	名称
190110	（十）线路设备基础		
19011001	1.电抗器基础		
19011002	2.配电箱基础		
19011003	3.电缆分支箱基础		
190111	（十一）电缆保护		
19011101	1.拉管、顶管防护		
19011102	2.桥、涵、隧道防护		
19011103	3.过防护墙、人孔、手孔防护		
19011104	4.电缆引入		
19011105	5.电缆井		

（8）摒弃原指南"电源设备""其他电力"以建筑工程和安装工程作为上级子目的模式，调整为先具体工程项目名称，再建筑工程和安装工程的模式，有利于直观反映电源设备建安费用总额情况，如表2-281所示。

表 2-281 子目名称对照表

本规范		原指南	
编码	名称	编码	名称
1902	二、电源设备	071802	二、电源设备
190201	（一）高压变电所（站）		
	Ⅰ．建筑工程费	071802J	Ⅰ．建筑工程费
19020101	1．高压变电所（站）	071802J01	（一）变配电所、站
	Ⅱ．安装工程费		
19020102	1．设备安装		
190202	（二）低压变电所（站）		
	Ⅰ．建筑工程费		
19020201	1．低压变电所（站）		
	Ⅱ．安装工程费		
19020202	1．设备安装		
190203	（三）配电所		
	Ⅰ．建筑工程费		
19020301	1．配电所		
	Ⅱ．安装工程费		
19020302	1．设备安装		
190204	（四）杆架式变电台	071802J02	（二）变压器台
	Ⅰ．建筑工程费		
19020401	1．杆架式变电台	071802J0201	1．杆架式变压器台
	Ⅱ．安装工程费		
19020402	1．设备安装		
190205	（五）箱式变电站	071802J0202	2．落地式变压器台
	Ⅰ．建筑工程费	071802J03	（三）箱式变（配）电站
19020501	1．箱式变电站		
	Ⅱ．安装工程费		
19020502	1．设备安装		
190206	（六）发电站	071802J04	（四）小型发电站
19020601	1．光伏发电站	071802J0401	1．小型太阳能发电站
	Ⅰ．建筑工程费	071802J040101	（1）地面基础及桁架
1902060101	（1）发电站工程		
	Ⅱ．安装工程费	071802J040102	（2）屋面式桁架
1902060102	（1）设备安装		
19020602	2．柴油发电站	071802J0402	2．柴油发电机（组）基础
	Ⅰ．建筑工程费		
1902060201	（1）发电站工程		

续表

本规范		原指南	
编码	名称	编码	名称
	Ⅱ.安装工程费	071802A	Ⅱ.安装工程费
1902060202	（1）设备安装	071802A01	（一）变配电所、站
		071802A02	（二）杆架式变电台
		071802A03	（三）箱式变电站
		071802A04	（四）小型发电站
		071802A0401	1.太阳能发电站
		071802A0402	2.柴油发电机（组）
		071802A05	（五）电力调度所

（9）为了更好区分不同所、站的综合单价，将"变配电所、站"子目分为"高压变电所（站）""低压变电所（站）""配电所"。删除"落地式变压器台"子目后，将"变压器台"子目直接调整为"杆架式变电台"，如表2-282所示。

表2-282 子目名称对照表

本规范		原指南	
编码	名称	编码	名称
1902	二、电源设备	071802	二、电源设备
190201	（一）高压变电所（站）		
19020101	1.高压变电所（站）	071802J01	（一）变配电所、站
190202	（二）低压变电所（站）		
19020201	1.低压变电所（站）		
190203	（三）配电所		
19020301	1.配电所		
19020302	1.设备安装		
190204	（四）杆架式变电台	071802J02	（二）变压器台
19020401	1.杆架式变电台	071802J0201	1.杆架式变压器台

（10）根据近年的技术概念更新，将"箱式变（配）电站"子目名称调整为"箱式变电站"，将"小型太阳能发电站"子目名称调整为"光伏发电站"，且其建筑工程下一级子目不再细分"地面基础及桁架""屋面式桁架"，而与其他变电站子目深细度保持一致，如表2-283所示。

表2-283 子目名称对照表

本规范		原指南	
编码	名称	编码	名称
190205	（五）箱式变电站	071802J0202	2.落地式变压器台
	Ⅰ.建筑工程费	071802J03	（三）箱式变（配）电站
19020501	1.箱式变电站		
	Ⅱ.安装工程费		

续表

本规范		原指南	
编码	名称	编码	名称
19020502	1. 设备安装		
190206	（六）发电站	071802J04	（四）小型发电站
19020601	1. 光伏发电站	071802J0401	1. 小型太阳能发电站
	Ⅰ. 建筑工程费	071802J040101	（1）地面基础及桁架
1902060101	（1）发电站工程		
	Ⅱ. 安装工程费	071802J040102	（2）屋面式桁架
1902060102	（1）设备安装		
19020602	2. 柴油发电站	071802J0402	2. 柴油发电机（组）基础
	Ⅰ. 建筑工程费		
1902060201	（1）发电站工程		
	Ⅱ. 安装工程费	071802A	Ⅱ. 安装工程费
1902060202	（1）设备安装	071802A01	（一）变配电所、站
		071802A02	（二）杆架式变电台
		071802A03	（三）箱式变电站
		071802A04	（四）小型发电站
		071802A0401	1. 太阳能发电站
		071802A0402	2. 柴油发电机（组）
		071802A05	（五）电力调度所

（11）结合编制办法章节表，将"室外照明"子目名称调整为"站场照明"，"室内动力配电"子目名称调整为"动力"；根据新技术发展要求，安装工程细分为"站场照明安装""智能照明系统安装"，不再按灯塔、灯桥、灯柱的模式进行电气安装分类，如表2-284所示。

表2-284 子目名称对照表

本规范		原指南	
编码	名称	编码	名称
1903	三、其他电力	071803	三、其他电力
190301	（一）站场照明	071803J	Ⅰ. 建筑工程费
	Ⅰ. 建筑工程费	071803J01	（一）室外照明
19030101	1. 灯塔	071803J0101	1. 灯塔
19030102	2. 灯桥	071803J0102	2. 灯桥
19030103	3. 灯柱	071803J0103	3. 灯柱
	Ⅱ. 安装工程费		
19030104	1. 站场照明安装		
19030105	2. 智能照明系统安装		
190302	（二）动力	071803J02	（二）室内动力配电

续表

本规范		原指南	
编码	名称	编码	名称
	Ⅰ.建筑工程费		
19030201	1.动力建筑工程		
	Ⅱ.安装工程费		
19030202	1.设备安装		

（12）为更好区分×××类所防雷及接地综合单价，在编制办法章节表的基础上，设置了"×××所防雷及接地"子目，编制者可根据具体所站情况进行条目增减，如表2-285所示。

表2-285 子目名称对照表

本规范		原指南	
编码	名称	编码	名称
190303	（三）×××所防雷及接地		
	Ⅰ.建筑工程费		
19030301	1.防雷及接地		
	Ⅱ.安装工程费		
19030302	1.设备安装		

（13）"室外触滑线"子目名称调整为"滑触线"，其下一级子目拓展至"室内""室外"两类，体现清单子目的完整性，如表2-286所示。

表2-286 子目名称对照表

本规范		原指南	
编码	名称	编码	名称
190304	（四）滑触线	071803J03	（三）室外触滑线

（14）结合编制办法章节表，"电力远动及综合自动化"对其下一级子目设置进行了调整，"电力远动系统"不再细分主站和远动终端，其他系统归类为"综合自动化"，将原指南放于信息节的"火灾自动报警系统（FAS）"移至此处，并增加了"机电设备监控系统（BAS）""六氟化硫监测报警系统""事故监测报警系统"等新技术系统。同时，旅客站房也存在此类系统，考虑工程内容的完整性，旅客站房相关系统均放入第八章，此处为其他房屋及工程中所设置的相关系统，如表2-287所示。

表2-287 子目名称对照表

本规范		原指南	
编码	名称	编码	名称
1904	四、电力远动及综合自动化	071804	四、电力自动控制
		071804A	Ⅱ.安装工程费
190401	（一）电力远动系统	071804A01	（一）电力远动
	Ⅰ.建筑工程费	071804A0101	1.主站
19040101	1.电力远动系统		

续表

本规范		原指南	
编码	名称	编码	名称
	Ⅱ．安装工程费	071804A0102	2．远动终端
19040102	1．设备安装		
190402	（二）综合自动化	071804A02	（二）信号电源监测
19040201	1．机电设备监控系统（BAS）	071804A03	（三）地区隔离开关远动
	Ⅰ．建筑工程费		
1904020101	（1）机电设备监控系统（BAS）		
	Ⅱ．安装工程费		
1904020102	（1）设备安装		
19040202	2．火灾自动报警系统（FAS）		
	Ⅰ．建筑工程费		
1904020201	（1）火灾自动报警系统（FAS）		
	Ⅱ．安装工程费		
1904020202	（1）设备安装		
19040203	3．六氟化硫监测报警系统		
	Ⅰ．建筑工程费		
1904020301	（1）六氟化硫监测报警系统		
	Ⅱ．安装工程费		
1904020302	（1）设备安装		
19040204	4．事故监测报警系统		
	Ⅰ．建筑工程费		
1904020401	（1）事故监测报警系统		
	Ⅱ．安装工程费		
1904020402	（1）设备安装		

（15）为避免清单冗余，将"地基处理"的细目同路基附属工程，减少重复子目内容的罗列，如表2-288所示。

表2-288　子目名称对照表

本规范		原指南	
编码	名称	编码	名称
1907	七、地基处理	071806	六、地基处理
细目同<04路基附属工程——Ⅰ.建筑工程费——一、区间路基附属工程——（二）地基处理>		071806J	Ⅰ．建筑工程费
		071806J01	（一）换填
		071806J02	（二）砂桩
		071806J03	（三）石灰桩

255

续表

本规范		原指南	
编码	名称	编码	名称
		071806J04	（四）碎石桩
		071806J05	（五）旋喷桩
		071806J06	（六）粉喷桩
		071806J07	（七）水泥搅拌桩
		071806J08	（八）水泥土挤密桩
		071806J09	（九）CFG桩
		071806J10	（十）钻孔桩
		071806J11	（十一）钢筋（预应力）混凝土管桩
		071806J12	（十二）钢管桩
		071806J13	（十三）钢筋混凝土方桩
		071806J14	（十四）强夯
		071806J15	（十五）地表（洞穴）注浆

第20节 电力牵引供电

（16）结合编制办法章节表，将接触网子目修订为"接触悬挂导线""供电线""加强线""回流线""正馈线和保护线""架空地线"，其中"加强线"为新增内容，而将原指南合并子目拆分成"保护线""架空地线"两条子目，工程归属更为清晰，如表2-289所示。

表2-289　子目名称对照表

本规范		原指南	
编码	名称	编码	名称
2001	一、接触网	071901	一、接触网
200102	（二）供电线	071901J02	（二）供电线
200103	（三）加强线		
200104	（四）回流线	071901J03	（三）回流线
200105	（五）正馈线和保护线	071901J04	（四）正馈线
200106	（六）架空地线		
200107	（七）其他	071901J06	（六）其他

（17）结合现场实际情况，将接触悬挂导线"支柱下部"的下一级子目做了拆分或新增，仍然保留"直埋混凝土支柱及拉线坑""现浇支柱及拉线基础"两类，但将"改移侧沟"从工作内容中移出，独立设置子目，避免因改移侧沟工程量的差异导致综合单价有较大区别。"支柱及拉线基础"不再细分路基和桥梁地段，新增的"后植锚栓"细分了存在差异的桥隧和路基地段。同时，为体现安全施工的要求，相应设置了"电缆防护"的子目，如表2-290所示。

表 2-290 子目名称对照表

本规范		原指南	
编码	名称	编码	名称
20010101	1. 支柱下部	071901J0101	1. 支柱下部
2001010101	（1）直埋混凝土支柱及拉线坑	071901J010101	（1）直埋混凝土支柱下部
2001010102	（2）支柱及拉线基础	071901J010102	（2）现浇支柱基础
2001010103	（3）后植锚栓	071901J01010201	①路基地段
200101010301	①桥梁隧道后植锚栓		
200101010302	②路基石质基坑后置锚栓	071901J01010202	②桥梁地段
2001010104	（4）改移侧沟		
2001010105	（5）电缆防护		

（18）结合接触网工程新技术的发展，将混凝土支柱细分为"横腹杆式混凝土支柱""等径混凝土圆支柱"等、钢柱细分为"格构式钢支柱""H 型钢支柱""直腿桥钢柱""斜腿桥钢柱""等径圆钢管柱"等，新增"吊柱"子目，取消"多线路腕臂"子目，充分明晰了接触网立柱类型，如表 2-291 所示。

表 2-291 子目名称对照表

本规范		原指南	
编码	名称	编码	名称
20010102	2. 立柱	071901J0102	2. 立支柱
2001010201	（1）混凝土支柱	071901J010201	（1）混凝土支柱
200101020101	①横腹杆式混凝土支柱		
200101020102	②等径混凝土圆支柱		
2001010202	（2）钢柱	071901J010202	（2）钢支柱
200101020201	①格构式钢支柱		
200101020202	②H 型钢支柱		
200101020203	③直腿桥钢柱		
200101020204	④斜腿桥钢柱		
200101020205	⑤等径圆钢管柱		
2001010203	（3）硬横梁	071901J010203	（3）硬横梁
2001010204	（4）大限界底座框架	071901J010204	（4）大限界底座框架
2001010205	（5）吊柱	071901J010205	（5）多线路腕臂

（19）根据接触网装配技术的发展，对各类装配形式都进行了调整。

①"支柱（吊柱）悬挂装配"主要针对隧道外的装配方式，按单支悬挂安装、双支悬挂安装、支

悬挂安装、线岔柱安装的方式细分下级子目，较不同链形悬挂划分规则更能体现现场实际情况和综合单价的区别，如表2-292所示。

表2-292 子目名称对照表

本规范		原指南	
编码	名称	编码	名称
20010103	3. 支柱（吊柱）悬挂装配	071901J0103	3. 支柱悬挂装配
2001010301	（1）隧道外单支悬挂安装	071901J010301	（1）简单链形悬挂
2001010302	（2）隧道外双支悬挂安装	071901J010302	（2）弹性链形悬挂
2001010303	（3）隧道外三支悬挂安装	071901J010303	（3）简单悬挂
2001010304	（4）隧道外线岔柱安装		

②"隧道装配"下级子目划分为中间柱安装、锚段关节安装和柱单支悬挂安装等，使得隧道内安装方式更为清晰，如表2-293所示。

表2-293 子目名称对照表

本规范		原指南	
编码	名称	编码	名称
20010104	4. 隧道装配	071901J0104	4. 隧道装配
2001010401	（1）隧道内中间柱安装		
2001010402	（2）隧道内锚段关节安装		
2001010403	（3）隧道内吊柱单支悬挂安装		

③ 由于目前基本采用"吊索式硬横跨装配"，因此不再按原指南细分"定位索式""吊柱式"硬横跨。同理，"软横跨装配"也不再按原指南细分"简单链形悬挂""弹性链形悬挂""简单悬挂"等子目，如表2-294所示。

表2-294 子目名称对照表

本规范		原指南	
编码	名称	编码	名称
20010105	5. 吊索式硬横跨装配	071901J0105	5. 硬横跨
		071901J010501	（1）定位索式
		071901J010502	（2）吊柱式
20010106	6. 软横跨装配	071901J0106	6. 软横跨
		071901J010601	（1）简单链形悬挂
		071901J010602	（2）弹性链形悬挂
		071901J010603	（3）简单悬挂

④ "下锚装配"摒弃原指南"全补偿链形悬挂""简单悬挂"的细分方式，区分隧道内外及下锚方式的不同，细分为"隧道内全补偿下锚""隧道外全补偿下锚""隧道内无补偿下锚""隧道外无补偿下锚""隧道内中心锚结下锚""隧道外中心锚结下锚"等，如表2-295所示。

表 2-295 子目名称对照表

本规范		原指南	
编码	名称	编码	名称
20010107	7. 下锚装配	071901J0107	7. 下锚装配
2001010701	（1）隧道内全补偿下锚	071901J010701	（1）全补偿链形悬挂
2001010702	（2）隧道外全补偿下锚	071901J010702	（2）简单悬挂
2001010703	（3）隧道内无补偿下锚		
2001010704	（4）隧道外无补偿下锚		
2001010705	（5）隧道内中心锚结下锚		
2001010706	（6）隧道外中心锚结下锚		

⑤"刚性悬挂"与原指南基本一致。

（20）供电线的"电缆线敷设"按敷设形式细分下一级子目，包括"直埋敷设""沟槽内敷设""沿隧道壁敷设""沿爬架敷设"等，使得条目更为清晰，子目划分特征不再要求按"敷设形式"进一步细分，如表 2-296 所示。

表 2-296 子目名称对照表

本规范		原指南	
编码	名称	编码	名称
20010201	1. 合架供电线	071901J0201	1. 与接触网合架供电线
20010202	2. 独立架空供电线	071901J0202	2. 独立架空供电线路
20010203	3. 电缆线敷设	071901J0203	3. 高压电缆供电线路
2001020301	（1）直埋敷设		
2001020302	（2）沟槽内敷设		
2001020303	（3）沿隧道壁敷设		
2001020304	（4）沿爬架敷设		

（21）结合编制办法章节表，将正馈线和保护线合并在一条子目中，其下一级子目细分"正馈线""保护线""避雷线"等，如表 2-297 所示。

表 2-297 子目名称对照表

本规范		原指南	
编码	名称	编码	名称
200105	（五）正馈线和保护线	071901J04	（四）正馈线
20010501	1. 正馈线		
20010502	2. 保护线	071901J05	（五）保护线（架空地线）
2001050201	（1）保护线		
2001050202	（2）避雷线		

（22）考虑安全防护等问题，增加接地的"接地极安装""垂直接地模块制安""综合接地连接线"等，防护的"车站支柱防护""区间支柱防护""限高防护架""鸟害防护装置""承力索防断""拉管、

顶管防护""验电接地"等标志牌子目,如表2-298所示。

表2-298 子目名称对照表

本规范		原指南	
编码	名称	编码	名称
20010702	2.接地		
2001070201	(1)接地极安装		
2001070202	(2)垂直接地模块制安		
2001070203	(3)综合接地连接线		
20010703	3.防护		
2001070301	(1)车站支柱防护		
2001070302	(2)区间支柱防护		
2001070303	(3)限高防护架		
2001070304	(4)鸟害防护装置		
2001070305	(5)承力索防断		
2001070306	(6)拉管、顶管防护		
2001070307	(7)验电接地		

(23)尽量将接触网建筑工程和安装工程条目设置深细度保持一致,结合现行技术标准,增加了"隔离开关安装""避雷器安装""电气化电缆插拔箱安装""分段绝缘器、分相绝缘器安装""地面磁感应器安装""接触网信息监测系统"等安装工程,如表2-299所示。

表2-299 子目名称对照表

本规范		原指南	
编码	名称	编码	名称
	Ⅱ.安装工程	071901A	Ⅱ.安装工程费
200108	(一)隔离开关安装		
200109	(二)避雷器安装		
200110	(三)电气化电缆插拔箱安装		
200111	(四)分段绝缘器、分相绝缘器安装		
200112	(五)地面磁感应器安装		
200113	(六)接触网信息监测系统		

(24)按照现行牵引变电技术标准和编制办法章节表,增加了"电力系统直采直送""箱式开闭所及分区所"等子目,尽量全面体现主要工程子目,如表2-300所示。

表2-300 子目名称对照表

本规范		原指南	
编码	名称	编码	名称
200207	(七)电力系统直采直送		
	Ⅰ.建筑工程费		

续表

本规范		原指南	
编码	名称	编码	名称
20020701	1. 电力系统直采直送建筑工程		
	Ⅱ. 安装工程费		
20020702	1. 设备安装		
200208	（八）箱式开闭所及分区所		
	Ⅰ. 建筑工程费		
20020801	1. 箱式开闭所及分区所		

（25）"牵引变电所"建筑工程的下级子目进行了优化调整，将变压器基础和配电装置基础合并为"基础浇筑"，编制者可根据具体情况细分基础类别；"架构、支架"较原指南"架构及软母线"增加了支架内容；母线不再局限于带形母线，名称简化为"母线及绝缘子"，如表2-301所示。

表2-301 子目名称对照表

本规范		原指南	
编码	名称	编码	名称
200201	（一）牵引变电所	07190201	（一）牵引变电所
20020101	1. 基础浇筑	07190201J01	1. 架构及软母线
20020102	2. 架构、支架	07190201J02	2. 变压器基础
		07190201J03	3. 配电装置基础
20020104	4. 事故油井、检查井	07190201J05	5. 事故油井、检查井
20020105	5. 母线及绝缘子	07190201J06	6. 带形母线及绝缘子

（26）牵引变电所的"防雷接地"按照现有技术标准进行了细分，包括避雷塔组立、接地极及引下线、户外接地母线、户内及电缆沟内接地母线、接地模块、接地特殊处理等，尽可能全面罗列防雷接地设施，如表2-302所示。

表2-302 子目名称对照表

本规范		原指南	
编码	名称	编码	名称
20020103	3. 防雷接地	07190201J04	4. 防雷接地
2002010301	（1）避雷塔组立		
2002010302	（2）接地极及引下线		
2002010303	（3）户外接地母线		
2002010304	（4）户内及电缆沟内接地母线		
2002010305	（5）接地模块		
2002010306	（6）接地特殊处理		

（27）"牵引变电所"安装工程的下级子目同样进行了优化调整，为了更好区分设备位置，划分了"室外设备安装""室内设备安装"两类；室外设备安装将变压器分为"牵引变压器""所用变压器"，

增加"互感器""断路器、隔离开关""避雷器""其他"等设备；室内设备安装区分了控制室和高压室等，如表 2-303 所示。

表 2-303 子目名称对照表

本规范		原指南	
编码	名称	编码	名称
20020109	1. 室外设备安装		
2002010901	（1）牵引变压器	07190201A01	1. 变压器
2002010902	（2）所用变压器		
2002010903	（3）互感器	07190201A02	2. 配电装置
2002010904	（4）断路器、隔离开关		
2002010905	（5）避雷器		
2002010906	（6）其他设备		
20020110	2. 室内设备安装		
2002011001	（1）控制室设备安装		
2002011002	（2）高压室设备安装		
20020111	3. 附属		

（28）根据各段所的工程特点，分区所、开闭所、自耦所采用的细目同牵引变电所细目，减少清单冗余。

（29）补充原指南"电力调度所"遗漏的建筑工程，增加了"远方数据终端（RTU）"子目，引入电力调度的新技术内容，如表 2-304 所示。

表 2-304 子目名称对照表

本规范		原指南	
编码	名称	编码	名称
200205	（五）电力调度所	07190205	（五）电力调度所
	Ⅰ．建筑工程费		
20020501	1. 调度所工程		
20020502	2. RTU		

（30）维持原指南"供电段"的子目划分，包括"标准供电段""供电加强领工区"等内容。

（31）与电力节相同，为避免清单冗余，将"地基处理"的细目同路基附属工程，减少重复子目内容的罗列。

2. 计量单位

（1）新增子目均按照类似子目确定计量单位。

第 19 节 电力

（2）结合编制办法章节表，"高压架空线路""低压与高压合架线路""低压架空线路""高压干线电缆线路""高压站场电缆线路""高压桥隧电缆线路""低压电缆线路""低压控制电缆线路""电源线路"等子目的计量单位由原指南的"条公里"修改为"公里"，如表 2-305 所示。

表 2-305 子目计量单位对照表

本规范		原指南	
名称	计量单位	名称	计量单位
（一）高压架空线路	公里	（一）高压架空线路	条公里
（二）低压与高压合架线路	公里	（二）低压与高压合架线路	条公里
（三）低压架空线路	公里	（三）低压架空线路	条公里
（四）高压干线电缆线路	公里	（五）高压干线电缆线路	公里
（五）高压站场电缆线路	公里	（六）站场高压电缆线路	条公里
（六）高压桥隧电缆线路	公里	（七）高压桥隧电缆线路	条公里
（七）低压电缆线路	公里	（八）低压电缆线路	条公里
（八）低压控制电缆线路	公里	（九）控制电缆线路	条公里
（九）电源线路	公里	（十）电源线路	条公里

（3）根据高压干线电缆线路各类子目的计量特点，"直埋电缆沟""钢筋混凝土电缆沟"采用"沟公里"的计量单位，"砖砌电缆沟""电缆管道""电缆槽道""电缆桥架"采用"米"的计量单位，"电缆敷设"采用"条公里"的计量单位，如表 2-306 所示。

表 2-306 子目计量单位对照表

本规范		原指南	
名称	计量单位	名称	计量单位
（四）高压干线电缆线路	公里	（五）高压干线电缆线路	公里
1. 直埋电缆沟	沟公里	1. 电缆沟	
2. 钢筋混凝土电缆沟	沟公里	（1）土沟	沟公里
3. 砖砌电缆沟	米	（2）石沟	沟公里
4. 电缆管道	米		
		2. 砖砌电缆沟	米
		3. 混凝土排管	米
5. 电缆槽道	米	4. 混凝土电缆槽	米
6. 电缆桥架	米	5. 电缆桥架	米
7. 电缆敷设	条公里	6. 电缆敷设	条公里

（4）对"电缆保护"存在差异子目的计量单位进行区分，"拉管、顶管防护"采用"米"的计量单位，"桥、涵、隧道防护"采用"沟公里"的计量单位，"过防护墙、人孔、手孔防护""电缆引入""电缆井"等采用"处"的计量单位，如表 2-307 所示。

表 2-307 子目计量单位对照表

本规范		原指南	
名称	计量单位	名称	计量单位
（十一）电缆保护	条公里		
1. 拉管、顶管防护	米		

续表

本规范		原指南	
名称	计量单位	名称	计量单位
2. 桥、涵、隧道防护	沟公里		
3. 过防护墙、人孔、手孔防护	处		
4. 电缆引入	处		
5. 电缆井	处		

（5）高压桥隧电缆线路中"隧道电缆挂架"取消了钢索后，计量单位由"米"改为"座"。其他电力中"滑触线"子目细化后，计量单位由"三相米"改为"米"，如表2-308所示。

表2-308 子目计量单位对照表

本规范		原指南	
名称	计量单位	名称	计量单位
3. 隧道电缆挂架	座	2. 隧道内钢索、挂架	米
（四）滑触线	米	（三）室外触滑线	三相米

（6）电源设备中各类站、所的计量单位统一为"座"，取消"台""处""组"的不同计量单位，提高了本规范的标准化程度。同理，对于"电力远动及综合自动化"的各子目，也采用"系统"这一统一的计量单位，取消"套""处""站"等的计量单位，如表2-309所示。

表2-309 子目计量单位对照表

本规范		原指南	
名称	计量单位	名称	计量单位
（四）杆架式变电台	座	（二）变压器台	台
（五）箱式变电站	座	（三）箱式变（配）电站	处
（六）发电站	座	（四）小型发电站	处
（一）电力远动系统	系统	1. 主站	套
（二）综合自动化	系统	（二）信号电源监测	站

第20节 电力牵引供电

（7）根据项目现场施工特点，将接触网中"硬横梁"子目计量单位由"根"调整为"组"，"吊索式硬横跨装配"子目计量单位由"组"调整为"处"。"吊柱"与"混凝土支柱""钢柱"等计量单位相同，均为"根"，如表2-310所示。

表2-310 子目计量单位对照表

本规范		原指南	
名称	计量单位	名称	计量单位
（3）硬横梁	组	（3）硬横梁	根
5. 吊索式硬横跨装配	处	5. 硬横跨	组
（1）混凝土支柱	根		
（2）钢柱	根		
（5）吊柱	根		

（8）对接触网"防护"存在差异子目的计量单位进行区分，"车站支柱防护""限高防护架""承力索防断""验电接地"采用"处"的计量单位，"区间支柱防护"采用"立方米"的计量单位，"鸟害防护装置"等采用"套"的计量单位，"拉管、顶管防护"等采用"米"的计量单位，如表2-311所示。

表2-311 子目计量单位对照表

本规范		原指南	
名称	计量单位	名称	计量单位
（1）车站支柱防护	处		
（2）区间支柱防护	立方米		
（3）限高防护架	处		
（4）鸟害防护装置	套		
（5）承力索防断	处		
（6）拉管、顶管防护	米		
（7）验电接地	处		

（9）为了将土建和四电工程计量单位尽量保持一致，"基础浇筑"子目计量单位由"个"调整为"立方米"，更符合实际施工情况，如表2-312所示。

表2-312 子目计量单位对照表

本规范		原指南	
名称	计量单位	名称	计量单位
1. 基础浇筑	立方米	2. 变压器基础	个

（10）与电力等节保持一致，"电缆敷设"子目计量单位由"条米"调整为"条公里"。"室外照明"及"拆除工程"等子目的计量单位均由"元"调整为"所"，如表2-313所示。

表2-313 子目计量单位对照表

本规范		原指南	
名称	计量单位	名称	计量单位
6. 电缆敷设	条公里	7. 电缆敷设	条米
7. 室外照明	所	8. 室外照明	元
8. 拆除工程	所	9. 拆除工程	元

（11）牵引变电所中"室外设备安装"的计量单位统一为"所"，取消"台""处"等不同计量单位，提高了本规范的标准化程度。同理，对于"分区所""开闭所""自耦所"的各子目，也采用统一的计量单位，如表2-314所示。

表2-314 子目计量单位对照表

本规范		原指南	
名称	计量单位	名称	计量单位
（1）牵引变压器	所	1. 变压器	台
（2）所用变压器	所		

续表

本规范		原指南	
名称	计量单位	名称	计量单位
（3）互感器	所	2. 配电装置	处
（4）断路器、隔离开关	所		
（5）避雷器	所		
（6）其他设备	所		

（12）网上开关站的"光（电）缆敷设"的计量单位由"条米"调整为"米"，规范化计量单位，如表2-315所示。

表2-315 子目计量单位对照表

本规范		原指南	
名称	计量单位	名称	计量单位
1. 光（电）缆敷设	米	1. 电缆敷设	条米

（13）为了尽量减少"元"作为计量单位，对一些子目计量单位调整为"正线公里""处"等类型，如"供电线路"计量单位均由"元"调整为"正线公里"，"供电段"中建筑工程和安装工程的计量单位均由"元"调整为"处"等。

3. 子目划分特征

（1）新增子目均按照类似子目确定子目划分特征。

第19节 电力

（2）摒弃了"地形"这一较难统一界定的子目划分特征，相应地将"立混凝土电杆""铁塔组立"调整为"土石类别"，有利于现场实际计量，如表2-316所示。

表2-316 子目划分特征对照表

本规范		原指南	
名称	子目划分特征	名称	子目划分特征
1. 立混凝土电杆	杆型/土石类别	1. 立杆	杆型地形
2. 铁塔组立	塔型/土石类别	2. 铁塔组立	杆型地形

（3）修正了原指南中一些错误，包括"铁塔组立"子目划分特征由"杆型"调整为"塔型"，"配电箱"子目划分特征由"成套"调整为"电压等级/容量"等。当然，对于一些较难明晰的子目特征，仍值得研究修改，如表2-317所示。

表2-317 子目划分特征对照表

本规范		原指南	
名称	子目划分特征	名称	子目划分特征
（二）配电箱	电压等级/容量	（二）配电箱	成套

（4）提高部分清单子目划分特征的统一性程度，"架线"的"导线材质规格"等特征均统一为"导线类型"；电缆沟槽相关子目的"槽宽""断面尺寸"等特征均统一为"断面宽高"；"电缆敷设"的"缆

型芯数截面"等特征均统一为"电缆规格型号";"电缆桥架"的"宽×高尺寸"等特征均统一为"尺寸",同理用于各类线路设备基础;"电抗器""配电箱""隔离开关、负荷开关"等安装工程子目划分特征均统一为"电压等级/容量",如表2-318所示。

表2-318 子目划分特征对照表

本规范		原指南	
名称	子目划分特征	名称	子目划分特征
1. 直埋电缆沟	土石类别	1. 电缆沟	
2. 钢筋混凝土电缆沟	断面宽高	(1)土沟	同沟敷设根数土质类别
3. 砖砌电缆沟	断面宽高	(2)石沟	同沟敷设根数石质类别
4. 电缆管道	孔数		
		2. 砖砌电缆沟	断面尺寸
		3. 混凝土排管	孔数
5. 电缆槽道	断面宽高	4. 混凝土电缆槽	孔数槽宽
6. 电缆桥架	桥架形式/尺寸	5. 电缆桥架	桥架形式及宽×高尺寸
7. 电缆敷设	电压等级/电缆规格型号	6. 电缆敷设	电压等级缆型芯数截面
1. 电抗器基础	尺寸		
2. 配电箱基础	尺寸		
3. 电缆分支箱基础	尺寸		
(一)电抗器	电压等级/容量	(一)电抗器	容量
(三)隔离开关、负荷开关	电压等级/容量	(三)隔离开关、负荷开关	开关容量

(5)删除了一些过渡细化的子目划分特征,包括电缆沟的"同沟敷设根数""土质类别""石质类别","隧道电缆挂架"的"挂架个数套"等,尽量减少清单子目冗余,如表2-319所示。

表2-319 子目划分特征对照表

本规范		原指南	
名称	子目划分特征	名称	子目划分特征
1. 直埋电缆沟	土石类别	1. 电缆沟	
2. 钢筋混凝土电缆沟	断面宽高	(1)土沟	同沟敷设根数土质类别
3. 砖砌电缆沟	断面宽高	(2)石沟	同沟敷设根数石质类别
3. 隧道电缆挂架	综合	2. 隧道内钢索、挂架	钢索直径挂架个数套

(6)对"电源设备"中各站所子目划分特征均进行了规范化,"高压变电所(站)""低压变电所(站)""配电所"等子目划分特征统一修改为"电压等级/容量/类型","发电站"修改为"功率"等,删除了"杆数""高度"等过度细化的子目划分特征,如表2-320所示。

表 2-320 子目划分特征对照表

本规范		原指南	
名称	子目划分特征	名称	子目划分特征
二、电源设备		二、电源设备	
（一）高压变电所（站）			
1. 高压变电所（站）	电压等级/容量/类型	（一）变配电所、站	容量、电压等级
1. 设备安装	电压等级/容量/类型		
（二）低压变电所（站）			
1. 低压变电所（站）	电压等级/容量/类型		
1. 设备安装	电压等级/容量/类型		
（三）配电所			
1. 配电所	电压等级/容量/类型		
1. 设备安装	电压等级/容量/类型		
（四）杆架式变电台		（二）变压器台	
1. 杆架式变电台	电压等级/容量/类型	1. 杆架式变压器台	杆数、电压等级、变压器容量
1. 设备安装	电压等级/容量/类型		
（五）箱式变电站		2. 落地式变压器台	电压等级、变压器容量
1. 箱式变电站	电压等级/容量/类型	（三）箱式变（配）电站	容量
1. 设备安装	电压等级/容量/类型		
（六）发电站		（四）小型发电站	
1. 光伏发电站		1. 小型太阳能发电站	
（1）发电站工程	功率	（1）地面基础及桁架	高度功率
（1）设备安装	功率	（2）屋面式桁架	功率
2. 柴油发电站		2. 柴油发电机（组）基础	功率
（1）发电站工程	功率		
（1）设备安装	功率	（一）变配电所、站	容量、电压等级

（7）"滑触线"区分室内和室外后，子目划分特征相应由"电车线/截面面积"调整为"种类/型号"，提高了特征的可辨识性，如表 2-321 所示。

表 2-321 子目划分特征对照表

本规范		原指南	
名称	子目划分特征	名称	子目划分特征
（四）滑触线	种类/型号	（三）室外触滑线	电车线截面面积

（8）电力节对各子目进行了较为细致的子目特征划分规定，这样对于区分综合单价差异性是有利的，但也不可按照所有特征进行子目细分，否则将导致子目层级过于繁多，失去了清单综合性的特征，编制者应根据项目实际情况，酌情选取子目特征进行下一级子目划分，尽量减少清单冗余。电力牵引供电节同理。

第20节 电力牵引供电

（9）"后植锚栓""改移侧沟""电缆防护"对内容已进行了明确规定，因此子目划分特征统一修改为"综合"，如表2-322所示。

表2-322 子目划分特征对照表

本规范		原指南	
名称	子目划分特征	名称	子目划分特征
（3）后植锚栓			
①桥梁隧道后植锚栓	综合		
②路基石质基坑后置锚栓	综合		
（4）改移侧沟	综合		
（5）电缆防护	综合		

（10）根据现场调研情况，混凝土支柱、钢柱等子目采用"支柱型号"的子目划分特征说法，与现场习惯称呼相一致，如表2-323所示。

表2-323 子目划分特征对照表

本规范		原指南	
名称	子目划分特征	名称	子目划分特征
（1）混凝土支柱		（1）混凝土支柱	支柱类型
①横腹杆式混凝土支柱	支柱型号		
②等径混凝土圆支柱	支柱型号		
（2）钢柱		（2）钢支柱	支柱类型
①格构式钢支柱	支柱型号		
②H型钢支柱	支柱型号		
③直腿桥钢柱	支柱型号		
④斜腿桥钢柱	支柱型号		
⑤等径圆钢管柱	支柱型号		

（11）"支柱（吊柱）悬挂装配""隧道装配"等子目划分特征统一增加"材质"一项内容，更加完善，符合实际需求，如表2-324所示。

表2-324 子目划分特征对照表

本规范		原指南	
名称	子目划分特征	名称	子目划分特征
3.支柱（吊柱）悬挂装配		3.支柱悬挂装配	
（1）隧道外单支悬挂安装	材质/装配形式	（1）简单链形悬挂	装配形式
（2）隧道外双支悬挂安装	材质/装配形式	（2）弹性链形悬挂	装配形式
（3）隧道外三支悬挂安装	材质/装配形式	（3）简单悬挂	装配形式
（4）隧道外线岔柱安装	材质/装配形式		

续表

本规范		原指南	
名称	子目划分特征	名称	子目划分特征
4. 隧道装配		4. 隧道装配	装配形式
（1）隧道内中间柱安装	材质/装配形式		
（2）隧道内锚段关节安装	材质/装配形式		
（3）隧道内吊柱单支悬挂安装	材质/装配形式		

（12）接触悬挂导线"吊索式硬横跨装配""软横跨装配"统一按"悬挂股道数"划分子目，不再细化股道数量、装配形式等，更为规范，如表2-325所示。

表2-325 子目划分特征对照表

本规范		原指南	
名称	子目划分特征	名称	子目划分特征
5. 吊索式硬横跨装配	悬挂股道数	5. 硬横跨	
		（1）定位索式	股道数量
		（2）吊柱式	装配形式
6. 软横跨装配	悬挂股道数	6. 软横跨	悬挂股道数

（13）根据现有技术发展特点，接触悬挂导线全补偿下锚装配应按照补偿器形式、补偿变比或额定张力进行子目划分，而非仅仅采用补偿器形式划分，更能体现综合单价的差异性。其他下锚装配均按照"装配形式"进行子目划分，更为统一。

（14）摒弃了接触悬挂导线架线"导线配置"这一较为模糊的子目划分特征，相应地将配置拆分为"导线材质"和"导线截面"，这也与"供电线""加强线""回流线""正馈线和保护线"相关子目划分标准一致，有利于现场实际计量，如表2-326所示。

表2-326 子目划分特征对照表

本规范		原指南	
名称	子目划分特征	名称	子目划分特征
（1）正线架线	导线材质/截面	（1）正线	导线配置
（2）站线架线	导线材质/截面	（2）站线	导线配置

（15）供电线的"电缆线敷设"子目划分特征区分了"高压、低压"，有利于综合单价的区分。同理，牵引变电所的"电缆敷设"更细分为缆型、芯数、截面、进（馈）线数量。

（16）由于牵引变电所的"基础浇筑"采用了与土建工程相同的计量单位，因此子目划分特征相应为"基础类型"，具体计量根据混凝土、浆砌石等基础类型的体积计算。这自然就与设备的电压等级或相数容量无关，如表2-327所示。

表2-327 子目划分特征对照表

本规范		原指南	
名称	子目划分特征	名称	子目划分特征
（一）牵引变电所		（一）牵引变电所	
1. 基础浇筑	基础类型	2. 变压器基础	电压等级相数容量

（17）"防雷接地"针对各子目的工程特点，将子目划分特征修改为材质、高度、地质、焊接方式、处理方式、类型等规则，划分更加具体，实操性更强，如表2-328所示。

表2-328 子目划分特征对照表

本规范		原指南	
名称	子目划分特征	名称	子目划分特征
3. 防雷接地		4. 防雷接地	综合
（1）避雷塔组立	材质/高度		
（2）接地极及引下线	材质/地质/焊接方式		
（3）户外接地母线	材质/地质/焊接方式		
（4）户内及电缆沟内接地母线	材质/地质/焊接方式		
（5）接地模块	材质/地质/处理方式		
（6）接地特殊处理	类型		

（18）"牵引变电所"的各类安装工程的子目划分特征也尽量统一为电压等级或类型，提高规范的适应性。其他站、所也采用了"牵引变电所"同样的修订思路。

4. 工程量计算规则

（1）新增子目均按照类似子目确定工程量计算规则，其他子目均进行了规范化、统一化的调整。

第19节 电力

（2）规范化"高压干线电缆线路"下级子目的工程量计算规则，明确按设计图示电缆沟、管道、槽道、敷设电缆等长度计算，如表2-329所示。

表2-329 子目工程量计算规则对照表

本规范		原指南	
名称	工程量计算规则	名称	工程量计算规则
（四）高压干线电缆线路		（五）高压干线电缆线路	
1. 直埋电缆沟	按设计图示电缆沟长度计算	1. 电缆沟	
2. 钢筋混凝土电缆沟	按设计图示电缆沟长度计算	（1）土沟	按设计电缆沟中心线长度（含井坑）计算
3. 砖砌电缆沟	按设计图示电缆沟长度计算	（2）石沟	按设计电缆沟中心线长度（含井坑）计算
4. 电缆管道	按设计图示管道长度计算		
		2. 砖砌电缆沟	按设计长度（含井坑）计算
		3. 混凝土排管	按设计长度（含井坑）计算
5. 电缆槽道	按设计图示槽道长度计算	4. 混凝土电缆槽	按设计长度（含井坑）计算
6. 电缆桥架	按设计图示长度计算	5. 电缆桥架	按设计长度计算
7. 电缆敷设	按设计图示敷设电缆长度计算	6. 电缆敷设	按设计电缆长度（含附加长度）计算

（3）"高压桥隧电缆线路"中"隧道电缆挂架"结合计量单位的变化，工程量计算规则修改为"按设计数量计算"。"电缆敷设"也与"高压干线电缆线路"相关子目的工程量计算规则保持一致，提高规范化，如表2-330所示。

表2-330 子目工程量计算规则对照表

本规范		原指南	
名称	工程量计算规则	名称	工程量计算规则
（六）高压桥隧电缆线路		（七）高压桥隧电缆线路	
1. 桥上电缆槽	按设计图示长度计算	1. 桥上电缆槽道	按设计长度计算
2. 电缆桥架	按设计图示长度计算		
3. 隧道电缆挂架	按设计图示数量计算	2. 隧道内钢索、挂架	钢索长度以两端固定点的距离为准，不扣除拉进装置的长度
4. 电缆敷设	按设计图示敷设电缆长度计算	3. 电缆敷设	按设计电缆长度（含附加长度）计算

（4）"线路设备基础""电缆保护""电源设备""其他电力""电力远动及综合自动化""电力系统直采直送""拆除"等采用自然单位的子目，均统一工程量计算规则为"按设计图示数量计算"，采用元为单位的子目，均统一工程量计算规则为"按设计要求综合计算"，进一步提高规范的标准化程度。

第20节 电力牵引供电

（5）与电力节相同，"接触网""牵引变电"子目中采用自然单位的子目，均统一工程量计算规则为"按设计图示数量计算"。

（6）"电缆线敷设"中各子目的工程量计算规则与电力节保持一致，为"按设计图示敷设电缆长度计算"。

（7）简化"回流线""正馈线和保护线"的工程量计算规则为按设计图示架设回流线、正馈线、保护线等长度计算，删除回流线的"牵引变电所接地网起，全线贯通"、正馈线的"自牵引变电所、分区亭、开闭所、自耦所围墙外起，全线贯通"、保护线的"保护线自牵引变电所接地网起，全线贯通"等关于数量计算要求的描述，回归计算规则本质，如表2-331所示。

表2-331 子目工程量计算规则对照表

本规范		原指南	
名称	工程量计算规则	名称	工程量计算规则
（四）回流线		（三）回流线	
1. 合架回流线	按设计图示架设回流线长度计算	1. 合架回流线	按设计架设回流线长度（含附加长度）计算；牵引变电所接地网起，全线贯通
2. 独架回流线	按设计图示架设回流线长度计算	2. 独立回流线	按设计架设回流线长度（含附加长度）计算；牵引变电所接地网起，全线贯通
（五）正馈线和保护线		（四）正馈线	按设计架设正馈线长度（含附加长度）计算；自牵引变电所、分区亭、开闭所、自耦所围墙外起，全线贯通

续表

本规范		原指南	
名称	工程量计算规则	名称	工程量计算规则
1. 正馈线	按设计图示架设正馈线长度计算		
2. 保护线		（五）保护线（架空地线）	按设计架设保护线长度（含附加长度）计算；保护线自牵引变电所接地网起，全线贯通
（1）保护线	按设计图示架设保护线长度计算		
（2）避雷线	按设计图示架设避雷线长度计算		
（六）架空地线	按设计图示架设架空地线长度计算		

（8）牵引变电所"基础浇筑"修改计量单位后，工程量计算规则相应调整为"按设计图示体积计算"，与土建章节保持一致，如表 2-332 所示。

表 2-332　子目工程量计算规则对照表

本规范		原指南	
名称	工程量计算规则	名称	工程量计算规则
（一）牵引变电所		（一）牵引变电所	
Ⅰ.建筑工程费		Ⅰ.建筑工程费	
1.基础浇筑	按设计图示体积计算	1. 架构及软母线	按设计数量计算
2.架构、支架	按设计图示数量计算	2. 变压器基础	按设计数量计算
		3. 配电装置基础	按设计数量计算

（9）"母线及绝缘子"包括了软母线、带形母线、引下线、连接线、跳线、穿墙套管、绝缘子安装调试等各项工作内容，为了避免长度计量时可能出现混淆等问题，将计量单位调整为"所"，相应的工程量计算规则由"按设计母线长度（含预留长度）计算"调整为"按设计图示数量计算"，如表 2-333 所示。

表 2-333　子目工程量计算规则对照表

本规范		原指南	
名称	工程量计算规则	名称	工程量计算规则
5. 母线及绝缘子	按设计图示数量计算	6. 带形母线及绝缘子	按设计母线长度（含预留长度）计算

5. 工程（工作）内容

（1）新增子目均按照类似子目确定工作内容，其他子目均进行了规范化、统一化的调整。

第 19 节 电力

（2）"高压架空线路""低压与高压合架线路""低压架空线路"等架线的工作内容中均增加了缆线

接头，弥补原指南的工作内容缺失，如表2-334所示。

表2-334 子目工程（工作）内容对照表

本规范		原指南	
名称	工程（工作）内容	名称	工程（工作）内容
（一）高压架空线路		（一）高压架空线路	
3.架线	1.导线、避雷线架设；2.防雷设施制安，接地连接；3.缆线接头	3.架线	1.导线、避雷线（如有）架设；2.防雷设施制安，接地连接
（二）低压与高压合架线路		（二）低压与高压合架线路	
细目同<19 电力——一、供电线路——Ⅰ.建筑工程费——（一）高压架空线路>		（细目同高压架空线路）	
（三）低压架空线路		（三）低压架空线路	
2.架线	1.导线、避雷线架设；2.防雷设施制安，接地连接；3.缆线接头	2.架线	1.导线、避雷线（如有）架设；2.防雷设施制安，接地连接

（3）结合现有施工工艺要求，"高压干线电缆线路"中"直埋电缆沟"工作内容增加"铺砂盖砖保护"，"钢筋混凝土电缆沟""砖砌电缆沟"工作内容增加"电缆支架安装"，"电缆管道""电缆槽道"工作内容增加"石碴清理"，"电缆桥架"工作内容增加"接地制安"等。高压站场电缆线路、低压电缆线路、低压控制电缆线路以及电源线路子目调整同上，如表2-335所示。

表2-335 子目工程（工作）内容对照表

本规范		原指南	
名称	工程（工作）内容	名称	工程（工作）内容
（四）高压干线电缆线路		（五）高压干线电缆线路	
1.直埋电缆沟	1.沟槽挖填；2.井坑砌筑；3.铺砂盖砖保护	1.电缆沟	
2.钢筋混凝土电缆沟	1.沟槽挖填；2.井坑砌筑；3.盖板制安；4.电缆支架安装	（1）土沟	1.路面、硬化面开凿及修复；2.沟槽、井坑挖填；3.井坑砌筑
3.砖砌电缆沟	1.沟槽挖填；2.井坑砌筑；3.盖板制安；4.电缆支架安装	（2）石沟	1.路面、硬化面开凿及修复；2.沟槽、井坑挖填；3.井坑砌筑
4.电缆管道	1.沟槽挖填；2.模板制安拆，钢筋制安；3.基础混凝土浇筑，槽身砌筑；4.支架制安；5.盖板制安；6.石碴清理		

续表

本规范		原指南	
名称	工程（工作）内容	名称	工程（工作）内容
		2. 砖砌电缆沟	1. 路面、硬化面开凿及修复；2. 沟槽及井坑挖填；3. 沟槽及井坑砌筑；4. 盖板制安
		3. 混凝土排管	1. 路面、硬化面开凿及修复；2. 沟槽、井坑挖填；3. 井坑砌筑；4. 基础浇筑；5. 排管铺设
5. 电缆槽道	1. 沟槽挖填；2. 模板制安拆，钢筋制安；3. 基础混凝土浇筑，槽身砌筑；4. 支架制安；5. 盖板制安；6. 石碴清理	4. 混凝土电缆槽	1. 路面、硬化面开凿及修复；2. 沟槽挖填；3. 模板制安拆，钢筋制安；4. 基础混凝土浇筑，槽身砌筑；5. 支架制安；6. 盖板制安
6. 电缆桥架	1. 电缆桥支架制安；2. 托臂制安；3. 电缆桥架制安；4. 接地制安	5. 电缆桥架	1. 电缆桥支架安装；2. 托臂安装；3. 电缆桥架安装
7. 电缆敷设	1. 电缆敷设；2. 电缆头制安；3. 电气测试；4. 揭、盖电缆沟盖板；5. 标桩埋设；6. 电缆接头	6. 电缆敷设	电缆敷设

（4）根据实际施工内容，对各项"电缆敷设"子目进行补充、调整，确定其工作内容为：电缆敷设，电缆头制安，电气测试，揭、盖电缆沟盖板，标桩埋设，电缆接头等，如表2-336所示。

表2-336 子目工程（工作）内容对照表

本规范		原指南	
名称	工程（工作）内容	名称	工程（工作）内容
4. 电缆敷设	1. 电缆敷设；2. 电缆头制安；3. 电气测试；4. 揭、盖电缆沟盖板；5. 标桩埋设；6. 电缆接头	3. 电缆敷设	电缆敷设

（5）"高压桥隧电缆线路"中"隧道电缆挂架"结合名称的变化，工作内容仅保留"电缆挂架制安"，如表2-337所示。

表2-337 子目工程（工作）内容对照表

本规范		原指南	
名称	工程（工作）内容	名称	工程（工作）内容
3. 隧道电缆挂架	电缆挂架制安	2. 隧道内钢索、挂架	1. 钢索敷设；2. 电缆挂架制安；3. 拉紧装置制安

（6）本次深入研究了不同电缆保护类型，不同类型的工作内容也做了明确区分。如"拉管、顶管防护"包括了开挖过道沟，配、铺钢管，堵钢管，回填等工作内容；"桥、涵、隧道防护"包括了桥上支架钢管、槽固定，钢管、槽铺设，桥两端防护封堵，钢管切割、封堵，施工防护，铺槽卡具固定，隧道道砟清理等工作内容；"过防护墙、人孔、手孔防护"包括了穿越防护墙、人手孔敷设电缆，泡沫填充剂防护等工作内容；"电缆引入"包括了电缆入室口封堵，线缆成端（含二次成端），做线缆头，屏蔽连接等工作内容；"电缆井"包括了电缆井开挖，混凝土浇筑，电缆托架制安，涂防水层，井盖预制安装等工作内容。

（7）同样为了提高规范的标准化，将供电线路中"电抗器""配电箱"等安装工程子目工作内容统一修改为：设备安装、调试，设备接地，如表2-338所示。

表2-338 子目工程（工作）内容对照表

本规范		原指南	
名称	工程（工作）内容	名称	工程（工作）内容
（一）电抗器	1.设备安装、调试；2.设备接地	（一）电抗器	1.电抗器安装、调试；2.电抗器检修平台制安
（二）配电箱	1.设备安装、调试；2.设备接地	（二）配电箱	配电箱安装
（三）隔离开关、负荷开关	1.设备安装、调试；2.设备接地	（三）隔离开关、负荷开关	设备安装、调试
（四）断路器	1.设备安装、调试；2.设备接地	（四）断路器	设备安装、调试
（五）电容器	1.设备安装、调试；2.设备接地	（五）电容器	设备安装、调试
（六）熔断器	1.设备安装、调试；2.设备接地	（六）熔断器	设备安装、调试
（七）避雷器	1.设备安装、调试；2.设备接地	（七）避雷器	设备安装、调试
（八）电缆分支箱	1.设备安装、调试；2.设备接地		

（8）在原指南"变配电所、站"的工作内容基础上，对"高压变电所（站）""低压变电所（站）""配电所"进行完善统一，确定为：基坑挖填，基础（含排油坑）浇筑，架构制安，支架、爬梯、防护围栏制安，绝缘子、穿墙套管等安装，母线、引下线等制安，入户封堵模块，防雷设施制安，接地连接，所（站）内电缆敷设，如表2-339所示。

表2-339 子目工程（工作）内容对照表

本规范		原指南	
名称	工程（工作）内容	名称	工程（工作）内容
1.高压变电所（站）	1.基坑挖填；2.基础（含排油坑）浇筑；3.架构制安；4.支架、爬梯、防护围栏制安；5.绝缘子、穿墙套管等安装；6.母线、引下线等制安；7.入户封堵模块；8.防雷设施制安，接地连接；9.所（站）内电缆敷设	（一）变配电所、站	1.基坑挖填；2.基础（含排油坑）浇筑；3.架构制安；4.支架、防护围栏制安；5.母线、引下线制安；6.防雷设施制安，接地连接

续表

本规范		原指南	
名称	工程（工作）内容	名称	工程（工作）内容
1. 低压变电所（站）	1. 基坑挖填；2. 基础（含排油坑）浇筑；3. 架构制安；4. 支架、爬梯、防护围栏制安；5. 绝缘子、穿墙套管等安装；6. 母线、引下线等制安；7. 入户封堵模块；8. 防雷设施制安，接地连接；9. 所（站）内电缆敷设		
1. 配电所	1. 基坑挖填；2. 基础（含排油坑）浇筑；3. 架构制安；4. 支架、爬梯、防护围栏制安；5. 绝缘子、穿墙套管等制安；6. 母线、引下线等制安；7. 入户封堵模块；8. 防雷设施制安，接地连接；9. 所（站）内电缆敷设		

（9）结合现场施工要求，"箱式变电站"增加了箱变围（栏）墙、爬梯制安等工作内容，表2-340所示。

表2-340 子目工程（工作）内容对照表

本规范		原指南	
名称	工程（工作）内容	名称	工程（工作）内容
1. 箱式变电站	1. 基坑挖填；2. 基础浇筑；3. 箱变围（栏）墙；4. 爬梯制安	（三）箱式变（配）电站	1. 基坑挖填；2. 基础浇筑

（10）对原指南"小型太阳能发电站"的各项工作内容进行优化、整合，将"光伏发电站"的工作内容修订为：地面基础及桁架、屋面式桁架制安，如表2-341所示。

表2-341 子目工程（工作）内容对照表

本规范		原指南	
名称	工程（工作）内容	名称	工程（工作）内容
1. 光伏发电站		1. 小型太阳能发电站	
（1）发电站工程	地面基础及桁架、屋面式桁架制安	（1）地面基础及桁架	1. 基坑挖填；2. 基础浇筑；3. 桁架制安

（11）"电源设备"的安装工程子目位置进行调整后，同样对其工程内容也进行了补充完善，如增加设备安装、二次配线等内容，如表2-342所示。

表2-342 子目工程（工作）内容对照表

本规范		原指南	
名称	工程（工作）内容	名称	工程（工作）内容
二、电源设备		二、电源设备	
（一）高压变电所（站）		Ⅰ. 建筑工程费	

续表

本规范		原指南	
名称	工程（工作）内容	名称	工程（工作）内容
Ⅰ．建筑工程费		（一）变配电所、站	1. 基坑挖填；2. 基础（含排油坑）浇筑；3. 架构制安；4. 支架、防护围栏制安；5. 母线、引下线制安；6. 防雷设施制安，接地连接
1. 高压变电所（站）	1. 基坑挖填；2. 基础（含排油坑）浇筑；3. 架构制安；4. 支架、爬梯、防护围栏制安；5. 绝缘子、穿墙套管等安装；6. 母线、引下线等制安；7. 入户封堵模块；8. 防雷设施制安，接地连接；9. 所（站）内电缆敷设		
Ⅱ．安装工程费			
1. 设备安装	1. 设备安装、二次配线、调试；2. 设备接地		

（12）其他电力"站场照明"的站场照明安装不再区分灯塔、灯桥、灯柱电气安装后，其工作内容调整为：灯塔、灯桥、灯柱电气安装，其他室外照明设施安装，接地极制安、接地母线敷设、接地电阻调试等，如表 2-343 所示。

表 2-343　子目工程（工作）内容对照表

本规范		原指南	
名称	工程（工作）内容	名称	工程（工作）内容
1. 站场照明安装	1. 灯塔、灯桥、灯柱电气安装；2. 其他室外照明设施安装；3. 接地极制安、接地母线敷设、接地电阻调试		

（13）修订了原指南"动力"建筑安装工程混淆的问题，将动力建筑工程的工作内容确定为：基础制作、电缆敷设、配管配线。设备安装的工程内容确定为：落地式配电箱安装（含箱体及接地体安装、防腐处理等），开关、按钮、插座、接线盒、熔断器、启动器、控制器、制动器、电气仪表、安全变压器、电铃、电笛等安装。保证本规范工作内容的准确性。同理，对"滑触线"的建筑安装工程的工作内容也进行了相应拆分、调整和完善，如表 2-344 所示。

表 2-344　子目工程（工作）内容对照表

本规范		原指南	
名称	工程（工作）内容	名称	工程（工作）内容
（二）动力		（二）室内动力配电	1. 室内滑触线、移动软电缆安装，电缆敷设；2. 配管配线；3. 开关、按钮、插座、接线箱盒安装；4. 熔断器、启动器、控制器、制动器、电气仪表安装；5. 安全变压器、电铃、电笛安装；6. 电缆敷设

续表

本规范		原指南	
名称	工程（工作）内容	名称	工程（工作）内容
1.动力建筑工程	1.基础制作；2.电缆敷设；3.配管配线		
1.设备安装	1.落地式配电箱安装（含箱体及接地体安装、防腐处理等）；2.开关、按钮、插座、接线盒、熔断器、启动器、控制器、制动器、电气仪表、安全变压器、电铃、电笛等安装		

（14）"电力远动及综合自动化"增加了建筑工程子目，其工作内容统一为：开挖电缆沟，钢管敷设，电缆敷设，引线，检查井等。安装工程子目也对安装设备类型进行了明确，包括电力远动系统的远动终端设备、调度中心设备、复示系统；火灾自动报警系统的系统性能和功能指标测试和调整，系统带负荷试验，各系统信号、接口联调，系统稳定性试验；六氟化硫监测报警系统的探测器、控制柜等。同理，电力系统直采直送也按此要求进行工作内容修订，如表2-345所示。

表2-345 子目工程（工作）内容对照表

本规范		原指南	
名称	工程（工作）内容	名称	工程（工作）内容
四、电力远动及综合自动化		四、电力自动控制	
（一）电力远动系统		（一）电力远动	
Ⅰ.建筑工程费		1.主站	调度台、电源屏、控制屏等设备安装、调试
1.电力远动系统	1.开挖电缆沟；2.钢管敷设；3.电缆敷设；4.引线；5.检查井		
Ⅱ.安装工程费		2.远动终端	设备安装、调试
1.设备安装	远动终端设备、调度中心设备、复示系统安装与调试		

第20节 电力牵引供电

（15）将原指南"接触网"部分建筑工程子目中关于设备安装的工作内容移至细分后的安装工程子目中，保证本规范工作内容的准确性。

（16）接触悬挂导线的"改移侧沟"从支柱下部的工作内容中移出后，结合土建章节工程内容的描述，将其工作内容确定为：拆除既有侧沟，挖填、砌筑侧沟，清理、余土外运，如表2-346所示。

表2-346 子目工程（工作）内容对照表

本规范		原指南	
名称	工程（工作）内容	名称	工程（工作）内容
（1）直埋混凝土支柱及拉线坑	1.基坑挖填；2.防护	（1）直埋混凝土支柱下部	1.基坑、拉线坑挖填，改移侧沟（包括衬砌）；2.横卧板、底板安装；3.拉线坑包括锚板、拉线盘安装；4.基础加固
（4）改移侧沟	拆除既有侧沟，挖填、砌筑侧沟，清理、余土外运		

（17）接触悬挂导线"支柱及拉线基础"增加基坑排水的工作内容。"混凝土支柱"除立支柱外，增加了横卧板（卡盘）及底板安装的工作内容；"钢柱"保留了主要工作：立支柱；"硬横梁""大限界底座框架"增加了"预配"工作内容，如表2-347所示。

表2-347 子目工程（工作）内容对照表

本规范		原指南	
名称	工程（工作）内容	名称	工程（工作）内容
（1）直埋混凝土支柱及拉线坑	1.基坑挖填；2.防护	（1）直埋混凝土支柱下部	1.基坑、拉线坑挖填，改移侧沟（包括衬砌）；2.横卧板、底板安装；3.拉线坑包括锚板、拉线盘安装；4.基础加固
（2）支柱及拉线基础	1.基坑挖填；2.基坑排水；3.模板制安拆；4.钢筋及预埋件制安；5.垫层及基础混凝土浇筑；6.基础帽浇筑；7.防护	（2）现浇支柱基础	

（18）对原指南"支柱悬挂装配""隧道装配"的各子目工作内容进行优化、整合，将"支柱（吊柱）悬挂装配""隧道装配"各子目的工作内容修订为：测量，预配，底座、腕臂装置、定位装置安装，绝缘子预配安装（含绝缘子包扎物拆除清洗），接地跳线安装，如表2-348所示。

表2-348 子目工程（工作）内容对照表

本规范		原指南	
名称	工程（工作）内容	名称	工程（工作）内容
3.支柱（吊柱）悬挂装配		3.支柱悬挂装配	
（1）隧道外单支悬挂安装	1.测量、预配；2.底座、腕臂装置、定位装置安装；3.绝缘子预配安装（含绝缘子包扎物拆除清洗）；4.接地跳线安装	（1）简单链形悬挂	1.支柱接触悬挂（含底座、绝缘子）预埋安装；2.绝缘子包扎物拆除清洗，接地跳线安装；3.转换柱电连接安装；4.道岔柱电连接安装
（2）隧道外双支悬挂安装	1.测量、预配；2.底座、腕臂装置、定位装置安装；3.绝缘子预配安装（含绝缘子包扎物拆除清洗）；4.接地跳线安装	（2）弹性链形悬挂	1.支柱接触悬挂（含底座、绝缘子）预埋安装；2.绝缘子包扎物拆除清洗，接地跳线安装；3.转换柱电连接安装；4.道岔柱线岔、电连接安装
（3）隧道外三支悬挂安装	1.测量、预配；2.底座、腕臂装置、定位装置安装；3.绝缘子预配安装（含绝缘子包扎物拆除清洗）；4.接地跳线安装	（3）简单悬挂	1.支柱接触悬挂（含底座、绝缘子）预埋安装；2.绝缘子包扎物拆除清洗，接地跳线安装；3.转换柱电连接安装；4.道岔柱电连接安装
（4）隧道外线岔柱安装	1.测量、预配；2.底座、腕臂装置、定位装置安装；3.绝缘子预配安装（含绝缘子包扎物拆除清洗）；4.接地跳线安装		

续表

本规范		原指南	
名称	工程（工作）内容	名称	工程（工作）内容
4.隧道装配		4.隧道装配	1.打孔浇注，吊柱安装、悬挂装配，锚段关节调整，接地体制安；2.刷写号码牌，绝缘子包扎物拆除清洗
（1）隧道内中间柱安装	1.测量、预配；2.底座、腕臂装置、定位装置安装；3.绝缘子预配安装（含绝缘子包扎物拆除清洗）；4.接地跳线安装		
（2）隧道内锚段关节安装	1.测量、预配；2.底座、腕臂装置、定位装置安装；3.绝缘子预配安装（含绝缘子包扎物拆除清洗）；4.接地跳线安装		
（3）隧道内吊柱单支悬挂安装	1.测量、预配；2.底座、腕臂装置、定位装置安装；3.绝缘子预配安装（含绝缘子包扎物拆除清洗）；4.接地跳线安装		

（19）"吊索式硬横跨装配""软横跨装配"不再枚举子目后，工作内容结合定位索式硬横跨、吊柱式硬横跨、简单链形悬挂软横跨、弹性链形悬挂软横跨、简单悬挂软横跨等子目工作内容进行优化、整合，确定为：测量、预配，绝缘子预配安装（含绝缘子包扎物拆除清洗），软索式硬横跨节点安装或软横跨节点安装，电连接、线岔安装及电阻检测，调整，接地跳线安装，如表2-349所示。

表2-349 子目工程（工作）内容对照表

本规范		原指南	
名称	工程（工作）内容	名称	工程（工作）内容
5.吊索式硬横跨装配	1.测量、预配；2.绝缘子预配安装（含绝缘子包扎物拆除清洗）；3.软索式硬横跨节点安装；4.电连接、线岔安装及电阻检测；5.调整	5.硬横跨	
		（1）定位索式	横跨各节点安装，绝缘子预配，绝缘子包扎物拆除清洗，电连接安装，接地安装
		（2）吊柱式	1.吊柱安装 2.吊柱接触悬挂（含底座、绝缘子）预配安装；3.绝缘子包扎物拆除清洗，接地跳线安装；4.转换柱电连接安装；5.道岔柱电连接安装
6.软横跨装配	1.测量、预配；2.绝缘子预配安装（含绝缘子包扎物拆除清洗）；3.软横跨节点安装；4.电连接、线岔安装及电阻检测；5.调整；6.接地跳线安装	6.软横跨	

续表

本规范		原指南	
名称	工程（工作）内容	名称	工程（工作）内容
		（1）简单链形悬挂	1. 节点安装，绝缘子预配，绝缘子包扎物拆除清洗；2. 电连接、线岔安装；3. 接地安装
		（2）弹性链形悬挂	1. 支柱接触悬挂（含底座、绝缘子）预配安装；2. 绝缘子包扎物拆除清洗，接地跳线安装；3. 转换柱电连接安装；4. 道岔柱线岔、电连接安装
		（3）简单悬挂	1. 横跨各节点安装，绝缘子预配，绝缘子包扎物拆除清洗；2. 电连接、线岔安装；3. 接地安装

（20）下锚装配区分全补偿、无补偿、中心锚结后，除对下锚安装、拉线及拉线底座制安、绝缘子预配安装（含绝缘子包装物拆除清洗）等相同工作内容进行统一外，全补偿增加车库前下锚含打孔浇注、接地跳线安装，中心锚结增加中心锚结安装等工作内容，完善各子目的工作内容，如表2-350所示。

表2-350 子目工程（工作）内容对照表

本规范		原指南	
名称	工程（工作）内容	名称	工程（工作）内容
7. 下锚装配		7. 下锚装配	
（1）隧道内全补偿下锚	1. 下锚安装；2. 拉线及拉线底座制安；3. 绝缘子预配安装（含绝缘子包装物拆除清洗）；4. 车库前下锚含打孔浇注；5. 接地跳线安装	（1）全补偿链形悬挂	1. 下锚安装，拉线安装，绝缘子预配，绝缘子包装物拆除清洗；2. 接地跳线安装；3. 中心锚结安装及下锚，车库前下锚还包括打孔浇注
（2）隧道外全补偿下锚	1. 下锚安装；2. 拉线及拉线底座制安；3. 绝缘子预配安装（含绝缘子包装物拆除清洗）；4. 车库前下锚含打孔浇注；5. 接地跳线安装	（2）简单悬挂	1. 下锚安装，拉线安装，绝缘子预配，绝缘子包装物拆除清洗；2. 接地跳线安装；3. 中心锚结安装及下锚，车库前下锚还包括打孔浇注
（3）隧道内无补偿下锚	1. 下锚安装；2. 拉线及拉线底座制安；3. 绝缘子预配安装（含绝缘子包装物拆除清洗）		
（4）隧道外无补偿下锚	1. 下锚安装；2. 拉线及拉线底座制安；3. 绝缘子预配安装（含绝缘子包装物拆除清洗）；4. 接地跳线安装		
（5）隧道内中心锚结下锚	1. 下锚安装、中心锚结安装；2. 拉线及拉线底座制安；3. 绝缘子预配安装（含绝缘子包装物拆除清洗）；4. 接地跳线安装		
（6）隧道外中心锚结下锚	1. 下锚安装、中心锚结安装；2. 拉线及拉线底座制安；3. 绝缘子预配安装（含绝缘子包装物拆除清洗）；4. 接地跳线安装		

（21）结合铁路工程电力定额及现场实际情况，将接触网的"正线架线"工作内容确定为：承力索、接触导线架设及调整，接触悬挂调整（含吊弦预制安装、弹性吊索安装、定位器调整、线岔安装、电连接安装及电阻检测等），冷（热）滑试验及其试验后调整，接触网静、动态精调。"站线架线"工作内容确定为：承力索、接触导线架设及调整，接触悬挂调整（含吊弦安装、定位器调整、线岔安装、电连接安装及电阻检测等），冷（热）滑试验及其试验后调整，接触网静、动态精调，如表2-351所示。

表2-351 子目工程（工作）内容对照表

本规范		原指南	
名称	工程（工作）内容	名称	工程（工作）内容
（1）正线架线	1.承力索、接触导线架设及调整；2.接触悬挂调整（含吊弦预制安装、弹性吊索安装、定位器调整、线岔安装、电连接安装及电阻检测等）；3.冷（热）滑试验及其试验后调整；4.接触网静、动态精调	（1）正线	1.承力索、接触导线架设；2.悬挂调整、横向电连接安装，冷、热滑试验及调整测试；3.接触网系统检测及检测后调整
（2）站线架线	1.承力索、接触导线架设及调整；2.接触悬挂调整（含吊弦安装、定位器调整、线岔安装、电连接安装及电阻检测等）；3.冷（热）滑试验及其试验后调整；4.接触网静、动态精调	（2）站线	1.承力索、接触导线架设；2.悬挂调整、横向电连接安装，冷、热滑试验及调整测试

（22）在原指南的基础上，"供电线""加强线""回流线""正馈线和保护线"增加了绝缘子预配安装（含绝缘子包装物拆除清洗）、电阻检测、接地安装等安全防护相关内容。补充了肩架及下锚等安装，无预埋的隧道内打孔、植锚栓等通用工作内容，如表2-352所示。

表2-352 子目工程（工作）内容对照表

本规范		原指南	
名称	工程（工作）内容	名称	工程（工作）内容
（二）供电线		（二）供电线	
1.合架供电线	1.肩架及下锚等安装；2.绝缘子预配安装（含绝缘子包装物拆除清洗）；3.架线、调整；4.电连接安装及电阻检测	1.与接触网合架供电线	1.肩架及下锚安装；2.架线、调整；3.电连接安装；4.接地安装
2.独立架空供电线	1.肩架；2.绝缘子预配安装（含绝缘子包装物拆除清洗）；3.架线、调整；4.电连接安装及电阻检测	2.独立架空供电线路	1.基坑、拉线坑挖填；2.钢筋及预埋件制安、模板制安拆、混凝土浇筑；3.立柱；4.肩架、下锚及拉线安装；5.架线、调整；6.电连接安装；7.接地安装；8.号码牌、警告牌安装
3.电缆线敷设		3.高压电缆供电线路	1.电缆沟挖填；2.路面开挖及修复；3.肩架安装，承力索架设；4.电缆敷设；5.上网连接

续表

本规范		原指南	
名称	工程（工作）内容	名称	工程（工作）内容
（1）直埋敷设	1. 电缆沟挖填；2. 铺沙盖砖、盖保护板；3. 电缆井制作；4. 路面开挖及修复；5. 电缆敷设；6. 埋设标桩；7. 电缆头制安；8. 电缆分支箱制安；9. 接地；10. 电缆线路调试		
（2）沟槽内敷设	1. 电缆沟挖填；2. 砖砌(现浇)电缆沟制作；3. 电缆井制作；4. 路面开挖及修复；5. 电缆敷设；6. 埋设标桩；7. 电缆头制安；8. 接地；9. 电缆线路调试		
（3）沿隧道壁敷设	1. 测量、打孔、植锚栓、电缆挂件安装；2. 电缆展放、归位；3. 接地；4. 电缆线路调试		
（4）沿爬架敷设	1. 电缆爬架及立柱制安；2. 电缆敷设；3. 接地；4. 电缆线路调试		
（三）加强线	1. 肩架及下锚等安装；2. 架线、调整；3. 电连接安装及电阻检测		
（四）回流线		（三）回流线	
1. 合架回流线	1. 肩架及下锚安装；2. 绝缘子预配安装（含绝缘子包装物拆除清洗）；3. 架线、调整；4. 电连接安装及电阻检测；5. 吸上线安装；6. 无预埋的隧道内打孔，植锚栓	1. 合架回流线	1. 架线、调整；2. 电连接安装；3. 吸上线安装
2. 独架回流线	1. 接地；2. 无预埋的隧道内打孔，植锚栓；3. 隧道内外肩架、下锚及拉线安装；4. 绝缘子预配安装（含绝缘子包装物拆除清洗）；5. 架线、调整；6. 电连接安装及电阻检测；7. 吸上线安装	2. 独立回流线	1. 零散支柱挖坑、立杆、整正回填、接地、号码牌安装等；2. 无预埋的隧道内打孔，混凝土浇筑或化学锚栓打孔、浇筑；3. 隧道内外肩架、下锚及拉线安装；4. 架线、调整；5. 电连接安装；6. 吸上线安装
（五）正馈线和保护线		（四）正馈线	1. 无预埋的隧道内打孔，混凝土或化学锚栓浇筑；2. 隧道内外肩架、下锚及拉线安装；3. 架线、调整；4. 电连接安装

续表

本规范		原指南	
名称	工程（工作）内容	名称	工程（工作）内容
1. 正馈线	1. 隧道内、外肩架及下锚等安装；2. 绝缘子预配安装（含绝缘子包装物拆除清洗）；3. 架线、调整；4. 电连接安装及电阻检测；5. 无预埋的隧道内打孔，植锚栓		
2. 保护线		（五）保护线（架空地线）	1. 无预埋的隧道内打孔，混凝土或化学锚栓浇筑；2. 隧道内外肩架、下锚及拉线安装；3. 架线、调整；4. 接地跳线连接
（1）保护线	1. 隧道内、外肩架及下锚等安装；2. 绝缘子预配安装（含绝缘子包装物拆除清洗）；3. 架线、调整；4. 接地安装		
（2）避雷线	1. 隧道内、外肩架及下锚等安装；2. 绝缘子预配安装（含绝缘子包装物拆除清洗）；3. 架线、调整；4. 接地安装		
（六）架空地线	1. 隧道内、外肩架及下锚等安装；2. 架线、调整；3. 接地跳线安装		

（23）"接地""防护"下一级子目的工作内容进行了全面的研究和梳理，包括接地工程的沟开挖、回填，接地极制作、敷设、焊接、涂油，电阻测试等，防护工程的开挖、浇筑、制安等。

（24）将牵引变电所的变压器基础、配电装置基础合并为"基础浇筑"后，对工作内容进行了梳理，同步删除原指南"架构及软母线"中基础浇筑相关内容，并将原指南附注中内容删除，不再枚举各类变压器，提高规范通用性。本子目也补充说明了主变压器、自耦变压器、动力变压器的排油坑砌筑，鹅卵石回填也包含在工作内容之中，如表2-353所示。

表2-353 子目工程（工作）内容对照表

本规范		原指南	
名称	工程（工作）内容	名称	工程（工作）内容
（一）牵引变电所		（一）牵引变电所	
1. 基础浇筑	1. 基坑挖填 2. 模板制安拆；3. 钢筋及预埋件制安；4. 基础浇筑（主变压器、自耦变压器、动力变压器含排油坑砌筑，鹅卵石回填）；5. 回填土夯填	1. 架构及软母线	1. 基坑挖填；2. 架构基础浇筑；3. 架构安装；4. 软母线（含绝缘子）安装；4. 钢筋及预埋件制安

续表

本规范		原指南	
名称	工程（工作）内容	名称	工程（工作）内容
2. 架构、支架	1. 母线（单杆）架构、设备支架安装、接地安装；2. 鸟害防护装置安装	2. 变压器基础	1. 基坑挖填；2. 变压器基础、支架基础浇筑，排油坑砌筑；3. 钢筋及预埋件制安
		3. 配电装置基础	1. 基坑挖填；2. 基础浇筑；3. 钢筋及预埋件制安

（25）针对牵引变电所不同的防雷接地种类，对工作内容均进行了明确和梳理，包括路面开挖修复、主体安装、母线敷设、加降阻剂、接地电阻测试、换填、改良等，如表2-354所示。

表2-354　子目工程（工作）内容对照表

本规范		原指南	
名称	工程（工作）内容	名称	工程（工作）内容
3. 防雷接地		4. 防雷接地	1. 基坑挖填；2. 基础浇筑；3. 立杆
（1）避雷塔组立	本体安装		
（2）接地极及引下线	路面开挖修复、接地极安装、接地引下线安装、加降阻剂、接地电阻测试		
（3）户外接地母线	路面开挖修复、户外接地母线敷设、回流轨焊接、加降阻剂、接地电阻测试		
（4）户内及电缆沟内接地母线	户内及电缆沟内接地母线敷设、加降阻剂、接地电阻测试		
（5）接地模块	1. 接地模块制安；2. 打井；3. 换填；4. 测试		
（6）接地特殊处理	1. 加降阻剂；2. 改良接地；3. 其他		

（26）结合现有施工技术，梳理了"母线及绝缘子"需要安装的主要内容，包括软母线、带形母线、引下线、连接线、跳线、穿墙套管、绝缘子等，如表2-355所示。

表2-355　子目工程（工作）内容对照表

本规范		原指南	
名称	工程（工作）内容	名称	工程（工作）内容
5. 母线及绝缘子	软母线、带形母线、引下线、连接线、跳线、穿墙套管、绝缘子安装调试	6. 带形母线及绝缘子	1. 穿墙套管制安；2. 绝缘子托架制安；3. 支持绝缘子安装；4. 带形母线制安

（27）与电力节一致，对"电缆敷设"工作内容进行了统一，并增加"物理隔离"等内容，如表2-356所示。

表 2-356 子目工程（工作）内容对照表

本规范		原指南	
名称	工程（工作）内容	名称	工程（工作）内容
6. 电缆敷设	1. 电缆敷设；2. 电缆头制安；3. 电气测试；4. 揭、盖电缆沟盖板；5. 标桩埋设；6. 电缆保护管敷设；7. 物理隔离；8. 电缆接头	7. 电缆敷设	1. 电缆沟挖填；2. 电缆敷设

（28）为体现环保绿色的要求，将"拆除工程"子目工作内容增加"废弃物清运，保留物资运送至指定地点存放"，如表 2-357 所示。

表 2-357 子目工程（工作）内容对照表

本规范		原指南	
名称	工程（工作）内容	名称	工程（工作）内容
8. 拆除工程	架构、基础、设备等拆除，废弃物清运，保留物资运送至指定地点存放	9. 拆除工程	架构、基础及设备拆除

（29）精简统一了牵引变电所的安装工程的工作内容，删除了诸如设备编号、牌类制安、涂漆等过于具体的工作内容，如表 2-358 所示。

表 2-358 子目工程（工作）内容对照表

本规范		原指南	
名称	工程（工作）内容	名称	工程（工作）内容
（1）牵引变压器	设备安装、调试	1. 变压器	1. 变压器安装、调试，变压器油过滤，变压器干燥；2. 防护网栅制安；3. 设备编号、牌类制安；4. 涂漆

（30）针对一些可能未涉及或遗漏的工作内容，新增"附属"子目，其工作内容为：防护网栅，高压室绝缘挡板，封堵、牌类制作、涂漆，系统整体调试，二次防雷安装，谐波稳压装置安装。

（31）结合电力调度所的工程特点，确定其建筑工程的主要内容为：开挖电缆沟、钢管敷设、电缆敷设、引线、检查井。同理，确定电力系统直采直送建筑工程的主要内容为：开挖电缆沟、钢管敷设、电缆敷设、引线、检查井。箱式开闭所及分区所建筑工程的主要内容为：基础挖填、基础浇筑、预埋件制安、接地网敷设。

6. 附注中需要注意的问题

（1）统一"立混凝土电杆"附注内容为含设备杆。

（2）对工程量计量规则进行优化后，"高压干线电缆线路"的各子目附注补充说明其均含接头坑等。

（3）明确了"电缆保护"是用于土建工程未预留的情况才需要进行计列，避免专业间接口错误或重复计量，如表 2-359 所示。

表 2-359 子目附注对照表

本规范		原指南	
名称	附注	名称	附注
（十一）电缆保护	土建预留时不计		

（4）"供电线路"的安装工程的附注删除了原指南中关于电压等级等要求，编制者根据设计图示进行分析，同时说明杆架式电抗器包含电抗器检修平台制安，如表2-360所示。

表2-360 子目附注对照表

本规范		原指南	
名称	附注	名称	附注
（一）电抗器	杆架式含电抗器检修平台制安	（一）电抗器	10 kV及以上

（5）"机电设备监控系统（BAS）""火灾自动报警系统（FAS）"均不含旅客站房中使用的相关设备，上文已有论述，本处再做强调。

（6）结合现有接触网的发展，"接触网"附注中说明了需包含移动接触网，如表2-361所示。

表2-361 子目附注对照表

本规范		原指南	
名称	附注	名称	附注
一、接触网	含移动接触网	一、接触网	

（7）接触网的直埋混凝土支柱及拉线坑附注说明应包含锚板坑、拉杆，支柱及拉线基础、后植锚栓不可与土建工程重复计量，如表2-362所示。

表2-362 子目附注对照表

本规范		原指南	
名称	附注	名称	附注
（2）支柱及拉线基础	土建预留时不计	（2）现浇支柱基础	包括钢支柱（含桥钢柱）和大容量混凝土支柱基础、拉线基础

（8）根据现有技术标准情况，"吊柱"附注中说明其含硬横梁吊柱、隧道吊柱、多线路腕臂吊柱及吊柱支撑。

（9）接触网"支柱（吊柱）悬挂装配""隧道装配"子目进行调整后，附注内容也发生了较大变化，前者说明含硬横梁和隧道吊柱式悬挂装配，后者适用于水平可调整单支撑腕臂装置、弓形可调整单支撑腕臂装置、水平单支撑腕臂装置、隧道内单支撑三角腕臂支撑定位装置等，如表2-363所示。

表2-363 子目附注对照表

本规范		原指南	
名称	附注	名称	附注
（5）吊柱	含硬横梁吊柱、隧道吊柱、多线路腕臂吊柱及吊柱支撑	（5）多线路腕臂	
3.支柱（吊柱）悬挂装配	腕臂偏移精调（按时速类别使用）	3.支柱悬挂装配	
（1）隧道外单支悬挂安装	含硬横梁和隧道吊柱式悬挂装配	（1）简单链形悬挂	1.装配形式包括链形悬挂单/双绝缘中间柱、转换柱（含非绝缘及绝缘）、道岔柱、定位柱、双线路腕臂；2.线岔包括交叉线岔和无交叉线岔

续表

本规范		原指南	
名称	附注	名称	附注
（2）隧道外双支悬挂安装	含硬横梁和隧道吊柱式悬挂装配	（2）弹性链形悬挂	1. 装配形式包括单/双绝缘中间柱、转换柱（含非绝缘及绝缘）、道岔柱、定位柱、双线路腕臂；2. 线岔包括交叉线岔和无交叉线岔
（3）隧道外三支悬挂安装	含硬横梁和隧道吊柱式悬挂装配	（3）简单悬挂	包括中间柱、转换柱、道岔柱、定位柱
（4）隧道外线岔柱安装	含硬横梁和隧道吊柱式悬挂装配		

（10）供电段的附注中对各类供电段包含内容做了详细说明，标准供电段含电修间、电机间、电器间、试验间、滤油间、机床钳工间、绝缘工具间、仪表间、继电器间、化验间、色谱间、内燃检修间、绝缘油库、轨道车库、现场检修设备的安装等，供电加强领工区含电修间、电器间、试验间、滤油间、机床钳工间、内燃检修间、绝缘油库等的设备基础及工艺管道等。

6.8 第八章 房屋工程

1. 子目划分

本章共计 2 节 820 个子目，在原指南基础上增加 739 个子目，主要是增加了旅客站房节，同样对一些重复子目进行了优化合并。具体变化情况如下：

第 21 节旅客站房

（1）"旅客站房"主要包括"站房工程"和"车道及落客平台"两个主要子目，其中：

①"站房工程"下一级子目包括"结构工程""建筑装饰工程""室外附属工程""机电设备"子目，尽量与住建部《建设工程工程量清单计价规范》相接近，如表 2-364 所示。

表 2-364 子目名称对照表

本规范		原指南	
编码	名称	编码	名称
2101	一、站房工程		
210101	（一）结构工程		
210102	（二）建筑装饰工程		
210103	（三）室外附属工程		
210104	（四）机电设备		

②"车道及落客平台"下一级子目包括"地下车道""地下落客平台""高架车道""高架落客平台"子目，如表 2-365 所示。

表 2-365　子目名称对照表

本规范		原指南	
编码	名称	编码	名称
2102	二、车道及落客平台		
210201	（一）地下车道		
210202	（二）地下落客平台		
210203	（三）高架车道		
210204	（四）高架落客平台		

（2）"结构工程"细化为"基坑""地下结构""地上结构""屋面结构""脚手架工程""垂直运输""大型钢结构安装措施增加费"子目，并对各分项的下级子目进一步细化，如表 2-366 所示。

表 2-366　子目名称对照表

本规范		原指南	
编码	名称	编码	名称
210101	（一）结构工程		
21010101	1. 基坑		
21010102	2. 地下结构		
21010103	3. 地上结构		
21010104	4. 屋面结构		
21010105	5. 垂直电梯		
21010106	6. 脚手架工程		
21010107	7. 垂直运输		
21010108	8. 大型钢结构安装措施增加费		

（3）"基坑"又细分"土石方工程""地基处理""基坑与边坡支护""施工排水、降水"子目，为保证土建和站后工程子目设置尽量一致，"土石方工程"下级子目基本采用区间路基土石方节的子目分类，但为了兼顾建筑工程工程量清单的习惯做法，其子目相应进行了变化，编制者也可以根据项目所在地建筑工程工程量清单的具体要求进行调整。"地基处理""基坑与边坡支护""施工排水、降水"也是结合路基附属工程节和建筑工程工程量清单特点，设置了高压喷射注浆桩、深层搅拌桩、褥垫层、地下连续墙、圆木桩、成井、排水、降水等子目，如表 2-367 所示。

表 2-367　子目名称对照表

本规范		原指南	
编码	名称	编码	名称
21010101	1. 基坑		
2101010101	（1）土石方工程		
2101010102	（2）地基处理		
2101010103	（3）基坑与边坡支护		
2101010104	（4）施工排水、降水		

（4）"地下结构"又细分"地下通廊""站房地下室""地下出站楼梯"子目，地下通廊工程，按照现有建筑工程技术标准和分类设置了详细的子目，将基础工程分为"垫层""带形基础""独立基础""满堂基础""桩基础""设备基础"等；桩基础进一步细分了钢筋混凝土方桩、钢筋混凝土管桩、钢管桩等打入桩，泥浆护壁成孔、沉管、干作业成孔、挖孔桩、钻孔桩等灌注桩；各类基础还将混凝土和钢筋分别设置子目，后续子目也做了同样的分类，如表 2-368 所示。

表 2-368 子目名称对照表

本规范		原指南	
编码	名称	编码	名称
21010102	2.地下结构		
2101010201	（1）地下通廊		
	① 基础		
	A. 垫层		
	B. 带形基础		
	C. 独立基础		
	D. 满堂基础		
	E. 桩基础		
	a. 打入桩		
	b. 灌注桩		
	（a）泥浆护壁成孔灌注桩		
	（b）沉管灌注桩		
	（c）干作业成孔灌注桩		
	（d）挖孔桩		
	（e）钻孔压浆桩		
	（f）灌注桩后压浆		
	F. 设备基础		
	a. 混凝土		
	b. 钢筋		
2101010202	（2）站房地下室		
2101010203	（3）地下出站楼梯		

（5）地下通廊工程的柱梁板细分混凝土柱、钢柱、钢骨混凝土柱、混凝土梁和混凝土板。墙工程细分现浇混凝土墙和砌体墙。零层板、轨道梁区分钢筋混凝土和钢骨混凝土，如表 2-369 所示。

表 2-369 子目名称对照表

本规范		原指南	
编码	名称	编码	名称
	③ 柱梁板		
	A. 柱		
	a. 混凝土柱		

续表

本规范		原指南	
编码	名称	编码	名称
	（a）混凝土		
	（b）普通钢筋		
	（c）预应力筋		
	b. 钢柱		
	c. 钢骨混凝土柱		
	（a）混凝土		
	（b）普通钢筋		
	（c）钢骨		
	B. 混凝土梁		
	a. 混凝土		
	b. 普通钢筋		
	c. 预应力筋		
	C. 混凝土板		
	a. 混凝土		
	b. 普通钢筋		
	c. 预应力筋		
	④ 墙		
	A. 现浇混凝土墙		
	a. 混凝土		
	b. 钢筋		
	B. 砌体墙		
	a. 砖砌体		
	b. 砌块砌体		
	⑤ 零层板、轨道梁		
	A. 钢筋混凝土		
	a. 混凝土		
	b. 普通钢筋		
	c. 预应力筋		
	B. 钢骨混凝土		
	a. 混凝土		
	b. 普通钢筋		
	c. 预应力筋		
	d. 钢骨架		

（6）地下通廊工程的防水工程更为细致，楼（地）面和墙面防水、防潮细分了卷材防水、涂膜防

水、砂浆防水（防潮）、变形缝等，如表 2-370 所示。

表 2-370 子目名称对照表

本规范		原指南	
编码	名称	编码	名称
	⑥ 防水		
	A. 楼（地）面防水、防潮		
	a. 楼（地）面卷材防水		
	b. 楼（地）面涂膜防水		
	c. 楼（地）面砂浆防水（防潮）		
	d. 楼（地）面变形缝		
	B. 墙面防水、防潮		
	a. 墙面卷材防水		
	b. 墙面涂膜防水		
	c. 墙面砂浆防水		
	d. 墙面变形缝		

（7）"站房地下室""地下出站楼梯"采用了细目同"地下通廊"的处理方式。"地上结构"设置了"站房""商业、夹层房屋""进站楼梯"子目，并结合"地下结构"的修订思路，对子目进行确定，如表 2-371 所示。

表 2-371 子目名称对照表

本规范		原指南	
编码	名称	编码	名称
2101010202	（2）站房地下室		
	细目同<21 旅客站房——一、站房工程——（一）结构工程——Ⅰ. 建筑工程费——2. 地下结构——（1）地下通廊>		
2101010203	（3）地下出站楼梯		
	细目同<21 旅客站房——一、站房工程——（一）结构工程——Ⅰ. 建筑工程费——2. 地下结构——（1）地下通廊>		

（8）"屋面结构"的混凝土结构采用细目同地下通廊的处理方式；钢结构结合屋面工程的特点，细分为钢网架、钢屋架、钢托架、钢桁架、钢架桥、检修马道等子目；屋面防水除卷材防水、涂膜防水以外，新增了刚性层、排水管、排（透）气管、（廊、阳台）泄（吐）水管、天沟、檐沟等子目，如表 2-372 所示。

表 2-372 子目名称对照表

本规范		原指南	
编码	名称	编码	名称
21010104	4. 屋面结构		
2101010401	（1）站房		

续表

本规范		原指南	
编码	名称	编码	名称
	①钢筋混凝土		
细目同＜21 旅客站房——一、站房工程——（一）结构工程——Ⅰ.建筑工程费——2.地下结构——（1）地下通廊——⑤零层板、轨道梁——A.钢筋混凝土＞			
	②钢骨混凝土		
细目同＜21 旅客站房——一、站房工程——（一）结构工程——Ⅰ.建筑工程费——2.地下结构——（1）地下通廊——⑤零层板、轨道梁——B.钢骨混凝土＞			
	③钢结构		
	A. 钢网架		
	B. 钢屋架、钢托架、钢桁架、钢架桥		
	C. 检修马道		
	④屋面防水及其他工程		
	A. 屋面卷材防水		
	B. 屋面涂膜防水		
	C. 屋面刚性层		
	D. 屋面排水管		
	E. 屋面排（透）气管		
	F. 屋面（廊、阳台）泄（吐）水管		
	G. 屋面天沟、檐沟		
	H. 屋面变形缝		

（9）区别于铁路工程，房屋建筑工程单独设置"脚手架工程"子目，将脚手架场内、场外材料搬运，搭、拆脚手架、斜道、上料平台、安全网的铺设，选择附墙点与主体连接，测试电动装置、安全锁，拆除脚手架后材料的堆放等工作内容均归入该子目中。

（10）类似于桥梁工程使用的塔吊、工业电梯等施工辅助设施，新增了"垂直运输"，解决垂直运输机械的固定装置、基础制安，行走式垂直运输机械轨道的铺设、拆除、摊销等工作内容。

（11）"大型钢结构安装措施增加费"主要指为完成高大空间屋面钢结构吊装而产生的临时设施费用，按照需要安装的大型钢结构重量计算数量并计量。

（12）"建筑装饰工程"细化为"内装修""外装修"子目，并对两分项的下级子目进一步细化，如表 2-373 所示。

表 2-373 子目名称对照表

本规范		原指南	
编码	名称	编码	名称
210102	（二）建筑装饰工程		
	Ⅰ.建筑工程费		
21010201	1. 内装修		
21010202	2. 外装修		

（13）"内装修"按照结构工程的分类，细分至地下通廊、站房地下室、地下出站楼梯、站房、地上进站楼梯等工程中。为了更好地区别工程范围及位置，又将"地下通廊"细分为"大厅""商务用房""其他用房"，"站房"细分为"大厅""售票厅""商业用房""进站检票厅""其他用房"等，其子目设置均采用统一的模式，提高规范的标准化，如表2-374所示。

表2-374 子目名称对照表

本规范		原指南	
编码	名称	编码	名称
21010201	1. 内装修		
2101020101	（1）地下通廊		
210102010101	① 大厅		
210102010102	② 商务用房		
细目同＜21旅客站房——一、站房工程——（二）建筑装饰工程——Ⅰ.建筑工程费——1.内装修——（1）地下通廊——① 大厅＞			
210102010103	③ 其他用房		
细目同21旅客站房——一、站房工程——（二）建筑装饰工程——Ⅰ.建筑工程费——1.内装修——（1）地下通廊——① 大厅＞			
2101020102	（2）站房地下室		
细目同＜21旅客站房——一、站房工程——（二）建筑装饰工程——Ⅰ.建筑工程费——1.内装修——（1）地下通廊——① 大厅＞			
2101020103	（3）地下出站楼梯		
细目同＜21旅客站房——一、站房工程——（二）建筑装饰工程——Ⅰ.建筑工程费——1.内装修——（1）地下通廊——① 大厅＞			
2101020104	（4）站房		
210102010401	① 大厅		
细目同＜21旅客站房——一、站房工程——（二）建筑装饰工程——Ⅰ.建筑工程费——1.内装修——（1）地下通廊——① 大厅＞			
210102010402	② 售票厅		
细目同＜21旅客站房——一、站房工程——（二）建筑装饰工程——Ⅰ.建筑工程费——1.内装修——（1）地下通廊——① 大厅＞			
210102010403	③ 商业用房		
细目同＜21旅客站房——一、站房工程——（二）建筑装饰工程——Ⅰ.建筑工程费——1.内装修——（1）地下通廊——① 大厅＞			
210102010404	④ 进站检票厅		
细目同＜21旅客站房——一、站房工程——（二）建筑装饰工程——Ⅰ.建筑工程费——1.内装修——（1）地下通廊——① 大厅＞			
210102010405	⑤ 其他用房		
细目同＜21旅客站房——一、站房工程——（二）建筑装饰工程——Ⅰ.建筑工程费——1.内装修——（1）地下通廊——① 大厅＞			
2101020105	（5）地上进站楼梯		
细目同＜21旅客站房——一、站房工程——（二）建筑装饰工程——Ⅰ.建筑工程费——1.内装修——（1）地下通廊——① 大厅＞			

（14）内装修的"楼地面装饰工程"分为整体面层、橡塑面层、地毯楼地面、竹木地板、金属复合地板、防静电活动地板、踢脚线、楼梯面层、台阶装饰等。"墙、柱面装饰与隔断、幕墙工程"分为墙面抹灰、柱（梁）面抹灰、墙面块料面层、柱（梁）面镶贴块料、镶贴零星块料、墙饰面、柱（梁）饰面、带骨架幕墙、全玻（无框玻璃）幕墙、隔断工程等。"天棚工程"分为天棚抹灰、天棚吊顶、采光天棚等。"门窗工程"分为木门（窗）、金属门（窗）、电子感应门、防弹售票窗等。"油漆、涂料、裱糊工程"分为金属面油漆、抹灰面油漆、抹灰线条油漆、喷刷涂料、裱糊等。除此以外，还包括保温、隔热、防腐工程，柜类、货架，扶手、栏杆、栏板装饰等子目，无不体现旅客站房建筑工程的精细度，如表 2-375 所示。

表 2-375 子目名称对照表

本规范		原指南	
编码	名称	编码	名称
21010201	1. 内装修		
2101020101	（1）地下通廊		
210102010101	①大厅		
	A. 楼地面装饰工程		
	a. 整体面层		
	b. 块料面层		
	c. 橡塑面层		
	d. 其他材料面层		
	（a）地毯楼地面		
	（b）竹木地板		
	（c）金属复合地板		
	（d）防静电活动地板		
	e. 踢脚线		
	f. 楼梯面层		
	g. 台阶装饰		
	B. 墙、柱面装饰与隔断、幕墙工程		
	a. 墙面抹灰		
	b. 柱（梁）面抹灰		
	c. 墙面块料面层		
	d. 柱（梁）面镶贴块料		
	e. 镶贴零星块料		
	f. 墙饰面		
	g. 柱（梁）饰面		
	h. 幕墙工程		

续表

本规范		原指南	
编码	名称	编码	名称
	（a）带骨架幕墙		
	（b）全玻（无框玻璃）幕墙		
	i. 隔断		
	C. 天棚工程		
	a. 天棚抹灰		
	b. 天棚吊顶		
	c. 采光天棚		
	D. 门窗工程		
	a. 木门		
	b. 金属门		
	c. 其他门		
	（a）电子感应门		
	（b）旋转门		
	（c）电子对讲门		
	（d）电动伸缩门		
	（e）全玻自由门		
	d. 木窗		
	e. 金属窗		
	f. 防弹售票窗		
	g. 门窗套工程		
	h. 窗台板		
	i. 窗帘、窗帘盒、轨工程		
	E. 油漆、涂料、裱糊工程		
	a. 金属面油漆		
	b. 抹灰面油漆		
	（a）抹灰面油漆		
	（b）抹灰线条油漆		
	c. 喷刷涂料		
	d. 裱糊		
	F. 保温、隔热、防腐工程		
	a. 保温、隔热		
	b. 防腐		
	G. 其他装饰工程		
	a. 柜类、货架		
	b. 压条、装饰线		

297

续表

本规范		原指南	
编码	名称	编码	名称
	c. 扶手、栏杆、栏板装饰		
	d. 暖气罩		
	e. 浴厕配件		
	（a）洗漱台		
	（b）其他配件		
	f. 雨篷、旗杆		
	（a）雨篷吊挂饰面		
	（b）旗杆		
	g. 招牌、灯箱		
	（a）招牌		
	（b）灯箱		
	h. 美术字		

（15）对"外装修"而言，仅按"站房"和"其他"进行分类，外墙子目包括有：外墙涂料、玻璃、石材、金属、陶瓷等子目。屋面子目包括有：瓦屋面、金属屋面、阳光板屋面、玻璃钢屋面、膜结构屋面、检修马道等的装修。除此以外，门窗装修与内装修子目设置基本一致，如表2-376所示。

表2-376 子目名称对照表

本规范		原指南	
编码	名称	编码	名称
21010202	2. 外装修		
2101020201	（1）站房		
210102020101	① 外墙		
	A. 外墙涂料		
	B. 玻璃		
	C. 石材		
	a. 石材墙面		
	b. 干挂石材钢骨架		
	D. 金属		
	E. 陶瓷		
210102020102	② 外窗		
	A. 金属窗		
细目同＜21旅客站房——一、站房工程——（二）建筑装饰工程——Ⅰ.建筑工程费——1.内装修——（1）地下通廊——①大厅——D.门窗工程——e.金属窗＞			
	B. 门窗套工程		
细目同＜21旅客站房——一、站房工程——（二）建筑装饰工程——Ⅰ.建筑工程费——1.内装修——（1）地下通廊——①大厅——D.门窗工程——f.门窗套工程＞			

续表

本规范		原指南	
编码	名称	编码	名称
	C. 窗台板		
细目同＜21旅客站房——一、站房工程——（二）建筑装饰工程——Ⅰ.建筑工程费——1.内装修——（1）地下通廊——①大厅——D.门窗工程——g.窗台板＞			
	D. 窗帘、窗帘盒、轨工程		
细目同＜21旅客站房——一、站房工程——（二）建筑装饰工程——Ⅰ.建筑工程费——1.内装修——（1）地下通廊——①大厅——D.门窗工程——窗帘、窗帘盒、轨工程＞			
210102020103	③ 屋面		
	A. 瓦屋面		
	B. 金属屋面		
	C. 阳光板屋面		
	D. 玻璃钢屋面		
	E. 膜结构屋面		
	F. 检修马道		
210102020104	④ 高架层底面		
细目同＜21旅客站房——一、站房工程——（二）建筑装饰工程——Ⅰ.建筑工程费——1.内装修——（1）地下通廊——①大厅——C.天棚工程＞			
2101020202	（2）其他		
细目同＜21旅客站房——一、站房工程——（二）建筑装饰工程——Ⅰ.建筑工程费——2.外装修——（1）站房＞			

（16）"室外附属工程"结合工程内容及特点，划分为"土石方""旅客活动平台铺面""挡土墙""道路""硬化面""绿化""伸缩门"子目。由于工程范围较少，因此基本采用"综合"作为子目划分特征，如表2-377所示。

表2-377 子目名称对照表

本规范		原指南	
编码	名称	编码	名称
210103	（三）室外附属工程		
	Ⅰ.建筑工程费		
21010301	1. 土石方		
	（1）土方		
	（2）石方		
21010302	2. 旅客活动平台铺面		
21010303	3. 挡土墙		

续表

本规范		原指南	
编码	名称	编码	名称
21010304	4. 道路		
	（1）混凝土路面		
	（2）沥青路面		
	（3）泥结碎石路面		
	（4）块料铺砌路面		
21010305	5. 硬化面		
21010306	6. 绿化		
	（1）栽植花草、灌木		
	（2）栽植乔木		
21010307	7. 伸缩门		

（17）"机电设备"内容较为繁杂，划分为"变配电及照明""给排水及消防""通风空调""静态标识""火灾自动报警（FAS）""设备监控（BAS）""电梯"等子目，并对分项的下级子目进一步细化，如表2-378所示。

表2-378 子目名称对照表

本规范		原指南	
编码	名称	编码	名称
210104	（四）机电设备		
21010401	1. 变配电及照明		
21010402	2. 给排水及消防		
21010403	3. 通风空调		
21010404	4. 静态标识		
21010405	5. 火灾自动报警（FAS）		
21010406	6. 设备监控（BAS）		
21010407	7. 电梯		

（18）"变配电及照明"中的"干线电缆""动力配线"等分类是结合了房屋建筑工程的分类深细度，前者包括电力电缆、控制电缆、电缆终端头、防火堵洞（隔板）、孔洞封堵等10项子目；后者包括配电屏、柜，配电箱、控制箱、插座箱，阀类接线、电动机检查接线、灯具安装等16项子目，如表2-379所示。

表2-379 子目名称对照表

本规范		原指南	
编码	名称	编码	名称
21010401	1. 变配电及照明		
	Ⅱ. 安装工程费		
	（1）变压器		
	（2）干线电缆		

续表

本规范		原指南	
编码	名称	编码	名称
	① 电力电缆		
	② 控制电缆		
	③ 电缆终端头		
	④ 电缆中间头		
	⑤ 电缆试验		
	⑥ 电缆保护管		
	⑦ 线槽		
	⑧ 电缆桥架		
	⑨ 支架、吊架		
	⑩ 防火堵洞（隔板）、孔洞封堵		
	（3）动力配线		
	① 配电屏、柜		
	② 配电箱、控制箱、插座箱		
	③ 小电器		
	④ 阀类接线		
	⑤ 电力电缆		
	⑥ 控制电缆		
	⑦ 电缆终端头		
	⑧ 电缆中间头		
	⑨ 电缆试验		
	⑩ 电缆保护管		
	⑪ 接线盒		
	⑫ 电气配管		
	⑬ 电气配线		
	⑭ 电动机检查接线		
	⑮ 防火堵洞（隔板）、孔洞封堵		
	⑯ 系统调试		
	（4）照明		
	① 配电屏、柜		
	② 配电箱、控制箱、插座箱		
	③ 小电器		
	④ 阀类接线		
	⑤ 电力电缆		
	⑥ 控制电缆		
	⑦ 电缆终端头		
	⑧ 电缆中间头		
	⑨ 电缆试验		

续表

本规范		原指南	
编码	名称	编码	名称
	⑩ 电缆保护管		
	⑪ 接线盒		
	⑫ 电气配管		
	⑬ 电气配线		
	⑭ 电动机检查接线		
	⑮ 系统调试		
	⑯ 灯具安装		
	A. 普通灯具		
	B. 装饰灯		
	C. 荧光灯		
	D. 中杆灯		
	E. 高杆灯		
	F. 工厂灯		
	⑰ 智能照明系统		
	（5）防雷接地		
	（6）漏电火灾系统		

（19）"给排水及消防"同样划分得相当细致，按管道类型细分"给排水、采暖、燃气工程"的建安工程，包括钢筋混凝土管、混凝土管、镀锌钢管、钢管、不锈钢管、铜管、铸铁管、双壁波纹管（HDPE）管、聚氯乙烯（UPVC）管、复合管、直埋式预制保温管、承插陶瓷缸瓦管、承插水泥管、室外管道碰头、防护涵管等。按灭火方式细分"消防系统"，包括细分了水喷淋钢管、消火栓钢管、温感式水幕装置、减压孔板、消防水炮等的水灭火系统；细分了无管网气体灭火装置、称重检漏装置、气体喷头、气体驱动装置管道等的气体灭火系统；细分了泡沫液储罐、泡沫比例混合器、泡沫发生器、碳钢管等的泡沫灭火系统，如表2-380所示。

表2-380 子目名称对照表

本规范		原指南	
编码	名称	编码	名称
21010402	2. 给排水及消防		
	Ⅰ. 建筑工程费		
	（1）给排水、采暖、燃气工程		
	1. 钢筋混凝土管		
	2. 混凝土管		
	3. 铸铁管		
	4. 双壁波纹管（HDPE）管		
	5. 聚氯乙烯（UPVC）管		
	6. 防护涵管		

续表

本规范		原指南	
编码	名称	编码	名称
	Ⅱ. 安装工程费		
	① 给排水、采暖、燃气管道		
	A. 镀锌钢管		
	B. 钢管		
	C. 不锈钢管		
	D. 铜管		
	E. 铸铁管		
	F. 塑料管		
	G. 复合管		
	H. 直埋式预制保温管		
	I. 承插陶瓷缸瓦管		
	J. 承插水泥管		
	K. 室外管道碰头		
	② 管道附件		
	③ 卫生器具		
	④ 供暖器具		
	⑤ 采暖、给排水设备		
	⑥ 燃气具及其他		
	⑦ 采暖、空调水工程系统调试		
	（2）消防系统		
	Ⅱ. 安装工程费		
	① 水灭火系统		
	A. 水喷淋钢管		
	B. 消火栓钢管		
	C. 水喷淋（雾）喷头		
	D. 报警装置		
	E. 温感式水幕装置		
	F. 水流指示器		
	G. 减压孔板		
	H. 末端试水装置		
	I. 集热板		
	J. 室内消火栓		
	K. 室外消火栓		
	L. 消防水泵接合器		

303

续表

本规范		原指南	
编码	名称	编码	名称
	M. 灭火器		
	N. 消防水炮		
	② 气体灭火系统		
	A. 无缝钢管		
	B. 不锈钢管		
	C. 不锈钢管管件		
	D. 气体驱动装置管道		
	E. 选择阀		
	F. 气体喷头		
	G. 储存装置		
	H. 称重检漏装置		
	I. 无管网气体灭火装置		
	③ 泡沫灭火系统		
	A. 碳钢管		
	B. 不锈钢管		
	C. 钢管		
	D. 不锈钢管、铜管管件		
	E. 泡沫发生器		
	F. 泡沫比例混合器		
	G. 泡沫液储罐		
	④ 消防系统调试		

（20）"通风空调"主要是安装工程，按"通风空调设备及部件""通风管道""通风管道部件""通风工程检测、调试"进行划分；针对空调设备及部件，进行了全面的调研和统计，确定子目包括空气加热器（冷却器）、除尘设备、空调器、风机盘管、人防过滤吸收器等 15 项子目；通风管道吸收了目前常用和新兴的材料和类型，确定子目包括碳钢通风管道、净化通风管道、玻璃钢通风管道、柔性软风管等 11 项子目；管道部件则根据上述设备的选择，确定为阀门、风口散流器、百叶窗、风帽等；最后是通风工程检测、调试，风管漏光试验、漏风试验，如表 2-381 所示。

表 2-381 子目名称对照表

本规范		原指南	
编码	名称	编码	名称
21010403	3. 通风空调		
	Ⅱ. 安装工程费		
	（1）通风空调设备及部件		
	① 空气加热器（冷却器）		

续表

本规范		原指南	
编码	名称	编码	名称
	②除尘设备		
	③空调器		
	④风机盘管		
	⑤表冷器		
	⑥密闭门		
	⑦挡水板		
	⑧滤水器、溢水盘		
	⑨金属壳体		
	⑩过滤器		
	⑪净化工作台		
	⑫风淋室		
	⑬洁净室		
	⑭除湿机		
	⑮人防过滤吸收器		
	（2）通风管道		
	①碳钢通风管道		
	②净化通风管道		
	③不锈钢板通风管道		
	④铝板通风管道		
	⑤塑料通风管道		
	⑥玻璃钢通风管道		
	⑦复合型风管		
	⑧柔性软风管		
	⑨弯头导流叶片		
	⑩风管检查孔		
	⑪温度、风量测定孔		
	（3）通风管道部件		
	①阀门		
	②风口散流器、百叶窗		
	③风帽		
	④罩类		
	⑤柔性接口		
	⑥消声器		
	⑦静压箱		
	（4）通风工程检测、调试		
	①通风工程检测、调试		
	②风管漏光试验、漏风试验		

（21）由信息章分解至电力节和旅客站房节后，与电力节不同，本节"火灾自动报警（FAS）"针对每一项设备安装均进行了细分，彰显旅客站房清单的细致程度，包括了点型探测器、线型探测器、按钮、模块（接口）、报警控制器、联动控制器、报警联动一体机、重复显示器、警报装置、远程控制器、消防广播（控制台）、消防通信设备、报警备用电源、模块箱、手报箱、大空间高空灭火装置、火灾显示板（层显）、放气指示灯、气体灭火控制器、自动报警系统调试、消防广播、消防通信、电梯调试、电动防火门、防火卷帘门调试等。同理，子目划分思路也用于"设备监控（BAS）"中，如表2-382所示。

表2-382 子目名称对照表

本规范		原指南	
编码	名称	编码	名称
21010405	5. 火灾自动报警（FAS）		
	Ⅱ. 安装工程费		
	（1）点型探测器		
	（2）线型探测器		
	（3）按钮		
	（4）模块（接口）		
	（5）报警控制器		
	（6）联动控制器		
	（7）报警联动一体机		
	（8）重复显示器		
	（9）警报装置		
	（10）远程控制器		
	（11）消防广播（控制台）		
	（12）消防通信设备		
	（13）报警备用电源		
	（14）模块箱		
	（15）手报箱		
	（16）大空间高空灭火装置		
	（17）火灾显示板（层显）		
	（18）放气指示灯		
	（19）气体灭火控制器		
	（20）自动报警系统调试		
	（21）消防广播、消防通信、电梯调试		
	（22）电动防火门、防火卷帘门调试		
21010406	6. 设备监控（BAS）		
	Ⅱ. 安装工程费		
	（1）计算机		
	（2）控制网络通信设备		

续表

本规范		原指南	
编码	名称	编码	名称
	（3）控制器（模块）		
	（4）传感器		
	（5）接点接线		
	（6）系统调试		

（22）汲取电梯新技术成果，细分了自动扶梯、自动步行道、轮椅升降台、交流电梯、观光电梯等8类电梯类型，如表2-383所示。

表2-383 子目名称对照表

本规范		原指南	
编码	名称	编码	名称
21010407	7. 电梯		
	Ⅱ. 安装工程费		
	（1）扶梯		
	① 自动扶梯		
	② 自动步行道		
	③ 轮椅升降台		
	（2）电梯		
	① 交流电梯		
	② 直流电梯		
	③ 小型杂货电梯		
	④ 观光电梯		
	⑤ 液压电梯		

（23）车道及落客平台的"地下车道"细化为"基坑""桩基及承台""轨道层梁及板""其他结构""装饰""机电安装"子目，采用细目同站房工程的处理方式，减少清单子目冗余，"地下落客平台"同上，如表2-384所示。

表2-384 子目名称对照表

本规范		原指南	
编码	名称	编码	名称
2102	二、车道及落客平台		
210201	（一）地下车道		
21020101	1. 基坑		
2102010101	（1）土石方工程		
细目同<21 旅客站房——一、站房工程——（一）结构工程——Ⅰ. 建筑工程费——1. 基坑——（1）土石方工程>			

续表

本规范		原指南	
编码	名称	编码	名称
2102010102	（2）地基处理		
细目同<21 旅客站房——一、站房工程——（一）结构工程——Ⅰ.建筑工程费——1.基坑——（2）地基处理>			
2102010103	（3）基坑及边坡防护		
细目同<21 旅客站房——一、站房工程——（一）结构工程——Ⅰ.建筑工程费——1.基坑——（3）基坑与边坡支护>			
2102010104	（4）施工排水、降水		
细目同<21 旅客站房——一、站房工程——（一）结构工程——Ⅰ.建筑工程费——1.基坑——（4）施工排水、降水>			
21020102	2.桩基及承台		
2102010201	（1）桩基		
	①打入桩		
细目同<21 旅客站房——一、站房工程——（一）结构工程——Ⅰ.建筑工程费——2.地下结构——（1）地下通廊——①基础——E.桩基础——a.打入桩>			
	②灌注桩		
细目同<21 旅客站房——一、站房工程——（一）结构工程——Ⅰ.建筑工程费——2.地下结构——（1）地下通廊——①基础——E.桩基础——b.灌注桩>			
2102010202	（2）承台		
	①混凝土		
	②钢筋		
	（3）轨道层梁及板		
	（4）其他结构		
	（5）装饰		
细目同<21 旅客站房——一、站房工程——（二）建筑装饰工程>			
21020103	3.机电安装		
细目同<21 旅客站房——一、站房工程——（四）机电设备>			
210202	（二）地下落客平台		
细目同<21 旅客站房——一、站房工程——（五）车道及落客平台——1.地下车道>			

（24）"高架车道"细化为"桩基及承台""结构""铺装""雨棚""机电安装"子目，"高架落客平台"同上，如表 2-385 所示。

表 2-385　子目名称对照表

本规范		原指南	
编码	名称	编码	名称
210203	（三）高架车道		
21020301	1. 桩基及承台		
细目同<21 旅客站房——一、站房工程——（五）车道及落客平台——1. 地下车道——Ⅰ. 建筑工程费——（2）桩基及承台>			
21020302	2. 结构		
21020303	3. 铺装		
21020304	4. 雨棚		
21020305	5. 机电安装		
细目同<21 旅客站房——一、站房工程——（四）机电设备>			
210204	（四）高架落客平台		
细目同<21 旅客站房——一、站房工程——（五）车道及落客平台——3. 高架车道>			

第 22 节 其他房屋

（25）由于旅客站房独立设置节后，原指南"客运房屋（客站）"相应删除，只保留了其他"客运房屋"，如表 2-386 所示。

表 2-386　子目名称对照表

本规范		原指南	
编码	名称	编码	名称
220101	（一）客货运房屋	0820J0101	（一）客货运房屋
		0820J010101	1. 客运房屋
		0820J01010101	（1）客站
		0820J0101010101	①大型
		0820J0101010102	②中型
		0820J0101010103	③小型
22010101	1. 客运房屋	0820J01010102	（2）其他客运房屋

（26）结合铁路工程编制办法章节表，各类客货运生产房屋细分为基础、结构、装饰、地基处理等，基础子目细化为砖石基础和钢筋混凝土基础，结构子目又按结构类型细化为砖混结构、框架结构、框混结构。运转综合楼等非标设计房屋子目则更为详细。房屋基础及地基加固放入各类房屋中，不再单列子目，细目同区间路基附属工程的"地基处理"子目，如表 2-387 所示。

表 2-387　子目名称对照表

本规范		原指南	
编码	名称	编码	名称
22010101	1. 客运房屋		
2201010101	（1）基础		

续表

本规范		原指南	
编码	名称	编码	名称
220101010101	①砖石基础		
220101010102	②钢筋混凝土基础		
2201010102	（2）结构		
220101010201	①砖混结构		
220101010202	②框架结构		
220101010203	③框混结构		
2201010103	（3）装饰		
2201010104	（4）屋面		
2201010105	（5）地基处理		
细目同<04 路基附属工程——一、区间路基附属工程——（二）地基处理>			
22010102	2. 货运和装卸房屋	0820J010102	2. 货运房屋
2201010201	（1）货运综合楼		
细目同<22 其他房屋——Ⅰ.建筑工程费——一、生产房屋——（一）客货运房屋——1. 客运房屋>			
2201010202	（2）其他货运和装卸房屋		
细目同<22 其他房屋——Ⅰ.建筑工程费——一、生产房屋——一、生产房屋——（一）客货运房屋——1. 客运房屋>			
22010103	3. 车站运转房屋	0820J010103	3. 运转技术作业房屋
细目同<22 其他房屋——Ⅰ.建筑工程费——一、生产房屋——一、生产房屋——（一）客货运房屋——1. 客运房屋>			
220102	（二）运转综合楼		
22010201	1. 基础工程		
2201020101	（1）基坑		
220102010101	①土方		
220102010102	②石方		
220102010103	③回填		
220102010104	④基坑与边坡支护		
22010201010401	A. 地下连续墙		
22010201010402	B. 咬合灌注桩		

（27）"运转综合楼""动车检修库""机务检修库"等非标设计房屋将投资占比较大的子目均进行了细化，补充完善内容。

① 基础工程分为三项子目，分别为"基坑""明挖基础""施工排水、降水"，如表 2-388 所示。

310

表 2-388 子目名称对照表

本规范		原指南	
编码	名称	编码	名称
220102	（二）运转综合楼		
22010201	1. 基础工程		
2201020101	（1）基坑		
2201020102	（2）明挖基础		
2201020103	（3）施工排水、降水		

② 按照土方、石方、基坑与边坡支护、回填等细分了基坑开挖；开挖后基础浇筑浆砌和混凝土等进行区分；最后是施工中排水、降水工程，如表 2-389 所示。

表 2-389 子目名称对照表

本规范		原指南	
编码	名称	编码	名称
2201020101	（1）基坑		
220102010101	① 土方		
220102010102	② 石方		
220102010103	③ 回填		
220102010104	④ 基坑与边坡支护		
22010201010401	A. 地下连续墙		
22010201010402	B. 咬合灌注桩		
22010201010403	C. 钢板桩		
22010201010404	D. 锚杆（锚索）		
22010201010405	E. 喷射混凝土、水泥砂浆		
22010201010406	F. 钢筋混凝土支撑		
22010201010407	G. 钢支撑		
2201020102	（2）明挖基础		
220102010201	① 浆砌砖		
220102010202	② 浆砌石		
220102010203	③ 混凝土		
220102010204	④ 钢筋		
2201020103	（3）施工排水、降水		
220102010301	① 成井		
220102010302	② 排水、降水		

③ 结构工程包含两项子目为"钢筋混凝土""钢结构"。结合施工实际情况，钢筋混凝土可分为"梁""板""柱""墙""钢筋""预应力筋""钢骨"，钢结构又可分为"钢柱""钢梁""钢板""钢结构"，便于后期建设管理和计量，如表 2-390 所示。

表 2-390 子目名称对照表

本规范		原指南	
编码	名称	编码	名称
22010202	2. 结构工程		
2201020201	（1）钢筋混凝土		
220102020101	①梁		
220102020102	②板		
220102020103	③柱		
220102020104	④墙		
220102020105	⑤钢筋		
220102020106	⑥预应力筋		
220102020107	⑦钢骨		
2201020202	（2）钢结构		
220102020201	①钢柱		
220102020202	②钢梁		
220102020203	③钢板		
220102020204	④钢构件		

④ 装饰工程与旅客站房同类工程子目划分较为接近，对各类楼地面面层、各类屋面防水、内外墙面和门窗均进行了详细分类。分为"砌体墙""楼地面""屋面及防水工程""外墙面""门窗""内墙面""天棚"等子目，并对分项的下级子目又进一步细化，如表 2-391 所示。

表 2-391 子目名称对照表

本规范		原指南	
编码	名称	编码	名称
22010203	3. 装饰		
2201020301	（1）砌体墙		
2201020302	（2）楼地面		
220102030201	①整体面层		
220102030202	②块料面层		
220102030203	③橡塑面层		
220102030204	④其他材料面层		
2201020303	（3）屋面及防水工程		
220102030301	①瓦、型材及其他屋面		
220102030302	②屋面防水		
2201020304	（4）外墙面		
2201020305	（5）门窗		
2201020306	（6）内墙面		
2201020307	（7）天棚		
2201020308	（8）踢脚		
2201020309	（9）变形缝		
2201020310	（10）零星工程		

（28）结合铁路工程编制办法章节表，本规范新增了"既有房屋改造及装修""建筑设备"子目，前者对其下一级子目进行了"结构改造""建筑装饰改造""地基处理"等细分。后者从给排水、消防、采暖、通风、空调、电力照明、其他等方面细分，如表 2-392 所示。

表 2-392 子目名称对照表

本规范		原指南	
编码	名称	编码	名称
220104	（四）既有房屋改造及装修		
22010401	1. 结构改造		
22010402	2. 建筑装饰改造		
22010403	3. 地基处理		
细目同<04 路基附属工程——一、区间路基附属工程——（二）地基处理>			

（29）在原指南的基础上，将"附属工程"子目名称修改为"房屋附属工程"，并对子目进行了全面的梳理，增加了"土石方""挡土墙及护坡"等子目，按面层厚度细分了混凝土路面子目、按沥青处置方式细分了沥青路面，新增"硬化面"，提高清单的适应性，如表 2-393 所示。

表 2-393 子目名称对照表

本规范		原指南	
编码	名称	编码	名称
2204	四、房屋附属工程	0820J03	三、附属工程
	Ⅰ．建筑工程费		
220401	（一）土石方		
22040101	1. 土方		
22040102	2. 石方		
220402	（二）挡土墙及护坡		
22040201	1. 干砌石		
22040202	2. 浆砌石		
22040203	3. 混凝土		
22040204	4. 钢筋混凝土		
220403	（三）道路及硬化面	0820J0301	（一）道路
22040301	1. 混凝土路面	0820J030101	1. 混凝土路面

（30）结合铁路工程编制办法章节表和现场实际情况，新增"热网管道""烟囱""绿化（美化）""取弃土（石）场处理""排水沟""电缆沟""机务车辆检修地沟""站后相关工程"等子目，如表 2-394 所示。

表 2-394　子目名称对照表

本规范		原指南	
编码	名称	编码	名称
220405	（五）热网管道	0820J030303	3. 热网管道
220406	（六）烟囱		
220407	（七）绿化（美化）		
220409	（九）其他	0820J0303	（三）其他
22040901	1. 排水沟		
22040902	2. 电缆沟		
22040903	3. 机务车辆检修地沟		
220410	（十）站后相关工程		

2. 计量单位

（1）新增子目均按照类似子目确定计量单位。

（2）旅客站房各子目的计量单位均严格按照建筑工程工程量清单对计量单位的相关要求进行确定，包括平方米、立方米、米、吨等国际标准单位，未采用铁路行业习惯用法的圬工方、断面方等单位。

（3）其他房屋采用了以工程结构面积"平方米"为主的计量单位。其他建筑工程相关子目结合铁路工程编制办法章节中的计量单位进行确定，如"地下连续墙""钢筋混凝土支撑""钢筋混凝土"等子目计量单位为"圬工方"，"钢板桩""钢支撑""钢柱"等子目计量单位为"吨"，如表 2-395 所示。

表 2-395　子目单位对照表

本规范		原指南	
名称	单位	名称	单位
其他房屋	平方米	房屋	正线公里
④基坑与边坡支护	圬工方		
A. 地下连续墙	圬工方		
C. 钢板桩	吨		
F. 钢筋混凝土支撑	圬工方		
G. 钢支撑	吨		
2201020202	（2）钢结构		
220102020201	①钢柱		

3. 子目划分特征

（1）新增子目均按照类似子目确定子目划分特征。

（2）根据区间路基土石方节对土石方子目划分特征要求，旅客站房基坑土石方工程均采用"综合"的子目划分特征。

（3）"换填垫层""铺设土工合成材料""褥垫层"的下级子目在路基附属工程节中有详细的分类。因此，旅客站房节将子目划分特征确定为"填料种类""材料种类"，编制者可根据项目具体情况，结合土建节子目设置内容综合确定其下一级子目划分，如表 2-396 所示。

表 2-396 子目划分特征对照表

本规范		原指南	
名称	子目划分特征	名称	子目划分特征
（2）地基处理			
① 换填垫层	填料种类		
② 铺设土工合成材料	材料种类		
⑰ 褥垫层	材料种类		

（4）根据房建工程子目设置深细度，地基处理的振冲桩、砂石桩、冲扩桩、灌注桩、圆木桩等各类桩主要采用"桩径"作为子目划分特征，仅预制钢筋混凝土桩等子目的划分特征为"桩截面"。其他地基处理子目则采用"综合"作为子目划分特征，如表 2-397 所示。

表 2-397 子目划分特征对照表

本规范		原指南	
名称	子目划分特征	名称	子目划分特征
⑥ 振冲桩（填料）	桩径		
⑦ 砂石桩	桩径		
⑮ 柱锤冲扩桩	桩径		
② 咬合灌注桩	桩径	② 咬合灌注桩	桩径
③ 圆木桩	桩径	③ 圆木桩	桩径
④ 预制钢筋混凝土板桩	桩截面	④ 预制钢筋混凝土板桩	桩截面
⑥ 钢板桩	综合		

（5）"地下结构"的各类混凝土和钢筋均采用"综合"作为子目划分特征。"楼（地）面防水、防潮"等子目的划分特征则均为"做法"。同理，"地上结构""屋面结构"的混凝土、钢结构、防水采用同样的子目划分思路，如表 2-398 所示。

表 2-398 子目划分特征对照表

本规范		原指南	
名称	子目划分特征	名称	子目划分特征
a. 混凝土	综合		
b. 钢筋	综合		
a. 楼（地）面卷材防水	做法		
b. 楼（地）面涂膜防水	做法		
c. 楼（地）面砂浆防水（防潮）	做法		

（6）旅客站房建筑装饰工程中的子目多按材料品种或规格进行划分，面对众多的装饰材料，只有通过分门别类的细分子目，才能更好地体现不同的综合单价水平，如楼地面面层装饰主要通过垫层材料种类、面层材料品种、厚度、规格等进行分类，墙面主要通过抹灰材质、安装方式、材料品种、规格等进行分类，屋面主要通过瓦品种、面层材质、骨架材料品种、规格等进行分类。门窗、保温、隔热、防腐工程等则采用"综合"作为子目划分特征。

（7）旅客站房室外附属工程主要采用"综合"作为子目划分特征。"机电设备"针对子目划分已较细的子目采用"综合"作为子目划分特征，对"消防系统""通风空调"等类型确实较多的子目可按型号、压力等级、规格等子目划分规则进行适当的细分。

（8）综合考虑"其他房屋"子目深细度和投资占比，基本采用"综合"作为子目划分特征，除特殊子目要求，不再细分下一级子目，减少清单冗余。

4. 工程量计算规则

（1）新增子目均按照类似子目确定工程量计算规则，其他子目均进行了规范化、统一化的调整。大部分子目采用"按设计图示建筑面积计算"的计算规则。

第 21 节 旅客站房

（2）旅客站房的填方工程除与土建工程相同的"按设计图示压实体积计算"之外，结合房建工程的特点，增加了"场地回填：回填面积乘平均回填厚度；室内回填：主墙间面积乘回填厚度，不扣除间隔墙；基础回填：按挖方清单项目工程量减去自然地坪以下埋设的基础体积（含基础垫层及其他构筑物）"等规则。

（3）旅客站房的地基处理与土建工程基本一致，但"锚杆（锚索）""土钉"并不按设计图示锚杆、锚索、土钉长度计算，而是按设计图示钻孔深度计算；钢桩并不按设计图示桩顶至桩底的长度计算，而是按设计图示钢料计算重量，这是与土建工程存在区别的。同理，后续类似子目的计算规则也采用这一思路，如表 2-399 所示。

表 2-399 子目工程量计算规则对照表

本规范		原指南	
名称	工程量计算规则	名称	工程量计算规则
⑦锚杆（锚索）	按设计图示钻孔深度计算		
⑤型钢桩	按设计图示钢料计算重量		
⑥钢板桩	按设计图示钢料计算重量		

（4）"施工排水、降水"根据现场施工计量的特点，确定按设计图示钻孔深度计算成井数量，按排降水日历天数计算排水、降水数量，如表 2-400 所示。

表 2-400 子目工程量计算规则对照表

本规范		原指南	
名称	工程量计算规则	名称	工程量计算规则
（4）施工排水、降水	按设计图示建筑面积计算		
①成井	按设计图示钻孔深度计算		
②排水、降水	按排降水日历天数计算		

（5）地下结构的"混凝土柱"按设计图示体积计算，同时对柱高进行了全面的界定：
①有梁板的柱高，应自柱基上表面（或楼板上表面）至上一层楼板上表面之间的高度计算；
②无梁板的柱高，应自柱基上表面（或楼板上表面）至柱帽下表面之间的高度计算；
③框架柱的柱高，应自柱基上表面至柱顶高度计算；
④构造柱按全高计算，嵌接墙体部分（马牙槎）并入柱身体积；
⑤依附柱上的牛腿和升板的柱帽，并入柱身体积计算。

（6）地下结构的"钢柱""钢骨混凝土柱"在计算规则中明确不考虑孔眼、螺栓、预埋件等重量的变化，但应扣除混凝土中劲性骨架的型钢所占体积（每吨型钢扣减 0.1 m³ 混凝土体积）。

（7）规定了地下结构的"混凝土梁"按设计图示体积计算之外，伸入墙内的梁头、梁垫并入梁体积内。同时对梁长进行了界定：

① 梁与柱连接时，梁长算至柱侧面；

② 主梁与次梁连接时，次梁长算至主梁侧面。

（8）规定了地下结构的"砌体墙"按设计图示体积计算，需要扣除门窗洞口、过人洞、空圈，嵌入墙内的钢筋混凝土柱、梁、圈梁、挑梁、过梁及凹进墙内的壁龛、管槽、暖气槽、消火栓箱所占体积，不扣除梁头、板头、檩头、垫木、木楞头、沿缘木、木砖、门窗走头、砌块墙内加固钢筋、木筋、铁件、钢管及单个面积≤0.3 m² 的孔洞所占的体积。凸出墙面的腰线、挑檐、压顶、窗台线、虎头砖、门窗套的体积亦不增加，凸出墙面的砖垛并入墙体体积内计算。彰显了房屋建筑工程计算规则的严谨性。

（9）规定了地下结构的"楼（地）面防水、防潮"按主墙间净空面积计算，扣除凸出地面的构筑物、设备基础等所占面积，不扣除间壁墙及单个面积≤0.3 m² 的柱、垛、烟囱和孔洞所占面积；同时，楼（地）面防水反边高度≤300 mm 算作地面防水，反边高度>300 mm 算作墙面防水。墙面防水、防潮则按设计图示面积计算即可，没有更多的规定。

（10）针对屋面结构的屋面防水，结合建筑工程工程量计算规则，要求斜屋顶（不含平屋顶找坡）按斜面积计算，平屋顶按水平投影面积计算，不扣除房上烟囱、风帽底座、风道、屋面小气窗和斜沟所占面积，屋面的女儿墙、伸缩缝和天窗等处的弯起部分，并入屋面工程量内。

（11）地下通廊的楼地面装饰工程"整体面层"按设计图示面积计算，扣除凸出地面构筑物、设备基础、室内铁道、地沟等所占面积，不扣除间壁墙及小于 0.3 m² 柱、垛、附墙烟囱及孔洞所占面积。门洞、空圈、暖气包槽、壁龛的开口部分不增加面积。与此相反，"块料面层""橡塑面层""地毯楼地面"等其他材料面层，门洞、空圈、暖气包槽、壁龛的开口部分应并入相应的工程量内。

（12）同样是因房屋工程工程量计算规则的规定，"墙面抹灰"按设计图示面积计算，但其专项要求如下：

① 扣除墙裙、门窗洞口及单个大于 0.3 m² 的孔洞面积，不扣除踢脚线、挂镜线和墙与构件交接处的面积，门窗洞口和孔洞的侧壁及顶面不增加面积；

② 附墙柱、梁、垛、烟囱侧壁并入相应的墙面面积内；

③ 外墙抹灰面积按外墙垂直投影面积计算；

④ 外墙裙抹灰面积按其长度乘以高度计算；

⑤ 内墙抹灰面积按主墙间的净长乘以高度计算，无墙裙高度按室内楼地面至天棚底面计算，有墙裙高度按墙裙顶至天棚底面计算；

⑥ 内墙裙抹灰面按内墙净长乘以高度计算。

（13）根据现场实际情况，天棚抹灰和吊顶均按设计图示水平投影面积计算，但板式楼梯底面抹灰按斜面积计算，锯齿形楼梯底板抹灰按展开面积计算。同时，天棚面中的灯槽及跌级、锯齿形、吊挂式、藻井式天棚面积不展开计算。不扣除间壁墙、检查口、附墙烟囱、柱垛和管道所占面积，扣除单个大于 0.3 m² 的孔洞、独立柱及与天棚相连的窗帘盒所占的面积。

（14）屋面外装修，"瓦屋面""金属屋面""阳光板屋面""玻璃钢屋面"按设计图示斜面积计算，"膜结构屋面""检修马道"按设计图示水平投影面积计算，两者存在一定的差别。

（15）旅客站房的"机电设备"基本按照设计图示（管道中心线）长度计算、设计图示数量计算或按设计图示（内径展开）面积计算等较为统一的计算规则，进一步提高清单的规范化。

第22节 其他房屋

（16）客运房屋等标准设计房屋主要按设计图示建筑面积计算，运转综合楼等非标设计房屋各子目沿袭旅客站房类似子目的工程量计算规则进行确定。

（17）与旅客站房的"机电设备"相同，其他房屋的"建筑设备""房屋附属工程"基本按照设计要求综合计算、设计图示（圬工）体积计算、设计图示（各型热网管道）长度计算、设计图示数量计算或按设计图示（面层）面积计算等较为统一的计算规则，提高清单的规范化。

5. 工程（工作）内容

（1）新增子目均按照类似子目确定工程（工作）内容，其他子目均进行了规范化、统一化的调整。

第21节 旅客站房

（2）结合房建工程的土石方施工特点，旅客站房的挖土（石）方除挖（爆破、解小）、装、运、卸、整理外，增加排地表水、围护（挡土板）及拆除、基底钎探、监控量测、清底修边等工作内容。与土建工程有所不同，旅客站房的利用填土（石）方不再包括本体利用方由取料点直接运至填筑点的工程，而仅含填方及可能出现的利用方从中转点（临时堆放、拌和站）运至填筑点的工程，本体利用方由取料点直接运至填筑点或中转点的内容全部归入挖土（石）方（利用方），这与铁路工程编制办法一致，编制者可根据项目所在地具体情况进行调整子目划分及工作内容。"填渗水土""改良土""级配碎石（砂砾石）"与土建工程基本一致。

（3）旅客站房的"地基处理"尽量与土建工程保持一致，提高本规范的统一性。"基坑与边坡支护"结合房屋工程建筑特点，"预制钢筋混凝土板桩""锚杆（锚索）""土钉""喷射混凝土、水泥砂浆"等子目均增加了工作平台、施工平台搭拆等内容。针对使用较多的"地下连续墙"工作，确定工作内容为：导墙挖填、制作、安装、拆除，挖土成槽、固壁、清底置换，混凝土浇筑，接头处理，土方、废泥浆外运，打桩场地硬化及泥浆池、泥浆沟制作，钢筋及预埋件制安等。"地下结构"的类似桩基础工作内容的增补也采用同样的处理方式。

（4）"地下结构"的混凝土工程由于其所处位置的特殊性，工作内容均精简为模板及支撑制安拆、混凝土浇筑。钢筋、预应力钢筋等均采用类似子目进行了统一化的调整。

（5）结合现场实际情况梳理了地下结构"防水"的工作内容，根据类型的不同，主要包括基层处理，刷黏结剂、基层处理剂、防护材料，填塞防水材料，铺防水卷材、止水带安装、铺布、喷涂防水层，盖缝制安、接缝、嵌缝，砂浆制作、摊铺、养护等。

（6）统一"地上结构"各类钢结构的工作内容为：制作，除锈，拼装，安装，探伤，防腐，防火处理。金属制品的工作内容为：安装，校正，安螺栓及金属立柱，防腐。网结构的工作内容为：铺贴、铆固，实现标准化。

（7）"屋面结构"结合"地下结构""地上结构"工作内容，相应修订了"钢结构""屋面防水"等子目的工程内容。

（8）结合《建设工程工程量清单计价规范》装饰工程计量规则的相关内容完善了"建筑装饰工程"的工程内容，"楼地面面层"需进行基层清理，抹找平层，龙骨铺设、面层铺设，嵌缝条安装，刷防护材料、磨光、酸洗、打蜡、装钉压条等工作；"墙、柱面"需进行基层清理，砂浆制作，底层抹灰、黏结层铺贴、抹面层、面层安装，抹装饰面，勾分格缝，刷防护材料、磨光、酸洗、打蜡、骨架制安、刷漆等工作；"幕墙工程"需进行骨架制安，面层安装，隔离带、框边封闭，嵌缝、塞口，清洗等工作；"天棚工程"需进行基层清理，底层抹灰，抹面层，吊杆安装、龙骨安装、基层板铺贴、面层铺贴、嵌缝，刷防护材料，灯带（槽）、送风口、回风口安装等工作。

（9）除上述内容以外，内外装修的门窗工程、油漆工程、保温、隔热、防腐工程等常规装饰工程对其工作内容也进行了规范化、统一化。

（10）"屋面"外装修工程依据不同屋面类型进行修订，包括瓦屋面的安瓦、作瓦脊，金属屋面的檩条制安、屋面安装，阳光板、玻璃钢屋面的制安，膜结构屋面的膜布热压胶接、锚固基座、挖土、回填等内容。

（11）"室外附属工程"结合土建工程类似子目的工程内容，在综合度更高的子目基础上，对工作内容也进行了整合、归集，如各类挡土墙等。

（12）旅客站房的"道路"路面工程较拆改节中改移道路的路面工程更为翔实，也将一些沿线设施并入到路面工作中，充分体现站区内道路的特点，以"沥青路面"为例，增加了挖路槽、培路肩，路基填筑、碾压，路面垫层、基层、面层混合料制作及摊铺、压实、修整，人行道及沿线设施整形、铺筑、碾压，面层铺设，侧缘石、护栏、隔离带、标志牌、标桩制安，路面标线、轮廓标等沿线设施的设置等内容。

（13）随着站区景观设计重视程度愈发提高，站区绿化也愈发详细和多样，本规范仅划分了栽植花草、灌木和栽植乔木两类，工作内容包括但不限于以下内容：翻土、挖土换填、土质改良、围护、花坛砌筑、播草籽、铺草皮、栽植花草、灌木、浇水、养护。

（14）旅客站房的机电设备中，各类设备工作内容修订如下：

①"变配电及照明"的安装工作多样，但内容基本一致，包括设备安装、系统调试、线缆敷设、端头制安、接地、试验等内容。

②"给排水"首先是各类管沟的建筑，即管沟及井孔挖填，基础砌筑，路面（硬化面）开凿及修复，检查井井孔砌筑，铁蹬、井盖及座安装，管道铺设，引入既有排水系统，出水口砌筑等；其次是各类管路的安装，即管道安装，管件制安，压力试验，吹扫、冲洗，警示带铺设，管沟开挖、沟槽回填、保温、警示带铺设等。

③"消防系统"无论哪种灭火类型，工作内容主要为：管道及管件安装，钢管镀锌及二次安装，压力试验，冲洗，管道标识、装置安装等。

④"通风空调"根据不同的空调设备、管道、管道部件、检测调试内容完善了工作内容。空调设备包括本体安装、调试，设备支架制安，补刷（喷）油漆等内容；管道包括风管、管件、法兰、零件、支吊架制安，过跨风管落地支架制安，除锈、刷漆等内容。

⑤"火灾自动报警（FAS）""设备监控（BAS）"将主要工作内容进行了统一，包括安装、校接线、编码、调试、接地等。

⑥同样是尽量保持工作内容统一化的原则，"电梯"无论其类型，工作内容统一为：本体安装，电气安装、调试、单机试运转及调试，补刷（喷）油漆。

第22节 其他房屋

（15）摒弃原指南"其他客运房屋"等标准房屋工作内容过于综合的处理方式，对标准房屋的4项子目工作内容分别进行了规范化：

①基础包括基础填挖，脚手架搭拆、模板及支撑制安拆，混凝土浇筑，钢筋及预埋件制安等。

②结构包括模板制安拆，脚手架搭拆，钢筋（预应力）混凝土构件预制或浇筑，金属柱、梁、支撑、拉杆制安，墙体（含砖柱、附墙烟囱及管道竖井）砌筑或浇筑，地面、楼面、楼梯、阳台、雨棚、地沟及盖板砌筑或制安，设备基础等。

③装饰包括楼地面、墙面、天棚面等装饰，楼地面防水、保温、隔热，架空层制作，门、窗、窗扇制安，栏杆、扶手、扶梯、平台等构件制安，防火、防腐处理，建筑物防雷接地等。

④屋面包括模板制安拆，脚手架搭拆，屋架、檩条、顶棚屋面、挑檐砌筑或制安，钢筋及预埋件制安，顶棚屋面装饰、防水、保温、隔热，架空层制作等。

（16）运转综合楼等非标房屋因子目划分更为细致，因此仍然沿袭旅客站房类似子目的工作内容进行确定。

（17）"既有房屋改造及装修"结合旅客站房结构和装饰两类工程的工作内容情况，确定了"结构改造""建筑装饰改造"的主要工作内容，从工作内容角度来看，新建与改造工程的工作内容基本一致。同理，"建筑设备"与旅客站房的机电设备工作内容基本一致。

（18）"房屋附属工程"与旅客站房的室外附属工程类似子目的工作内容基本一致，增加了围墙的基坑、沟槽挖填，基础砌筑，脚手架搭拆，墙体、柱体砌筑或制安，压顶，大门制安、涂装等内容；热网管道的沟槽挖填，管道铺（架）设，管道支架制安，管道保温、防腐，水压试验，路面（硬化面）开凿及修复，伸缩器井室挖填、砌筑等内容；烟囱的基坑挖填，基础砌筑，脚手架及滑升设备安拆，钢筋及预埋件制安、模板制安拆，砖砌筑、混凝土浇筑，烟囱内衬及内衬隔绝层制作，航空警示，防雷接地等内容。

（19）"站后相关工程"主要是四电工程与房屋工程的一些接口内容，涉及弱电工程孔、洞预留预埋，槽、管道预留预埋，基础、基座预留预埋等内容；强电工程基坑挖填、基础砌筑，钢筋及预埋件制安、模板制安拆、混凝土浇筑、砌体砌筑，变形缝设置、防水层、仪器墩及预埋件、接地排及电缆引入管等内容。

6. 附注中需要注意的问题

（1）如前所述，在土石方工程中"利用土（石）填方"附注说明如挖方未直接运至填筑点，还应含从利用方临时堆放点运至填筑点的内容。"利用土改良"附注说明如挖方未直接运至拌和点，还应含从利用方临时堆放点运至拌和点的内容，再由拌和点运至填筑点。

（2）"强夯地基"附注说明了夯击遍数按设计要求确定，这也是与土建工程相一致的。

（3）"排水、降水"中特别对计量单位"天"进行界定，说明1日历天为1昼夜，便于实际应用，避免混淆。

（4）原指南将"货运和装卸房屋""车站运转房屋""其他生产房屋"等房屋的范围在附注中进行了大量举例描述，本规范将铁路房屋分类及范围确定交由《铁路房屋建筑设计标准》，编制者严格按照标准中相关分类规定进行房屋的归类。

（5）在"货运综合楼""运转综合楼"等附注中说明已含列入该楼的各类房屋，强调其附属的相关房屋都应列入其中，提高房屋费用的整体性。

（6）结合现场实际情况，附注说明了"房屋附属工程"中围墙需含大门；烟囱含室外烟道（以房屋外墙面为界），不含附墙烟囱；绿化（美化）不含取弃土（石）场处理的绿化等。

6.9 第九章 其他运营生产设备及建筑物

1. 子目划分

本章共计7节658个子目，在原指南基础上增加387个子目，删除了一些已经淘汰的工程子目，增加了一些新技术子目。具体变化情况如下：

第23节 给排水

（1）原指南的"趸船取水"调整为"囤船取水"，趸船和囤船的称呼目前存在一定争议，趸（囤）船指的是一种无动力装置的矩形平底船，设在突堤或码头的尽头且固定在岸边，通常有浮动而锚着的平台，供船舶停泊或旅客和货物上下船用。而囤指的是用竹篾垫子或荆条编织物或用席子等围成的盛粮食的围栏。但根据收集到的《芜湖港企业标准》（Q/WHG J04.041—2004），也采用了囤船定位标准的说法，故本规范将子目名称调整为"囤船取水"，与"趸船取水"含义相同，将趸（囤）船作为取水泵船，从河里取水向岸上输送水，如表2-401所示。

表2-401 子目名称对照表

本规范		原指南	
编码	名称	编码	名称
23010104	4.囤船取水	092101J0104	4.趸船取水

（2）结合给排水新技术的发展，增加给水工程的"钢塑复合管"和"钢骨架塑料复合管"，排水工程的"钢带增强聚乙烯（HDPE）螺旋波纹管""聚乙烯（PE）管""球墨铸铁管""钢管""钢塑复合管"的"四新技术"子目，将"铸铁管"子目名称调整为"球墨铸铁管"，如表2-402所示。

表2-402 子目名称对照表

本规范		原指南	
编码	名称	编码	名称
23010202	2.球墨铸铁管	092101J0202	2.铸铁管
23010205	5.钢塑复合管		
23010206	6.钢骨架塑料复合管		
23020107	7.钢带增强聚乙烯（HDPE）螺旋波纹管		
23020108	8.聚乙烯（PE）管		

（3）根据铁路工程编制办法章节表，增加了"不锈钢水箱"子目，删除了"排水建筑物附属工程""地基处理"子目，如表2-403所示。

表2-403 子目名称对照表

本规范		原指南	
编码	名称	编码	名称
2301030402	（2）不锈钢水箱		
		092102J04	（四）排水建筑物附属工程
		092103	三、地基处理

（4）根据搜集的资料和调研结果，"其他建筑物"中新增了"四新技术"内容"检漏管沟、检漏井""厌氧滤池及厌氧化粪池""高效集便污水处理池""酸碱中和池""稳定塘"，体现了规范的与时俱进原则，如表2-404所示。

表2-404 子目名称对照表

本规范		原指南	
编码	名称	编码	名称
23020314	14.检漏管沟、检漏井		
23020315	15.厌氧滤池及厌氧化粪池		
23020316	16.高效集便污水处理池		
23020317	17.酸碱中和池		
23020318	18.稳定塘		

第 24 节 机务

（5）根据铁路工程编制办法章节表，将"生产车间设备基础、水池及室内工艺管道"子目名称调整为"生产车间内的建筑"。同时，结合设计现状情况，细化了的下一级子目有：整备场、机油库、燃油泵间、冷却水制备间、干砂间、给砂设备、辅修库、行修组（间）、油脂（水）发放间、化验室、列车运行监控记录装置等。相对应的，"生产车间"的安装工程也进行了子目细分，如表 2-405 所示。

表 2-405 子目名称对照表

本规范		原指南	
编码	名称	编码	名称
24010102	2. 生产车间内的建筑	09220101J02	2. 生产车间设备基础、水池及室内工艺管道
2401010201	（1）整备场		
2401010202	（2）机油库		
2401010203	（3）燃油泵间		
2401010204	（4）冷却水制备间		
2401010205	（5）干砂间		
2401010206	（6）给砂设备		
2401010207	（7）辅修库		
2401010208	（8）行修组（间）		
2401010209	（9）油脂（水）发放间		
2401010210	（10）化验室		
2401010211	（11）列车运行监控记录装置		

（6）将"机车外壁清洗装置基础及管道""受电弓测试装置基础及管道"的建筑工程和安装工程名称均调整为"机车外壁清洗装置""受电弓测试装置"，起到了简化、统一子目名称的作用，如表 2-406 所示。

表 2-406 子目名称对照表

本规范		原指南	
编码	名称	编码	名称
24010104	4. 机车外壁清洗装置	09220101J05	5. 机车外壁清洗装置基础及管道
24010105	5. 受电弓测试装置	09220101J06	6. 受电弓测试装置基础及管道

（7）根据清单编码的要求，"检修设备""室外工艺管道"等建筑工程和安装工程子目下均新增了设备基础和设备安装子目，解决因建安工程费不编码，导致的子目缺失问题，后续子目均按此原则相应增加子目，如表 2-407 所示。

表 2-407 子目名称对照表

本规范		原指南	
编码	名称	编码	名称
240102	（二）检修设备	09220102	（二）检修设备
	Ⅰ. 建筑工程费	09220102J	Ⅰ. 建筑工程费

续表

本规范		原指南	
编码	名称	编码	名称
24010201	1. 设备基础工程	09220102J01	生产车间设备基础、水池及室内工艺管道
	Ⅱ. 安装工程费	09220102A	Ⅱ. 安装工程费
24010202	1. 设备安装		
240103	（三）室外工艺管道	09220103	（三）室外工艺管道
	Ⅰ. 建筑工程费	09220103J	Ⅰ. 建筑工程费
24010301	1. 管道工程		

（8）"（派驻）折返段"的"生产车间"除"机务段"所包括的相关车间外，根据折返段的功能需求，还增加了机车外壁清洗装置、受电弓测试装置、材料库、工具维修间、水阻试验站、熔焊间、C3修库、电器间、制动空压机间、柴油机间、清洗间、蓄电池间、设备（机床）间、空压机间、库整备间、教育室等子目。同理，"生产车间"的安装工程也进行了子目细分，如表2-408所示。

表2-408 子目名称对照表

本规范		原指南	
编码	名称	编码	名称
2402	二、（派驻）折返段	092202	二、折返段、派驻折返段
	Ⅰ. 建筑工程费	092202J	Ⅰ. 建筑工程费
240201	（一）燃油库	092202J01	（一）燃油库
240202	（二）生产车间	092202J02	（二）生产车间设备基础、水池及室内工艺管道
24020201	1. 整备场		
24020202	2. 机油库		
24020203	3. 燃油泵间		
24020204	4. 冷却水制备间		
24020205	5. 干砂间		
24020206	6. 给砂设备		
24020207	7. 辅修库		
24020208	8. 行修组（间）		
24020209	9. 油脂（水）发放间		
24020210	10. 化验室		
24020211	11. 列车运行监控记录装置		
24020212	12. 机车外壁清洗装置		
24020213	13. 受电弓测试装置		
24020214	14. 材料库		
24020215	15. 工具维修间		

续表

本规范		原指南	
编码	名称	编码	名称
24020216	16. 水阻试验站		
24020217	17. 熔焊间		
24020218	18. C3 修库		
24020219	19. 电器间		
24020220	20. 制动空压机间		
24020221	21. 柴油机间		
24020222	22. 清洗间		
24020223	23. 蓄电池间		
24020224	24. 设备（机床）间		
24020225	25. 空压机间		
24020226	26. 库整备间		
24020227	27. 教育室		

（9）"整备所"的"生产车间"建筑工程则与"机务段"相一致。安装工程根据整备所的功能需求，增加了"机车运用安全管理系统""整备作业综合管理系统"子目，如表 2-409 所示。

表 2-409 子目名称对照表

本规范		原指南	
编码	名称	编码	名称
240302	（二）生产车间内的建筑	092203J02	（二）生产车间设备基础、水池及室内工艺管道
24030612	12. 整备作业综合管理系统		
24030613	13. 机车运用安全管理系统		

（10）对原指南的"救援列车设备"子目进行了细化，满足现场施工的需要，同时也与其他段所子目划分深细度保持一致。具体为：建筑工程增加了室外检查坑、行修组（间）、冷却水制备间、干砂间、给砂设备、油脂（水）发放间，安装工程增加了救援起复系统设备、燃油泵间、冷却水制备间、干砂间、给砂设备、辅修库、行修组（间）、油脂（水）发放间、列车运行监控记录装置、机车运用安全管理系统等子目，如表 2-410 所示。

表 2-410 子目名称对照表

本规范		原指南	
编码	名称	编码	名称
2404	四、救援列车设备	092204	四、救援列车设备
	Ⅰ．建筑工程费	092204J	Ⅰ．建筑工程费
240401	（一）室外检查坑		
240402	（二）行修组（间）		
240403	（三）冷却水制备间		

续表

本规范		原指南	
编码	名称	编码	名称
240404	（四）干砂间		
240405	（五）给砂设备		
240406	（六）油脂（水）发放间		
	Ⅱ．安装工程费	092204A	Ⅱ．安装工程费
240407	（一）救援起复系统设备		
240408	（二）燃油泵间		
240409	（三）冷却水制备间		
240410	（四）干砂间		
240411	（五）给砂设备		
240412	（六）辅修库		
240413	（七）行修组（间）		
240414	（八）油脂（水）发放间		
240415	（九）列车运行监控记录装置		
240416	（十）机车运用安全管理系统		

（11）随着动车组的技术发展，结合现场调研成果，新增了"动车组机务设备"子目，包括教育室设备、机车运用安全管理系统等子目，如表2-411所示。

表2-411 子目名称对照表

本规范		原指南	
编码	名称	编码	名称
2405	五、动车组机务设备		
	Ⅰ．建筑工程费		
240501	（一）教育室设备基础		
	Ⅱ．安装工程费		
240502	（一）机车运用安全管理系统		
240503	（二）教育室		

（12）根据铁路工程编制办法章节表，删除了"地基处理"子目，如表2-412所示。

表2-412 子目名称对照表

本规范		原指南	
编码	名称	编码	名称
		092205	五、地基处理
			细目同21节地基处理

第25节 车辆

（13）与机务节相同，根据铁路工程编制办法章节表，将"生产车间设备基础、水池及室内工艺管道"子目名称调整为"生产车间内的建筑"。同时，结合设计现状情况，细化了下一级子目，客车段的子目有：修车库、预检预修库、油漆库、转向架间、轮轴间、存轮棚、同温组装间、滚动轴承间、配件检修中心、空调机组试验间、空调机组检修间、钩缓间、电子电器检修间、制动间、水暖间、钳工白铁间、油压减振器检修间、门窗检修间、集便器检修间、设备检修间、配件配送中心、化验室、计量室、调机库、木工间。较全面地列举了车辆车间的主要类型。相对应的，安装工程也进行了子目细分，如表2-413所示。

表2-413 子目名称对照表

本规范		原指南	
编码	名称	编码	名称
250101	（一）生产车间内的建筑	092301J01	（一）生产车间设备基础、水池及室内工艺管道
25010101	1. 修车库		
25010102	2. 预检预修库		
25010103	3. 油漆库		
25010104	4. 转向架间		
25010105	5. 轮轴间		
25010106	6. 存轮棚		
25010107	7. 同温组装间		
25010108	8. 滚动轴承间		
25010109	9. 配件检修中心		
25010110	10. 空调机组试验间		
25010111	11. 空调机组检修间		
25010112	12. 钩缓间		
25010113	13. 电子电器检修间		
25010114	14. 制动间		
25010115	15. 水暖间		
25010116	16. 钳工白铁间		
25010117	17. 油压减振器检修间		
25010118	18. 门窗检修间		
25010119	19. 集便器检修间		
25010120	20. 设备检修间		
25010121	21. 配件配送中心		
25010122	22. 化验室		
25010123	23. 计量室		
25010124	24. 调机库		
25010125	25. 木工间		

（14）"货车段"较"客车段"存在一定的差异，增加了空调机组试验间、空调机组检修间、电子电器检修间、水暖间、钳工白铁间、油压减振器检修间、门窗检修间、集便器检修间、计量室子目等，删除了铆焊间、锻工间、制动梁检修间、调梁棚（库）、抛丸库、材料库子目。

（15）"客车技术整备所""列检作业场""站修所"等均对生产车间内的建筑进行了细化，主要包括客车临修棚（库）及边跨、车电间、蓄电池间、钳工间、制动间、材料库（棚）、客车技术整备场、客车技术整备库（棚）、不落轮旋库、洗车库、调机库、木工间、轮对诊断棚、边修线及料具间、空压机间、站修棚（库）、配件加修间、制动间、存轮棚等子目。

（16）根据现场实际施工情况，"洗罐站""车轮厂"增加了"室外工艺管道"子目。根据铁路工程编制办法章节表，删除了"地基处理"子目。

（17）根据铁路工程编制办法章节表，增加"车辆5T及车号自动识别设备"子目，并细化为"车辆行车安全监控系统"和"车号自动识别系统（ATIS）"。

第26节 动车

（18）同样将"生产车间设备基础、水池及室内工艺管道"子目名称调整为"生产车间内的建筑"。"动车组运用所"车间细分为空压机间、检查库、临修库、不落轮镟库、轮对诊断棚、洗车库（融冰除雪库）、空压机间、综合楼等子目，如表2-414所示。

表2-414 子目名称对照表

本规范		原指南	
编码	名称	编码	名称
260201	（一）生产车间内的建筑	092402J01	（一）生产车间设备基础、水池及室内工艺管道
26020101	1. 空压机间		
26020102	2. 检查库		
26020103	3. 临修库		
26020104	4. 不落轮镟库		
26020105	5. 轮对诊断棚		
26020106	6. 洗车库（融冰除雪库）		
26020107	7. 空压机间		
26020108	8. 综合楼		

（19）随着动车组的技术发展，结合现场调研成果，增加"动车组存车场"子目，并进行细化，如表2-415所示。

表2-415 子目名称对照表

本规范		原指南	
编码	名称	编码	名称
2603	三、动车组存车场		
	Ⅰ.建筑工程费		
260301	（一）生产车间内的建筑		
260302	（二）室外工艺管道		
	Ⅱ.安装工程费		
260303	（一）设备安装		

（20）根据铁路工程编制办法章节表，删除了"地基处理"子目。

第27节 站场

（21）根据现场实际施工情况，增加站台墙"站台小结构"和站台面"架空层装修"子目，如表2-416所示。

表2-416 子目名称对照表

本规范		原指南	
编码	名称	编码	名称
270101	（一）站台墙	092501J01	（一）站台墙
27010101	1. 旅客站台墙	092501J0101	1. 旅客站台墙
27010102	2. 货物站台墙	092501J0102	2. 货物站台墙
27010103	3. 站台小结构		
270102	（二）站台面	092501J02	（二）站台面
27010201	1. 旅客站台面	092501J0201	1. 旅客站台面
27010202	2. 货物站台面	092501J0202	2. 货物站台面
27010203	3. 架空层装修		

（22）根据铁路工程编制办法章节表，将"综合管沟""站名牌""检票口"一并移入"其他站场建筑"中。将"堆积场地面""集装箱场地面"归类为"场地地面"，将"平过道""地道""天桥""上站台阶"归类为"通道"，并新增地道和天桥的"通道照明"。

（23）综合考虑设计接口问题，为避免混淆，将"地道""天桥"均细化为"结构""装饰"两条子目，提高工程界面划分清晰度，如表2-417所示。

表2-417 子目名称对照表

本规范		原指南	
编码	名称	编码	名称
270103	（三）场地地面		
27010301	1. 堆积场地面	092501J04	（四）堆积场地面
27010302	2. 集装箱场地面	092501J05	（五）集装箱场地地面
270104	（四）通道		
27010401	1. 平过道	092501J06	（六）平过道
27010402	2. 地道	092501J07	（七）地道
2701040201	（1）结构		
2701040202	（2）装饰		
27010403	3. 天桥	092501J08	（八）天桥
2701040301	（1）结构		
2701040302	（2）装饰		

（24）根据雨棚技术发展的要求，将"雨棚"细分为"无站台柱雨棚""有站台柱雨棚""货物雨棚""雨棚照明"等子目，这也是与设计情况相一致的，如表2-418所示。

表 2-418 子目名称对照表

本规范		原指南	
编码	名称	编码	名称
27010405	5.通道照明		
2701040501	（1）地道照明		
2701040502	（2）天桥照明		
270105	（五）雨棚	092501J10	（十）雨棚
27010501	1.无站台柱雨棚		
27010502	2.有站台柱雨棚		
27010503	3.货物雨棚		
27010504	4.雨棚照明		
2701050401	（1）无站台柱雨棚照明		
2701050402	（2）有站台柱雨棚照明		
2701050403	（3）货物雨棚照明		

（25）根据铁路工程编制办法章节表，将站场机械设备中的"装卸机械维修所""集装箱中心站""行包机械维修所""减速顶及停车器工区""加工机械"归入"设备基础"中，类属更为明晰。结合现场实际情况，删除了"垃圾转运站""地基处理"子目。

（26）充分体现绿色环保发展理念，与房屋章节相同，将"绿化（美化）"细分为栽植花草、栽植乔木、栽植灌木、假山及盆景山等。"取弃土（石）场处理"细分为干砌石、浆砌石、混凝土、钢筋混凝土、绿化等子目。

第 28 节 工务

（27）根据铁路工程编制办法章节表和工务部门实际设置要求，增加"石砟场""苗圃""综合车间""综合保养点""综合维修通道"子目，删除了"地基处理"子目。但是，"苗圃"子目还需要区分建筑、安装工程，本规范并未细分，编制者应根据实际情况进行细分。

第 29 节 其他建筑及设备

（28）根据铁路工程编制办法章节表，将原设置于路基章节的"降噪声工程"子目调整至本节，细化为"加高围墙""隔声墙""路基声屏障""桥上声屏障""封闭声屏障"，同时结合设计现状情况，将"封闭声屏障"按桥上和路基分别进行划分，如表 2-419 所示。

表 2-419 子目名称对照表

本规范		原指南	
编码	名称	编码	名称
29	其他建筑及设备	0927	其他建筑及设备
2901	一、降噪声工程		
	Ⅰ.建筑工程费		
290101	（一）加高围墙		
290102	（二）隔声墙		
290103	（三）路基声屏障		

续表

本规范		原指南	
编码	名称	编码	名称
290104	（四）桥上声屏障		
290105	（五）封闭声屏障		
29010501	1.路基封闭声屏障		
29010502	2.桥上封闭声屏障		

（29）充分体现安全生产管理理念，在其他建筑及设备中增加"安全及人防设施"子目，明确列出了"屏蔽门和安全门""人防设施""防淹设施"，提升了规范对安全管理的重视程度。

（30）与隧道节"相关工程"相对应，隧道节中包含所有站后相关工程的建筑工程，但仅有隧道照明安装、隧道洞室防护门、隧道防灾救援（不含给排水、机械）的安装工程，而隧道永久通风与空调系统，隧道消防及安全防护，隧道供水管路，给排水、机械防灾救援均列于本节"其他"中，这是与设计情况相一致的。

2. 计量单位

（1）新增子目均按照类似子目确定计量单位。

（2）为了更好地与现场实际计量相统一，将给排水"水源"子目计量单位由"元"改为"处"，"导水渠"子目计量单位由"处"修改为"米"，"栈桥"子目计量单位由"米"修改为"延长米"，如表2-420所示。

表2-420 子目计量单位对照表

本规范		原指南	
名称	计量单位	名称	计量单位
（一）水源	处	（一）水源	元
6.导水渠	米	6.导水渠	处
（7）栈桥	延长米	（7）栈桥	米

（3）机务、车辆、动车、工务节主要为各类车间子目，因此将计量单位基本统一为"处"，同时将"Ⅰ.建筑工程费""Ⅱ.安装工程费"等子目的计量单位由"处"修改为"元"，更贴合子目含义，其他章节部分子目也采用了这一修订思路。

（4）根据站场节"站台小结构""架空层装修"子目的特点，将计量单位确定为"立方米""平方米"，相应的工程量计算规则为"按设计图示体积计算""按设计图示站台铺面面积计算"。

（5）根据降噪声工程的工程特点和现场实际计量方式，将各子目计量单位均确定为"平方米"，工程量计算规则均为按对应工程的表面面积计算。

3. 子目划分特征

（1）新增子目均按照类似子目确定子目划分特征。

（2）给排水"水源"尽量采用"综合"的划分特征，管道类则采用"管径"的划分特征，既减少了清单冗余又体现了综合单价的差异性。

（3）统一了给排水各类处理池的划分特征，包括接触消毒池、低动力污水处理池、厌氧滤池及厌氧化粪池、高效集便污水处理池、酸碱中和池等均采用"处理能力"的子目划分特征。

（4）机务、车辆、动车、工务等节的各类车间子目统一采用"规模"作为子目划分特征，进一步提高标准化程度。同时，对相对标准、单一的房间，则尽量采用"综合"的划分特征，如"室外检查坑""机车运用安全管理系统""教育室"等。

（5）站场的"站台墙"子目划分特征规范化用语，将"带沟不带沟"调整为"带沟与否"。"站台小结构"则采用"综合"的子目划分特征，如表2-421所示。

表2-421 子目划分特征对照表

本规范		原指南	
名称	子目划分特征	名称	子目划分特征
1.旅客站台墙	高度/带沟与否	1.旅客站台墙	高度带沟不带沟
2.货物站台墙	高度/带沟与否	2.货物站台墙	高度带沟不带沟

（6）"地道""天桥"的结构、装饰工程子目划分特征均按"综合"，不再细分天桥梁部材质。同理，"雨棚"也不再按"类型材质"细分，仅按有无站台柱划分，如表2-422所示。

表2-422 子目划分特征对照表

本规范		原指南	
名称	子目划分特征	名称	子目划分特征
（三）场地地面			
1.堆积场地面	面层材质	（四）堆积场地面	面层材质
2.集装箱场地面	面层材质	（五）集装箱场地面	面层材质
（四）通道			
1.平过道	综合	（六）平过道	综合
2.地道		（七）地道	综合
（1）结构	综合		
（2）装饰	综合		
3.天桥		（八）天桥	梁部材质
（1）结构	综合		
（2）装饰	综合		
4.上站台阶	综合	（十二）上站台阶	综合
（五）雨棚		（十）雨棚	类型材质
1.无站台柱雨棚	综合		
2.有站台柱雨棚	综合		
3.货物雨棚	综合		
4.雨棚照明			
（1）无站台柱雨棚照明	综合		
（2）有站台柱雨棚照明	综合		
（3）货物雨棚照明	综合		

（7）工务新增的"石砟场"采用"设备类型、规格"作为子目划分特征，更符合现场实际，其他工务建筑及设备维持原指南"规模"的子目划分特征。

(8)其他建筑及设备中降噪声工程的"加高围墙""隔声墙""路基声屏障"等子目划分特征均为"综合",减少清单冗余。同样,"安全及人防设施"等子目的特征也尽量设置为"综合"。

(9)受隧道永久通风与空调系统、设备复杂程度的影响,将"风机"子目划分特征为"风机类型、安装方式","风机控制设备"子目划分特征为"控制台、柜类别"。

4. 工程量计算规则

(1)新增子目均按照类似子目确定工程量计算规则,其他子目均进行了规范化、统一化的调整。

(2)规范化工程量计算规则的描述用语,将"大口井""集水井""厌氧滤池及厌氧化粪池""高效集便污水处理池"等给排水节子目的"按设计数量计算"统一调整为"按设计图示数量计算",其他章节子目也按此要求进行了修订,如表2-423所示。

表2-423 子目划分特征对照表

本规范		原指南	
名称	子目划分特征	名称	子目划分特征
2. 大口井	按设计图示数量计算	2. 大口井	按设计数量计算
3. 集水井	按设计图示数量计算	3. 集水井	按设计数量计算
15. 厌氧滤池及厌氧化粪池	按设计图示数量计算		
16. 高效集便污水处理池	按设计图示数量计算		

(3)将各类给排水管道,如"钢带增强聚乙烯(HDPE)螺旋波纹管""聚乙烯(PE)管"等子目工程量计算规则统一为"按设计图示管道中心线长度计算",提高规范的标准化程度。

(4)如前所述,因机务、车辆、动车、工务等节子目均为各类车间,工程量计算规则统一采用"按设计图示数量计算",进一步提高标准化程度。

(5)天桥各子目的计算规则存在笔误,可沿用原指南计算规则,即将"按设计图示洞身顶部面积计算"调整为"按设计图示正桥及楼梯引道水平投影面积计算",与"天桥照明"的工程量计算规则相同。

(6)与土建工程相关子目计量规则保持一致,将"浆砌石"等子目工程量计算规则由原指南的"按设计图示砌体尺寸计算"修改为"按设计图示圬工体积计算",更符合实际需求,如表2-424所示。

表2-424 子目划分特征对照表

本规范		原指南	
名称	子目划分特征	名称	子目划分特征
1. 浆砌石	按设计图示圬工体积计算	1. 浆砌石	按设计图示砌体尺寸计算

(7)"栽植灌木"的计量单位为株,工程量计算规则应为"按设计图示数量计算",现规范中的"按设计图示绿化面积计算"为笔误。

(8)"取弃土(石)场处理"细分子目后,工程量计算规则由原指南的"按设计要求综合计算"修改为各子目相应的规则,更利于实际操作应用,如表2-425所示。

表2-425 子目划分特征对照表

本规范		原指南	
名称	子目划分特征	名称	子目划分特征
(八)取弃土(石)场处理		(八)取弃土(石)场处理	按设计要求综合计算

续表

本规范		原指南	
名称	子目划分特征	名称	子目划分特征
1. 干砌石	按设计图示砌体体积计算（含各种笼装片（块）石）		
2. 浆砌石	按设计图示圬工体积计算		
3. 混凝土	按设计图示圬工体积计算		
4. 钢筋混凝土	按设计图示圬工体积计算		
5. 绿化	按设计图示面积计算		

（9）"隧道供水管路"子目工程量计算规则为"按设计图示供消防使用的水源点（或蓄水池）至隧道内所铺设的供水管路长度计算"，明确了管道的长度范围，减少后续工程量计算的偏差。

5. 工程（工作）内容

（1）新增子目均按照类似子目确定工程（工作）内容。

第23节 给排水

（2）删除常用工程（工作）内容的土（石）方挖填后，地表水源附属工程的土方、石方结合土建工程相关子目工作内容，补充土（石）方挖、装、运、卸、整理、填、洒水（翻晒）、压实、修整等工作内容，如表2-426所示。

表2-426 子目工程（工作）内容对照表

本规范		原指南	
名称	工程（工作）内容	名称	工程（工作）内容
（1）土方	土方挖、装、运、卸、整理、填、洒水（翻晒）、压实、修整	（1）土方	土方挖填
（2）石方	石方挖、装、运、卸、整理、填、塞紧空隙、压（夯）实、修整	（2）石方	石方挖填

（3）根据现场实际施工情况，对栈桥工程内容进行补充，增加"工作平台，场地平整及土石方，拆除、清理、复垦"等工作内容，如表2-427所示。

表2-427 子目工程（工作）内容对照表

本规范		原指南	
名称	工程（工作）内容	名称	工程（工作）内容
（7）栈桥	1. 工作平台；2. 场地平整及土石方；3. 基础、墩台、梁部、桥面等工程，养护；4. 拆除、清理、复垦等	（7）栈桥	1. 基础、墩台；2. 梁部；3. 桥面及附属工程等

（4）根据设计要求，给排水的钢管、玻璃钢水箱等增加了防腐等工作内容，反映了施工技术的特殊性，如表2-428所示。

表 2-428　子目工程（工作）内容对照表

本规范		原指南	
名称	工程（工作）内容	名称	工程（工作）内容
1. 钢管	1. 管沟挖填，路面开凿及修复；2. 各类井及客车上水栓室、消火栓室挖填、砌筑，铁蹬、井盖及座安装；3. 管道防腐及铺（架）设；4. 客车上水栓、消火栓安装；5. 既有管道拆除	1. 钢管	1. 管沟挖填，路面开凿及修复；2. 各类井及客车上水栓室、消火栓室挖填、砌筑，铁蹬、井盖及座安装；3. 管道铺（架）设；4. 客车上水栓、消火栓安装；5. 既有管道拆除
（1）玻璃钢水箱	1. 基座混凝土浇筑；2. 支架制安；3. 水箱就位、安装；4. 配管及管件安装；5. 防腐、防水处理；6. 防护棚（盖、罩）制安	（1）玻璃钢水箱	1. 基座混凝土浇筑；2. 支架制安；3. 水箱就位、安装；4. 配管及管件安装；5. 防腐、防水处理；6. 防护棚（盖、罩）制安

（5）"水塔"的工作内容较为繁杂，本规范对其进行了系统梳理，包括了：基坑挖填，模板制安拆，钢筋及预埋件制安，基础混凝土浇筑，砌体砌筑；脚手架搭拆，滑升设备安拆，模板制安拆，钢筋及预埋件制安，支筒混凝土浇筑、滑升，支筒砌体砌筑，水箱钢筋混凝土浇筑、提升；配管及管件安装、保温；门窗、铁梯、栏杆、水位标尺制安；防腐、防水处理；保温层铺设，外装修；清洗，消毒，试水；照明及防雷接地，如表 2-429 所示。

表 2-429　子目工程（工作）内容对照表

本规范		原指南	
名称	工程（工作）内容	名称	工程（工作）内容
1. 水塔	1. 基坑挖填，模板制安拆，钢筋及预埋件制安，基础混凝土浇筑，砌体砌筑；2. 脚手架搭拆，滑升设备安拆，模板制安拆，钢筋及预埋件制安，支筒混凝土浇筑、滑升，支筒砌体砌筑，水箱钢筋混凝土浇筑、提升；3. 配管及管件安装、保温；4. 门窗、铁梯、栏杆、水位标尺制安；5. 防腐、防水处理；6. 保温层铺设，外装修；7. 清洗，消毒，试水；8. 照明及防雷接地	1. 水塔	1. 基坑挖填，模板制安拆，钢筋及预埋件制安，基础混凝土浇筑，砌体砌筑；2. 脚手架搭拆，滑升设备安拆，模板制安拆，钢筋及预埋件制安，支筒混凝土浇筑、滑升，支筒砌体砌筑，水箱钢筋混凝土浇筑、提升；3. 配管及管件安装、保温；4. 门窗、铁梯、栏杆、水位标尺制安；5. 防腐、防水处理；6. 保温层铺设，外装修；7. 清洗，消毒，试水；8. 照明及防雷接地

（6）结合现场施工情况和设计要求，"排水沟、渠"补充了砌体砌筑、钢筋及预埋件制安、模板制安拆、井孔砌筑、混凝土浇筑等工作内容。同理，"化粪池"工作内容中也增加脚手架搭拆、钢筋及预埋件制安、模板制安拆等工作内容，如表 2-430 所示。

表 2-430　子目工程（工作）内容对照表

本规范		原指南	
名称	工程（工作）内容	名称	工程（工作）内容
（二）排水沟、渠	1. 管沟及井孔挖填，路面（硬化面）开凿及修复；2. 砌体砌筑；3. 钢筋及预埋件制安；4. 模板制安拆；5. 井孔砌筑、混凝土浇筑；6. 沟身及井孔砌筑；7. 盖板、井盖及座制安	（二）排水沟、渠	1. 管沟及井孔挖填，路面（硬化面）开凿及修复；2. 沟身及井孔砌筑；3. 盖板制安

续表

本规范		原指南	
名称	工程（工作）内容	名称	工程（工作）内容
1. 化粪池		1. 化粪池	
（1）容积<10立方米	1. 基坑挖填；2. 脚手架搭拆，钢筋及预埋件制安，模板制安拆，池底混凝土浇筑，池壁砌砖，池盖及座制安；3. 配管及管件安装；4. 防水、防腐处理	（1）容积<10立方米	1. 基坑挖填；2. 池底混凝土浇筑，池壁砌砖，池盖及座制安；3. 配管及管件安装；4. 防水、防腐处理

（7）根据工程特点，新增的"厌氧滤池及厌氧化粪池""高效集便污水处理池""酸碱中和池"子目采用了与"污泥浓缩池"相同的工作内容。在此基础上，完善"检漏管沟、检漏井"的工作内容，增加垫层铺设、井墙混凝土浇筑、池（井）壁砌筑、井盖及座制安等工作内容，如表2-431所示。

表2-431 子目工程（工作）内容对照表

本规范		原指南	
名称	工程（工作）内容	名称	工程（工作）内容
14. 检漏管沟、检漏井	1. 沟槽（基坑）挖填；2. 垫层铺设；3. 钢筋制安，模板制安拆，池（井）底、池（井）壁及井墙混凝土浇筑，池（井）壁砌筑；4. 井盖及座制安；4. 套管、金属构件制安；5. 防水、防腐处理		
15. 厌氧滤池及厌氧化粪池	1. 基坑挖填；2. 脚手架及沉井架搭拆，钢筋及预埋件制安，模板制安拆，池底、池壁及池盖混凝土浇筑，池壁砌筑；3. 套管、金属构件制安；4. 配管及管件安装；5. 防水、防腐处理		
16. 高效集便污水处理池	1. 基坑挖填；2. 脚手架及沉井架搭拆，钢筋及预埋件制安，模板制安拆，池底、池壁及池盖混凝土浇筑，池壁砌筑；3. 套管、金属构件制安；4. 配管及管件安装；5. 防水、防腐处理		
17. 酸碱中和池	1. 基坑挖填；2. 脚手架及沉井架搭拆，钢筋及预埋件制安，模板制安拆，池底、池壁及池盖混凝土浇筑，池壁砌筑；3. 套管、金属构件制安；4. 配管及管件安装；5. 防水、防腐处理		
18. 稳定塘	1. 基坑挖填；2. 防渗措施；3. 塘底、塘壁砌筑；4. 围栏制安		

第24节 机务

（8）各类车间统一工作内容为基坑（沟槽）挖填，脚手架搭拆，钢筋及预埋件制安，模板制安拆，混凝土浇筑，砌体砌筑，灌浆，抹面，管道铺（架）设，配管及管件安装等。

（9）各类"室外检查坑"同样统一了工作内容为基坑挖填，基础砌筑，钢筋及预埋件制安，模板制安拆，混凝土浇筑，变形缝设置，排水管、盖板制安等。"转车盘""室外工艺管道"均执行了这一修订思路，在此不再累述。

第25节 车辆

（10）根据修车库、燃油库自身工程特点，较其他生产车间内的建筑增加防雷、防静电接地的内容，若其他车间也需设置接地，也可据此增补。

（11）经分析比较，机务和车辆的室外工艺管道工作内容存在一定差异，因此本规范确定前者的工作内容为：基坑挖填，基础砌筑，钢筋及预埋件制安，模板制安拆，混凝土浇筑，变形缝设置，排水管、盖板制安；后者的工作内容为：沟槽挖填，检查（出风）井挖填、砌筑，盖板制安，管道铺（架）设，配管及管件安装，防静电接地。

第26节 动车

（12）"动车组运用所"与车辆节的修车库、燃油库采用了同一工程内容，即基坑挖填，脚手架搭拆，模板制安拆，钢筋及预埋件制安，混凝土浇筑，砌体砌筑，沟槽挖填，管道铺设，防雷、防静电接地等，主要体现接地绝缘的特点。

（13）与"动车组运用所"不同，"动车组存车场"生产车间内的建筑未考虑接地因素，其工作内容与机务的各类车间相同。

第27节 站场

（14）旅客站台墙、货物站台墙等补充了原指南遗漏的钢筋及预埋件制安的工作内容。同时，站台小结构主要指一些小型混凝土块，因此工作内容主要为小型构件制安、养护，如表2-432所示。

表2-432　子目工程（工作）内容对照表

本规范		原指南	
名称	工程（工作）内容	名称	工程（工作）内容
1. 旅客站台墙	1.直墙、斜墙（角墙）：基坑（沟槽）挖填，墙体砌筑、钢筋混凝土浇筑；2.墙块、帽石（块）、边沟、盖板：制安；3.填塞、勾缝；4.钢筋及预埋件制安	1. 旅客站台墙	1.直墙、斜墙（角墙）：基坑（沟槽）挖填，墙体砌筑、钢筋混凝土浇筑；2.墙块、帽石（块）、边沟、盖板：制安；3.填塞、勾缝
2. 货物站台墙	1.直墙、斜墙（角墙）：基坑（沟槽）挖填，墙体砌筑、钢筋混凝土浇筑；2.墙块、帽石（块）、边沟、盖板：制安；3.填塞、勾缝；4.钢筋及预埋件制安	2. 货物站台墙	1.直墙、斜墙（角墙）：基坑（沟槽）挖填，墙体砌筑、钢筋混凝土浇筑；2.墙块、帽石（块）、边沟、盖板：制安；3.填塞、勾缝

（15）旅客站台面、货物站台面等补充了原指南遗漏的装饰的工作内容。新增的架空层装修也采用同样的工作内容，如表2-433所示。

表2-433　子目工程（工作）内容对照表

本规范		原指南	
名称	工程（工作）内容	名称	工程（工作）内容
1. 旅客站台面	1.地面平整、压实；2.基层、面层铺设；3.安全线制作；4.变形缝设置；5.装饰	1. 旅客站台面	1.地面平整、压实；2.基层、面层铺设；3.安全线制作；4.变形缝设置
2. 货物站台面	1.地面平整、压实；2.基层、面层铺设；3.安全线制作；4.变形缝设置；5.装饰	2. 货物站台面	1.地面平整、压实；2.基层、面层铺设；3.安全线制作；4.变形缝设置

（16）地道分为结构与装饰两项，其工作内容也做相应区分，结构包括基坑挖填，基础砌筑，找平层、保护层、防护层、防潮层、防水层制作，洞身、出入口、压顶、盖板钢筋及预埋件制安，模板制安拆，混凝土浇筑，工作坑挖填，滑板及后背制安拆，顶进设备安拆，涵身预制，空顶及挖土顶进，土方外运，弃方整理，排水沟挖填、砌筑，盖板制安，出入口围墙砌筑，端板制安，变形缝设置等；装饰包括地下通廊、站房地下室、地下出站楼梯、站房、地上进站楼梯站房等地面、墙面装饰，防滑条镶嵌，扶手、护栏制安、涂装。如此使规范在实际应用中思路更加清晰，避免漏项，如表2-434所示。

表 2-434 子目工程（工作）内容对照表

本规范		原指南	
名称	工程（工作）内容	名称	工程（工作）内容
2. 地道		（七）地道	1. 基坑挖填；2. 基础砌筑；3. 找平层、保护层、防护层、防潮层、防水层制作；4. 洞身、出入口、压顶、盖板：钢筋及预埋件制安，模板制安拆，混凝土浇筑；5. 工作坑挖填，滑板及后背制安拆，顶进设备安拆，涵身预制，空顶及挖土顶进，土方外运，弃方整理；6. 排水沟挖填、砌筑，盖板制安；7. 出入口围墙砌筑，端板制安；8. 变形缝设置；9. 洞内及出入口地面、墙面装饰，防滑条镶嵌，扶手、护栏制安、涂装；10. 地道照明：配管配线、配电箱安装，灯具、开关安装、调试
（1）结构	1. 基坑挖填；2. 基础砌筑；3. 找平层、保护层、防护层、防潮层、防水层制作；4. 洞身、出入口、压顶、盖板：钢筋及预埋件制安，模板制安拆，混凝土浇筑；5. 工作坑挖填，滑板及后背制安拆，顶进设备安拆，涵身预制，空顶及挖土顶进，土方外运，弃方整理；6. 排水沟挖填、砌筑，盖板制安；7. 出入口围墙砌筑，端板制安；8. 变形缝设置		
（2）装饰	1. 内装修：地下通廊、站房地下室、地下出站楼梯、站房、地上进站楼梯；2. 外装修：站房、其他		

（17）地道工作内容与计算规则存在同样笔误，结合原指南工作内容，结构应调整为：基坑挖填，基础砌筑，脚手架搭拆，钢筋及预埋件制安拆，模板制安，混凝土浇筑，钢筋混凝土构件、金属结构制安，面板铺设，落水管制安等；装饰应调整为面层装饰，防滑条镶嵌，栏杆、扶手、顶棚制安；防水、防腐处理等。

（18）将"雨棚"拆分为主体和照明后，工作内容也进行了相应的拆分。地道和天桥的通道照明也采用同样的修订思路，如表 2-435 所示。

表 2-435 子目工程（工作）内容对照表

本规范		原指南	
名称	工程（工作）内容	名称	工程（工作）内容
3. 天桥		（八）天桥	1. 基坑挖填；2. 基础砌筑；3. 脚手架搭拆；4. 钢筋及预埋件制安拆，模板制安，混凝土浇筑；5. 钢筋混凝土构件、金属结构制安；6. 面板铺设，落水管制安；7. 面层装饰，防滑条镶嵌，栏杆、扶手制安；8. 顶棚制安；9. 防水、防腐处理；10. 天桥照明：配管配线、配电箱安装，灯具、开关安装、调试

续表

本规范		原指南	
名称	工程（工作）内容	名称	工程（工作）内容
（1）结构	1. 基坑挖填；2. 基础砌筑；3. 找平层、保护层、防护层、防潮层、防水层制作；4. 洞身、出入口、压顶、盖板：钢筋及预埋件制安，模板制安拆，混凝土浇筑；5. 工作坑挖填，滑板及后背制安拆，顶进设备安拆，涵身预制，空顶及挖土顶进，土方外运，弃方整理；6. 排水沟挖填、砌筑，盖板制安；7. 出入口围墙砌筑，端板制安；8. 变形缝设置		
（2）装饰	1. 内装修：地下通廊、站房地下室、地下出站楼梯、站房、地上进站楼梯；2. 外装修：站房、其他		
4. 上站台阶	1. 地面平整、压实；2. 脚手架搭拆；3. 钢筋及预埋件制安，模板制安拆，混凝土浇筑；4. 面层装饰，防滑条镶嵌，栏杆、扶手制安	（十二）上站台阶	1. 地面平整、压实；2. 脚手架搭拆；3. 钢筋及预埋件制安，模板制安拆，混凝土浇筑；4. 面层装饰，防滑条镶嵌，栏杆、扶手制安
5. 通道照明			
（1）地道照明	1. 配管配线、配电箱安装；2. 灯具、开关安装、调试		
（2）天桥照明	1. 配管配线、配电箱安装；2. 灯具、开关安装、调试		
（五）雨棚		（十）雨棚	1. 基坑挖填；2. 基础砌筑；3. 脚手架搭拆；4. 钢筋及预埋件制安，模板制安拆，混凝土浇筑；5. 钢筋混凝土构件、金属结构等制安；6. 顶面板铺设，落水管制安；7. 防水、防腐处理；8. 面层装饰；9. 雨棚照明：配管配线、配电箱安装，灯具、开关安装、调试
1. 无站台柱雨棚	1. 基坑挖填；2. 基础砌筑；3. 脚手架搭拆；4. 钢筋及预埋件制安，模板制安拆，混凝土浇筑；5. 钢筋混凝土构件、金属结构等制安；6. 顶面板铺设，落水管制安；7. 防水、防腐处理；8. 面层装饰		
2. 有站台柱雨棚	1. 基坑挖填；2. 基础砌筑；3. 脚手架搭拆；4. 钢筋及预埋件制安，模板制安拆，混凝土浇筑；5. 钢筋混凝土构件、金属结构等制安；6. 顶面板铺设，落水管制安；7. 防水、防腐处理；8. 面层装饰		

续表

本规范		原指南	
名称	工程（工作）内容	名称	工程（工作）内容
3. 货物雨棚	1. 基坑挖填；2. 基础砌筑；3. 脚手架搭拆；4. 钢筋及预埋件制安，模板制安拆，混凝土浇筑；5. 钢筋混凝土构件、金属结构等制安；6. 顶面板铺设，落水管制安；7. 防水、防腐处理；8. 面层装饰		
4. 雨棚照明			
（1）无站台柱雨棚照明	1. 配管配线、配电箱安装；2. 灯具、开关安装、调试		
（2）有站台柱雨棚照明	1. 配管配线、配电箱安装；2. 灯具、开关安装、调试		
（3）货物雨棚照明	1. 配管配线、配电箱安装；2. 灯具、开关安装、调试		

（19）站场"道路""硬化面"的工作内容与旅客站房、其他房屋节中道路路面和路面硬化的工作内容是相一致的，这是本规范标准化的修订内容。

（20）对取弃土（石）场处理子目进行细化后，各工作内容结合土建工程相关子目也做了相应补充完善，如表2-436所示。

表2-436　子目工程（工作）内容对照表

本规范		原指南	
名称	工程（工作）内容	名称	工程（工作）内容
（八）取弃土（石）场处理		（八）取弃土（石）场处理	1. 基坑挖填；2. 脚手架搭拆；3. 模板制安拆；4. 钢筋及预埋件制安；5. 混凝土浇筑；6. 砌体砌筑；7. 封闭层、反滤层铺设；8. 变形缝、泄水管（孔）设置；9. 护栏、爬梯制安，涂装；10. 绿化
1. 干砌石	1. 基坑挖填；2. 砌体砌筑；3. 选取片(块)石,制作各种笼,装片(块)石，安砌；4. 反滤层铺设；5. 变形缝设置、泄水管（孔）设置		
2. 浆砌石	1. 基坑挖填；2. 砌体砌筑；3. 封闭层、反滤层铺设；4. 变形缝设置		
3. 混凝土	1. 基坑挖填；2. 混凝土浇筑；3. 混凝土构件制安；4. 封闭层、反滤层铺设；5. 变形缝设置		

续表

本规范		原指南	
名称	工程（工作）内容	名称	工程（工作）内容
4. 钢筋混凝土	1. 基坑挖填；2. 混凝土浇筑；3. 钢筋制安，预埋件制安；4. 混凝土构件制安；5. 封闭层、反滤层铺设；6. 变形缝设置		
5. 绿化	1. 翻土，挖土换填，围护；2. 栽植；3. 浇水、养护		

第28节 工务

（21）结合实际施工情况，确定"苗圃"工作内容为：翻土、挖土换填、围护、栽植、浇水、养护。基本为建筑工程的内容。

第29节 其他建筑及设备

（22）针对加高围墙子目的工程特点，较新建围墙，无需进行基坑、沟槽挖填，基础砌筑，门制安、涂装等工作，但需增加凿毛，墙（柱）体砌筑、压顶，栏杆制安、涂装等工作内容。

（23）与"加高围墙"相比，"隔声墙"引起施工技术的不同，结合"四新技术"的要求，隔声墙还需进行钻孔、钢筋及预埋件制安、隔声板浇筑或制安、涂装等工作内容，如表2-437所示。

表2-437 子目工程（工作）内容对照表

本规范		原指南	
名称	工程（工作）内容	名称	工程（工作）内容
（一）加高围墙	1. 脚手架搭拆；2. 凿毛；3. 墙（柱）体砌筑，压顶；4. 栏杆制安，涂装		
（二）隔声墙	1. 基坑挖填或钻孔；2. 脚手架搭拆；3. 模板制安拆；4. 钢筋及预埋件制安；5. 柱、墙体混凝土浇筑；6. 隔声板浇筑或制安；7. 涂装		

（24）根据现场实际施工清单，路基、桥梁声屏障和封闭声屏障工作内容中存在一定差异，桥梁声屏障无须像路基声屏障进行基坑挖填或钻孔、脚手架搭拆、模板制安拆，除此以外的其他工作内容是一致的，如表2-438所示。

表2-438 子目工程（工作）内容对照表

本规范		原指南	
名称	工程（工作）内容	名称	工程（工作）内容
（三）路基声屏障	4. 钢筋及预埋件制安；5. 混凝土浇筑；6. 立柱安装；7. 隔声板制安；8. 变形缝、排水管槽设置；9. 涂装		
（四）桥上声屏障	1. 钢筋及预埋件制安；2. 混凝土浇筑；3. 立柱安装；4. 隔声板制安；5. 变形缝、排水管槽设置；6. 涂装		
（五）封闭声屏障			
1. 路基封闭声屏障	1. 基坑挖填或钻孔；2. 脚手架搭拆；3. 模板制安拆；4. 钢筋及预埋件制安；5. 混凝土浇筑；6. 立柱安装；7. 隔声板制安；8. 变形缝、排水管槽设置；9. 涂装		
2. 桥上封闭声屏障	1. 钢筋及预埋件制安；2. 混凝土浇筑；3. 立柱安装；4. 隔声板制安；5. 变形缝、排水管槽设置；5. 涂装		

（25）根据设计要求，"安全及人防设施"各子目的工作内容为基坑（沟槽）挖填，钢筋及预埋件制安，模板制安拆，混凝土浇筑，砌体砌筑，灌浆，抹面；设备安装、调试等。

（26）隧道永久通风与空调系统中"风机"工作内容包括风机及其他设备基础制作，指的并非现场挖坑、混凝土浇筑、回填等结构基础，而是指单独制作的基础构件，编制者注意不要与隧道节站后相关工程中"永久通风与空调系统设备基础"相混淆。

（27）"隧道供水管路"工作内容应为管路敷设、铺设等，规范所述应为隧道节站后有关工程的建筑工程，存在笔误。

6. 附注中需要注意的问题

（1）给排水节各类管道均附注说明其中已包含检查井，"排水沟、渠"中已包括井孔，"检漏管沟、检漏井""厌氧滤池及厌氧化粪池""酸碱中和池"等子目中已包括井坑，"钢筋混凝土水泵井""污（雨）水泵站"中已包括泵房，工程量计算规则可不再赘述，如表2-439所示。

表2-439 子目附注对照表

本规范		原指南	
名称	附注	名称	附注
（二）管道		（二）管道	
1. 钢管	含检查井	1. 钢管	
2. 球墨铸铁管	含检查井	2. 铸铁管	
3. 聚氯乙烯（UPVC）管	含检查井	3. 聚氯乙烯（UPVC）管	
4. 聚乙烯（PE）管	含检查井	4. 聚乙烯（PE）管	
5. 钢塑复合管	含检查井		
6. 钢骨架塑料复合管	含检查井		

（2）机务、车辆、动车、工务等节子目已按各类车间细分子目，故附注中不再说明包括哪些车间类型，但包括转车盘、机车外壁清洗装置、受电弓测试装置在内，均补充说明了工程数量需含设备基础、水池及室内工艺管道。同时，救援列车设备、动车组机务设备、列检作业场、动车组检修基地等除说明含设备基础、工艺管道以外，还附注说明包括清洗水池，如表2-440所示。

表2-440 子目附注对照表

本规范		原指南	
名称	附注	名称	附注
四、救援列车设备		四、救援列车设备	
Ⅰ.建筑工程费	含设备基础、工艺管道及清洗水池等	Ⅰ.建筑工程费	

（3）车辆"修车库"除检修设备基础外，还附注说明包含桥式起重机、电动架车机等基础。整备所"燃油库"还包括卸油栈台、油库、防火堤等工程，如表2-441所示。

表 2-441 子目附注对照表

本规范		原指南	
名称	附注	名称	附注
（一）燃油库	含卸油栈台、油库、防火堤	（一）燃油库	包括卸油栈台、油库、防火堤
（二）生产车间内的建筑	含设备基础、水池及室内工艺管道	（二）生产车间设备基础、水池及室内工艺管道	包括机械燃油泵间、钳工间、锻工间、木工纱窗间、发电机间、电梯间、蓄电池间、手提灯充电间、电扇间、逆变器轴温报警器间、整备场、制动间、空调客车临修综合检修棚、柴油发电机检修间、空调机组检修间、电器仪表检修间、客车洗刷库、存轮库、化验室、计量室、汽车库、空压机间等

（4）"综合维修通道"作为新增子目，附注说明分路基、路面、桥涵等工程类别，含区间牵引变电所（站）通道。

（5）对安全及人防设施的工程范围作了附注说明，"人防设施"主要指人防防护、封堵、密闭、隔断等设施，"防淹设施"主要指防淹门等设施。

6.10 第十章 大型临时设施和过渡工程

1. 子目划分

本章共计 1 节 71 个子目，在原指南基础上增加 11 个子目，删除了一些已经淘汰的工程子目，增加了一些新技术子目。具体变化情况如下：

（1）结合铁路工程编制办法章节表，综合"铁路岔线、便桥""铁路便线、便桥"子目为"铁路便线"子目，包括原指南中便桥、便涵、便隧等各项内容。

（2）通常来说，设计单位在汽车运输便道设计过程中，一般按四级公路设计，其主要技术标准为设计时速 20 km/h，最小圆曲线半径 30 m，极限为 15 m，纵坡一般不大于 8%～10%；引入线路面按 3.5 m 考虑，路基按 4 m 考虑；干线路面按 5.5 m 考虑，路基按 6.5 m 考虑；泥结碎石路面，厚 15 cm。但通过长期现场调研和研究发现，受建设标准、措施成本、施工区段、地形地质、既有道路、其他辅助工程等因素的影响，该标准并不适用所有地区的便道建设。例如，依山而建的道路，往往盘山而行，为满足重车运输要求，纵坡通常较缓，鲜有超过 4%纵坡的段落；为减少边坡开挖和支护数量，无法按四级公路路面宽度标准执行；受养护维护费用及困难程度影响，路面经常会采用混凝土路面，并执行加强边坡挡护、增加错车道、排水系统、交通安全设施等超标准建设。因此，为了更真实地体现不同地区便道的综合单价差异，需对便道类型进一步细化。结合便道修建复杂程度和综合单价差异情况，将"汽车运输便道"细化为"平原微丘""山岭重丘""盘曲山区""深峡陡坡""特殊便道""汽车运输便桥""利用地方既有道路补偿（维护）费"等子目。同时，为实现清单的逐步过渡，对部分分项的下级子目仍按照原指南分类规则进一步细化，如表 2-442 所示。

表 2-442 子目名称对照表

本规范		原指南	
编码	名称	编码	名称
300102	（二）汽车运输便道		
30010201	1. 平原微丘		
30010202	2. 山岭重丘		

续表

本规范		原指南	
编码	名称	编码	名称
30010203	3. 盘曲山区		
30010204	4. 深峡陡坡		
30010205	5. 特殊便道		
30010206	6. 汽车运输便桥		
30010207	7. 利用地方既有道路补偿（维护）	1028J010304	4. 利用地方既有道路补偿费

（3）随着我国铁路建设机械化程度的提高，大型机械化施工愈来愈多，一些特种施工设备（如TBM、盾构等）对道路承载力、转弯半径等的要求更高，因此需要对其进行特殊设计，即本规范新增的"特殊便道"子目所需要解决的问题。同时，因汽车运输便桥受经过河道或河谷深度、坡度等影响，便桥的下部结构工程数量可能差异较大。因此，从常规道路中移出，独立设置子目，有利于更准确地反映综合单价。

（4）结合铁路工程编制办法章节表，将"给水干管路"归类入"临时给水设施"子目中，并新增"隧道工程水源点至山上蓄水池的给水管路""深水井""储水站"等子目，完善了临时给水工程的主要项目，加强临时给水工程设计，重视临时给水工程施工，如表2-443所示。

表2-443 子目名称对照表

本规范		原指南	
编码	名称	编码	名称
300104	（四）临时给水设施		
30010401	1. 给水干管路	1028J0118	（十八）给水干管路
30010402	2. 隧道工程水源点至山上蓄水池的给水管路		
30010403	3. 深水井		
30010404	4. 储水站		

（5）与"临时给水设施"相同，根据铁路工程编制办法章节表，确定了"临时供电"下级子目为"临时电力干线""永临结合电力线路""集中发电站、变电站"，较原指南增加了永临结合电力线路，该子目的设置主要目的首先是明确招标工程量清单中包括了永临结合的电力线路，其次是解决在永久工程费用之外，将永久电力线路用于临时供电后，可能引起的相关费用。值得注意的是，对永临结合电力线路本身而言，其本质应为铁路正式工程的一部分，数量应放置于电力节中，以便更明晰地掌握电力线路的类型和数量。同时，因正式工程与临时工程在工程内容和措施费用等方面也是存在差异的，临时电力线路和永临结合电力线路的综合单价必然要存在差异。综上所述，该子目使用过程中，编制者不可将永久电力线路数量列入本子目中，也需避免在电力节的电力线路中对临时供电引起的相关费用重复报价，应该统筹永临结合电力线路的工作内容，合理确定综合单价，如表2-444所示。

表 2-444　子目名称对照表

本规范		原指南	
编码	名称	编码	名称
300105	（五）临时供电		
30010501	1. 临时电力干线	1028J0117	（十七）电力干线
30010502	2. 永临结合电力线路		
30010503	3. 集中发电站、变电站	1028J0116	（十六）集中发电站、集中变电站

（6）结合铁路工程编制办法章节表，修改"通信"子目名称为"临时通信基站"，编制者需特别注意，临时通信专指无线通信基站设备的购置、安拆、调试等，对于临时有线通信的挖坑、埋杆、架线、接头、线路养护、拆除清理等工作并未设置独立子目，编制者可根据项目实际情况进行补充，如表 2-445 所示。

表 2-445　子目名称对照表

本规范		原指南	
编码	名称	编码	名称
300106	（六）临时通信基站	1028J0115	（十五）通信

（7）结合铁路工程编制办法章节表以及大型临时工程设计相关规范，新增"临时场站"子目层级，其下包含"材料厂""填料集中加工站""混凝土集中拌和站""混凝土构配件预制场""制（存）梁场""钢梁拼装场""TBM 拼装场""盾构泥水处理场""管片预制场""仰拱块预制场""铺轨基地""长钢轨（存放）基地""换装站""道砟存储场""轨道板（枕）预制场"等子目，一方面吸纳了近年来有关工程经验和科研成果，充分反映了现阶段铁路大临工程的多样性，另一方面也体现了对大临工程设计的精细化要求，进一步提升了规范的科学性和技术经济合理性。

① 根据现场实际做法及习惯，将"材料厂"调整为"材料场"，"填料集中拌和站"调整为"填料集中加工站"，"混凝土成品预制厂"调整为"混凝土构配件预制场"，如表 2-446 所示。

表 2-446　子目名称对照表

本规范		原指南	
编码	名称	编码	名称
30010701	1. 材料场	1028J0107	（七）材料厂
30010702	2. 填料集中加工站	1028J0111	（十一）填料集中拌和站
30010703	3. 混凝土集中拌和站	1028J0110	（十）混凝土集中拌和站
30010704	4. 混凝土构配件预制场	1028J0106	（六）混凝土成品预制厂

② "制（存）梁场"仅按类型细分了"箱梁制（存）梁场""T 梁制（存）梁场""节段梁制（存）梁场"，不再细分"场地平整及土石方""场内圬工""场内地基处理"等工作，既统一了临时场站各类子目的深细度，又提高了清单子目的标准化程度，更有利于提高铁路项目现场建设管理效率。除此以外，由于大临工程设计深度和施工组织变化等因素的影响，现场实际施工可根据实施性施工组织设计、材料物资供应等具体情况进行综合调整，若按照实际施工分项工程的数量进行计量，可能会导致数量变化责任不清、方案调整目的不明等问题。综上，本规范不再细分具体工程子目，按"处"进行计量，如表 2-447 所示。

表 2-447 子目名称对照表

本规范		原指南	
编码	名称	编码	名称
3001070501	（1）箱梁制（存）梁场	1028J010801	1.×××制（存）梁场
3001070502	（2）T梁制（存）梁场	1028J01080101	（1）场地平整及土石方
3001070503	（3）节段梁制（存）梁场	1028J01080102	（2）场内圬工
		1028J01080103	（3）场内地基处理
		1028J0108010301	①换填
		1028J0108010302	②砂桩
		1028J0108010303	③石灰桩
		1028J0108010304	④碎石桩
		1028J0108010305	⑤旋喷桩
		1028J0108010306	⑥粉喷桩
		1028J0108010307	⑦水泥搅拌桩
		1028J0108010308	⑧水泥土挤密桩
		1028J0108010309	⑨CFG桩
		1028J0108010310	⑩钻孔桩
		1028J0108010311	⑪钢筋（预应力）混凝土管桩
		1028J0108010312	⑫钢管桩
		1028J0108010313	⑬钢筋混凝土方桩
		1028J0108010314	⑭强夯
		1028J0108010315	⑮地表（洞穴）注浆
		1028J01080104	（4）其他

③ 充分体现铁路工程建设的"四新技术"发展，新增了"TBM拼装场""盾构泥水处理场""轨道板（枕）预制场"等大型、新型施工机械、施工工艺所需要的临时场站，如表2-448所示。

表 2-448 子目名称对照表

本规范		原指南	
编码	名称	编码	名称
30010707	7.TBM拼装场		
30010708	8.盾构泥水处理场		
30010709	9.管片预制场		
30010710	10.仰拱块预制场		
30010715	15.轨道板（枕）预制场		

④ 受不同铺轨工艺的影响，将"轨节拼装场"子目的名称调整为"铺轨基地"，名称含义更为全面，也更符合现场实际情况。如单枕法铺轨过程中并不需要生产倒运轨排（轨节），若用轨节拼装场的名称，可能不完全准确，易产生歧义，如表2-449所示。

表2-449 子目名称对照表

本规范		原指南	
编码	名称	编码	名称
30010711	11. 铺轨基地	1028J0105	（五）轨节拼装场

⑤虽然我国目前长钢轨焊接基本采用路局集中焊接的管理模式，但为了兼顾可能出现的项目自设焊接基地，故本规范仍保留了长钢轨焊接基地。同时，考虑到某些项目可能会独立设置长钢轨存放基地，故也将存放基地纳入清单子目，如表2-450所示。

表2-450 子目名称对照表

本规范		原指南	
编码	名称	编码	名称
30010712	12. 长钢轨焊接（存放）基地	1028J0113	（十三）长钢轨焊接基地

⑥将"大型道碴存储场"的子目名称修改为"道砟存储场"，避免对大型或小型道砟场的概念产生混淆，如表2-451所示。

表2-451 子目名称对照表

本规范		原指南	
编码	名称	编码	名称
30010714	14. 道砟存储场	1028J0112	（十二）大型道碴存储场

（8）为适应环保、节能等绿色发展理念和建设管理新要求，新增了"隧道污水处理站"子目，体现了本规范与时俱进的特点，如表2-452所示。

表2-452 子目名称对照表

本规范		原指南	
编码	名称	编码	名称
300108	（八）隧道污水处理站		

（9）结合现场实际情况，增补了"天桥及地道""浮桥及吊桥"等子目，对可能出现的大临工程有据可依，如表2-453所示。

表2-453 子目名称对照表

本规范		原指南	
编码	名称	编码	名称
30010902	2. 天桥及地道		
30010903	3. 浮桥及吊桥		

（10）针对桥梁施工所使用的临时措施性工程，如"缆索吊""栈桥"等子目，本规范均将其纳入桥梁节的"施工辅助设施"子目中，更有利于掌握桥梁施工费用的整体情况，也保证了辅助设施子目的完整性。

（11）根据铁路工程编制办法章节表，"过渡工程"中新增了"其他"子目，主要指站场、站房等改扩建引起的施工过渡等，编制者可根据项目具体情况进行确定。

2. 计量单位

(1) 新增子目均按照类似子目确定计量单位。

(2) 将"利用地方既有道路补偿（维护）"子目计量单位由"元"调整为"公里"，更有利于编制者确定子目的综合单价，如表 2-454 示。

表 2-454 子目计量单位对照表

本规范		原指南	
名称	计量单位	名称	计量单位
7. 利用地方既有道路补偿（维护）	公里	4. 利用地方既有道路补偿费	元

(3) 为提高计量单位的标准化，将长度计量的子目基本统一为"公里"、自然个数计量的子目基本统一为"处"。除此以外，"浮桥及吊桥""汽车运输便桥"统一为"米"，如表 2-455 所示。

表 2-455 子目计量单位对照表

本规范		原指南	
名称	计量单位	名称	计量单位
6. 汽车运输便桥	米		
3. 浮桥及吊桥	米		

3. 子目划分特征

(1) 综合考虑大临工程特点，基本采用"综合"作为各子目的子目划分特征。同时，新增子目均按照类似子目确定子目划分特征。

(2) 由于特种施工设备对运输要求可能存在差异，不同设备对道路设计时速、最小圆曲线半径、纵坡、宽度、路面均有所不同。因此，"特殊便道"的子目划分特征确定为"设计类型"，编制者根据项目实际情况进行设置，如表 2-456 所示。

表 2-456 子目划分特征对照表

本规范		原指南	
名称	子目划分特征	名称	子目划分特征
5. 特殊便道	设计类型		

(3) 将"混凝土集中拌和站"的子目划分特征由"综合"修改为"规模"，体现了不同规模混凝土拌和站的综合单价差异。同时，针对不同地形地貌的施工环境，同样面积大小的拌和站其工程规模也会存在差异，编制者应充分研究施工环境，尽量优化工程数量，力图准确确定拌和站的综合单价，如表 2-457 所示。

表 2-457 子目划分特征对照表

本规范		原指南	
名称	子目划分特征	名称	子目划分特征
3. 混凝土集中拌和站	规模	（十）混凝土集中拌和站	综合

(4) 结合现场实际情况，将临时场站"制（存）梁场""钢梁拼装场""TBM 拼装场""盾构泥水处理场""管片预制场""仰拱块预制场""铺轨基地""长钢轨焊接（存放）基地""换装站"子目划分特征确定为"类型"，按单个场站单独编制，明晰工作内容，如表 2-458 所示。

表 2-458　子目划分特征对照表

本规范		原指南	
名称	子目划分特征	名称	子目划分特征
6. 钢梁拼装场	类型	（九）钢梁拼装场	综合
7. TBM拼装场	类型		
8. 盾构泥水处理场	类型		
9. 管片预制场	类型		
10. 仰拱块预制场	类型		
11. 铺轨基地	类型	（五）轨节拼装场	综合
12. 长钢轨焊接（存放）基地	类型	（十三）长钢轨焊接基地	综合
13. 换装站	类型	（十四）换装站	综合
8. 盾构泥水处理场	类型	（九）钢梁拼装场	综合
9. 管片预制场	类型		
10. 仰拱块预制场	类型		
11. 铺轨基地	类型		
12. 长钢轨焊接（存放）基地	类型		
13. 换装站	类型	（五）轨节拼装场	综合

（5）按"存储量"划分"道砟存储场"下级子目，能更真实反映不同规模存砟场的综合单价，如表 2-459 所示。

表 2-459　子目划分特征对照表

本规范		原指南	
名称	子目划分特征	名称	子目划分特征
14. 道砟存储场	存储量	（十二）大型道碴存储场	存储量

4．工程量计算规则

（1）综合考虑大临工程特点，基本采用"按设计数量计算"作为各子目的工程量计算规则，其他子目可按照类似子目确定工程量计算规则。

（2）综合后的"铁路便线"应包含"设计接轨点道岔基本轨接缝至场（厂）内第一组道岔的基本轨接缝之间的线路"和"场（厂）内第一组道岔的基本轨接缝以后的线路"，即"按设计场（厂）外接轨点道岔基本轨接缝以后的长度计算"。

（3）汽车运输便道中便桥和便道的综合单价存在一定差异，因此其工程量计算规则不再含便桥的长度，并将汽车运输便桥单列清单子目，如表 2-460 所示。

（4）"利用地方既有道路补偿（维护）"主要指地方既有道路的过路、过桥费用，道路维护、整修，环水保等工作内容，按当地具体情况结合所承担的运输量综合计算。

（5）本规范"临时供电"线路是否属于大临工程是与铁路工程编制办法中对大临电力线路的界定是一致的，即按设计的供电电压在 6kV 及以上的高压输电线路，以电源（变电所）至终点电力线路中心线长度计算。数量范围可根据编制办法同步调整。

（6）隧道污水处理站因按照设计数量计算，污水处理能力属于子目划分特征的描述用语，此处应改为"按设计数量计算"，存在笔误。

表 2-460　子目工程量计算规则对照表

本规范		原指南	
名称	工程量计算规则	名称	工程量计算规则
（1）新建单车道	按设计便道中心线长度（含便涵的长度）计算	1.新建干线	按设计便道中心线长度（含便桥、便涵的长度）计算
（2）新建双车道	按设计便道中心线长度（含便涵的长度）计算	2.新建引入线	按设计便道中心线长度（含便桥、便涵的长度）计算
（3）改（扩）建便道	按设计便道中心线长度（含便涵的长度）计算	3.改（扩）建便道	按设计便道中心线长度（含便桥、便涵的长度）计算

5. 工程（工作）内容

（1）新增子目均按照类似子目确定工程（工作）内容。

（2）大型临时设施和过渡工程所有子目增加环水保内容，将本规范所提倡的绿色发展，节约环保的理念贯穿工程量清单行为全过程。

（3）结合现场实际施工情况，确定各类便道的工作内容包括：租用土地（含耕地占用税、青苗补偿费）、拆迁补偿，土石方挖填，地基处理，挡护防护工程，整修排水沟，路面铺设、培肩、碾压，防撞墩、减速带、凸透镜等，涵洞建造，养护、拆除、清理、复垦、环水保等，如表 2-461 所示。

表 2-461　子目工程（工作）内容对照表

本规范		原指南	
名称	工程（工作）内容	名称	工程（工作）内容
（一）铁路便线	1.租用土地（含耕地占用税、青苗补偿费），拆迁补偿；2.场地平整及土石方，圬工；3.铺轨、铺道岔、铺碴，线路养护；4.便涵建造；5.便桥的基础、墩台、梁部、桥面等工程，便桥养护；6.拆除、清理、复垦、环水保等	（一）铁路岔线、便桥	1.租用土地（含耕地占用税、青苗补偿费），拆迁补偿；2.场地平整及土石方，圬工；3.铺轨、铺道岔、铺碴，线路养护；4.便涵建造；5.便桥的基础、墩台、梁部、桥面等工程，便桥养护；6.拆除、清理、复垦等

（4）结合给排水节相关子目所包含工作内容的情况，确定深水井的工作内容包括：租用土地（含耕地占用税、青苗补偿费）、拆迁补偿，场地平整及土石方，场内圬工（含地基处理），基坑挖填，脚手架及沉井架搭拆，井壁、底板模板制安拆、钢筋及预埋件制安、混凝土浇筑，沉井下沉，封底，井盖、梁、平台制安，拆除、清理、复垦、环水保等。同理，给水管路需包括管沟挖填，管道铺设；储水站需包括场地平整及土石方，场内圬工（含地基处理）等内容，如表 2-462 所示。

表 2-462　子目工程（工作）内容对照表

本规范		原指南	
名称	工程（工作）内容	名称	工程（工作）内容
3.深水井	1.租用土地（含耕地占用税、青苗补偿费）、拆迁补偿；2.场地平整及土石方，场内圬工（含地基处理）；2.基坑挖填；3.脚手架及沉井架搭拆；4.井壁、底板制作：模板制安拆，钢筋及预埋件制安，混凝土浇筑；5.沉井下沉；6.封底；7.井盖、梁、平台制安；8.拆除、清理、复垦、环水保等		
4.储水站	1.租用土地（含耕地占用税、青苗补偿费）、拆迁补偿；2.场地平整及土石方，场内圬工（含地基处理）；3.拆除、清理、复垦、环水保等		

（5）结合铁路工程编制办法费用内容及计算方法，临时场站中应计列的临时占地费用，含租用土地、青苗补偿、拆迁补偿、复垦、管理费及其他所有与土地有关的费用列入迁改工程节"临时用地费"子目下，本节工作内容不再包含，如表2-463所示。

表2-463 子目工程（工作）内容对照表

本规范		原指南	
名称	工程（工作）内容	名称	工程（工作）内容
1. 材料场	1. 场地平整及土石方，场内坞工（含地基处理）；2. 拆除、清理、环水保等	（七）材料厂	1. 租用土地（含耕地占用税、青苗补偿费）、拆迁补偿；2. 场地平整及土石方，厂内坞工（含地基处理）；3. 拆除、清理、复垦等
2. 填料集中加工站	1. 场地平整及土石方，场内坞工（含地基处理）；2. 拆除、清理、环水保等	（十一）填料集中拌和站	1. 租用土地（含耕地占用税、青苗补偿费）、拆迁补偿；2. 场地平整及土石方，场内坞工（含地基处理）；3. 拆除、清理、复垦等
3. 混凝土集中拌和站	1. 场地平整及土石方，场内坞工（含地基处理）；2. 拆除、清理、环水保等	（十）混凝土集中拌和站	1. 租用土地（含耕地占用税、青苗补偿费）、拆迁补偿；2. 场地平整及土石方，场内坞工（含地基处理）；3. 拆除、清理、复垦等
4. 混凝土构配件预制场	1. 场地平整及土石方，场内坞工（含地基处理）；2. 拆除、清理、环水保等	（六）混凝土成品预制厂	1. 租用土地（含耕地占用税、青苗补偿费）、拆迁补偿；2. 场地平整及土石方，厂内坞工（含地基处理）；3. 拆除、清理、复垦等

（6）结合铁路工程编制办法费用内容及计算方法，"制（存）梁场""钢梁拼装场""TBM拼装场""管片预制场""仰拱块预制场""铺轨基地""换装站""道砟存储场""轨道板（枕）预制场"子目工程（工作）内容中增加"吨位≥10吨且长度≥100米的龙门吊走行线等工程"。其他场站可根据具体情况进行补充，如表2-464所示。

表2-464 子目工程（工作）内容对照表

本规范		原指南	
名称	工程（工作）内容	名称	工程（工作）内容
6. 钢梁拼装场	1. 场地平整及土石方，场内坞工（含地基处理）；2. 吨位≥10吨且长度≥100米的龙门吊走行线等工程；3. 拆除、清理、环水保等	（九）钢梁拼装场	1. 租用土地（含耕地占用税、青苗补偿费）、拆迁补偿；2. 场地平整及土石方，场内坞工（含地基处理）；3. 拆除、清理、复垦等
7. TBM拼装场	1. 场地平整及土石方，场内坞工（含地基处理）；2. 吨位≥10吨且长度≥100米的龙门吊走行线等工程；3. 拆除、清理、环水保等		
9. 管片预制场	1. 场地平整及土石方，场内坞工（含地基处理）；2. 吨位≥10吨且长度≥100米的龙门吊走行线等工程；3. 主体厂房建设；4. 拆除、清理、环水保等		

续表

本规范		原指南	
名称	工程（工作）内容	名称	工程（工作）内容
10. 仰拱块预制场	1. 场地平整及土石方，场内坉工（含地基处理）；2. 吨位≥10吨且长度≥100米的龙门吊走行线等工程；3. 拆除、清理、环水保等		
11. 铺轨基地	1. 场地平整及土石方，场内坉工（含地基处理）；2. 吨位≥10吨且长度≥100米的龙门吊走行线等工程；3. 拆除、清理、环水保等		
13. 换装站	1. 场地平整及土石方，场内坉工（含地基处理）；2. 吨位≥10吨且长度≥100米的龙门吊走行线等工程；3. 拆除、清理、环水保等	（十四）换装站	1. 租用土地（含耕地占用税、青苗补偿费），拆迁补偿；2. 场地平整及土石方，场内坉工（含地基处理）；3. 拆除、清理、复垦等
14. 道砟存储场	1. 场地平整及土石方，场内坉工（含地基处理）；2. 吨位≥10吨且长度≥100米的龙门吊走行线等工程；3. 拆除、清理、环水保等	（十二）大型道砟存储场	1. 租用土地（含耕地占用税、青苗补偿费），拆迁补偿；2. 平整场地及土石方，厂内坉工（含地基处理）；3. 拆除、清理、复垦等
15. 轨道板（枕）预制场	1. 场地平整及土石方，场内坉工（含地基处理）；2. 吨位≥10吨且长度≥100米的龙门吊走行线等工程；3. 主体厂房建设；4. 拆除、清理、环水保等		

（7）"隧道污水处理站"工作内容中明确，除租用土地、拆迁补偿，场地平整及土石方、场内坉工（含地基处理），拆除、清理、复垦、环水保等之外，污水处理站日常管理、投药、维护等也属于其工作内容。

（8）结合现场实际施工情况，将渡口、码头区分为坉工码头和浮箱码头，工作内容的主要区别在于：坉工码头需要土石方挖填，基础、墙体、顶面工程，系船柱及防撞设施制安等工作；浮箱码头需要浮箱运输、拼装、铺板、拆除，钢筋混凝土锚预制、抛锚、起锚等工作，如表2-465所示。

表2-465 子目工程（工作）内容对照表

本规范		原指南	
名称	工程（工作）内容	名称	工程（工作）内容
1. 渡口、码头	1. 租用土地（含耕地占用税、青苗补偿费），拆迁补偿；2. 坉工码头：土石方挖填，基础、墙体、顶面工程，系船柱及防撞设施制安。3. 浮箱码头：浮箱运输、拼装、铺板、拆除，钢筋混凝土锚预制、抛锚、起锚。4. 维护、拆除、清理、复垦、环水保等	（十九）渡口、码头	1. 坉工码头：租用土地（含耕地占用税、青苗补偿费），拆迁补偿，土石方挖填，基础、墙体、顶面工程，系船柱及防撞设施制安。2. 浮箱码头：浮箱运输、拼装、铺板、拆除，钢筋混凝土锚预制、抛锚、起锚。3. 码头的拆除、清理、复垦等

（9）结合现场实际施工情况，确定浮桥及吊桥的主要内容包括：场地平整及土石方，浮桥、吊桥运输、拼装、铺板、维护、拆除、清理、复垦、环水保等。

（10）"过渡工程"各子目的工作内容根据可能出现的施工干扰、挪移、延长、过渡等工程进行明确。

6. 附注中需要注意的问题

（1）"汽车运输便道"子目的附注中明确了各类便道适用的条件范围，其中山岭重丘适于地形起伏较大的重丘地区，高差≤80米，盘曲山区适于地形起伏变化大的山区，高差≤150米，深峡陡坡适于地势起伏变化很大的山区，高差＞150米。该办法的确定是本规范修订的一项重大探索，也是提高工程量清单计价准确度的重要体现，如表2-466所示。

表2-466 子目附注对照表

本规范		原指南	
名称	附注	名称	附注
（二）汽车运输便道			
1. 平原微丘	地形平坦或起伏较小的缓丘地区，高差≤20米		
2. 山岭重丘	地形起伏较大的重丘地区，高差≤80米		
3. 盘曲山区	地形起伏变化大的山区，高差≤150米		
4. 深峡陡坡	地势起伏变化很大的山区，高差＞150米		

（2）特殊便道附注中提到其包含运输特种施工设备需要特殊设计的各类便道，但也不局限于特种施工设备，针对铁路工程自身的特种设备等也同样适用，编制者可根据项目具体情况确定，如表2-467所示。

表2-467 子目附注对照表

本规范		原指南	
名称	附注	名称	附注
（二）汽车运输便道			
5. 特殊便道	含运输特种施工设备如TBM等需要特殊设计的各类便道		

（3）明确临时给水设施给水干管路指特殊缺水地区给水干管路（管径100毫米及以上或长度2千米及以上），以及长度大于1千米的隧道或隧道群，自水源点至山上蓄水池所铺设的给水管路。除此以外，新增子目"深水井"只适用于井深50米以上，"储水站"仅用于缺水地区项目适用。

（4）如前所示，永临结合电力线路仅指因临时供电引起的相关费用。临时通信基站指在没有通信条件的边远山区、无人区等区域设置的无线通信基站。

（5）制（存）梁场附注中明确含场内混凝土拌和站，编制者应避免在混凝土集中拌和站重复计量。

6.11 第十一章 其他费

1. 子目划分

本章共计1节7个子目，在原指南基础上减少19个子目。具体变化情况如下：

（1）结合铁路工程编制办法章节表，删除"配合辅助工程费"子目，将建设项目中，全部或部分投资由铁路基本建设投资支付修建的工程，而修建后的产权不属铁路部门所有者的所有内容综合纳入迁改工程节。

（2）删除"工程保险费"子目，将其归入合同管理范畴，编制者根据项目实际情况进行确定。

（3）根据我国现行的安全生产费费用计算相关依据进行分类，将"安全生产费"子目细分为"按费率计算部分"和"按费用计算部分"，编制者可根据项目需要在"按费用计算部分"子目下增加具体其他费子目，体现工程量清单统一协调的特点，如表 2-468 所示。

表 2-468 子目名称对照表

本规范		原指南	
编码	名称	编码	名称
3101	一、安全生产费	1129Q03	三、安全生产费
310101	1. 按费率计算部分		
310102	2. 按费用计算部分		

（4）结合铁路工程编制办法章节表，新增"营业线施工配合费"子目。指按照相关规定范围，在营业线上或邻近营业线进行建筑安装工程施工时，需要运营单位在施工期间参加配合工作所发生的费用，如表 2-469 所示。

表 2-469 子目名称对照表

本规范		原指南	
编码	名称	编码	名称
3102	二、营业线施工配合费		

2. 计量单位

根据其他费各子目特点，计量单位均确定为"元"。

3. 子目划分特征

根据其他费各子目特点，子目划分特征均确定为"综合"。

4. 工程量计算规则

根据其他费各子目特点，划分为按费率计算的"安全生产费""营业线施工配合费"和按设计要求、设计数量、相关计费标准等综合计算的"加强超前地质预报费用"等，如表 2-470 所示。

表 2-470 子目工程量计算规则对照表

本规范		原指南	
名称	工程量计算规则	名称	工程量计算规则
一、安全生产费		三、安全生产费	按铁道部的规定计列
1. 按费率计算部分	按相关费率计算		
2. 按费用计算部分			
（1）加强超前地质预报费用	按设计要求综合计算		
二、营业线施工配合费	按相关费率计算		

5. 工程（工作）内容

（1）按费率计算的"安全生产费"指按照相关规定范围，专门用于完善和改进施工企业安全生产条件的费用，相关规定需与现行国家有关法律、法规保持一致，也需跟随国家有关法律、法规变化而变化。

（2）依据地质勘探相关规范、规程的要求，"加强超前地质预报费用"的工作内容为：隧道的超前钻孔、加深炮孔、地震波反射法物理探测的加强超前地质预报费用。根据《铁路基本建设工程设计概（预）算编制办法》（国铁科法〔2017〕30号），加强超前地质预报费用主要指Ⅰ级风险隧道中极高风险段落的加强超前地质预报费用。

需要注意的是，Ⅰ级风险隧道在不同项目中的分布比例差别很大，一般山区铁路项目分布比例在30%以内，但也有个别极其复杂的项目Ⅰ级风险隧道分布比例高达80%以上，加强超前地质预报费用据此会有较大的幅度范围。

第三篇　风险控制点及案例

风险点一：招标工程量清单的编制

【案例】招标人将某铁路大中型基建项目中的旅客站房工程施工标的招标工程量清单，委托给该旅客站房的设计单位编制并签订了技术服务合同，该设计单位虽持有国家相关部委颁发的工程勘察及设计资质，但却无工程造价咨询资质。事后招标人在接受审计过程中，审计单位认定招标人在选定工程量清单编制单位时违反了"具有相应资质的工程造价机构"的规定。

〖点评〗铁路工程项目开工前受工期的制约，招标人为节约招标周期时间，往往委托熟悉工程设计内容的设计单位编制招标工程量清单。而大型铁路基建项目的设计单位均为具备工程造价咨询资质的铁路设计行业中的大型设计单位，但旅客站房却经常由项目设计单位之外的房建设计单位开展设计，其站房设计单位是否具备编制招标工程量清单的相应资质，在本规范颁布前，往往会不受重视。但本规范颁布之后，招标人必须在委托编制工程量清单时核实受托人的相应资质。

风险点二：计量单位及子目划分特征

【案例】在单价承包或总价承包模式下，合同条款对综合单价或工程数量的调整均设置了较强的约束条件。因此，对于子目划分特征为"综合"的，即为最低一级的清单子目，并且计量单位为"元"的，须在投标报价时特别注意。

（1）某投标人在投标时，对招标项目现场调查深度不足，造成对第一章迁改工程中子目划分特征为"综合"并且计量单位为"元"的子目编码0114青苗补偿费报价过低。在合同履约期间，当地需补偿的青苗数量及价格均远远高于投标报价，而工程量清单中该子目无具体数量及单价，根据合同约定不能进行数量及单价的调整，该子目即为费用包干，由承包人自行承担。

（2）某投标人在投标时，对招标项目现场调查深度不足，造成对第三章桥涵工程中子目划分特征为"综合"并且计量单位为"元"的子目编码050101055环保工程报价过低。在合同履约期间，受当地条件影响，弃渣外运运距增幅较大，弃渣挡墙圬工数量增幅较大，该子目施工成本远远高于投标报价，而工程量清单中该子目无具体数量及单价，根据合同约定不能进行数量及单价的调整，该子目即为费用包干，由承包人自行承担。

（3）某招标项目工程量清单编制时，将"第三章　桥涵工程"中框架式桥计量单位为"元"的子目编码08010103地基处理，未依据本规范细目同<04路基附属工程Ⅰ.建筑工程费一、区间路基附属工程（二）地基处理的规定进行细化，造成投标人按"元"进行了报价。在合同履约期间，该框架式桥地基开挖后，受地表水丰富的影响，地基承载力低于设计规范要求，设计单位按变更设计程序进行了地基处理方式调整，将原施工图设计的抛填片石调整为旋喷桩，变更设计增加费用经发包人批准并给予支付承包人。事后发包人在接受审计过程中，审计单位认定中标人合同工程量清单中，该子目地基

处理按"元"报价，无具体数量及单价，根据合同约定不能进行数量及单价的调整，该子目即为费用包干，由承包人自行承担，该项增加费用责令发包人进行收回。承包人提出诉求认为招标人负有招标工程量清单编制责任，增加费用不应由承包人承担。

审计单位依据本规范及施工总价承包合同中总承包风险包干费的条款，本规范规定："投标人在计算综合单价时充分考虑不限于已包括费用的明示或暗示的风险、责任、义务或有经验的投标人都可并应该预见的费用。包括招标文件明确应由投标人考虑的一定幅度范围内的物价上涨风险，工程量增加或减少对综合单价的影响风险，采用新技术、新工艺、新材料的风险，投标人未填写单价和合价的项目已含在其他项目的单价和合价中的风险费用等"。认定该变更设计增加费用属总承包风险包干范围，由承包人自行承担。并根据本规范"招标工程量清单的准确性和完整性由招标人负责"的规定，要求招标人对招标工程量清单编制单位和相关责任人追究责任及处罚。

〖点评〗本规范要求，在编制工程量清单时，可根据项目的特点按子目划分特征编列或自行补充清单子目。子目划分特征为"综合"的，即为最低一级的清单子目，是投标报价和合同签订后工程实施中计量的清单子目，其下不得再设置细目。

铁路大型项目工程投标人在投标期间，对招标项目的现场调查侧重点往往局限于主体结构工程的调查，造成对项目周边环境条件调查深度不足，以及对本规范重视程度不够，习惯于指南时期的模式，对中标后履约期的预见能力不足。另外，招标工程量清单编制单位对本规范的熟悉程度往往欠缺，凭以往指南时期或初步设计阶段招标经验开展清单编制，尤其站后工程清单子目设置，多数按计量单位"处、座"等子目为最低一级子目，未严格按本规范子目划分特征规定开展细分子目的设定。其次，招标人对工程量清单的审核能力的不足，也是在本规范颁布后需高度重视的问题。

风险点三：路基土石方计量规则

【案例】某铁路工程施工单价承包招标工程量清单依据本规范规定，将"土石方增运"纳入"开挖"子目的工作内容。在合同履约期间，取土场位置发生调整，造成运距增加。发包人按程序办理了变更设计，但因运距调整增加的费用不予支付承包人。原因是发包人根据施工单价承包合同条款"因非承包人原因变更设计导致工程数量变化且全部符合下列四项条件：① 数量变化超过原施工图数量的 10%；② 数量变化与该项工作的合同综合单价乘积超出中标合同金额的 0.01%；③ 直接改变该项工作的单位成本超过 1%；④ 合同没有约定为固定费率项目，由发包人、承包人按合同约定通过监理对超出部分协商确定单价，并签订补充协议。"的约定，该取土场位置调整导致的工程数量变化未全部符合上述四项条件，因此不予支付增加费用。

〖点评〗现行铁路工程施工单价承包招标文件范本中合同条款 15.4 变更的估价原则，对工程数量变化要求全部符合四项条件，此条款具有较大的约束力，对单价承包模式下的变更设计调整合同单价进行了限制。因此投标人在投标报价时，需充分理解单价风险由承包人承担，数量风险由发包人承担的招标条件。

风险点四：桥梁下部桩基础计量规则

【案例1】某铁路项目桥梁工程的钻孔桩在施工期间，承包人提出实际的钻孔地质状况与设计图示的桩基钻孔土石数量不符，以钻孔石方增加数量要求调整合同价款。发包人根据本规范第三章桥涵工程的钻孔桩工程量计算规则及工作内容，认为钻孔桩混凝土以圬工方为计量单位，已经包含钻孔土方和石方的数量，而工程量清单子目桩身混凝土工程数量并未发生变化，其钻孔土方和石方的数量变化风险已经在投标报价综合单价中包含，不予调整合同价款。

〖**点评**〗本规范 2 术语 2.0.19 一定范围内风险费用明确："投标人在计算综合单价时充分考虑不限于已包括费用的明示或暗示的风险、责任、义务或有经验的投标人都可并应该预见的费用。包括招标文件明确应由投标人考虑的一定幅度范围内的物价上涨风险，工程量增加或减少对综合单价的影响风险，采用新技术、新工艺、新材料的风险，投标人未填写单价和合价的项目已含在其他项目的单价和合价中的风险费用等"。因此，该钻孔桩钻孔土方及石方数量变化属于投标报价应考虑的风险。

【**案例 2**】某铁路项目桥梁工程编制施工图预算时，钻孔桩桩身混凝土工程量按国铁科发〔2017〕33 号文桥涵工程预算定额规定"钻孔桩桩身混凝土工程量按设计桩长（桩顶至桩底的长度）加 1 m 乘以设计桩径断面积计算"。在招标工程量清单编制时，钻孔桩混凝土圬工方工程量按本规范规定"按设计桩长（桩顶至桩底的长度）乘以设计桩径断面积计算"。两者工程量计算规则不同，若招标人委托该项目的设计单位编制招标工程量清单，则需重新计算钻孔桩混凝土体积，不能沿用施工图预算的钻孔桩混凝土体积。而投标人也须区别两者不同的工程量计算规则。并且发包人在办理验工计价过程中，不能以施工图预算的钻孔桩混凝土体积进行计量。

〖**点评**〗设计单位编制施工图预算时，工程数量计算人员与招标工程量清单的编制人员往往不是同一人。因此招标工程量清单的编制者需特别关注预算定额的工程量计算规则与本规范不同之处，避免有按沿用施工图预算的工程量。

风险点五：桥梁钢桁梁（钢桁拱）计量规则

【**案例**】某铁路项目中一座特大桥的主体为钢桁拱结构，施工期间承包人提出合同工程量清单钢桁拱结构数量不含焊缝的重量，要求调整合同数量及价款。经发包人与设计单位共同核实，招标工程量清单钢桁拱结构数量已经包含焊缝重量。而承包人在投标报价时，未考虑焊缝重量，属投标人责任，不予调整合同价款。

〖**点评**〗本规范第三章桥涵工程子目编码 050101020501 的子目名称为"①钢桁梁（钢桁拱）成品"，计量单位为吨，工程量计算规则规定：按设计图示构件（含节点板）计算重量（不含支座、高强度螺栓或铆钉和附属钢结构及检修设备走行轨的重量）。计算规则虽未明示焊缝重量，可子目名称为"钢桁梁（钢桁拱）成品"，成品即包含了焊缝。因此，投标人在投标报价时需考虑焊缝的重量。

风险点六：隧道允许超挖及预留变形量回填计量规则

【**案例 1**】某铁路隧道项目施工单价承包招标工程量清单编制时，未按本规范第四章隧道工程子目划分特征将衬砌和支护中的允许超挖和预留变形量回填进行子目细分，也未将允许超挖和预留变形量的回填数量叠加入衬砌模筑混凝土和支护喷射混凝土工程量之内。投标人计算了允许超挖和预留变形量的回填数量后，将该部分工程量按定额计算后并入衬砌模筑混凝土和支护喷射混凝土的综合单价内进行报价。该投标人中标后施工期间，该隧道中的一段由于实际开挖揭示的地质状况比施工图设计的较强，允许超挖和预留变形量相应减少。但发包人与承包人只能依据合同工程量清单的综合单价办理验工计价，减少的允许超挖和预留变形量的回填工程量没有相应子目进行调整，承包人在合同内对衬砌和支护混凝土仍旧正常办理结算。

【**案例 2**】某铁路隧道项目施工总价承包招标工程量清单编制时，未按本规范第四章隧道工程子目划分特征将衬砌和支护中的允许超挖和预留变形量回填进行子目细分，也未将允许超挖和预留变形量的回填数量叠加入衬砌模筑混凝土和支护喷射混凝土工程量之内。投标人计算了允许超挖和预留变形量的回填数量后，将该部分工程量按定额计算后并入衬砌模筑混凝土和支护喷射混凝土的综合单价内进行报价。该投标人中标后施工期间，该隧道中的一段由于实际开挖揭示的地质状况比施工图设计的较弱，发生了围岩级别调整，允许超挖和预留变形量大幅增加。发包人与承包人按建设管理程序办理了变更设计，增加的允许超挖和预留变形量的回填工程量及费用得到单独调整，而正常按设计图示计算的衬砌和支护混凝土体积并未发生变化，相应的合同清单综合单价未调整，承包人在合同内对衬砌和支护混凝土仍旧正常办理结算。

【点评】原指南隧道围岩子目仅分开挖、支护、衬砌，无法体现设计措施的差异，导致变更模糊性大、无规可依。本规范对隧道工程细化了围岩子目，明确允许超挖、预留变形量回填，解决了一直以来隧道允许超挖和预留变形量回填计量争议。但从上述【案例1】与【案例2】可以看出，由于不同的施工承包模式，同样的工程量清单编制问题，均可以造成不能客观公正真实反映计量的结果。因此，招标人与工程量清单编制单位在编制和审核招标工程量清单时，需以严谨的视角，认真按照本规范开展相关工作。

风险点七：轨道工程无砟道床更换垫板计量规则

【案例】轨道工程在编制招标工程量清单时，无砟道床更换垫板按照本规范计量单位为"铺轨公里"。而按国铁科发〔2017〕33号文轨道工程预算定额无砟道床更换垫板计量单位为"个"。某铁路项目隧道内无砟轨道道床由隧道施工单位施工，而该项目的铺轨工程另外招标由其他施工单位施工。轨道承包人在无砟轨道调整时，实际更换垫板数量较施工图设计增加较大，以无砟轨道道床施工精度未达到设计规范要求，造成实际更换垫板数量增加较大为由向发包人提出调整合同价款的诉求。发包人以计量单位为"铺轨公里"的数量未发生变化为由拒绝调整。

【点评】发包人在对无砟轨道道床施工验收时，应组织轨道施工单位参与，当发现道床施工精度未达到设计标准时，应要求道床施工单位采取措施及承担相应费用。

风险点八：轨道工程粒料道床计量规则

【案例】某铁路项目铺轨工程在施工过程中，承包人采购了大量道砟并存放于存砟场，承包人为减少其资金垫付压力，向发包人提出在备砟阶段就能进行计量计价。由于按照本规范道砟子目划分特征为"综合"，不再细分子目，须铺设形成底砟或面砟工程实体后才能进行计量计价。因此，发包人拒绝在备砟阶段就进行计量计价。

【点评】由于道砟密实度在采购、运输和铺砟完成后的差异较大，在备砟阶段，道砟的数量不易确定，若按相关采购数量进行计量计价，不利于项目的投资控制。因此，投标人在投标时须考虑在备砟阶段的资金垫付风险。

风险点九：安全生产费与加强超前地质预报费用

【案例】本规范第十一章安全生产费项下分为：1. 按费率计算部分；2. 按费用计算部分的（1）

加强超前地质预报费用。加强超前地质预报费用工程（工作）内容为：Ⅰ级风险管理隧道的超前钻孔、加深炮孔、地震波反射法物理探测的加强超前地质预报费用。子目划分特征为综合，计量单位为元。投标人在投标报价时，只能根据本规范的规定进行报价，即除Ⅰ级风险管理隧道的超前钻孔、加深炮孔、地震波反射法物理探测的加强超前地质预报费用已经包含在1.按费率计算部分的安全生产费之内。

但设计单位在编制铁路工程项目设计概预算时，按照国铁科法〔2017〕30号文编制办法安全生产费使用范围规定："超前地质预报（不含Ⅰ级风险隧道中极高风险段落的加强超前地质预报：超前钻孔、加深炮孔、地震波反射法物理探测）"。即设计单位编制的"按费用计算的"加强超前地质预报只能是Ⅰ级风险隧道中极高风险段落的超前钻孔、加深炮孔、地震波反射法物理探测的费用。

而招标人在招标文件中公布的安全生产费总额，只能是设计单位按国铁科法〔2017〕30号文规定编制并得到批准的安全生产费总额。投标人须按招标文件公布的安全生产费总额进行报价，并且不能改动。

因此投标人在中标后，会认为招标文件公布的安全生产费总额中，按费用计算部分的加强超前地质预报费用仅仅是Ⅰ级风险隧道中极高风险段落的超前钻孔、加深炮孔、地震波反射法物理探测的费用。因为按本规范的规定并未局限于极高风险段落，而除了极高风险段落之外的Ⅰ级风险隧道加强超前地质预报费用，都应该给予增加计量。

〖点评〗发包人在处理这个诉求时，只能依据本规范规定的加强超前地质预报费用工程（工作）内容已经包含了"除了极高风险段落之外的Ⅰ级风险隧道加强超前地质预报费用"来进行处理。当然也建议相关部门在修订编制办法时，将加强超前地质预报费用规定，与本规范进行统一。

风险点十：隧道污水处理站

【案例】某铁路项目隧道工程中，承包人按施工图设计建成了隧道污水处理站。但由于隧道施工工期较长，隧道污水处理站在日常污水处理时，需投入大量的污水处理药剂、设备电费、人工成本等。因此，承包人认为该污水处理站的日常运营未纳入招标范围，依据是本规范第十章大型临时设施和过渡工程中隧道污水处理站子目工程（工作）内容为："1. 租用土地（含耕地占用税、青苗补偿费）、拆迁补偿；2. 场地平整及土石方，场内坪工（含地基处理）；3. 维护、拆除、清理、复垦、环水保等"，即工程（工作）内容中不包含日常运营。因此向发包人提出诉求，要求增加日常运营的各项费用。发包人核实了设计单位编制的施工图预算和承包人投标文件，确实两者均不含隧道污水处理站日常运营的各项费用。但发包人认为本规范子目工程（工作）内容中已经明确"维护"的内容，认为"维护"即包含了日常运营的工作内容，因此不予给承包人增加日常运营的各项费用。

〖点评〗该诉求的焦点在于双方对本规范子目工程（工作）内容中的"维护"的理解不同，而本规范中也没有相应的解释。但从实事求是、公平真实解决问题的角度，建议发包人按照建设管理程序给予处理。

风险点十一：路基声屏障

【案例】本规范第九章其他运营生产设备及建筑物中，路基声屏障子目划分特征为综合，计量单位为平方米，工程量计算规则为："按设计图示声屏障表面面积计算"，工程（工作）内容为："1. 基坑挖填或钻孔；2. 脚手架搭拆；3. 模板制安拆；4. 钢筋及预埋件制安；5. 混凝土浇筑；6. 立柱安装；7. 隔声板制安；8. 变形缝、排水管槽设置；9. 涂装"。据此，路基声屏障在施工期间计量时，只能在该子目工程（工作）内容全部完成后，按设计图示声屏障表面面积计算的平方米进行计量。但在地质状况较弱的地区，声屏障基础处理经常采用挖孔桩或钻孔桩等措施，建筑工程费用占比较大，承包人只能在声屏障全部工程内容完成后才能得到工程款的支付，存在较大的资金压力。

〖**点评**〗发包人若考虑到该承包人的资金压力，而把声屏障基础处理建筑工程费用按照占比折算成平方米进行计量支付，则存在资金安全风险。

风险点十二：房屋围墙墙面装饰

【**案例**】本规范第八章房屋工程的房屋附属工程中，实体围墙子目划分特征为综合，计量单位为米，工程量计算规则为："按设计图示围墙长度计算"，工程（工作）内容为："1. 基坑、沟槽挖填，基础砌筑；2. 脚手架搭拆；3. 墙体、柱体砌筑或制安，压顶；4. 大门制安、涂装"。虽然本规范工程量清单编制综合说明中砌体（干砌和浆砌）砌筑的工程（工作）内容："包括砂浆配料、拌制，石料或砌块选修，挂线，填塞，勾缝，抹面，养护"。但实体围墙子目工程（工作）内容中未明确包含该围墙子目的墙面装饰内容，若施工图设计了墙面装饰内容，工程量清单编制时就需注明围墙墙面装饰的工程量计算规则与工程（工作）内容。

〖**点评**〗招标人在审核招标工程量清单时，以及招标工程量清单编制单位需结合施工图设计按本规范的工程量计算规则与工程（工作）内容认真核对每个工程量清单子目，检查是否存在容易产生误读或差错漏的风险点，尽量在招标阶段解决问题，避免在施工期间产生异议。

风险点十三：站后工程设备清单

【**案例**】本规范第六章通信、信号、信息及灾害监测工程、第七章电力及电力牵引供电工程，涉及的设备数量较多，招标工程量清单编制时，须严格按照本规范工程量清单格式，对表—4—2《B.甲供设备数量及价格表》及表—5《自购设备数量表》中的各种设备详细编制，尤其是"安装子目编码"，须对应到该设备所属安装工程费的工程量清单子目编码。

表—4—2

B. 甲供设备数量及价格表

标段：   第 页 共 页

序号	专业名称	设备代号	设备名称及规格型号	安装子目编码	交货地点	计量单位	数量	不含税单价（元）			不含税合价（元）
								出厂价	运杂费	综合单价	

表—5

自购设备数量表

标段：　　　　　　　　　　　　　　　　　　　　　　　　　　　　　　　　　　　第　　页　共　　页

序号	专业名称	设备代号	设备名称及规格型号	安装子目编码	计量单位	数量

〖**点评**〗这项要求在本规范发布前不曾出现过，招标工程量清单编制单位需特别关注，这将影响到投标人在编制投标工程量清单时，将该设备所属安装工程费的工程量清单子目进行对应计算，还将影响到施工期间发包人与承包人之间，按照合同工程量清单进行现场计量并计价的相关工作。

风险点十四：不平衡报价

【**案例**】某铁路工程项目在施工单价招标时，招标人根据《中国国家铁路集团有限公司铁路建设项目施工单价承包管理办法》（铁建设〔2020〕192号）第十九条："建设单位可根据项目特点对实施过程中可能变化较大的清单子目，公布重点清单子目基准单价或计算方法，在招标文件中合理设置不平衡报价扣分标准。"的规定，向投标人提供了清单子目基准单价（见表3-1），招标文件规定投标人已标价工程量清单子目单价不得超出招标人公布的子目单价的+5%~-10%，否则按照不平衡报价进行扣分。

表3-1　招标人公布的清单子目单价

子目编码	节号	工程或费用项目名称	单位	单价
01		拆迁及征地费用	正线公里	
0101	1	拆迁及征地费用	正线公里	
010101		Ⅰ．建筑工程费	正线公里	
01010101		一、改移道路	公里	
0101010102		（二）非等级公路	公里	
010101010201		1．路基	公里	
01010101020101		（1）土方	立方米	10.28
01010101020102		（2）石方	立方米	24.23
01010101020103		（3）路基附属工程	元	
0101010102010302		②浆砌石	圬工方	343.67
0101010102010304		④钢筋混凝土（防撞墩）	圬工方	1 491.23
010101010202		2．路面	平方米	
01010101020201		（1）垫层	平方米	22.79
01010101020202		（2）基层	平方米	40.24

续表

子目编码	节号	工程或费用项目名称	单位	单价
01010101020203		（3）面层	平方米	
0101010102020301		①泥结碎石路面	平方米	6.4
01010103		三、砍伐与挖根	元	
01010109		九、既有建筑物拆除后的垃圾清运	元	
010104		Ⅳ．其他费	元	
01010401		一、土地征（租）用及拆迁补偿费	正线公里	
0101040103		（三）临时用地费	亩	
010104010301		1. 取弃土场	亩	32 000
010104010302		2. 大型临时场站	亩	32 000
02		路基	路基公里	
0202	2	区间路基土石方	区间路基公里	
020201		Ⅰ．建筑工程费（$H<2\,000\,m$）	断面方	
02020101		一、土方	立方米	
0202010101		（一）挖土方（弃方）	立方米	7.92
02020103		三、石方	立方米	
0202010301		（一）挖石方（弃方）	立方米	
020201030101		1.爆破石方	立方米	
02020103010101		（1）一般爆破	立方米	11.53
02020106		六、级配碎石（砂砾石）	立方米	
0202010602		（二）过渡段	立方米	
020201060201		1. 路桥过渡段	立方米	289.47
020202		Ⅰ．建筑工程费（$H\geqslant 2\,000\,m$）	断面方	
02020201		一、土方	立方米	
0202020101		（一）挖土方（弃方）	立方米	6.74
02020202		二、AB组填料	立方米	
0202020201		（一）利用方	立方米	43.9
02020203		三、石方	立方米	
0202020301		（一）挖石方（弃方）	立方米	
020202030101		1.爆破石方	立方米	
02020203010101		（1）一般爆破	立方米	12.75
0202020302		（二）挖石方（利用方）	立方米	

续表

子目编码	节号	工程或费用项目名称	单位	单价
020202030201		1.爆破石方	立方米	
02020203020101		（1）一般爆破	立方米	12.46
02020206		六、级配碎石（砂砾石）	立方米	
0202020601		（一）基床表层	立方米	232.87
0202020602		（二）过渡段	立方米	
020202060201		1.路桥过渡段	立方米	277.64
0204	4	路基附属工程	路基公里	
020401		Ⅰ.建筑工程费（H<2 000 m）	元	
02040101		一、区间路基附属工程	区间路基公里	
0204010101		（一）支挡结构	元	
020401010108		8.其他挡土墙	圬工方	
02040101010803		（3）挡土墙混凝土	圬工方	532.56
0204010102		（二）地基处理	元	
020401010201		1.基底填筑（垫层）	立方米	
02040101020101		（1）填（片石）混凝土	圬工方	824.04
020401010206		6.其他地基处理方式	元	
02040101020602		（2）堆载预压	立方米	44.76
0204010103		（三）平（坡）面防护	元	
020401010303		3.绿色防护（绿化）	元	
02040101030302		（2）播草籽	平方米	4.22
02040101030303		（3）喷播植草	平方米	7.43
02040101030304		（4）喷混植生	平方米	139.39
02040101030306		（6）栽植乔木	千株	90 288
02040101030307		（7）栽植灌木	千株	2 051.05
02040101030311		（11）栽植花灌木	千株	30 600.54
02040101030312		（12）种植土	立方米	35.78
020401010306		6.土工合成材料	平方米	
02040101030604		（4）土工布	平方米	3.77
02040101030606		（6）土工网垫	平方米	8.65
0204010104		（四）护坡及冲刷防护	元	
020401010404		4.混凝土	圬工方	733.07

续表

子目编码	节号	工程或费用项目名称	单位	单价
0204010010408		8. 锚杆框架梁	圬工方	
02040101040801		（1）锚杆	吨	11 674.98
02040101040802		（2）框架梁	圬工方	996.25
0204010106		（六）沟渠	元	
020401010605		5. 钢筋混凝土	圬工方	
02040101060501		（1）混凝土	圬工方	728.74
02040101060502		（2）钢筋	吨	5 725.8
0204010109		（九）路基地段相关工程	元	
020401010902		2. 路基地段电缆槽	公里	812 831.25
020401010903		3. 接触网支柱基础	个	5 173.65
0204010110		（十）土石方	立方米	
020401011001		1. 土方	立方米	16.42
020401011002		2. 石方	立方米	88.37
0204010111		（十一）线路防护栅栏	单侧公里	
020401011101		1. 路基段防护栅栏	单侧公里	
02040101110101		（1）2.2 m高新建栅栏-3 m单元加刺丝滚笼	单侧公里	525 279.34
02040101110102		（2）2.2 m高新建栅栏-1.59 m单元加刺丝滚笼	单侧公里	704 632.5
02040101110103		（3）2.2 m高新建栅栏 1.1 m单元加刺丝滚笼	单侧公里	837 831.79
02040101110104		（4）栅栏-金属网片-3×2.7 m高混凝土立柱	单侧公里	290 763
0204010112		（十二）其他路基附属	元	
020401011207		7. 沉降观测	元	
020402		Ⅰ．建筑工程费（$H \geqslant 2\,000$ m）	元	
02040201		一、区间路基附属工程	区间路基公里	
0204020101		（一）支挡结构	元	
020402010102		2. 桩板挡土墙	圬工方	1 405.76
02040201010201		（1）桩	圬工方	1 573.87
02040201010202		（2）板	圬工方	1 929.61
020402010108		8. 其他挡土墙	圬工方	
02040201010803		（3）挡土墙混凝土	圬工方	624.86
0204020102		（二）地基处理	元	
020402010201		1. 基底填筑（垫层）	立方米	

续表

子目编码	节号	工程或费用项目名称	单位	单价
02040201020101		（1）填（片石）混凝土	圬工方	873.15
02040201020102		（2）填砂石料	立方米	167.81
020402010202		2.水泥（混凝土）置换桩	元	
02040201020201		（1）CFG桩	米	78.18
020402010206		6.其他地基处理方式	元	
02040201020605		（5）土工格栅	平方米	7.36
0204020103		（三）平（坡）面防护	元	
020402010303		3.绿色防护（绿化）	元	
02040201030302		（2）播草籽	平方米	4.46
02040201030303		（3）喷播植草	平方米	7.87
02040201030304		（4）喷混植生	平方米	146.27
02040201030307		（7）栽植灌木	千株	2 185.14
02040201030311		（11）栽植花灌木	千株	31 519.6
02040201030312		（12）种植土	立方米	37.01
02040201030319		（19）隧道装饰	平方米	235.93
02040201030321		（21）生态袋	平方米	187.04
020402010306		6.土工合成材料	平方米	
02040201030604		（4）土工布	平方米	3.81
02040201030607		（7）复合防排水板	平方米	61.45
0204020104		（四）护坡及冲刷防护	元	
020402010404		4.混凝土	圬工方	795.76
020402010408		8.锚杆框架梁	圬工方	2 071.26
02040201040801		（1）锚杆	吨	12 191.2
02040201040802		（2）框架梁	圬工方	1 290.65
0204020106		（六）沟渠	元	
020402010605		5.钢筋混凝土	圬工方	869.06
02040201060501		（1）混凝土	圬工方	784.33
02040201060502		（2）钢筋	吨	5 810.46
0204020107		（七）地下排水设施	元	
020402010706		6.盲沟	米	657.84
0204020109		（九）路基地段相关工程	元	

续表

子目编码	节号	工程或费用项目名称	单位	单价
020402010902		2. 路基地段电缆槽	公里	416 261.18
0204020110		（十）土石方	立方米	
020402011001		1. 土方	立方米	19.16
020402011002		2. 石方	立方米	84.91
0204020112		（十二）其他路基附属	元	
020402011204		4. 检查井	圬工方	1 458.52

〖**点评**〗招标文件规定投标人已标价工程量清单子目单价不得超出招标人公布的子目单价的+5%~-10%，投标报价的价格浮动空间实际为15%，该范围偏大，对招标人存在一定的风险。作为有经验的投标人可以结合工程项目的特点，仔细研究每项子目在单价合同履约期间发生变更设计的概率，合理进行报价。

展 望

通过前文的分析,《铁路工程工程量清单规范》作为我国铁路工程造价标准领域首个规范,其意义不言而喻,本规范的编制充分研究了实施性施工组织方案,规避了计量计价较为模糊的区域,合理确定风险分担的范围,规范市场秩序、调节市场环境、完善定价机制,力求做到公平公正、实事求是地解决铁路工程工程量清单相关问题。

谈到本规范未来发展的方向,应该从问题中学习,从案例中反思;应该适应不断变化的建设形势,更新设计理念,并且采取措施,提高我国工程量清单计价能力和水平。

一、未来发展新理念

1. 更新设计理念

（1）建立综合设计理念。

现在我们提倡综合选线,线路、经调、环保、地质、拆迁多因素综合选线。设计也要如此,我们要建立综合设计的理念,也就是不能只考虑工程性设计,还要考虑经济性设计。设计不能只局限于单一专业,要考虑上下游专业的经济适用性,要考虑工程经济因素,要提高工程量清单编制者的上游参与程度,比如钢桁梁桥面的环氧树脂沥青防护层与高强高性能混凝土防护层,两者之间应该做经济比较,在适用的前提下要考虑经济性。

（2）建立以问题为导向的设计理念。

设计要充分总结以往项目的经验与教训,建立常见问题库,并在项目设计中,以这些问题为导向,指导设计措施的采用。不能重复发生过的问题,不能被一个石头绊倒两次。这需要我们建立以问题为导向的设计理念,并在设计中贯彻执行。比如选择梁型,除了工程参数的考虑,还必须重视其架设径路是否畅通这个问题。比如安全补强问题,要在前期设计中,充分吸收以往项目的经验教训,预判其后期发生问题的点,在前期设计中加以解决。

（3）建立以落地为导向的工程量清单编制理念。

工程量清单不能只是一个没有生命的数字。工程量清单编制者在编制工程量清单的时候,要以其是否能够顺利计量计价为设计导向,要建立起对我们所编制的工程量清单的敬畏之心。

2. 加快体系改革

造价体系是工程量清单编制必须遵循的框架,再丰满的灵魂也必须限制在这个固定的框架之内。而铁路造价体系应用对象日新月异,建设条件、建设标准全面变化;市场环境日新月异,一是原材料市场,二是劳动力市场,三是工程交易市场。所以未来应结合多年来的行业发展情况,认真剖析,对造价标准体系加以革新。

3. 重视人才培养

做什么事情，归根结底都是人来做。一个单位的发展，关键是员工个人能力的发展和团队向心力的发展。所以，永远的当务之急都是精心组织人才培养。人才是发展的基础，我们要持续完善全方位的人才培养体系，对新进员工、成熟员工、专家型员工分别培养，对从事设计、经营、技术管理、综合等各大板块员工分别培养，且培养应建立在与业务、技术、组织架构、经营现状等特征相结合的基础上，因地制宜灵活制定。

工程量清单编制者与设计专业人员应建立交流学习机制，应具备经济、设计、施工全方面知识。

4. 解决重点问题

目前，地材差问题容易引起工程量清单单价不受控。因项目建设周期长，原清单报价距现场实际施工时间较长，物价上涨等因素导致与现场实际成本价格差异较大。造成地材费用不受控的主要原因有：国家环保要求提高，环保督察力度加大，严禁私自开采，大量砂石料厂因不符合环保要求关停，地材价格随之上涨；施工时原招标阶段考虑的料源地因环保、安全因素或因料源地产能不足、质量不满足要求等情况发生变化，远距离采购运输成本增加；受地方超限绕行、超载综合整治影响，运距和运费均较概算增加；洞渣利用率不足，地材外购导致概算费用不足。

建议措施：一是在前期设计阶段，尽量集中自行设置砂石料厂，相应的建厂费用、破碎费用在最高投标限价中计列，通过自采的形式，控制砂石料因市场无序引起的异常涨价；二是投标人施工调查过程中，对既有砂石料厂的地材适用性要做好评判工作，对其环保、安全、储量因素要调查清晰，因铁路项目对砂石料的要求更高，要针对性地调整其价格，如增加一遍水洗费用等。

二、造价领域新探索

1. 川藏铁路造价体系

川藏铁路作为国家重大工程，其复杂性、紧迫性、重要性空前突出。工程极其复杂、社会关注度高是川藏铁路的两大特点，这意味着这条线的每一个细节都要经得起广泛的推敲，作为全部使用中央预算资金的项目，投资确定尤其敏感，每一个环节都要经得起未来的审查和审计。

对历史负责，对这条铁路的高度复杂性、高度艰巨性负责，必须努力构建适用于川藏铁路艰巨条件的造价体系。中国国家铁路集团有限公司科技和信息化部确立了"高原恶劣环境及超长工期条件下工程定额标准研究"课题，编制了《川藏铁路投资估算设计概预算编制暂行规定》及《川藏铁路隧道机械化施工暂行定额》，为科学合理地确定川藏铁路投资及工程量清单计价打下了坚实的理论基础。

2. 全过程造价咨询

全过程造价咨询包括投资咨询、招标代理、概算分劈、清单编制、概算清理、过程控制、结算决算、第三方审价等。

2017年，国务院办公厅颁布《关于促进建筑业持续健康发展的意见》（国办发〔2017〕19号），首次明确提出要"培育全过程工程咨询"，鼓励投资咨询、勘察、设计、监理、招标代理、造价等企业采取联合经营、并购重组等方式发展全过程工程咨询，培育一批具有国际水平的全过程工程咨询企业。2019年，国家发改委联合住建部印发《关于推进全过程工程咨询服务发展的指导意见》（发改投资规〔2019〕515号）。该指导意见指出，改革开放以来，我国工程咨询服务市场化、专业化快速发展，形成了投资咨询、招标代理、勘察、设计、监理、造价、项目管理等咨询服务业态，随着我国固定资产投资项目建设水平逐步提高,为更好地实现投资建设意图,投资者或建设单位在固定资产投资项目决策、工程建设、项目运营过程中,对综合性、跨阶段、一体化的咨询服务需求日益增强,这种需求与现行制度造成的单项服务供给模式之间的矛盾日益突出。因此,有必要持续创新咨询服务组织实施方式,大力发展以市场需求为导向、满足委托方多样化需求的全过程工程咨询服务模式。

附 录